21世纪高职高专规划教材 电气、自动化、应用电子技术系列

电机及电力拖动

卢恩贵 主 编
张桂芹 周志仁 副主编

清华大学出版社
北京

内容简介

本书是根据高职高专教育的现状和发展趋势，按照高职高专机电类"电机及电力拖动"教学大纲编写的。本书主要讲述直流电机、变压器和三相异步电动机的运行原理和工作特性；着重分析直流电动机和三相异步电动机的机械特性及其启动、制动和调速的方法、原理、特点及应用；分析单相异步电动机、直线异步电动机、同步电动机的工作原理、特性及应用；简要分析常用控制电机的结构特点、工作原理和特性；简要介绍电动机的选择、使用、维护等应用知识；介绍单相小型变压器的设计计算。

本书在总体框架上体现了高职高专教学改革的特点，突出理论知识的应用和实践能力的培养，以"必需、够用"为度，以"应用"为目的，加强实用性；在阐述方法上深入浅出，通俗易懂，降低了理论的难度。

本书适合作为高职高专类院校的电气自动化技术、机电一体化技术、供用电技术、热动技术、机电工程、矿山机电和机械制造技术等专业的教材，也可作为相关工程技术人员的参考用书。

本书封面贴有清华大学出版社防伪标签，无标签者不得销售。
版权所有，侵权必究。举报：010-62782989，beiqinquan@tup.tsinghua.edu.cn。

图书在版编目（CIP）数据

电机及电力拖动/卢恩贵主编．—北京：清华大学出版社，2011.9（2024.1重印）
（21世纪高职高专规划教材．电气、自动化、应用电子技术系列）
ISBN 978-7-302-26004-2

Ⅰ.①电… Ⅱ.①卢… Ⅲ.①电机－高等职业教育－教材 ②电力传动－高等职业教育－教材 Ⅳ.①TM3 ②TM921

中国版本图书馆 CIP 数据核字（2011）第 130325 号

责任编辑：贺志洪
责任校对：袁　芳
责任印制：宋　林

出版发行：清华大学出版社
网　　址：https://www.tup.com.cn，https://www.wqxuetang.com
地　　址：北京清华大学学研大厦A座　　邮　编：100084
社 总 机：010-83470000　　邮　购：010-62786544
投稿与读者服务：010-62776969，c-service@tup.tsinghua.edu.cn
质 量 反 馈：010-62772015，zhiliang@tup.tsinghua.edu.cn

印 装 者：三河市龙大印装有限公司
经　　销：全国新华书店
开　　本：185mm×260mm　　印　张：19.75　　字　数：455千字
版　　次：2011年9月第1版　　印　次：2024年1月第11次印刷
定　　价：66.00元

产品编号：041955-02

前 言

本书是根据高等职业教育的"淡化理论,够用为度,培养技能,重在应用"原则,在编写思路上力图体现高职高专培养生产一线高技能人才的要求,力争做到重点突出、概念清楚、层次清晰、深入浅出、学用一致。

本书包括《电机学》及《电力拖动基础》两门课程的主要内容,将二者合并为《电机及电力拖动》,在讲述理论的基础上紧密结合生产实际的需要,纳入了提高技能、服务生产的应用知识,使本书成为相关专业的教学、培训用书。

全书内容包括9个模块,即直流电机、直流电动机的电力拖动、变压器、三相异步电动机、三相异步电动机的电力拖动、其他交流电动机、同步电机、控制电机和拖动系统电动机的选择。为帮助读者加深对理论的学习和理解,提高教师对作业的批阅效率,本书增设了部分习题参考答案。

本书在编写过程中,按照教学的要求,在内容的选择和问题的阐述方面兼顾了当前科学技术的发展和高职高专学生的实际水平,既考虑了教学内容的完整性和连续性,又大大降低了学习难度,简化了一些理论分析和计算,同时也考虑了后续课程对本课程的要求,以更好地为专业培养目标服务。在问题的阐述方面力求做到叙理简明、概念清晰、突出重点。另外,对每个模块都列有本模块的知识点及学习要求。书中带有"*"的内容可根据需要选学。

本书由卢恩贵担任主编,张桂芹、周志仁担任副主编。其中模块1、模块2由唐山科技职业技术学院张桂芹编写;模块3由河北科技师范学院马玉泉编写;前言、模块4和模块5由河北能源职业技术学院卢恩贵编写;模块7由河北能源职业技术学院尹静涛编写;模块8和模块9由河北能源职业技术学院周志仁编写;模块6和附录由河北能源职业技术学院赵冬梅编写。

在本书的编写过程中,编者参考了多位同行的编著和文献,在此一并表示感谢。

由于编者水平有限,书中难免存在不足之处,敬请广大读者批评指正。

编 者
2011年3月

目　录

模块1　直流电机 ………………………………………………………………………… 1
1.1 课题　直流电机的基本工作原理 ……………………………………………… 1
1.1.1　直流发电机的基本工作原理 ………………………………………… 1
1.1.2　直流电动机的工作原理 ……………………………………………… 3
1.2 课题　直流电机的基本结构与铭牌 …………………………………………… 4
1.2.1　直流电机的基本结构 ………………………………………………… 4
1.2.2　直流电机的铭牌及额定值 …………………………………………… 6
1.2.3　直流电机的主要系列简介 …………………………………………… 8
1.3 课题　直流电机的电枢绕组 …………………………………………………… 8
1.3.1　直流电枢绕组基本知识 ……………………………………………… 8
1.3.2　单叠绕组 ……………………………………………………………… 11
1.3.3　单波绕组 ……………………………………………………………… 13
1.4 课题　直流电机的磁场 ………………………………………………………… 15
1.4.1　直流电机的励磁方式 ………………………………………………… 15
1.4.2　磁路与磁路定律 ……………………………………………………… 16
1.4.3　直流电机的空载磁场和磁化曲线 …………………………………… 17
1.4.4　直流电机的负载磁场和电枢反应 …………………………………… 19
1.5 课题　直流电机的基本公式 …………………………………………………… 22
1.5.1　直流电机的电枢电动势 ……………………………………………… 22
1.5.2　直流电机的电磁转矩 ………………………………………………… 23
1.5.3　直流电机的电磁功率 ………………………………………………… 25
1.6 课题　直流发电机 ……………………………………………………………… 26
1.6.1　直流发电机的基本方程式 …………………………………………… 26
1.6.2　直流发电机的运行特性 ……………………………………………… 27
1.6.3　并励发电机 …………………………………………………………… 29
1.7 课题　直流电动机 ……………………………………………………………… 31
1.7.1　直流电动机的基本方程式 …………………………………………… 31
1.7.2　直流电动机的工作特性 ……………………………………………… 33

1.8 课题　直流电机的换向 ………………………………………………………… 35
　　1.8.1　直流电机换向过程的电磁理论 ……………………………………… 35
　　1.8.2　改善换向的方法 ……………………………………………………… 38
　　1.8.3　防止环火与补偿绕组 ………………………………………………… 39
思考题与习题 …………………………………………………………………………… 40

模块 2　直流电动机的电力拖动 …………………………………………………… 42

2.1 课题　电力拖动系统的动力学基础 …………………………………………… 42
　　2.1.1　电力拖动系统的运动方程式 ………………………………………… 42
　　2.1.2　电力拖动系统的运动状态分析 ……………………………………… 44
　　2.1.3　工作机构转矩、力、飞轮矩和质量的折算 ………………………… 44
2.2 课题　生产机械的负载转矩特性 ……………………………………………… 46
2.3 课题　他励直流电动机的机械特性 …………………………………………… 48
　　2.3.1　机械特性方程式 ……………………………………………………… 48
　　2.3.2　固有机械特性和人为机械特性 ……………………………………… 48
　　2.3.3　机械特性的绘制 ……………………………………………………… 50
　　2.3.4　电力拖动系统稳定运行的条件 ……………………………………… 53
2.4 课题　他励直流电动机的启动和反转 ………………………………………… 55
　　2.4.1　他励直流电动机的启动 ……………………………………………… 55
　　2.4.2　他励直流电动机的反转 ……………………………………………… 59
2.5 课题　他励直流电动机的制动 ………………………………………………… 59
　　2.5.1　能耗制动 ……………………………………………………………… 60
　　2.5.2　反接制动 ……………………………………………………………… 62
　　2.5.3　回馈制动 ……………………………………………………………… 65
　　2.5.4　他励直流电动机的四象限运行 ……………………………………… 66
2.6 课题　他励直流电动机的调速 ………………………………………………… 67
　　2.6.1　调速的性能指标 ……………………………………………………… 67
　　2.6.2　他励直流电动机的调速方法 ………………………………………… 69
*2.7 课题　无刷直流电动机简介 …………………………………………………… 74
　　2.7.1　无刷直流电动机的组成 ……………………………………………… 74
　　2.7.2　无刷直流电动机的工作原理 ………………………………………… 76
　　2.7.3　无刷直流电动机的特点 ……………………………………………… 77
　　2.7.4　无刷直流电动机的发展与应用 ……………………………………… 78
思考题与习题 …………………………………………………………………………… 79

模块 3　变压器 ……………………………………………………………………… 80

3.1 课题　变压器的基本工作原理和结构 ………………………………………… 80
　　3.1.1　变压器的用途和分类 ………………………………………………… 80

3.1.2　变压器的基本工作原理 ……………………………………………… 81
　　　3.1.3　变压器的基本结构 …………………………………………………… 82
　　　3.1.4　变压器的铭牌与主要系列 …………………………………………… 85
　3.2 课题　单相变压器的空载运行 …………………………………………………… 87
　　　3.2.1　变压器空载运行时的电磁关系 ……………………………………… 87
　　　3.2.2　变压器空载时的感应电动势 ………………………………………… 88
　　　3.2.3　变压器的空载电流和空载损耗 ……………………………………… 89
　　　3.2.4　变压器空载时的电动势平衡方程式和等效电路 …………………… 92
　　　3.2.5　空载运行时的相量图 ………………………………………………… 93
　3.3 课题　单相变压器的负载运行 …………………………………………………… 94
　　　3.3.1　负载运行时的电磁关系 ……………………………………………… 94
　　　3.3.2　负载运行时的基本方程 ……………………………………………… 94
　　　3.3.3　负载运行时的等效电路和相量图 …………………………………… 96
　3.4 课题　变压器参数的测定 ………………………………………………………… 100
　　　3.4.1　空载试验 ……………………………………………………………… 100
　　　3.4.2　短路试验 ……………………………………………………………… 101
　3.5 课题　变压器的运行特性 ………………………………………………………… 104
　　　3.5.1　变压器的外特性和电压变化率 ……………………………………… 104
　　　3.5.2　变压器的损耗和效率特性 …………………………………………… 106
　3.6 课题　三相变压器 ………………………………………………………………… 108
　　　3.6.1　三相变压器的磁路系统 ……………………………………………… 108
　　　3.6.2　三相变压器的电路系统——联结组别 ……………………………… 109
　　　3.6.3　三相变压器的联结法和磁路系统对电动势波形的影响 …………… 113
　　　3.6.4　变压器的并联运行 …………………………………………………… 115
　3.7 课题　其他常用变压器 …………………………………………………………… 117
　　　3.7.1　自耦变压器 …………………………………………………………… 117
　　　3.7.2　仪用互感器 …………………………………………………………… 119
　　　3.7.3　电焊变压器 …………………………………………………………… 120
　思考题与习题 …………………………………………………………………………… 121

模块4　三相异步电动机　124

　4.1 课题　三相异步电动机的基本工作原理 ………………………………………… 124
　　　4.1.1　三相定子绕组的旋转磁场 …………………………………………… 124
　　　4.1.2　三相异步电动机的基本工作原理 …………………………………… 127
　4.2 课题　三相异步电动机的基本结构和铭牌 ……………………………………… 129
　　　4.2.1　三相异步电动机的基本结构 ………………………………………… 129
　　　4.2.2　异步电动机的铭牌 …………………………………………………… 132
　　　4.2.3　三相异步电动机的主要系列简介 …………………………………… 134

4.3 课题 三相异步电动机的定子绕组 …… 134
4.3.1 交流绕组的基本知识 …… 134
4.3.2 单层绕组 …… 136
4.3.3 双层叠绕组 …… 140
4.3.4 绕组圆形接线图 …… 141
4.4 课题 三相异步电动机的感应电动势和磁动势 …… 144
4.4.1 三相异步电动机的感应电动势 …… 144
4.4.2 三相异步电动机的磁动势 …… 147
4.5 课题 三相异步电动机的空载运行 …… 153
4.5.1 空载运行时的电磁关系 …… 153
4.5.2 空载时的定子电压平衡关系 …… 154
4.6 课题 三相异步电动机的负载运行 …… 154
4.6.1 负载运行时的物理情况 …… 154
4.6.2 转子绕组各电磁量 …… 155
4.6.3 负载运行时的基本方程式 …… 157
4.6.4 三相异步电动机负载运行时的等效电路 …… 158
4.7 课题 三相异步电动机的功率平衡和转矩平衡 …… 161
4.7.1 功率平衡方程 …… 161
4.7.2 转矩平衡方程 …… 163
4.8 课题 三相异步电动机的工作特性 …… 165
4.9 课题 三相异步电动机的参数测定 …… 166
4.9.1 空载试验 …… 166
4.9.2 短路试验与短路参数的测定 …… 168
思考题与习题 …… 169

模块 5 三相异步电动机的电力拖动 …… 171
5.1 课题 三相异步电动机的机械特性 …… 171
5.1.1 电磁转矩的三种表达式 …… 171
5.1.2 固有机械特性 …… 174
5.1.3 人为机械特性 …… 175
5.2 课题 三相异步电动机的启动 …… 177
5.2.1 三相笼形异步电动机的启动 …… 177
5.2.2 三相绕线转子异步电动机的启动 …… 183
5.3 课题 三相异步电动机的制动 …… 188
5.3.1 能耗制动 …… 188
5.3.2 反接制动 …… 191
5.3.3 回馈制动 …… 193
5.4 课题 三相异步电动机的调速 …… 194

  5.4.1 变极调速 …………………………………………………………… 194

  5.4.2 变频调速 …………………………………………………………… 198

  5.4.3 变转差率调速 ……………………………………………………… 200

 思考题与习题 ……………………………………………………………………… 203

模块 6 其他交流电动机 …………………………………………………………… 206

 6.1 课题 单相感应电动机 ……………………………………………………… 206

  6.1.1 单相异步电动机的基本结构 ……………………………………… 206

  6.1.2 单相异步电动机的工作原理 ……………………………………… 207

  6.1.3 单相异步电动机的主要类型及启动方法 ………………………… 208

 6.2 课题 直线异步电动机 ……………………………………………………… 210

  6.2.1 直线异步电动机的分类和结构 …………………………………… 210

  6.2.2 直线异步电动机的工作原理 ……………………………………… 212

  6.2.3 直线电动机的特点 ………………………………………………… 212

  6.2.4 直线异步电动机的应用 …………………………………………… 213

 6.3 课题 电磁调速感应电动机 ………………………………………………… 214

 6.4 课题 交直流两用电动机 …………………………………………………… 216

 思考题与习题 ……………………………………………………………………… 217

模块 7 同步电机 ………………………………………………………………… 218

 7.1 课题 同步电机的基本类型和基本结构 …………………………………… 218

  7.1.1 同步电机的基本类型 ……………………………………………… 218

  7.1.2 同步电机的基本结构 ……………………………………………… 219

  7.1.3 同步电机的额定值及励磁方式 …………………………………… 221

 7.2 课题 同步发电机 …………………………………………………………… 223

  7.2.1 同步发电机的空载运行 …………………………………………… 223

  7.2.2 同步发电机的电枢反应 …………………………………………… 224

  7.2.3 同步发电机的负载运行 …………………………………………… 227

  7.2.4 同步发电机的特性 ………………………………………………… 229

 7.3 课题 同步电动机 …………………………………………………………… 233

  7.3.1 同步电动机的基本方程式和相量图 ……………………………… 233

  7.3.2 同步电动机的启动 ………………………………………………… 237

 *7.4 课题 微型同步电动机 ……………………………………………………… 238

  7.4.1 永磁式微型同步电动机 …………………………………………… 238

  7.4.2 反应式微型同步电动机 …………………………………………… 239

  7.4.3 磁滞式微型同步电动机 …………………………………………… 241

 思考题与习题 ……………………………………………………………………… 242

模块 8　控制电机 … 243

8.1 课题　概述 … 243
8.1.1　控制电机的基本用途和分类 … 243
8.1.2　对控制电机的基本要求 … 244

8.2 课题　伺服电机 … 245
8.2.1　直流伺服电机 … 245
8.2.2　交流伺服电机 … 249

8.3 课题　步进电机 … 252
8.3.1　三相反应式步进电机的结构 … 253
8.3.2　三相反应式步进电机的工作原理 … 253
8.3.3　步进电机的运行特性 … 256
8.3.4　驱动电源 … 259
8.3.5　步进电机的应用 … 262

8.4 课题　测速发电机 … 262
8.4.1　直流测速发电机 … 263
8.4.2　交流测速发电机 … 264

8.5 课题　自整角机 … 267
8.5.1　力矩式自整角机 … 267
8.5.2　控制式自整角机 … 269

8.6 课题　旋转变压器 … 270
8.6.1　正余弦旋转变压器 … 270
8.6.2　线性旋转变压器 … 273

思考题与习题 … 274

模块 9　拖动系统电动机的选择 … 275

9.1 课题　电动机的发热与冷却 … 275
9.1.1　电动机的发热过程 … 275
9.1.2　电动机的冷却过程 … 277
9.1.3　电动机的绝缘等级 … 277

9.2 课题　电动机的工作制分类 … 278

9.3 课题　电动机容量的选择 … 279
9.3.1　连续工作制电动机容量的选择 … 279
9.3.2　短时工作制电动机容量的选择 … 280
9.3.3　断续周期工作制电动机的选择 … 280
9.3.4　统计法和类比法 … 281

思考题与习题 … 282

附录　部分习题参考答案 … 283

参考文献 … 306

模块 1

直 流 电 机

知识点

(1) 直流电机的工作原理；
(2) 直流电机的基本方程式；
(3) 直流电机的工作特性。

学习要求

(1) 具备分析直流电机基本工作原理的能力；
(2) 具备应用直流电机的感应电动势、电磁转矩、电磁功率等基本公式的能力；
(3) 具备分析直流电机的工作特性的能力；
(4) 具备识读直流电机的铭牌并分析其结构特点的能力。

直流电机是一种通过磁场的耦合作用实现机械能与直流电能相互转换的旋转式机械。直流电机包括直流电动机和直流发电机。将机械能转变成直流电能的电机称为直流发电机，反之，将直流电能转变成机械能的电机称为直流电动机。直流电机具有可逆性，一台直流电机是工作在发电机状态，还是工作在电动机状态，取决于电机的运行条件。

直流电机的主要优点是具有良好的启动性能和平滑的调速特性，过载能力强，易于控制，经济性好。这对有些生产机械的拖动来说是十分重要的，例如大型可逆式轧钢机、矿井卷扬机、电力机车和大型起重机等生产机械，大部分都是由直流电动机拖动的。

直流电机的主要缺点是制造工艺复杂，消耗有色金属较多，生产成本高，运行可靠性较差，维护较困难，且有换向问题。随着电力电子技术的迅速发展，在很多领域，直流发电机已逐步被整流电源所取代，直流电动机也已被交流电动机所取代，但是直流电动机仍以其良好的调速性能在许多场合继续发挥着重要作用。

本模块主要介绍直流电机的基本工作原理、结构和运行特性。

1.1 课题 直流电机的基本工作原理

1.1.1 直流发电机的基本工作原理

直流发电机的工作原理基于电磁感应定律。电磁感应定律指出，在均匀磁场中，当导体切割磁感应线时,导体中就有感应电动势产生。若磁感应线、导体及其运动方向三者相互垂直,则导体中产生的感应电动势 e 的大小为

$$e = Blv \tag{1-1}$$

式中,B 为磁感应强度或磁通密度(T 或 Wb/m²);l 为导体切割磁感应线的有效长度(m);v 为导体与磁场的相对切割速度(m/s);e 为导体上的感应电动势(V)。

由式(1-1)可知,对于长度一定的导体来说,导体中感应电动势的大小由导体所在处的磁感应强度和导体切割磁场的速度所决定,而感应电动势的方向可由右手定则来确定。

图 1-1 所示是一台最简单的直流发电机的物理模型。N 和 S 是一对固定的磁极,磁极固定不动,称为定子。两磁极之间有一个可以旋转的导磁圆柱体,在其表面的槽内放置了一个线圈,线圈连同导磁圆柱体是直流电动机可转动部分,称为电机转子(或电枢)。线圈由导体 ab 和 cd 构成,线圈的两端分别接到相互绝缘的两个圆弧形铜片(称为换向片)上,由换向片构成的圆柱体称为换向器,换向片分别与固定不动的电刷 A 和 B 保持滑动接触,这样,线圈 $abcd$ 可以通过换向片和电刷与外电路接通。电枢在原动机拖动下转动,把机械能转变为电能供给接在两电刷间的负载。

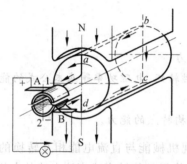 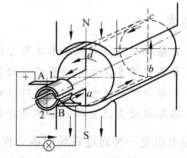

(a) ab 边在N极下,cd 边在S极上的电动势方向　　(b) 转子转过180°后的电动势方向

图 1-1　直流发电机的物理模型

在图 1-1(a)中,电枢逆时针恒速旋转时,根据电磁感应定律可知,线圈的 ab、cd 两边因切割磁感应线而产生感应电动势,由右手定则可以判断出感应电动势的方向为 $d \rightarrow c \rightarrow b \rightarrow a$,电刷 A 为正极,电刷 B 为负极。外电路上的电流方向是由正极 A 流出,经负载流向负极 B。

当电枢转过 180°后,如图 1-1(b)所示,此时线圈的电动势方向变为以 $a \rightarrow b \rightarrow c \rightarrow d$,电刷 A 原来与换向片 1 接触,现在变为与换向片 2 接触,电刷 B 原来与换向片 2 接触,现在变为与换向片 1 接触,这样电刷 A 仍为正极,电刷 B 仍为负极。

以上分析表明,当原动机拖动电枢线圈旋转时,线圈中的感应电动势方向不断改变,但通过换向器和电刷的作用,在电刷 A、B 间输出的电动势的方向是不变的,即为直流电动势。若在电刷 A、B 间接入负载,发电机就能向负载提供直流电能,这就是直流发电机的工作原理。

实际直流发电机的电枢根据实际应用情况需要有多个线圈。线圈分布于电枢铁芯表面的不同位置上,并按照一定的规律连接起来,构成电机的电枢绕组。磁极也是根据需要

N、S极交替放置多对。

1.1.2 直流电动机的工作原理

直流电动机的工作原理基于安培定律。安培定律指出,若均匀磁场 B 与导体相互垂直,且导体中通以电流 i,则作用于载流导体上的电磁力 F 为

$$F = Bli \tag{1-2}$$

式中,l 为导体的有效长度(m);i 为导体中的电流(A);F 为导体所受的电磁力(N)。

由式(1-2)可知,对于长度一定的导体来说,所受电磁力的大小由导体所在处的磁感应强度和通过导体的电流所决定,而电磁力的方向可由左手定则来确定。

如果在图 1-1(a)、(b)中去除原动机和电刷两端所接的负载,在 A、B 两电刷间施加一个直流电源,就成为一台最简单的直流电动机,如图 1-2 所示。

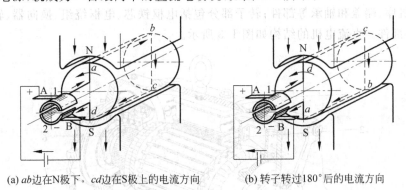

(a) ab 边在 N 极下,cd 边在 S 极上的电流方向　　(b) 转子转过180°后的电流方向

图 1-2　直流电动机的模型

在图 1-2(a)中,当 ab 边在 N 极下,cd 边在 S 极上,电流从电刷 A、换向片 1、线圈边 ab 和 cd,最后经换向片 2 及电刷 B 回到电源的负极时,线圈中的电流方向为 $a \to b \to c \to d$。根据左手定则可知,此瞬间导体 ab 所受电磁力向左,导体 cd 所受电磁力向右,这样就在线圈 $abcd$ 上产生一个转矩,称为电磁转矩,该转矩的方向为逆时针方向,使整个电枢逆指针方向旋转。

当电枢转过180°之后,如图1-2(b)所示,cd 转到 N 极下,ab 转到 S 极上,此时电流流经的途径是通过电刷 A、换向片 2、线圈边 dc 和 ba,最后经换向片 1 及电刷 B 回到电源的负极,线圈中的电流方向为 $d \to c \to b \to a$。因此线圈中的电流改变了方向,但用左手定则可判断,这时电磁转矩的方向仍是逆时针方向。

从上述分析可知,虽然直流电动机电枢绕组线圈中流通的电流为交变的,但 N 极和 S 极下所受力的方向并未发生变化,产生的电磁转矩却是单方向的,因此电枢的转动方向仍保持不变。改变线圈中电流的方向是由换向器和电刷来完成的。

在实际直流电动机中,有许多线圈牢固地嵌在电枢铁芯槽中。当线圈(导体)中通过电流时,处在磁场中的导体因受到电磁力而运动,即带动整个电枢旋转,通过转轴便可带动工作机械。这就是直流电动机的基本工作原理。

综上所述,一台直流电机既可以作为电动机运行,又可以作为发电机运行,这主要取决于不同的外部条件。若将直流电源加在电刷两端,电机就能将直流电能转换为机械能,

作电动机运行；若用原动机拖动电枢旋转，输入机械能，电机就将机械能转换为直流电能，作发电机运行。这种运行状态的可逆性称为直流电机的可逆运行原理。实际的直流发电机和直流电动机，因为设计制造时考虑了长期作为发电机或电动机运行性能方面的不同要求，在结构上要有区别。

1.2 课题　直流电机的基本结构与铭牌

1.2.1　直流电机的基本结构

直流电机在结构上主要有可旋转部分和静止部分。可旋转部分称为转子或电枢，静止部分称为定子。定子与转子之间有间隙，称为气隙。定子部分包括主磁极、换向极、电刷装置、机座、端盖和轴承等部件；转子部分包括电枢铁芯、电枢绕组、换向器、转轴、风扇和支架等部件。直流电机的结构如图 1-3 所示。

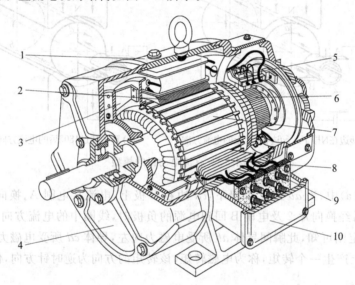

图 1-3　直流电机的结构图
1—风扇；2—机座；3—电枢；4—主磁极；5—刷架；6—换向器；
7—接线板；8—出线盒；9—换向极；10—端盖

1. 定子部分

定子的作用是产生磁场和作为电机的机械支架。

（1）主磁极。主磁极的作用是产生一个恒定的主磁场。主磁极由铁芯和励磁绕组两部分组成，整个磁极用螺钉固定在机座上，如图 1-4 所示。主磁极铁芯通常采用 1.0～1.5mm 厚的低碳钢板冲片叠压而成，包括极身和极靴（或极掌）两部分。极靴做成圆弧形，以使磁极下气隙磁通较均匀。极身外边套着励磁绕组，励磁绕组用铜线（或铝线）绕制而成。当绕组中通入直流电流时，铁芯就成为一个固定极性的磁极。主磁极可为一对、两对或更多对数。为了保证各极励磁电流严格相等，励磁绕组相互间一般采用串联，而且在连接时要保证 N、S 极间隔排列。

模块1 直流电机

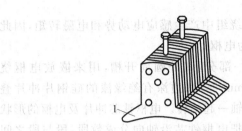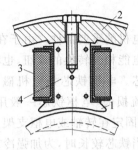

图1-4 直流电机的主磁极
1—极掌；2—机座；3—励磁绕组；4—主磁极铁芯

（2）换向极。换向极由铁芯和套在铁芯上的绕组构成，如图1-5所示。其铁芯多用整块钢板加工而成，大容量电机也采用薄钢片叠压而成。换向极绕组的匝数较少，并与电枢绕组串联，一般采用较粗的矩形截面导线绕制而成。换向极通常安装在两个相邻主磁极的中心线处，所以又称间极，其极数一般与主磁极极数相等（小功率直流电机可不装设换向极，或只装设主磁极极数一半的换向极），也用螺钉固定在机座上。

（3）电刷装置。电刷与换向器配合可以把转动的电枢绕组和外电路连接，并把电枢绕组中的交流量转变成电刷端的直流量。电刷装置主要由电刷、刷握、刷杆、刷杆座及铜丝辫等零件构成，如图1-6所示。电刷一般由导电耐磨的石墨材料制成，放在刷握内，用弹簧压紧在换向器表面上，刷握固定在刷杆上，刷杆固定在圆环形的刷杆座上，借铜丝辫将电流从电刷引入或引出。在换向器表面上，各电刷之间的距离应该是相等的。刷杆座装在端盖或轴承内盖上，是可以转动的，以便于调整电刷在换向器表面上的位置。电刷组的个数，一般等于主磁极的个数。

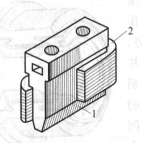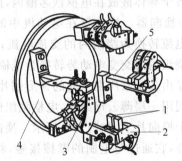

图1-5 直流电机的换向磁极
1—换向极铁芯；2—换向极绕组

图1-6 直流电机的电刷装置
1—电刷；2—刷握；3—弹簧压板；
4—刷杆座；5—刷杆

（4）机座。机座既可以固定主磁极、换向极、端盖等，又是电机磁路的一部分（称为磁轭）。机座一般用铸钢或厚钢板焊接而成，它具有良好的导磁性能和机械强度。

在机座上还装有接线盒，电枢绕组和励磁绕组通过接线盒与外部连接。普通直流电机电枢回路的电阻比励磁回路的电阻小得多。

（5）端盖。机座的两边各有一个端盖，它的中心部分装有轴承，用来支持转子，电刷架也固定在端盖上。

2. 转子部分

转子是直流电机的重要部件。由于在转子绕组中产生感应电动势和电磁转矩，因此转子是机械能与电能相互转换的枢纽，也称其为电枢。

（1）电枢铁芯。电枢铁芯是电机磁路的一部分，其外圆周开槽，用来嵌放电枢绕组。为了减少涡流损失，电枢铁芯一般用 0.5mm 厚、两边涂有绝缘漆的硅钢片冲片叠压而成，电枢铁芯固定在转轴或电枢支架上，与轴一起旋转。电枢铁芯冲片及电枢的形状如图 1-7 所示。当铁芯较长时，为加强冷却，可把电枢铁芯沿轴向分成数段，段与段之间留有通风孔。

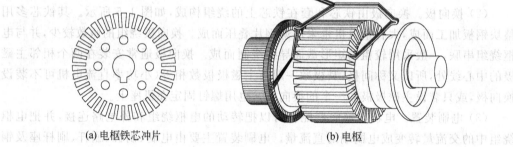

(a) 电枢铁芯冲片　　(b) 电枢

图 1-7　电枢铁芯冲片及电枢

（2）电枢绕组。电枢绕组是直流电机的主要组成部分，其作用是产生感应电动势和电磁转矩，使电机实现机电能量的转换。

电枢绕组通常是用绝缘导线绕成的多个线圈（或称元件）按一定规律连接而成。组成线圈的各个导体嵌放在电枢铁芯槽内，而线圈的端部固定连接在对应的换向片上。

（3）换向器。换向器在电动机中的作用是将电刷两端的直流电流转换为绕组内的交流电流；在发电机中，它的作用是将绕组内的交变电动势转换为电刷两端的直流电动势。换向器是由多个紧压在一起的梯形铜片构成的一个圆筒，片与片之间用一层薄云母绝缘，电枢绕组的每个线圈两端分别接至两个换向片上，如图 1-8 所示。换向器是直流电动机的重要部件，它通过与电刷的摩擦接触，将加于两个电刷之间的直流电流变换成为绕组内部的交流电流，以便形成固定方向的电磁转矩。

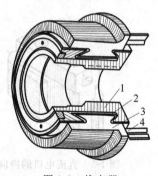

图 1-8　换向器

1—V形套筒；2—云母；
3—换向片；4—连接片

（4）风扇、转轴和支架。风扇为自冷式电机中冷却气流的主要来源，可防止电机温升过高。转轴是电枢的主要支撑件，它传送转矩、承受重量及各种电磁力，应有足够的强度、刚度。支架是大中型电机电枢组件的支撑件，有利于通风和减轻重量。

1.2.2　直流电机的铭牌及额定值

铭牌钉在电机机座的外表面上，其上标明电机主要额定数据及电机产品数据，供用户参考。铭牌数据主要包括电机型号、额定功率、额定电压、额定电流、额定转速和额定励磁电流及励磁方式等,此外还有电机的出厂数据,如出厂编号、出厂日期等。

电机制造厂按一定标准及技术要求,规定了电机高效长期稳定运行的经济技术参数,称为电机的额定值。额定值是使用和选择电机的依据,因此使用前一定要详细了解这些铭牌数据。表 1-1 所示为某台直流电动机的铭牌。

表 1-1 直流电动机的铭牌举例

型　号	Z_3-95	产品编号	7001
功　率	30kW	励磁方式	他励
电　压	220V	励磁电压	220V
电　流	160.5A	工作方式	连续
转　速	750r/min	绝缘等级	定子 B,转子 B
标准编号	JB 1104—1968	重　量	685kg
×××电机厂		出厂日期	年　月

1. 型号

型号表明该电动机所属的系列及主要特点,采用大写汉语拼音字母和阿拉伯数字表示,通常由三部分构成:第一部分为产品代号;第二部分为规格代号;第三部分为特殊环境代号。例如型号 Z_3-95 中的"Z"表示普通用途直流电机;脚注"3"表示第三次改型设计;第一个数字"9"是机座直径尺寸序号;第二个数字"5"是铁芯长度序号。

2. 额定值

(1) 额定电压 U_N。额定电压是指在额定运行条件下,电机出线端的电压。对电动机而言,是指输入额定电压;对发电机而言,是指输出额定电压(V)。

(2) 额定电流 I_N。额定电流是指电机在额定电压条件下,运行于额定功率时的电流。对电动机而言,是指带额定负载时的输入电流;对发电机而言,是指带额定负载时的输出电流(A)。

(3) 额定功率 P_N。额定功率是指在额定电压条件下电机所能供给的功率。对于电动机而言,额定功率是指电动机轴上输出的额定机械功率

$$P_N = U_N I_N \eta_N \tag{1-3}$$

式中,η_N 为额定效率,是电机在额定条件下输出功率与输入功率的百分比。

对发电机而言,额定功率是指向负载端输出的电功率(W 或 kW)。

$$P_N = U_N I_N \tag{1-4}$$

(4) 额定转速 n_N。额定转速是指电机在额定电压、额定电流的条件下,且电机运行于额定功率时电机的转速(r/min)。

此外,铭牌上还标有励磁方式、工作方式、绝缘等级、重量等参数。还有一些额定值,如额定效率 η_N、额定转矩 T_N、额定温升 τ_N,一般不标注在铭牌上。

电机在实际运行时,不可能总工作在额定状态,其运行情况由负载大小来决定。如果负载电流等于额定电流,称为满载运行;负载电流大于额定电流,称为过载运行;负载电流小于额定电流,称为欠载运行。长期过载运行将使电机因过热而缩短寿命,长期欠载运行

则电机不能充分利用,效率低。选择电机时,应根据负载要求,尽可能使其接近于额定情况下运行。

1.2.3 直流电机的主要系列简介

为了产品的标准化和通用化,电机制造厂生产的产品多是系列电机。所谓系列电机,就是指在应用范围、结构形式、性能水平、生产工艺方面有共同性,功率按一定比例系数递增,并成批生产的一系列电机。

我国常用直流电机的主要系列简介如下:

(1) Z系列。Z系列电机是通风防护式的,适用于调速范围不大的机械拖动,应在少灰尘、少腐蚀及温度低的场所使用。

(2) Z_2 系列。Z_2 系列是Z系列的改进,也是防护式的,调速范围可达 2∶1,即转速可超过额定转速一倍。

(3) ZO系列。ZO系列电机是封闭式的,用于多灰尘但无腐蚀性气体的场所。

(4) ZD系列。ZD系列电机主要用于需要广泛调速并具有较大过载能力的场所,如大型机床、卷扬机、起重设备等。

(5) ZQD系列。ZQD系列是直流牵引电动机,用于牵引车辆。

直流电机系列很多,使用时可查电机产品目录或有关电工手册。

1.3 课题　直流电机的电枢绕组

1.3.1 直流电枢绕组基本知识

电枢绕组是直流电机的电路部分,是电机实现机电能量转换的枢纽。电枢绕组的主要作用是产生感应电动势和电磁转矩。

电枢绕组是由许多结构与形状相同的线圈(以下称元件)按一定规律连接而成的。直流电机电枢绕组为双层分布绕组,其连接方式有叠绕组和波绕组两种类型(见图1-9)。叠绕组又分为单叠绕组和复叠绕组;波绕组又分为单波绕组和复波绕组;此外还有蛙形绕组,即叠绕组和波绕组混合绕组。下面介绍电枢绕组中常用的基本知识。

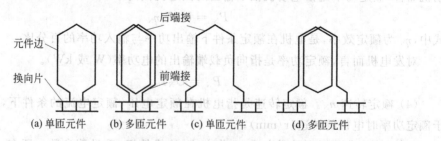

图1-9　直流电枢绕组元件
(a)、(b)—叠绕组元件;(c)、(d)—波绕组元件

1. 电枢绕组元件

电枢绕组元件由绝缘铜线绕制而成,每个元件有两个嵌放在电枢槽中能与磁场作用

产生转矩或电动势的有效边,称为元件边,它是进行电磁能量转换的部分。伸出槽外的部分,仅起连接作用,不能直接转换能量,称为端部,如图 1-10 所示。

每个绕组元件有两个出线端,一个称为首端,一个称为末端。绕组元件的两个出线端分别与两片换向片连接,与换向片相连的一端为前端接,另一端为后端接。绕组元件一般是多匝的,如图 1-9(b)、(d)所示。为便于嵌线,每个元件的一个元件边嵌放在某一槽的上层,称为上元件边,画图时以实线表示;另一个元件边则嵌放在另一槽的下层,称为下元件边,画图时以虚线表示,如图 1-10 所示。

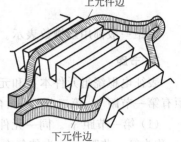

图 1-10 电枢绕组在槽内的放置

每一个元件有两个元件边,每片换向片又总是接一个元件的上层边和另一元件的下层边,因此元件数 S 总等于换向片数 K,即

$$S = K \tag{1-5}$$

每个元件有两个元件边,而每个电枢槽分上、下两层嵌放两个元件边,因此元件数 S 又等于槽数 Z,即

$$S = K = Z \tag{1-6}$$

电枢绕组嵌放在电枢槽中,通常每个槽的上、下层各放置若干个元件边。为说明每个边的具体位置,引入"虚槽"的概念。设槽内每层有 u 个元件边,则每个实际槽等同于 u 个"虚槽",即把一个实槽当成 u 个虚槽使用,每个虚槽的上、下层各有一个元件边,如图 1-11 所示。

虚槽数 Z_u 与实槽数 Z 之间的关系为

$$Z_u = uZ = S = K \tag{1-7}$$

为分析方便起见,本书中均设 $u=1$。

2. 极距

沿电枢表面相邻磁极的距离称为极距 τ,如图 1-12 所示。当用线性长度表示时,极距的表达式

$$\tau = \frac{\pi D_a}{2p} \tag{1-8}$$

式中,D_a 为电枢铁芯外直径;p 为直流电机磁极对数。

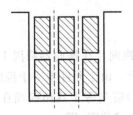

图 1-11 实槽和虚槽($u=3$)

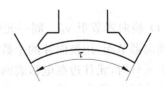

图 1-12 极距 τ

当用虚槽数表示时,极距的表达式为

$$\tau = \frac{Z_u}{2p} \tag{1-9}$$

极距一般都用虚槽数表示。

3. 节距

表征电枢绕组元件本身和元件之间连接规律的数据为节距。直流电机电枢绕组的节距有第一节距 y_1、第二节距 y_2、合成节距 y 和换向器节距 y_K 四种。

(1) 第一节距 y_1。同一元件的两个元件边在电枢圆周上所跨的距离,用虚槽数来表示,称为第一节距 y_1。为使每个元件能获得最大的电动势,第一节距 y_1 应等于或接近于一个极距 τ,但 τ 不一定是整数,而 y_1 必须是整数,为此,一般取第一节距

$$y_1 = \frac{Z_u}{2p} \mp \varepsilon = 整数 \tag{1-10}$$

式中,ε 是小于1的分数。

若 $\varepsilon=0$,则 $y_1=\tau$,称为整距绕组;若 $\varepsilon\neq 0$,则当 $y_1>\tau$,称为长距绕组;$y_1<\tau$ 时,称为短距绕组。$y_1>\tau$ 的元件,其电磁效果与 $y_1<\tau$ 的元件相近,但端接部分较长,耗铜多,一般不用。

(2) 第二节距 y_2。第一个元件的下层边与直接相连的第二个元件的上层边之间在电枢圆周上的距离,用虚槽数来表示,称为第二节距 y_2,如图 1-13 所示。

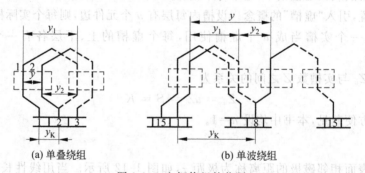

(a) 单叠绕组　　　　　　　(b) 单波绕组

图 1-13　电枢绕组的节距

(3) 合成节距 y。直接相连的两个元件的对应边在电枢表面的跨距称为合成节距。

对单叠绕组

$$y = y_1 - y_2 \tag{1-11}$$

对单波绕组

$$y = y_1 + y_2 \tag{1-12}$$

(4) 换向器节距 y_K。同一元件首、末连接的两片换向片在换向器圆周上所跨的距离称为换向器节距,用换向片的个数表示,如图 1-13 所示。由于元件数等于换向片数,每连接一个元件时,元件边在电枢表面前进的距离(虚槽数)应当等于其出线端在换向器表面所前进的距离(换向片数),所以换向器节距应当等于合成节距,即

$$y_K = y \tag{1-13}$$

4. 绕组展开图

将电枢表面某处沿轴向剖开，展开成一个平面，就得到绕组展开图(见图1-14)。绕组展开图可清楚地表示绕组连接规律。其中实线表示上层元件边，虚线表示下层元件边。一个虚槽中的上、下元件边用紧邻的一条实线和一条虚线表示，每个方格表示一片换向片。为分析方便，使其宽度与槽宽相等。画展开图时，要先对电枢槽、绕组元件和换向片进行编号，一个绕组元件的上层边所在的槽、上层边所连接的换向片和该元件标号相同。例如1号元件上层边放在1号槽，并与1号换向片连接。

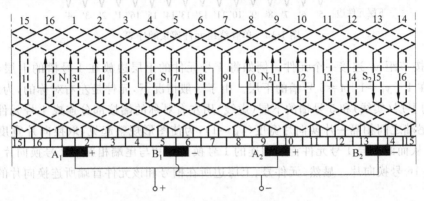

图1-14 单叠绕组展开图

下面以单叠绕组与单波绕组为例介绍电枢绕组的结构和连接规律。

1.3.2 单叠绕组

单叠绕组的连接规律是将所有相邻元件依次串联，即后一个元件的首端与前一个元件的尾端相连，同时每个元件的两个出线端依次连接到相邻换向片上，最后形成一个闭合回路。所以单叠绕组的合成节距等于一个虚槽，换向器节距等于一个换向片，即

$$y = y_K = \pm 1 \tag{1-14}$$

$y=+1$ 表示每串联一个元件就向右移动一个虚槽或一个换向片，称为右行绕组；
$y=-1$ 表示每串联一个元件就向左移动一个虚槽或一个换向片，称为左行绕组。

由于左行绕组的元件接到换向片的连接线互相交错，用铜较多，很少采用。直流电机的电枢绕组多用右行绕组。下面通过一个具体的例子说明绕组展开图的画法。

【**例1-1**】 已知一台直流电机的极对数 $p=2$，$Z_u=S=K=16$，试画出其右行单叠绕组展开图。

【**解**】 (1) 计算绕组的节距。

第一节距

$$y_1 = \frac{Z_u}{2p} \mp \varepsilon = \frac{16}{4} = 4 (全距)$$

第二节距

$$y_2 = y_1 - y = 4 - 1 = 3$$

换向器节距和合成节距

$$y = y_K = +1$$

(2) 绘制绕组展开图。假想把电枢从某一齿的中间沿轴向切开展成平面，所得绕组连接图称为绕组展开图，单叠绕组展开图如图 1-14 所示。绘制直流电动机单叠绕组展开图的步骤如下：

① 画 16 根等长、等距的平行实线代表 16 个槽的上层，在实线旁画 16 根平行虚线代表 16 个槽的下层。一根实线和一根虚线代表一个槽，编上槽号，如图 1-15 所示。

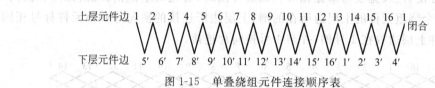

图 1-15 单叠绕组元件连接顺序表

② 按节距 y_1 连接一个元件。例如将 1 号元件的上层边放在 1 号槽的上层，其下层边应放在 $1+y_1=1+4=5$ 号槽的下层。由于一般情况下，元件是左右对称的，为此，可把 1 号槽的上层（实线）和 5 号槽的下层（虚线）用左右对称的端接部分连成 1 号元件。注意首端和尾端之间相隔一片换向片宽度（$y_K=1$），为使图形规整起见，取换向片宽度等于一个槽距，从而画出与 1 号元件首端相连的 1 号换向片和与尾端相连的 2 号换向片，并依次画出 3～16 号换向片。显然，元件号、上层边所在槽号和该元件首端所连换向片的编号均相同。

③ 画 1 号元件的平行线，可以依次画出 2～16 号元件，从而将 16 个元件通过 16 片换向片连成一个闭合的回路。

④ 画磁极，本例有 2 对主磁极，在圆周上应该均匀分布，即相邻磁极中心之间应间隔 4 个槽。设某一瞬间，4 个磁极中心分别对准 3 槽、7 槽、11 槽、15 槽，并让磁极宽度约为极距的 0.6～0.7，画出 4 个磁极，如图 1-15 所示。依次标上极性 N_1、S_1、N_2、S_2，一般假设磁极在电枢绕组的上面。

⑤ 画电刷，电刷组数也就是刷杆数等于极数，且均匀分布在换向器表面圆周上，相互间隔 16/4=4 片换向片。为使被电刷短路的元件中感应电动势最小，正负电刷之间引出的电动势最大，当元件左右对称时，电刷中心线应对准磁极中心线。图中设电刷宽度等于一片换向片的宽度。

设此电机工作在电动机状态，且电枢绕组向左移动，根据左手定则可知电枢绕组各元件中电流的方向如图 1-14 所示，为此应将电刷 A_1、A_2 并联起来作为电枢绕组的"+"端，接电源正极；将电刷 B_1、B_2 并联起来作为"−"端，接电源负极。如果工作在发电机状态，设电枢绕组的转向不变，则电枢绕组各元件中感应电动势的方向用右手定则确定，与电动机状态时电流方向相反，因而电刷的正负极性不变。

(3) 单叠绕组连接顺序表。绕组展开图比较直观，但画起来比较麻烦。为简便起见，绕组连接规律也可用连接顺序表表示。本例的连接顺序表如图 1-15 所示。表中上排数字同时代表上层元件边的元件号、槽号和换向片号，下排带"′"的数字代表下层元件边所在的槽号。如 1 号元件的上层边与 1 号换向片相连接，并放在 1 号槽，1 号元件的下层边放在 5 号槽，2 号元件的上层边与 2 号换向片相连接，并放在 2 号槽，2 号元件的下层边放在 6 号槽……

（4）单叠绕组的并联支路图。保持图 1-14 中各元件的连接顺序不变,将此瞬间不与电刷接触的换向片省去不画,可以得到图 1-16 所示的并联支路图。

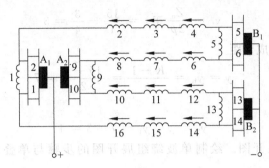

图 1-16 单叠绕组的并联支路图

单叠绕组有以下特点。
① 同一主磁极下的元件串联组成一个支路,则并联支路对数 a 总等于极对数 p。
② 电刷组数等于主磁极数,电刷位于主磁极的轴线上、短路电势为零的元件。
③ 电枢电动势等于支路电动势。
④ 电枢电流等于各并联支路电流之和。

1.3.3 单波绕组

波绕组因其元件连接呈波浪形,故称为波绕组。单波绕组的连接规律是从某一换向片出发,将相隔约为一对极距的同极性磁极下对应位置的所有元件串联起来,直至沿电枢和换向器绕过一周后,恰好回到出发换向片的相邻一片上,然后再从此换向片出发,依次连接其余元件,最后回到开始出发的换向片,形成一个闭合回路。

如果电机有 p 对极,元件连接绕电枢一周,就由 p 个元件串联起来。从换向器上看,每连一个元件前进 y_K 片,连接 p 个元件后所跨过的总换向片数应为 py_K。单波绕组在换向器绕过一周后应回到出发换向片的相邻一片上,也就是总共跨过 $K \mp 1$ 片,即

$$py_K = K \mp 1 \tag{1-15}$$

在式(1-15)中,正负号的选择首先应满足使 y_K 为整数,其次考虑选择负号。选择负号时的单波绕组称为左行绕组,左行绕组端部叠压少。

换向器节距

$$y_K = \frac{K-1}{p} \tag{1-16}$$

合成节距

$$y = y_K \tag{1-17}$$

第二节距

$$y_2 = y - y_1 \tag{1-18}$$

第一节距的确定原则与单叠绕组相同。

【例 1-2】 已知一台直流电机的极对数 $p=2$,$Z_u=S=K=15$,试画出其左行单波绕组展开图。

【解】（1）计算绕组的节距。

第一节距

$$y_1 = \frac{Z_u}{2p} \mp \varepsilon = \frac{15}{4} - \frac{3}{4} = 3$$

换向器节距和合成节距

$$y = y_K = \frac{K-1}{p} = \frac{15-1}{2} = 7$$

第二节距

$$y_2 = y - y_1 = 7 - 3 = 4$$

（2）绘制绕组展开图。绘制单波绕组展开图的步骤与单叠绕组相同，如图 1-17 所示。

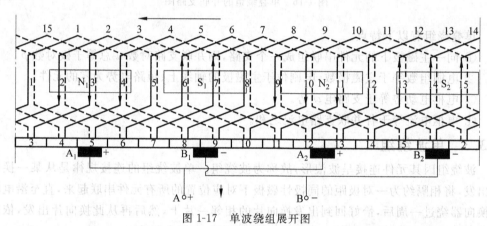

图 1-17 单波绕组展开图

（3）单波绕组的连接顺序表。按图 1-17 所示的连接规律可得相应的连接顺序表，如图 1-18 所示。

图 1-18 单波绕组的元件连接顺序表

（4）单波绕组的并联支路图。单波绕组的并联支路图如图 1-19 所示。

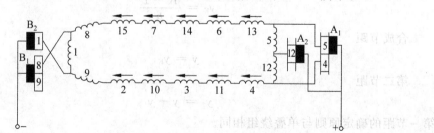

图 1-19 单波绕组的并联支路图

单波绕组有如下特点。

① 同一极性主磁极下所有元件串联起来组成一条支路。故并联支路数总是2，即 $a=1$。

② 单从支路对数来看，单波绕组可以只要两组电刷。但在实际电机中，为缩短换向器长度以降低成本，仍使电刷组数等于磁极数。电刷在换向器表面上的位置也是在主磁极的中心线上。

③ 电枢电动势等于支路电动势。

④ 电枢电流等于两并联支路电流之和。

设绕组每条支路的电流为 i_a，电枢电流为 I_a，无论是单叠绕组还是单波绕组，均有

$$I_a = 2ai_a \tag{1-19}$$

单叠绕组与单波绕组的主要区别在于并联支路对数的多少。单叠绕组可以通过增加极对数来增加并联支路对数，适用于低电压、大电流的电机。单波绕组的并联支路对数 $a=1$，但每条并联支路串联的元件数较多，故适用于小电流、较高电压的电机。

1.4 课题　直流电机的磁场

由直流电机的基本工作原理可知，直流电机无论是作为发电机还是作为电动机运行，必须具有一定强度的气隙磁场，所以磁场是直流电机进行能量转换的媒介。为此，在分析直流电机的运行原理之前，有必要对直流电机的励磁方式、空载和负载时的气隙磁场进行分析。

1.4.1　直流电机的励磁方式

主磁极上励磁绕组通以直流励磁电流产生的磁动势称为励磁磁动势。励磁磁动势单独产生的磁场是直流电机的主磁场，又称为励磁磁场。励磁绕组的供电方式称为励磁方式。直流电机按励磁方式的不同可以分为他励直流电机、并励直流电机、串励直流电机、复励直流电机。各种励磁方式如图1-20所示。

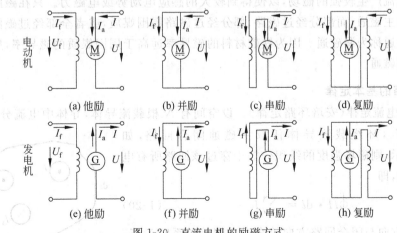

图1-20　直流电机的励磁方式

1. 他励直流电机

励磁绕组和电枢绕组无电路上的联系,励磁电流 I_f 由一个独立的直流电源提供,与电枢电流 I_a 无关。图 1-20(a)中的电流 I,对发电机而言,是指发电机的负载电流;对电动机而言,是指电动机的输入电流,他励电机的电枢电流 I_a 与电流 I 相等,即 $I_a=I$。

直流电机也可采用永久磁铁产生磁场,称为永磁式电机。永磁直流电机也可看做他励直流电机,因其励磁磁场与电枢电流无关。

2. 并励直流电机

图 1-20(b)中励磁绕组和电枢绕组并联。对发电机而言,励磁电流由发电机自身提供,$I_a=I+I_f$;对电动机而言,励磁绕组与电枢绕组并接于同一外加电源,$I_a=I-I_f$。

他励直流电机和并励直流电机的励磁电流只有电机额定电流的 1%~5%,因此励磁绕组的导线细、匝数多。

3. 串励直流电机

图 1-20(c)中励磁绕组和电枢绕组串联,$I_a=I=I_f$。对发电机而言,励磁电流由发电机自身提供;对电动机而言,励磁绕组与电枢绕组串接于同一外加电源。串励直流电机的励磁绕组的导线粗、匝数少。

4. 复励直流电机

图 1-20(d)中有两套励磁绕组,一套与电枢绕组并联,称为并励绕组;另一套与电枢绕组串联,称为串励绕组。两个绕组产生的磁动势方向相同时称为积复励,磁动势方向相反时称为差复励,通常采用积复励方式。直流电机的励磁方式不同,其运行特性和适用场合也不同。

1.4.2 磁路与磁路定律

1. 磁路

磁通所通过的路径称为磁路,磁路主要由铁磁材料构成(包括气隙),其目的是为了能用较小的电流产生较强的磁场,以便得到较大的感应电动势或电磁力。只在磁路中闭合的磁通称为主磁通,而部分经过磁路、部分经过磁路周围媒质,或者全部经过磁路周围媒质闭合的磁通称为漏磁通。因为铁磁材料的磁导率远高于周围媒质的磁导率,所以主磁通远大于漏磁通。

2. 磁路的基本定律

(1) 全电流定律(安培环路定律)。设空间有 N 根载流导体,导体中电流分别为 I_1、I_2、$\cdots$、I_N,环绕载流导体任取一磁通闭合回路,如图 1-21 所示,则磁场强度的线积分等于穿过该回路所有电流的代数和,即

$$\oint H \cdot dl = \sum I \quad (1-20)$$

式中,电流方向与闭合回路方向符合右手螺旋关系时为正,反之为负。

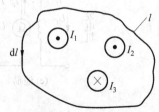

图 1-21 全电流定律

(2) 基尔霍夫磁通定律。如果忽略漏磁通,则根据磁通连续性原理,可认为全部磁通都在磁路内穿过。对于无分支磁路,认为磁路内磁通处处相等;对于有分支磁路(见图 1-22),在磁路分支点作一闭合面,则进入闭合面的磁通等于离开闭合面的磁通,即

$$\sum \Phi = 0 \tag{1-21}$$

上式表明在任一瞬间,磁路中某一闭合面的磁通代数和恒等于零,这就是基尔霍夫磁通定律。

(3) 基尔霍夫磁压定律。电气设备中的磁路往往由多种材料制成,且几何形状复杂(见图 1-23)。为分析计算方便,常将磁路分成若干段,横截面相等、材料相同的部分作为一段,每段磁路均可看做均匀磁路,其磁场强度相等。根据安培环路定律,每段磁路的磁场强度(H_k)乘以该段磁路的平均长度(l_k),表示该段磁路的磁压降(该段磁路消耗的磁动势),各段磁路磁压降的代数和即为作用在整个磁路上的磁动势,即

$$\sum_1^n H_k l_k = \sum I \tag{1-22}$$

式中,H_k 为第 k 段磁路的磁场强度;l_k 为第 k 段磁路的平均长度;n 为磁路分段数目。

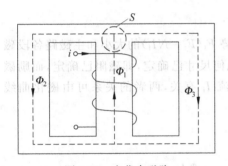

图 1-22 有分支磁路

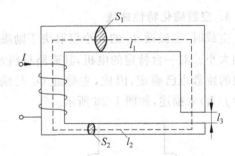

图 1-23 不同截面且有气隙的磁路

上式表明在任一瞬时,磁路中沿闭合回路磁压降的代数和等于该回路磁动势的代数和,这就是基尔霍夫磁压定律。

1.4.3 直流电机的空载磁场和磁化曲线

直流电机空载是指电机不带负载时的运行状态。在发电机中,空载时无电功率输出,对他励直流发电机而言,电枢电流等于零;在电动机中,空载时无机械功率输出,此时电枢电流很小,由电枢电流产生的电枢磁场可忽略不计,所以直流电机的空载磁场可以看做是由励磁绕组通以励磁电流后建立的励磁磁动势单独产生的磁场,又称主磁场。

1. 空载磁场和磁路

图 1-24 是一台四极直流电机的空载磁场分布示意图。从图中可以看出,当励磁绕组通以励磁电流时,产生的磁通大部分由 N 极出来经过气隙,进入电枢的齿槽,然后分两路经过电

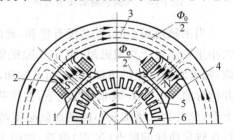

图 1-24 直流电机空载时的磁场分布
1—极靴;2—极身;3—定子磁轭;4—励磁线圈;
5—气隙;6—电枢齿;7—电枢磁轭

枢磁轭,到达电枢铁芯另一边的齿槽,再经过气隙进入相邻的S极,之后经过定子磁轭回到原来的N极而形成闭合回路。因此主磁极、气隙、电枢齿槽、电枢磁轭和定子磁轭共同构成磁场的通路——磁路。磁通既交链着励磁绕组,也交链着电枢绕组,称为主磁通,用Φ_0表示。从图中也可看出,在N、S极之间还存在着一小部分磁通,它们从N极出来后不进入电枢铁芯,而是经过气隙进入相邻的磁极或磁轭,这部分磁通只交链着励磁绕组,不交链电枢绕组,称为漏磁通,用Φ_σ表示。因为漏磁通磁路的气隙较大,磁阻较大,所以和主磁通比较起来,漏磁通很小,一般只有主磁通的15%~20%。

2. 空载磁场气隙磁通密度分布曲线

由于主磁极结构上的特点,气隙磁通密度B的分布是不均匀的。空载时气隙磁通密度分布如图1-25所示,在极靴下气隙较短,气隙中各点磁密较大;在极靴范围以外,气隙明显增长,磁通密度迅速下降,至两极分界处,磁通密度下降到零。因此其气隙磁通密度(简称磁密)分布曲线为图1-25中所示的近似梯形的平顶波。磁密为零的线与电机轴线所决定的平面称为物理中性面。两极之间的几何分界面为几何中性面。显然,当电机只存在主极磁场时,几何中性面与物理中性面重合。

3. 空载磁化特性曲线

空载时,主磁通Φ_0的大小仅取决于励磁磁动势$F_f(F_f=NI_f)$的大小和主磁路各段磁阻的大小。对一台特定的电机,其磁路材料及其几何尺寸已确定,即磁阻已确定,而励磁绕组的匝数也已确定,因此,主磁通Φ_0与励磁电流I_f有关,两者的关系可由磁化曲线$\Phi_0=f(I_f)$来描述,如图1-26所示。

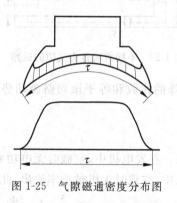

图1-25 气隙磁通密度分布图

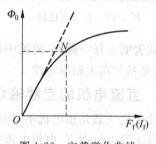

图1-26 空载磁化曲线

当主磁通很小时,铁芯没有饱和,此时铁芯的磁阻比气隙的磁阻要小得多,主磁通的大小主要决定于气隙磁阻;由于气隙磁阻是常量,因此主磁通较小时磁化曲线近似于直线;随着励磁电流的增加,铁芯趋于饱和,铁芯磁阻变大,磁通的增加逐渐变慢,磁化曲线开始弯曲,Φ_0与I_f成非直线关系;在铁芯饱和之后,磁阻变得很大,磁化曲线非常平缓地上升,此时为了增加较小的磁通就必须增加很大的励磁电流。在额定励磁时,电机一般运行在磁化曲线的膝点(N点)附近,如图1-26所示。这样既可获得较大的磁通密度,又不需要太大的励磁电流。

1.4.4 直流电机的负载磁场和电枢反应

1. 负载磁场和电枢反应

当直流电机负载运行时,不但励磁电流流过励磁绕组产生主磁场,而且电枢绕组中有电枢电流流过,将建立一个磁动势 F_a,该磁动势也要产生一个电枢磁场。因此直流电机负载运行时的气隙磁场是主磁场和电枢磁场的合成磁场,即负载运行时的气隙磁场是由励磁磁动势 F_f 和电枢磁动势 F_a 共同建立的。显然,电枢磁场的存在必然对主极磁场产生影响,通常把电枢磁场对主磁场的影响称做电枢反应。

2. 电刷在几何中性线上时的电枢反应

电枢反应对直流电机的运行特性影响很大,对于发电机来说,它直接影响到电机的感应电动势;对于电动机来说,它直接影响到与电机拖动性质有关的电磁转矩乃至转速。

下面以直流发电机的电枢反应为例,来分析电枢反应对直流电机气隙磁场的影响。为使作图简单起见,元件只画一层,省去换向器,电刷就放在几何中性线上直接与元件接触,如图 1-27 所示。另外,把主磁场和电枢磁场分开,单独分析,最后再分析气隙合成磁场。

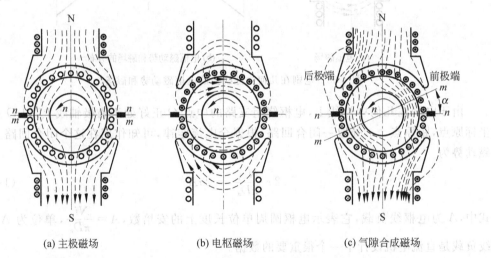

(a) 主极磁场　　　　(b) 电枢磁场　　　　(c) 气隙合成磁场

图 1-27　直流发电机的气隙磁场分布示意图

主极磁场如图 1-27(a)所示,按照图中所示的励磁电流方向,应用右手定则,便可确定主磁场的方向。在电枢表面上磁通密度为零的地方是物理中性线 mm,它与磁极的几何中性线 nn 重合,几何中性线与磁极轴线互差 90°电角度,即正交。

电枢磁场如图 1-27(b)所示,电枢磁场的方向决定于电枢电流方向,也可应用右手定则来确定。由图中可以看出,不论电枢如何转动,电枢电流的方向总是以电刷为界来划分的。在电刷两边,N 极面下的导体和 S 极面下的导体电流方向始终相反,只要电刷固定不动,电枢两边的电流方向就不变。因此电枢磁场的方向就不变,即电枢磁场是静止不动的。

由图可见这时电枢磁场的轴线与电刷轴线重合,并与主极轴线垂直,这时的电枢磁动势称为交轴电枢磁动势,它对主磁场的影响称为交轴电枢反应。

气隙合成磁场如图 1-27(c)所示,它是由主磁场和电枢磁场叠加在一起产生的。此时电枢磁场与主极磁场同时存在,且电枢磁场的轴线与主极磁场的轴线相互垂直,这两个磁场的合成结果使气隙磁场发生变化。

为了进一步研究电枢磁动势的大小和电枢磁场的分布情况,假定电枢绕组的总导体数为 N,导体中的电流为 i_a(i_a 也就是支路电流)、电枢直径为 D_a,并将图 1-27(b)重画且展开,如图 1-28 所示。

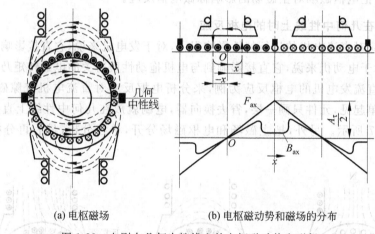

(a) 电枢磁场　　　　　(b) 电枢磁动势和磁场的分布

图 1-28　电刷在几何中性线上的电枢磁动势和磁场

由于电刷在几何中性线上,电枢绕组支路的中点 O 正好处于磁极轴线上,以 O 点为坐标原点,距原点 $\pm x$ 处取一闭合回路,根据全电流定律,可知作用在这个闭合回路上的磁动势为

$$2x \frac{Ni_a}{\pi D_a} = 2xA \tag{1-23}$$

式中,A 为电枢线负载,它表示电枢圆周单位长度上的安培数,$A = \dfrac{Ni_a}{\pi D_a}$,单位为 A/m。线负载是直流电机设计中一个很重要的数据。

若略去铁中磁阻不计,那么磁动势就全部消耗在两个气隙中,故离原点 x 处一个气隙所消耗的磁动势(每极安培数)为

$$F_{ax} = \frac{2xA}{2} = Ax \tag{1-24}$$

上式说明,在电枢表面上不同 x 处的电枢磁动势的大小是不同的,它与 x 成正比。

若规定电枢磁动势由电枢指向主极为正,则根据式(1-24)可以画出电枢磁动势沿电枢圆周的分布曲线,称为电枢磁动势曲线,如图 1-28(b)中的三角波,在正负两个电刷中点处,电枢磁动势为零,在电刷轴线处 $\left(x = \dfrac{\tau}{2}\right)$ 达最大值 F_a。

$$F_a = A \frac{\tau}{2} \tag{1-25}$$

在忽略铁中磁阻的情况下,可以根据电枢周围各点气隙长度求得磁通密度分布曲线。

在极靴下任一点的电枢磁通密度为

$$B_{ax} = \mu_0 H_{ax} = \mu_0 \frac{F_{ax}}{\delta} \tag{1-26}$$

如果气隙是均匀的,即 δ=常数,则在极靴范围内,磁通密度分布也是一条通过原点的直线。但在两极极靴之间的空间内,因气隙长度大为增加,磁阻急剧增大,虽然此处磁动势较大,磁通密度却反而减小,因此磁通密度分布曲线呈马鞍形,曲线也表示在图1-28(b)中。

为了分析电枢磁动势对主磁场的影响,在图1-28的基础上,标明主极极性,因为是发电机,导体电动势与电流同方向,就可用右手定则判定电枢转向为由右向左,这样就得到了图1-29,其中图1-29(b)为展开图,主磁场的磁通密度分布曲线为 B_{0x}。

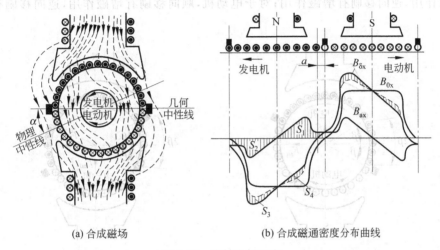

(a) 合成磁场　　　　(b) 合成磁通密度分布曲线

图1-29　交轴电枢反应

若磁路不饱和,可用叠加原理,将 B_{ax} 与 B_{0x} 沿电枢表面逐点相加,便得到负载时气隙磁场 $B_{\delta x}$ 的分布曲线,比较 B_{ax} 和 B_{0x} 两条曲线,可以看出直流电机电枢反应的影响是:

① 气隙磁场发生畸变,磁通密度分布不均匀。畸变的结果使几何中性面处的磁通密度不再为零,即物理中性面不再与几何中性面重合,而是顺着发电机的旋转方向移动了一个 α 角(电动机逆着旋转方向移动一个角度)。

② 发电机后极端磁场被加强,前极端磁场被削弱(对电动机,前极端磁场被加强,后磁场被削弱),即半个磁极下磁场被加强,另半个磁极下磁场被削弱。在磁路不饱和时,磁路为线性,半个磁极下增加的磁通量等于另半个磁极下减少的磁通量,因此负载时合成磁场的每极磁通 Φ 仍等于空载时主极磁场的每极磁通 Φ_0,但是实际电动机的磁路总是处于比较饱和的非线性区,因此增加的磁通量总是小于减少的磁通量,使得合成磁场的每极磁通 Φ 小于空载磁场的每极磁通 Φ_0,呈现去磁作用。这种去磁作用完全是由于磁路饱和引起的,称为附加的去磁作用。

因为电刷位于几何中性线时,电枢磁动势是个交轴磁动势,因此,上述两点也就是交轴电枢反应的性质。

3. 电刷不在几何中性线时的电枢反应

假设电刷从几何中性线顺电枢转向移动角度 β，如图 1-30(a) 所示。因为电刷是电枢表面导体电流方向的分界线，故电刷移动后，电枢磁动势轴线也随之移动 β 角，这时电枢磁动势可分解为两个相互垂直的分量。其中由 $(\tau-2\beta)$ 范围内的导体中电流所产生的磁动势，其轴线与主极轴线相垂直，称为交轴电枢磁动势 F_{aq}；由 2β 范围内导体中电流所产生的磁动势，其轴线与主极轴线相重合，这就是直轴电枢磁动势 F_{ad}。

当电刷不在几何中性线时，电枢反应将分为交轴电枢反应和直轴电枢反应两部分。直轴电枢反应因直轴电枢磁动势和主极轴线是重合的，因此若 F_{ad} 和主极磁场方向相同，则起增磁作用；若 F_{ad} 和主极磁场方向相反，则起去磁作用。显然，对于发电机，顺向移刷有去磁作用，逆向移刷有增磁作用；对于电动机，顺向移刷有增磁作用，逆向移刷有去磁作用。

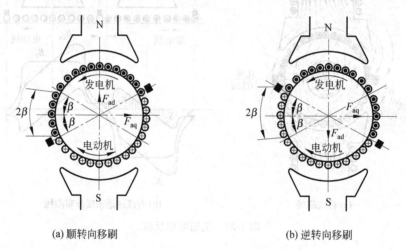

(a) 顺转向移刷　　　　　　　(b) 逆转向移刷

图 1-30　电刷不在几何中性线上的电枢反应

必须说明，不论是发电机还是电动机，为了使电枢反应能起增磁作用而移动电刷，从换向的角度看，都是不允许的。

1.5 课题　直流电机的基本公式

直流电机的电枢是实现机电能量转换的核心，一台直流电机运行时，无论是作为发电机还是作为电动机，电枢绕组中都要因切割磁感应线而产生感应电动势，同时载流的电枢导体与气隙磁场相互作用产生电磁转矩。

1.5.1　直流电机的电枢电动势

在直流电机中，感应电动势是由于电枢绕组和磁场之间的相对运动，即导体切割磁感应线而产生的。电枢绕组的感应电动势是指电机正、负电刷之间的电动势，也就是一条并联支路电动势，它等于一个支路中所有串联导体感应电动势之和。

以电动机为例，假定电枢导体在电枢表面均匀分布，电刷在几何中性线，整距绕组。

作电动机运行时,外电源向电枢绕组输入直流电流。设在 N 极下导体电流的方向为穿出纸面,在 S 极下导体电流的方向为进入纸面,当电枢以 n 的转速顺时针方向旋转时,电枢导体必然会切割气隙磁场,产生感应电动势,如图 1-31 所示。

电枢某处一根导体的电动势

$$e_x = B_x l v_a \tag{1-27}$$

式中,$v_a = \dfrac{\pi D_a n}{60} = 2 \dfrac{pn}{60} \tau$。

一根导体在一个磁极下的平均电动势,即由于电枢表面各处的磁通密度不同,故各处导体的感应电动势也不同,为了简化计算,可先求出每根导体的平均电动势 e_{av} 即

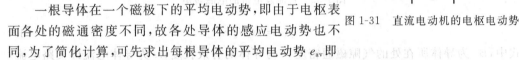

图 1-31 直流电动机的电枢电动势

$$e_{av} = \frac{1}{\tau}\int_0^\tau e_x dx = \frac{1}{\tau}\int_0^\tau B_x l v_a dx = \frac{v_a}{\tau}\int_0^\tau B_x l dx = \frac{v_a}{\tau}\Phi \tag{1-28}$$

每条支路的导体数为 $\dfrac{N}{2a}$,所以,$\dfrac{N}{2a}$ 根导体产生的电动势——即电枢电动势为

$$E_a = \frac{N}{2a} e_{av} = \frac{N}{2a} \times \frac{v_a}{\tau}\Phi = \frac{N}{2a} \times \frac{\frac{2p\tau n}{60}}{\tau}\Phi = \frac{pN}{60a} n\Phi = C_e n\Phi \tag{1-29}$$

式中,$C_e = \dfrac{pN}{60a}$,C_e 称为电动势常数,它是电机的结构参数。

若取 n 的单位为 r/min,Φ 的单位为 Wb,则 E_a 的单位为 V。

式(1-29)说明电枢电动势与转速和每极磁通的乘积成正比,它也是直流电机一个十分重要的基本公式。

若绕组不是整距的,或者电刷不在几何中性线上,则电枢电动势比式(1-29)计算的略小,一般影响不大。

1.5.2 直流电机的电磁转矩

在直流电机中,电磁转矩是由电枢电流与气隙磁场相互作用而产生的电磁力所形成的。根据电磁力定律,载流导体在磁场中受到电磁力的作用。当电枢绕组中有电流通过时,构成绕组的每个导体在气隙中将受到电磁力的作用,该电磁力乘以电枢旋转半径即电磁转矩。电磁转矩等于电枢绕组中每个导体所受电磁转矩之和。直流发电机的电磁转矩是制动性转矩,其方向与电机旋转方向相反;直流电动机的电磁转矩是拖动性转矩,其方向与电机旋转方向相同。

以发电机为例,仍假定电枢导体在电枢表面均匀分布,电刷在几何中性线。电枢由原动机带动,以恒定的转速 n 逆时针方向旋转,电枢绕组各导体切割磁力线而感应出电动势,电动势方向可由右手定则判定。当电机有负载时,电枢绕组中有电流流过,电枢导体中电流方向和电枢电动势方向一致,如图 1-32 所示。

由于电枢表面各处的磁通密度不同,因而各处导体所受电磁力的大小也不同,设某一导体所处的气隙磁通密度为 B_x,则 x 处一根导体所受的电磁力为

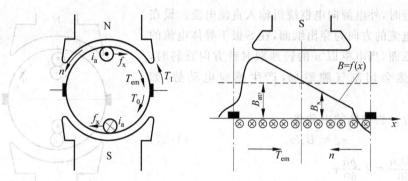

图 1-32 直流发电机的电磁转矩

$$f_x = B_x l i_a \tag{1-30}$$

式中，B_x 为导体所在处的气隙磁通密度；l 为导体的有效长度；i_a 为导体电流即支路电流。

x 处一根导体所受的电磁转矩为

$$T_x = f_x \frac{D_a}{2} = B_x l i_a \frac{D_a}{2} \tag{1-31}$$

式中，D_a 为电枢直径。

若电枢总导体数为 N，电枢表面 dx 段上共有导体数为 $\frac{N}{\pi D_a} dx$，则 x 处 $\frac{N}{\pi D_a} dx$ 根导体的电磁转矩为

$$dT = T_x \left(\frac{N}{\pi D} dx \right) = \frac{N}{2\pi} i_a B_x l dx \tag{1-32}$$

设电枢电流为 I_a，因电机的并联支路数为 $2a$，而每一支路的电流为 $i_a = \frac{I_a}{2a}$，所以 x 处 $\frac{N}{\pi D_a} dx$ 根导体的电磁转矩可写为

$$dT = \frac{N}{4\pi a} I_a B_x l dx \tag{1-33}$$

在一个磁极下所有导体的电磁转矩为

$$T_\tau = \int_0^\tau \frac{N}{4\pi a} I_a B_x l dx = \frac{N}{4\pi a} I_a \int_0^\tau B_x l dx \tag{1-34}$$

因为每个极下导体电流所产生的电磁转矩的大小和方向都是相同的，所以，电机的总电磁转矩为

$$T_{em} = 2p T_\tau = 2p \frac{N}{4\pi a} I_a \int_0^\tau B_x l dx = \frac{pN}{2\pi a} I_a \Phi = C_T I_a \Phi \tag{1-35}$$

式中，C_T 为转矩常数，$C_T = \frac{pN}{2\pi a}$，它也是电机的结构参数；Φ 为每极磁通，$\Phi = \int_0^\tau B_x l dx$。

若取 I_a 的单位为 A，Φ 的单位为 Wb，则 T_{em} 的单位为 N·m。

式(1-35)是直流电机的一个十分重要的基本公式，它说明电磁转矩与电枢电流 I_a 和每极磁通 Φ 的乘积成正比。

对同一台直流电机，电动势常数 C_e 和转矩常数 C_T 之间的关系为

$$\frac{C_\mathrm{T}}{C_\mathrm{e}} = \frac{pN/2\pi}{pN/60a} = \frac{60}{2\pi} = 9.55$$

即

$$C_\mathrm{T} = 9.55 C_\mathrm{e}$$

注意：无论是直流发电机还是直流电动机，在运行时都同时存在感应电动势和电磁转矩。但是，对直流发电机而言，电枢电动势为电源电动势，电磁转矩是制动转矩；而对直流电动机而言，电枢电动势为反电动势，电磁转矩是拖动转矩。

1.5.3 直流电机的电磁功率

上述分析的电磁转矩和感应电动势是直流电机的基本物理量，并在直流电机的机电能量转换过程中具有重要意义。下面以发电机为例，来说明机电能量转换的关系。

直流发电机是将机械能转换为电能的电磁装置。在将机械能转换为电能的过程中，必须遵循能量守恒的规律，即发电机输入的机械能和输出的电能及在能量转换过程中产生的能量损耗之间要保持平衡关系。当直流发电机在原动机的拖动下，发电机电枢绕组将产生电动势，在电路闭合时电枢绕组中将产生电流，此时，发电机电枢绕组的载流导体将受到电磁转矩的作用，而且电磁转矩 T_em 的方向和拖动转矩 T_1 的方向相反，是制动转矩。如果这时原动机不继续输入机械功率，那么发电机转速将下降，直至为零，也就不能继续输出电能。所以，为了继续输出电能，原动机应不断地向发电机轴上输入机械功率 P_1，以产生拖动转矩 T_1 去克服电磁转矩 T_em，即 $T_1 > T_\mathrm{em}$，来保持发电机恒速转动，从而向外输出电功率。由此可知，电磁转矩 T_em 作为拖动转矩 T_1 的阻转矩来吸收原动机的机械功率，并通过电磁感应的作用将其转换为电功率。

由力学可知，机械功率 P 可以表示为转矩 T 和转子机械角速度 Ω 的乘积。由于 T_em 是电磁转矩，因此克服 T_em 所消耗的这部分机械功率称为电磁功率，用 P_em 表示，即

$$P_\mathrm{em} = T_\mathrm{em}\Omega = \frac{pN}{2\pi a}\Phi I_\mathrm{a} \frac{2\pi n}{60} = \frac{pN}{60a}\Phi n I_\mathrm{a} = C_\mathrm{e}\Phi n I_\mathrm{a} = E_\mathrm{a} I_\mathrm{a}$$

即

$$P_\mathrm{em} = T_\mathrm{em}\Omega = E_\mathrm{a} I_\mathrm{a} \tag{1-36}$$

式中，Ω 为转子的机械角速度（rad/s），$\Omega = 2\pi n/60$。

由式(1-36)可知，机械性质的功率 $T_\mathrm{em}\Omega$ 与电性质的功率 $E_\mathrm{a}I_\mathrm{a}$ 相等，表明发电机把这部分机械功率转变为电功率。

通过以上分析可知，发电机的电磁转矩 T_em 在机电能量转换过程中起着关键性的作用，是机电能量转换得以实现的必要因素。由于有了电磁转矩 T_em，发电机才能从原动机吸收大部分机械功率，并通过电磁感应的作用将其转换为电功率。电磁功率是联系机械量和电磁量的桥梁，在电磁量与机械量的计算中有很重要的意义。

同理，直流电动机在机电能量转换过程中，为了连续转动而输出机械能，电源电压 U 必须大于 E_a，以不断向电动机输入电能，将电功率属性的电磁功率 $E_\mathrm{a}I_\mathrm{a}$ 转换为机械功率属性的电磁功率 $T_\mathrm{em}\Omega$，反电动势 E_a 在这里起着关键性的作用。

1.6 课题 直流发电机

1.6.1 直流发电机的基本方程式

直流发电机稳态运行时,其电压、电流、转速、转矩、功率等物理量都保持不变且相互制约,其制约关系与电机的励磁方式有关,下面以他励直流发电机为例介绍直流发电机的电动势平衡方程式、转矩平衡方程式和功率平衡方程式。

1. 电动势平衡方程式

他励直流发电机空载运行时,电枢电流 $I_a=0$,则电枢绕组的感应电动势 E_a 等于端电压 U。他励直流发电机负载运行时,原动机带动电枢旋转,电枢绕组切割气隙磁场产生感应电动势 E_a,在感应电动势 E_a 的作用下形成电枢电流 I_a,其方向与感应电动势 E_a 相同。电枢电流流过电枢绕组时,形成电枢压降 $I_a r_a$;由于电刷与换向器之间存在接触电阻,电枢电流流过时,形成接触压降 ΔU_b。各物理量的正方向如图 1-33 所示,则直流发电机的电动势平衡方程式为

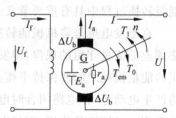

图 1-33 他励直流发电机

$$E_a = U + I_a r_a + 2\Delta U_b$$

式中,r_a 为电枢的总电阻,包括电枢绕组本身的电阻和串励绕组、换向极绕组和补偿绕组的电阻;$2\Delta U_b$ 为一对电刷的接触压降,一般为 $0.6\sim1.2\mathrm{V}$。

在一般定性的分析讨论中,也可把电刷接触压降归并到电枢回路的压降中去,电动势平衡方程式可写成

$$E_a = U + I_a R_a \tag{1-37}$$

但此时 R_a 中应包括电刷接触电阻。

对直流发电机来说,$E_a > U$。

2. 转矩平衡方程式

直流发电机以转速 n 稳定运行时,作用在电机轴上的转矩有三个:一个是原动机的拖动转矩 T_1(称为输入转矩,是拖动性质的转矩),其方向与电机旋转方向 n 相同;一个是电磁转矩 T_{em},方向与 n 相反,为制动性质的转矩;还有一个由电机的机械摩擦及铁损耗引起的空载损耗转矩 T_0,它也是制动性质的转矩。因此,使电机以某一转速 n 稳定运行时的转矩平衡方程式为

$$T_1 = T_{em} + T_0 \tag{1-38}$$

3. 功率平衡方程式

直流发电机是把机械能转变成直流电能的装置。原动机拖动发电机的电枢旋转,输入机械能;电枢绕组切割磁力线,在绕组中产生交变的感应电动势,通过换向器与电刷的配合作用从电刷端输出直流电能。在能量转换过程中,因机械摩擦的作用会消耗一部分机械能,用机械损耗功率 p_{mec} 来表示;由于电枢旋转,使电枢铁芯中形成交变磁场,从而产生磁滞和涡流损耗,用铁损耗功率 p_{Fe}(简称铁耗)来表示;又因电路中存在电阻,会消耗一

部分电能,用铜损耗功率 p_{Cua} 来表示;此外,还有一部分能量损耗称为附加损耗 p_s(又称杂散损耗),其产生原因复杂,难以准确计算,约占额定功率的 0.5%~1%。根据能量守恒原理,所有损耗能量和输出能量之和等于输入的机械能。

以上能量关系,可用功率平衡方程式表示为

$$P_1 = P_2 + \sum p = P_2 + p_{mec} + p_{Fe} + p_s + p_{Cua} \tag{1-39}$$

式中,P_2 为输出功率。

其中,p_{mec}、p_{Fe}、p_s 三项之和,称为空载损耗功率 P_0,其数值与负载无关,称为不变损耗,$P_0 = T_0\Omega$,其中 T_0 称为空载转矩。而 $p_{Cua} = I_a^2 R_a$ 是电枢铜损耗,为可变损耗。

以上功率平衡关系,可用图 1-34 所示的功率流程图直观地表示。

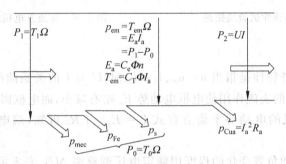

图 1-34 他励直流发电机的功率流程图

1.6.2 直流发电机的运行特性

发电机的转速为额定转速时,其端电压 U、负载电流 I、励磁电流 I_f、效率 η 之间的关系就是发电机的运行特性。

下面以他励直流发电机为例介绍直流发电机的运行特性。

1. 空载特性

空载特性是指当 $n = n_N$、$I_a = 0$ 时,U 与 I_f 的关系曲线,即 $U = f(I_f)$。根据电动势公式 $E_a = C_e\Phi n$,当转速 $n = n_N$ 时,$E_a \propto \Phi$,$\Phi \propto B$,$B \propto I_f$,空载时,$U_0 = E_a$,所以,$U_0 \propto \Phi$。主磁通与励磁磁动势的关系曲线 $\Phi = f(F_f)$ 称为电机的磁化曲线,而励磁磁动势 F_f 正比于励磁电流 I_f。综上分析,空载特性曲线与电机的磁化曲线相似。

他励直流发电机的空载特性曲线通常可用试验的方法求得。试验线路如图 1-35 所示,由原动机拖动直流发电机以额定转速旋转,使励磁电流从零开始增大,直到空载电压 $U_0 \approx (1.1 \sim 1.3)U_N$,然后逐步减少励磁电流,记录其对应的空载电压,当励磁电流 $I_f = 0$ 时,空载电压并不等于零,此电压称为剩磁电压,其大小为额定电压的 2%~5%;然后改变励磁电流的方向,逐步增大励磁电流,使空载电压由剩磁电压减小到零,再继续增大励磁电流,则空载电压逐步升高,但极性相反,直到 $U_0 \approx (1.1 \sim 1.3)U_N$ 之后,再逐步减小励磁电流,直到励磁电流为零。在调节励磁电流的过程中,记录若干组空载电压和对应的励磁电流,即可绘出空载特性曲线 $U = f(I_f)$,如图 1-36 所示。对于其他励磁方式的直流发电机,它们的空载特性曲线与他励直流发电机的空载特性曲线相似。但当转速不同时,曲线将随转速的改变而成正比地上升或下降。

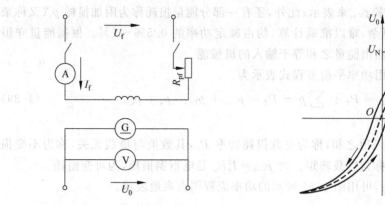
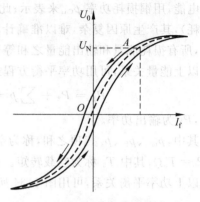

图 1-35 空载特性试验线路图 　　图 1-36 直流发电机的空载特性曲线

2. 外特性

直流发电机的外特性是指当 $n=n_N$、$I_f=I_{fN}$ 时，U 与 I 的关系曲线，即 $U=f(I)$。负载增加时，电枢反应的去磁作用使电枢电动势 E_a 略有减小，而电枢回路的电压降 I_aR_a 有所增加，根据发电机的电动势平衡方程式 $U=E_a-I_aR_a$ 可知，端电压 U 略有下降，如图 1-37 所示。

发电机端电压随负载变化的程度用额定电压调整率 ΔU_N 来表示。直流发电机的额定电压调整率是指当 $n=n_N$、$I_f=I_{fN}$ 时，发电机从额定负载过渡到空载时，端电压升高的数值与额定电压的百分比，即

$$\Delta U_N = \frac{U_0-U_N}{U_N} \times 100\%$$

一般他励发电机的 ΔU_N 为 $(5\%\sim10\%)U_N$，可以认为它是恒压电源。

3. 调节特性

调节特性是指当端电压 $U=U_N$ 时，I_f 与输出 I 的关系曲线，即 $I_f=f(I)$。由外特性可知，当负载增加时端电压略有减小，为保持 $U=U_N$ 不变，必须增加励磁电流，所以调节特性是一条上升的曲线，如图 1-38 所示。

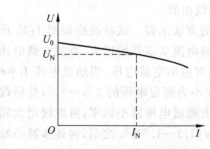
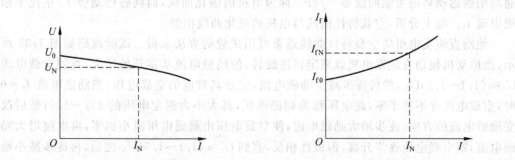

图 1-37 直流发电机的外特性 　　图 1-38 直流发电机的调节特性

4. 效率特性

效率特性是指当 $n=n_N$、$U=U_N$ 时，η 与 P_2 的关系曲线，即 $\eta=f(P_2)$。他励发电机

的效率表达式为

$$\eta = \frac{P_2}{P_1} \times 100\% = \frac{P_2}{P_2 + \sum p} \times 100\%$$

$$= \frac{P_2}{P_2 + p_{Fe} + p_{mec} + p_s + p_{Cua}} \times 100\% \qquad (1\text{-}40)$$

式(1-40)中，p_{mec}、p_{Fe}、p_s 为不变损耗，p_{Cua} 为可变损耗，通常 p_{Cua} 与负载的平方成正比。当负载很小时，可变损耗 p_{Cua} 也很小，此时电机损耗以不变损耗为主，但因输出功率小，所以效率低；随着负载增加，输出功率增大，效率增大；当可变损耗与不变损耗相等时，效率最大；继续增加负载，可变损耗随负载电流的增大急剧增加，成为总损耗的主要部分，这时输出功率增大，但其增大的速度小于可变损耗增加的速度，所以效率反而降低。他励直流发电机的效率特性曲线如图1-39所示。

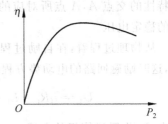

图1-39 他励直流发电机的效率特性

1.6.3 并励发电机

并励发电机是一种自励电机，它的励磁电流不需要由外电源供给，而是取自发电机本身，所以称为"自励"。

并励发电机的励磁绕组是与电枢并联的，要产生励磁电流 I_f，电枢两端必须要有电压，而在电压建立起来之前，$I_f=0$，没有励磁电流，电枢两端又不可能建立起电压，因此有必要在分析并励发电机的运行特性前，先讨论一下它的电压建立过程，也称为"自励过程"。

1. 自励过程

设发电机已由原动机拖动至额定转速，由于电机磁路中有一定的剩磁，在发电机的端点将会有一个不大的剩磁电压。这时把并励绕组并接到电枢上去，便有一个不大的电流流过励磁绕组，产生一个不大的励磁磁动势。如果励磁绕组与电枢的连接正确，则励磁磁动势产生的磁场与剩磁同方向，使电机内的磁场得到加强，从而使电机的端电压升高，如图1-40所示。在这较高端电压的作用下，励磁电流又进一步升高。如此反复作用下去，发电机的端电压便"自励"起来。

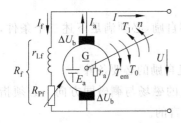

图1-40 并励直流发电机

由于并励发电机的励磁电流 I_f 仅为额定电流 I_N 的 1%~5%，因此发电机空载时的电压 U_0 可近似看做等于 E_a，所以从电枢回路来看，I_f 与 U_0 的关系也可以用空载特性表示，见图1-41曲线1。若从励磁回路来看，I_f 与 U_0 的关系又必须满足欧姆定律，即

$$I_f = \frac{U_0}{R_f} \qquad (1\text{-}41)$$

式中，R_f 为励磁回路总电阻，它等于励磁绕组电阻 r_{Lf} 与励磁回路附加电阻 R_{Pf} 之和，即 $R_f = r_{Lf} + R_{Pf}$。

当 R_f 一定时，I_f 与 U_0 呈线性关系，见图 1-42 的直线 2，该直线的斜率为 $\tan\alpha = \dfrac{U_0}{I_f} = R_f$，故称直线 2 为磁场电阻线，简称场阻线。

由此可见，I_f 与 U_0 的关系既要满足空载特性，又要满足场阻线，则最后稳定点必然是场阻线与空载特性的交点 A，A 点所对应的电压即是空载时建立的稳定电压。

从物理过程看，在自励过程中励磁电流是变化的，这时励磁回路的电动势方程应为

$$U_f = i_f R_f + L_f \dfrac{\mathrm{d}i_f}{\mathrm{d}t} \tag{1-42}$$

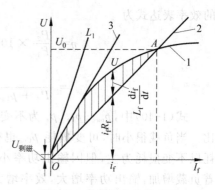

图 1-41 并励发电机的自励
1—空载特性；2—场阻线；3—临界场阻线

式中，L_f 为励磁绕组的电感。

图 1-41 中空载特性与场阻线之间的阴影部分表示了 $L_f \dfrac{\mathrm{d}i_f}{\mathrm{d}t}$ 的值，当电机进入空载稳定状态时，励磁电流不再变化，$\mathrm{d}i_f = 0$，$L_f \dfrac{\mathrm{d}i_f}{\mathrm{d}t} = 0$，即最后的稳定点必定是空载特性与场阻线的交点。

综上所述，并励发电机的空载稳定电压 U 的大小决定于空载特性与场阻线的交点。因此调节励磁回路中的电阻，也就是改变场阻线的斜率，即可调节空载电压的稳定点。如果逐步增大电阻 R_f（即增大磁场调节电阻 R_{Pf}），场阻线斜率增大，空载电压稳定点就沿空载特性向原点移动，空载电压减小；当场阻线与空载特性的直线部分相切时，两线无固定的交点或交点很低，空载电压变为不稳定，如图 1-41 中的直线 3。这时对应的励磁回路的总电阻称为临界电阻。

从并励发电机的自励过程可以看出，要使发电机能够自励，必须满足下述三个条件，即自励条件。

（1）发电机的主磁极必须要有一定的剩磁。这是电机自励的必要条件。

（2）励磁绕组与电枢的连接要正确，使励磁电流产生的磁场与剩磁同方向。必须指出，所谓励磁绕组与电枢的连接正确是对某一旋转方向而言的。

（3）励磁回路的总电阻要小于临界电阻。由于对应于不同的转速，电机的空载特性位置也不同，因此对应于不同的转速便有不同的临界电阻。

2. 运行特性

因为并励发电机的 $I_a = I + I_f$，所以在同样的负载电流下，并励发电机的电枢电流 I_a 要比他励发电机大，由此而产生的电枢电阻压降和电枢反应的去磁作用也比他励时大。但是一般并励电机的励磁电流 I_f 较小，不会引起端电压的显著变化，因此并励发电机的空载特性和调节特性与他励发电机并无多大差别。下面只分析并励发电机的外特性。

并励发电机的外特性是在 $n = n_N$、$R_f = R_{fN} = $ 常数（注意：不是 $I_f = $ 常数）时，$U = f(I)$ 的关系曲线。试验方法为：

(1) 先将电机拖动到额定转速 $n=n_N$,使电机自励建立电压。

(2) 调节励磁电流和负载电流,使电机达到额定运行状态,即 $U=U_N$、$I=I_N$,此时励磁回路的总电阻即为 R_{fN}。

(3) 保持 R_{fN} 不变,求取不同负载(I)时的端电压,就可得到如图 1-42 中曲线 1 所示的外特性曲线,图中曲线 2 表示接成他励时的外特性。

并励发电机的外特性有两个特点。

① 并励发电机的电压调整率较他励时大,这是因为他励发电机的励磁电流 $I_f=I_{fN}=$ 常数,它不受端电压变化的影响;而并励发电机的励磁电流却随电枢端电压的降低而减小,这就使电枢电动势进一步下降。因此并励发电机的外特性比他励时要下降得快一些。并励发电机的电压调整率一般在 20% 左右。

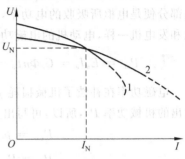

图 1-42 并励发电机的外特性

② 稳态短路电流小,当负载电阻短路时,电枢端电压 $U=0$,励磁电流 I_f 也为零。这时电枢绕组中的电流由剩磁电动势所产生。因剩磁电动势不大,所以稳态短路电流也不大。

必须指出,并励发电机的稳态短路电流虽然不大,但若发生突然短路,则因为励磁绕组有很大的电感,励磁电流及其所建立的磁通不能立即消失,因此短路电流的最大值可以为额定电流的 8~12 倍,还是有损坏电机的危险。

1.7 课题 直流电动机

与直流发电机类似,直流电动机的运行性能也与励磁方式有关,本节以他励直流电动机为例介绍直流电动机的电动势平衡方程式、转矩平衡方程式和功率平衡方程式。

1.7.1 直流电动机的基本方程式

1. 电动势平衡方程式

在外加电源电压 U 的作用下,电枢绕组中流过电枢电流,电流在磁场的作用下,受到电磁力的作用,形成电磁转矩,在电磁转矩的作用下,电枢旋转,旋转的电枢切割磁力线,产生感应电动势,其方向与电枢电流相反,是反电动势,各物理量的正方向如图 1-43 所示,则他励直流电动机稳定运行时的电动势平衡方程式为

$$U = E_a + I_a r_a + 2\Delta U_b = E_a + I_a R_a \tag{1-43}$$

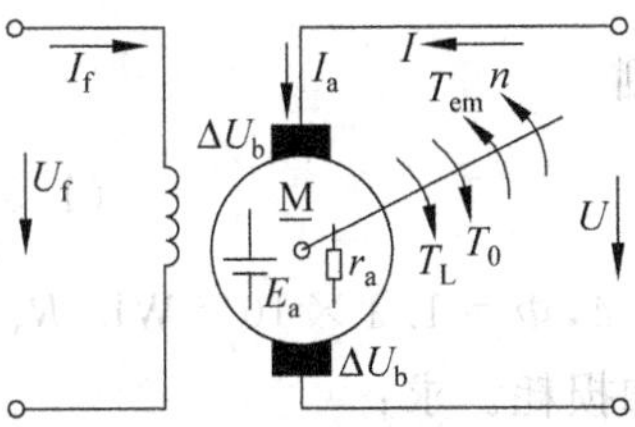

式中,r_a 为电枢电阻;$2\Delta U_b$ 为正负电刷的总接触压降;R_a 为电枢电阻和电刷接触电阻之和。

直流电机在电动运行状态下,$U > E_a$。

2. 转矩平衡方程式

对直流电动机来说,电磁转矩 T_{em} 是拖动性质的转矩,与负载转矩 T_L 和空载转矩 T_0 相平衡,即

图 1-43 他励直流电动机

$$T_{em} = T_L + T_0 \tag{1-44}$$

稳定运行时,电动机轴上的输出转矩 T_2 与负载转矩 T_L 相平衡,即 $T_2 = T_L$。

3. 功率平衡方程式

直流电动机从电网吸取电能,除去电枢回路的铜损耗 p_{Cua}(包括电刷接触铜损耗),其余部分便是电枢所吸收的电功率,即电磁功率 P_{em},也是电动机获得的总机械功率 P_Ω,因此和发电机一样,电动机的电磁功率也可以写成

$$P_{em} = E_a I_a = C_e \Phi n I_a = \frac{pN}{60a} \Phi n I_a = \frac{pN}{2\pi a} \Phi I_a \Omega = C_T \Phi I_a \Omega = T_{em}\Omega \tag{1-45}$$

电磁功率在补偿了机械损耗 p_{mec}、铁耗 p_{Fe} 和附加损耗 p_s 以后,剩下的部分即是对外输出的机械功率 P_2,所以,可写出直流电动机的功率平衡方程式为

$$P_{em} = p_{mec} + p_{Fe} + p_s + P_2 = P_0 + P_2$$

$$P_1 = P_{em} + p_{Cua} = \sum p + P_2 \tag{1-46}$$

根据他励直流电动机的功率平衡方程式,可以画出其功率流程图,如图 1-44 所示。

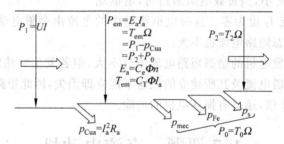

图 1-44 直流电动机的功率流程图

直流电动机的效率 η 是指输出功率 P_2 与输入功率 P_1 之比的百分数,即

$$\eta = \frac{P_2}{P_1} \times 100\% = \frac{P_1 - \sum p}{P_1} \times 100\% \tag{1-47}$$

下面讨论直流电动机功率和转矩之间的关系。

电磁转矩

$$T_{em} = \frac{P_{em}}{\Omega} = \frac{P_{em}}{2\pi n/60} = 9.55 \frac{P_{em}}{n} \tag{1-48}$$

$$T_2 = \frac{P_2}{\Omega} = 9.55 \frac{P_2}{n} \tag{1-49}$$

$$T_0 = \frac{P_0}{\Omega} = 9.55 \frac{P_0}{n} \tag{1-50}$$

电动机在额定状态运行时, $P_2 = P_N, T_2 = T_N, n_2 = n_N$,则

$$T_N = \frac{P_N}{\Omega_N} = 9.55 \frac{P_N}{n_N} \tag{1-51}$$

【例 1-3】 一台他励直流电机,$U_N = 220V, C_e = 12.4, \Phi = 1.1 \times 10^{-2}$ Wb,$R_a = 0.208\Omega, p_{Fe} = 362W, p_{mec} = 204W, n_N = 1450$ r/min,忽略附加损耗。求:

(1) 此电机是发电机运行还是电动机运行?

(2) 输入功率、电磁功率和效率。

(3) 电磁转矩、输出转矩和空载阻转矩。

【解】（1）判断一台电机是何种运行状态，可比较电枢电动势和端电压的大小。

$$E_a = C_e \Phi n = 12.4 \times 1.1 \times 10^{-2} \times 1450 = 197.8\text{V}$$

因为 $U > E_a$，故此电机为电动机运行状态。

(2) 根据 $U = E_a + I_a R_a$，得电枢电流为

$$I_a = \frac{U - E_a}{R_a} = \frac{220 - 197.8}{0.208} = 106.7\text{A}$$

输入功率为：$P_1 = U_N I_a = 220 \times 106.7 = 23.47\text{kW}$

电磁功率为：$P_{em} = E_a I_a = 197.8 \times 106.7 = 21.11\text{kW}$

输出功率为：$P_2 = P_{em} - p_{Fe} - p_{mec} = 21.11 - 0.362 - 0.204 = 20.54\text{kW}$

效率为：$\eta = \dfrac{P_2}{P_1} \times 100\% = \dfrac{20.54}{23.47} \times 100\% = 87.5\%$

(3) 电磁转矩为：$T_{em} = 9.55 \dfrac{P_{em}}{n} = 9.55 \times \dfrac{21.11 \times 10^3}{1450} = 139.03\text{N} \cdot \text{m}$

输出转矩为：$T_2 = 9.55 \dfrac{P_2}{n} = 9.55 \times \dfrac{20.54 \times 10^3}{1450} = 135.28\text{N} \cdot \text{m}$

空载阻转矩为：$T_0 = T_{em} - T_2 = 139.03 - 135.24 = 3.75\text{N} \cdot \text{m}$

1.7.2 直流电动机的工作特性

直流电动机的工作特性是指 $U = U_N$，励磁电流 $I_f = I_{fN}$，电枢回路不外串任何电阻时，电动机的转速 n、电磁转矩 T_{em} 和效率 η 分别与输出功率 P_2（或电枢电流 I_a）之间的关系。直流电动机的工作特性因励磁方式不同，差别很大，但他励直流电动机和并励直流电动机的工作特性很相近，下面着重介绍他励直流电动机的工作特性，同时对串励直流电动机的工作特性也作简单介绍。

1. 他励直流电动机的工作特性

(1) 转速特性。转速特性是指当 $U = U_N$、$I_f = I_{fN}$，电枢回路不外串任何电阻时，电动机的转速与电枢电流之间的关系，即 $n = f(I_a)$。

将电动势公式 $E_a = C_e \Phi n$ 代入电压平衡方程式 $U = E_a + I_a R_a$，可得转速特性公式

$$n = \frac{U}{C_e \Phi} - \frac{R_a}{C_e \Phi} I_a \tag{1-52}$$

若忽略电枢反应的去磁作用，则 Φ 与 I_a 无关，是一个常数，上式可写成直线方程式：

$$n = n_0 - \beta I_a \tag{1-53}$$

可见转速特性曲线是一条向下倾斜的直线，其斜率即为 β。实际上直流电动机的磁路总是设计得比较饱和的，当电动机的输出功率 P_2 增加，电枢电流 I_a 相应增加时，电枢反应的去磁作用会使理想空载转速上升。为了保证电动机稳定运行，在电动机结构上采取了一些措施，使他励直流电动机具有略为下降的转速特性，如图 1-45 所示。

(2) 转矩特性。转矩特性是指 $U = U_N$、$I_f = I_{fN}$、电枢回路不外串任何电阻时，电动机的电磁转矩与输出功率之间的关系，即 $T_{em} = f(P_2)$。由图 1-46 可知，当负载 P_2 增大时，他励直流电动机的转速特性曲线是一条略为下降的直线，当 P_2 变化时，转速 n 基本不

变,因此空载阻转矩 T_0 在 P_2 变化时也基本不变,而 $T_2 = \dfrac{P_2}{\Omega}$,当 n 基本不变时,T_2 与 P_2 成正比,$T_2 = f(P_2)$ 是一条过原点的直线。所以根据 $T_{em} = T_2 + T_0$,即可得到 $T_{em} = f(P_2)$ 是一条直线。实际上,当 P_2 增加时转速 n 有所下降,所以 $T_2 = f(P_2)$ 和 $T_{em} = f(P_2)$ 并不完全是直线,而是略微向上翘起,如图 1-45 所示。

(3) 效率特性。直流电动机的效率为

$$\eta = \frac{P_2}{P_1} = \left(1 - \frac{\sum p}{P_1}\right) = \left(1 - \frac{p_{Cua} + P_0}{UI_a}\right) = \left(1 - \frac{I_a^2 R_a + p_m + p_{Fe} + p_s}{UI_a}\right) \times 100\%$$

由上式可看出,效率 η 是电枢电流 I_a 的二次曲线,如图 1-45 所示。

由图 1-45 可见,当可变损耗等于不变损耗时,电动机的效率最高;最高效率一般出现在输出功率为 3/4 额定功率左右。在额定功率时,一般中小型电动机的效率在 75%～85%,大型电动机的效率在 85%～94%。

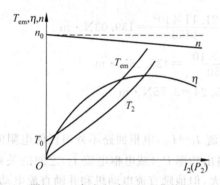

图 1-45 直流电动机的工作特性

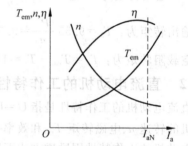

图 1-46 串励直流电动机的工作特性

2. 串励直流电动机的工作特性

串励直流电动机的特点是励磁绕组与电枢绕组串联,励磁电流就是电枢电流,即 $I_f = I_a$,气隙主磁通 Φ 随 I_a 的变化而变化。

(1) 转速特性 $n = f(I_a)$。由于电动机的励磁电流等于电枢电流,当输出功率增大时,电枢电流 I_a 也增大,一方面使电枢回路的总电阻压降增大,另一方面使磁通 Φ 也增大。从转速公式看,这两方面的作用都将使转速降低,因此转速随电枢电流的增大而迅速下降,这是串励电动机的特点之一,如图 1-46 所示。当 P_2 很小时,I_a(即 I_f)很小,电动机转速将很高。空载时,$I_a = 0$,Φ 趋近于 0,理论上,电动机的转速将趋于无穷大,这可使转子遭到破坏,即"飞车",甚至造成人身事故。因此串励电动机不允许空载启动或空载运行。

(2) 转矩特性 $T_{em} = f(I_a)$。因为 $T_{em} = C_e \Phi I_a$,当 I_a 较小时,磁路未饱和,磁通 Φ 正比于励磁电流即电枢电流 I_a,因此电磁转矩 T_{em} 正比于 I_a^2,此时电磁转矩随着 I_a 的增加而迅速上升,故 $T_{em} = f(I_a)$ 是一条抛物线。随着 I_a 的继续增加,磁路逐渐饱和,此时转矩特性比抛物线上升得慢,如图 1-46 所示。

由图 1-46 可知,串励电动机具有较大的启动转矩($n=0$ 时的电磁转矩);当负载转矩增加时,为了产生更大的电磁转矩来平衡负载转矩,电动机的转速会自动减小,从而使功率变化不大,电动机也不至于因负载转矩增大而过载太多,因此串励电动机常用于拖动电力机车等负载。

（3）效率特性 $\eta = f(I_a)$。串励电动机的效率特性和他励电动机相似，如图 1-46 中的曲线所示。

1.8 课题　直流电机的换向

直流电机工作时，旋转的电枢绕组元件由某一支路经过电刷进入另一支路时，该元件中的电流方向就会发生改变，这种电流方向的改变过程称为换向。

换向问题很复杂，换向不良会在电刷与换向器之间产生火花。当火花大到一定程度时，将影响电机的正常运行。产生火花的原因是多方面的，除电磁原因外，还有机械原因、电化学原因等。目前尚未形成完整的可以说明全部换向过程的换向理论，但人们在长期生产实践与研究过程中，已经形成了一套行之有效的改善换向的方法，使得实际运行的直流电机基本上可以消除有害的火花。

以下仅就换向过程、影响换向的电磁原因及改善换向的方法做一些简要介绍。

1.8.1　直流电机换向过程的电磁理论

图 1-47 表示一个单叠绕组线圈的换向过程。图中电刷是固定不动的；电枢绕组和换向器以速度 v_k 从右向左移动。

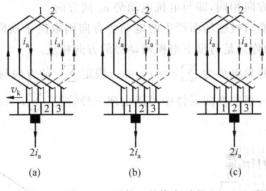

图 1-47　元件 1 的换向过程

图 1-47(a)中，电刷仅与换向片 1 接触，此时元件 1 属于电刷右边的一条支路，元件中的电流假定为 $+i_a$，表示换向开始。

图 1-47(b)中，电刷同时与换向片 1 和 2 相接触，元件 1 被电刷短路，元件中的电流发生了变化，表示元件 1 正在进行换向。

图 1-47(c)中，电刷仅与换向片 2 相接触，元件 1 由电刷右边的一条支路转入电刷左边的一条支路，元件 1 中的电流由 $+i_a$ 变为 $-i_a$，元件 1 换向结束。

从换向开始到换向结束的过程就称为换向过程。换向过程所经过的时间称为换向周期 T_k，通常只有千分之几秒。正在进行换向的元件称为换向元件。换向元件中的电流称为换向电流 i。电枢某一槽中从第一个元件开始换向到最后一个元件换向结束，该槽在电枢表面所经历的距离称为换向区域。

1. 换向元件中的电动势

(1) 电抗电动势 e_X。在换向过程中,换向元件中的电流由 $+i_a$ 变化到 $-i_a$,必然会在换向元件中产生自感电动势 e_L。此外因电刷宽度通常为 2～3 片换向片宽,这样就有几个元件同时进行换向,在换向元件中除了自感电动势外,还有由其他换向元件电流的变化而引起的互感电动势 e_M。自感电动势 e_L 和互感电动势 e_M 的合成,称为电抗电动势 e_X。

根据楞次定律,电抗电动势的作用是阻止电流变化的,因此它的方向总是与换向前的电流方向相同。

(2) 旋转电动势 e_r。这是由于换向元件切割换向区域内的磁场而感应的电动势。换向区域内的磁场可能由下列三种磁动势的作用而建立,即主极磁动势、电枢交轴磁动势和换向极磁动势。当电刷放在几何中性线上时,该处的主磁场为零,换向区域的磁场仅由电枢交轴磁动势和换向极磁动势所建立,下面对这两种磁动势的作用分别进行考虑。

从图 1-48 可以看出(在此重新画出),对发电机而言,当元件从 S 极下的支路经过换向转移到 N 极下的支路时,元件中的电流方向由换向前的⊗变为换向后的⊙,而此时电刷下的电枢交轴磁场的方向是由电枢指向定子(自左向右),即图中左侧是处在电枢交轴磁场的 S 极下,则由右手定则可以判定,换向元件切割电枢交轴磁场而产生的旋转电动势的方向为⊗,即与元件换向前的电流方向相同。对电动机也可得出同样的结论。因此不论直流发电机还是直流电动机,换向元件切割电枢交轴磁场而产生的感应电动势方向总是与元件换向前的电流方向相同,即与电抗电动势 e_X 同方向。

而换向元件切割换向极磁场而产生的电动势方向则取决于换向极磁场的极性,为了改善换向,换向极磁动势总是与极下电枢磁动势的方向相反。

因此换向元件中的总电势为 $\sum e = e_X + e_r$,假定 $\sum e$ 的方向与元件换向前的电流同向时为正,反向时为负,则在换向元件中可能出现三种情况,$\sum e = 0$、$\sum e > 0$、$\sum e < 0$,下面将分别进行讨论。

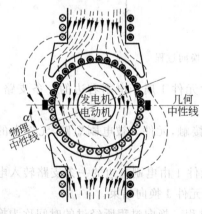

图 1-48 合成磁场图

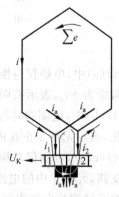

图 1-49 换向元件

2. 换向元件的电动势平衡方程式

为了清楚起见,将图 1-49 中的换向元件 1 单独画出,如图 1-49 所示。图中 i 表示换向电流，i_1、i_2 表示元件出线端 1 和 2 中的电流，R_{S1} 和 R_{S2} 表示电刷与换向片 1 和 2 的接触电阻，元件电阻略去不计，于是以图所示的电流和电动势的正方向为参考方向，可以列出元件 1 回路的电动势平衡方程式

$$i_1 R_{S1} - i_2 R_{S2} = \sum e \tag{1-54}$$

3. 换向元件中的电流变化规律

要直接按式(1-54)进行分析有很大困难，这是因为接触电阻 R_{S1} 和 R_{S2} 与许多因素有关，其变化规律不能用一个简单的数学公式表示。电抗电动势 e_X 与电流的变化规律有关，从而使 $\sum e$ 的值随时间的变化而变化。为了便于分析，假定：

- 每一换向片与电刷接触表面上的电流分布是均匀的。
- 电刷与换向片每单位面积上的接触电阻为一常数，即接触电阻与接触面积成反比。
- 换向元件中的合成电动势 $\sum e$ 在换向过程中保持不变，即取 $\sum e$ 的平均值。

令 S、R_S 为换向片与电刷完全接触时的接触面积和接触电阻，以换向开始时的瞬间作为时间的起点，$t=0$；S_1、S_2 分别表示时间为 t 时，换向片 1 和 2 与电刷的接触面积；R_{S1} 和 R_{S2} 表示相应的接触电阻，则

$$\left. \begin{aligned} R_{S1} &= R_S \frac{S}{S_1} = R_S \frac{T_K}{T_K - t} \\ R_{S2} &= R_S \frac{S}{S_2} = R_S \frac{T_K}{t} \end{aligned} \right\} \tag{1-55}$$

由图 1-49，根据基尔霍夫电流定律得

$$\left. \begin{aligned} i_1 &= i_a + i \\ i_1 &= i_a - i \end{aligned} \right\} \tag{1-56}$$

将式(1-55)、式(1-56)代入式(1-54)可解得

$$i = i_a \left(1 - \frac{2t}{T_K} \right) + \frac{\sum e}{R_{S1} + R_{S2}} = i_L + i_K \tag{1-57}$$

式中，$i_L = i_a \left(1 - \dfrac{2t}{T_K} \right)$ 称为直线换向电流；$i_K = \dfrac{\sum e}{R_{S1} + R_{S2}}$ 称为附加电流。

(1) 当 $\sum e = 0$ 时。这时 $i = i_L = i_a \left(1 - \dfrac{2t}{T_K} \right)$，说明当 $\sum e = 0$ 时，电流 i 与时间 t 呈线性关系，如图 1-50 曲线 1 所示。这时的换向过程称为直线换向 $\left(t = \dfrac{1}{2} T_K \text{ 时}, i = 0 \right)$。直线换向时，换向电流的变化规律仅由换向片和电刷间的接触电阻的变化所决定，故也称为电阻换向。

由于 $\sum e = 0$，电动势方程变为 $i_1 R_{S1} - i_2 R_{S2} = 0$，说明电刷与换向片 1 接触部分的电流密度始终等于电刷与换向片 2 接触部分的电流密度，当换向结束时 S_1 为零，i_1 也为

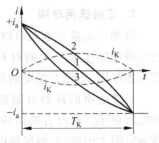

图 1-50 换向电流变化情况

零,电刷下不会产生火花,所以直线换向是一种最理想的换向情况。

(2) 当 $\sum e > 0$ 时。这时 i_K 不为零,而且 i_K 为正,即 i_K 与元件换向前的电流同方向,它阻止电流的变化,使 $i=0$ 所需的时间大于 $\frac{1}{2}T_K$ 比直线换向延迟了一段时间,故称为延迟换向。这时电流的变化规律如图 1-50 中的曲线 2 所示。显然由 i_K 的存在,使电刷滑出换向片的一边(后刷边)的电流密度大于前刷边的电流密度,它使后刷边的发热加剧,并且当电刷离开换向片 1 的瞬间,因 $i_1 = i_K \neq 0$,在后刷边产生火花。

(3) 当 $\sum e < 0$ 时。此时情况正与 $\sum e > 0$ 时相反,使 $i=0$ 所需的时间小于 $\frac{1}{2}T_K$,如图 1-50 中的曲线 3 所示,所以称为超越换向。显然这时电刷前刷边的电流密度大于后刷边的电流密度,当发生过分的超越换向时,前刷边因发热过甚,也会发生火花。通常希望电机在换向时能稍微超越。

1.8.2 改善换向的方法

改善换向的目的在于消除电刷下的火花,而产生火花的原因除了上述的附加电流 i_K 外,还有机械和化学方面的原因。如换向器偏心、换向器表面不圆整、不清洁,片间绝缘突出,电刷压力不适当,电刷在刷握内太松或太紧等。

从电磁方面来看,要减小火花就是要减少附加电流 i_K。要减小 i_K 可以使 $\sum e = 0$,或增大电刷接触电阻。因此常用的改善换向的方法有以下几种。

1. 装置换向极

这时电刷仍放在几何中性线,同时在几何中性线位置安置一个换向极,使之产生一个换向极磁场作用于换向区域。要求换向元件切割换向极磁场而产生的电动势与换向元件切割电枢磁场产生的电动势大小相等、方向相反。

对于发电机,换向前元件的电动势和电流是同方向的,因此,要求换向极磁场的极性与元件换向前所处的主极磁场的极性相反。对于电动机,因元件电动势和电流是反向的,要求换向极磁场的极性与元件换向前所处的主极磁场的极性相同。

为了使负载变化时,换向极磁动势也能作相应变动,使在任何负载时换向元件中的 $\sum e$ 始终为零,就要求换向极绕组必须和电枢串联,并保证换向极磁路不饱和,如图 1-51 所示。

2. 正确选用电刷

增加电刷接触电阻可以减少附加电流 i_K。电刷的接触电阻主要与电刷材料有关,目前常用的电刷有石墨电刷、电化石墨电刷和金属石墨电刷等。

石墨电刷的接触电阻较大,金属石墨电刷的接触电阻最小。从改善换向的角度来看似乎应该采用

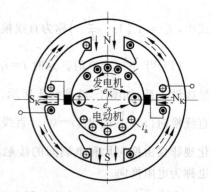

图 1-51 用换向极改善换向

接触电阻大的电刷,但接触电阻大,则接触压降也增大,使能量损耗和换向器发热加剧,对

换向不利。

对于换向并不困难，负载均匀，电压在 80～120V 的中小型电机通常采用石墨电刷；一般正常使用的中小型电机和电压在 220V 以上或换向较困难的电机采用电化石墨电刷；对于低压大电流的电机则采用金属石墨电刷。

1.8.3 防止环火与补偿绕组

在直流电机中，除了上述的电磁性火花外，有时还因某些换向片的片间电压过高而发生所谓电位差火花。在不利的情况下，电磁性火花与电位差火花连成一片，在换向器上形成一条长电弧，将正、负电刷连通，如图 1-52 所示，这种现象称为"环火"。

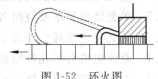

图 1-52 环火图

现以单叠绕组为例说明电位差火花的形成。

由图 1-53 可见，任意相邻两换向片间的电压 u_{Kx} 等于连接到该两换向片的元件内的感应电动势，在一定的电枢转速下，u_{Kx} 与元件边所处位置的 $B_{\delta x}$ 成正比。空载时由于气隙磁场分布较均匀，片间电压的分布也较均匀；负载时，由于交轴电枢反应，使气隙磁场发生畸变，从而使片间电压分布不均匀而出现一个最大值 u_{Kmax}，当 u_{Kmax} 超过一定限度时，就会使换向片间的空气隙游离击穿，产生火花，这就称为电位差火花。

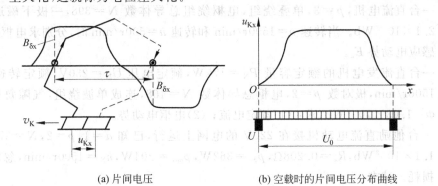

(a) 片间电压　　(b) 空载时的片间电压分布曲线

图 1-53 换向器上的片间电压

由此可见，要消除环火，就必须消除电位差火花，也就是要消除交轴电枢反应的影响，为此可采用装置补偿绕组的方法。

补偿绕组嵌放在主极极靴上专门冲出的槽内，如图 1-54 所示。补偿绕组应与电枢串联，并使补偿绕组磁动势与电枢磁动势相反，这就保证在任何负载下，电枢磁动势都能被抵消，以减少产生电位差火花和环火的可能性。

装置补偿绕组使电机结构变得复杂，成本增加，只在负载变动大的大中型电机中采用。

还应指出的是环火的发生除了上述的电气原因外，因换向器外圆不圆、表面不干净也可能形成环火，因此加强对电机的维护工作，对防止环火的发生有着重要作用。

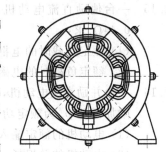

图 1-54 补偿绕组

思考题与习题

1.1 描述直流电机工作原理,并说明换向器和电刷的作用。

1.2 什么是电机的可逆性?为什么说发电机作用和电动机作用同时存在于一台电机中?

1.3 直流电机有哪些主要部件?试说明它们的作用。

1.4 直流电机里的换向器在发电机和电动机中各起什么作用?

1.5 单叠绕组和单波绕组各有什么特点?其连接规律有何不同?

1.6 什么是主磁通?什么是漏磁通?

1.7 直流电机有哪几种励磁方式?

1.8 如何判断直流电机运行于发电机状态还是电动机状态?

1.9 某直流电机,$P_N=4\text{kW}$,$U_N=110\text{V}$,$n_N=1000\text{r/min}$,$\eta_N=0.8$。若此直流电机是直流电动机,试计算额定电流 I_N;如果是直流发电机,再计算 I_N。

1.10 一台直流电动机,$P_N=17\text{kW}$,$U_N=220\text{V}$,$\eta_N=0.83$,$n_N=1500\text{r/min}$。求额定电流和额定负载时的输入功率。

1.11 什么叫电枢反应?电枢反应对气隙磁场有什么影响?

1.12 一台直流电机,$p=3$,单叠绕组,电枢绕组总导体数 $N=398$,一极下磁通 Φ 为 $2.1\times10^{-2}\text{Wb}$。当转速 $n=1500\text{r/min}$ 和转速 $n=500\text{r/min}$ 时,分别求电枢绕组的感应电动势 E_a。

1.13 一台直流发电机的额定容量 $P_N=17\text{kW}$,额定电压 $U_N=230\text{V}$,额定转速 $n_N=1500\text{r/min}$,极对数 $p=2$,电枢总导体数 $N=468$,连成单波绕组,气隙每极磁通 $\Phi=1.03\times10^{-2}\text{Wb}$,求:(1)额定电流;(2)电枢电动势。

1.14 一台他励直流电动机接在 220V 的电网上运行,已知 $a=1$,$p=2$,$N=372$,$\Phi=1.1\times10^{-2}\text{Wb}$,$R_a=0.208\Omega$,$p_{\text{Fe}}=362\text{W}$,$p_{\text{mec}}=204\text{W}$,$n_N=1500\text{r/min}$,忽略附加损耗。试求:

(1) 此电机是发电机运行还是电动机运行?

(2) 输入功率、电磁功率和效率;

(3) 电磁转矩、输出转矩和空载阻转矩。

1.15 一台他励直流电动机,$U_N=220\text{V}$,$P_N=10\text{kW}$,$\eta_N=0.88$,$n_N=1200\text{r/min}$,$R_a=0.44\Omega$。求:

(1) 额定负载时的电枢电动势和电磁功率;

(2) 额定负载时的电磁转矩、输出转矩和空载转矩。

1.16 一台并励直流电动机,$U_N=220\text{V}$,$I_N=80\text{A}$,$R_a=0.1\Omega$,励磁绕组电阻 $R_f=88.8\Omega$,附加损耗 p_s 为额定功率的 1%,$\eta_N=0.85$。试求:

(1) 电动机的额定输入功率和额定输出功率;

(2) 电动机的总损耗;

(3) 电动机的励磁绕组铜损耗、机械损耗和铁损耗之和。

1.17 一台并励直流发电机的数据为:额定电压 $U_N=230\text{V}$,额定电枢电流 $I_N=15.7\text{A}$,

额定转速 $n_N=2000\text{r/min}$，电枢回路电阻 $R_a=1\Omega$（包括电刷接触电阻）。励磁回路总电阻 $R_f=610\Omega$。将这台发电机改为电动机运行，并联在 220V 的直流电源上，求当电动机电枢电流与发电机额定电枢电流相同时，电动机的转速为多少（不考虑电枢反应及磁路饱和的影响）？

1.18 什么叫换向？为什么要改善换向？改善换向的方法有哪些？

模块 2

直流电动机的电力拖动

知识点

(1) 直流电动机和负载的机械特性;
(2) 电力拖动系统的运动方程式;
(3) 直流电动机的启动、制动、调速。

学习要求

(1) 具备电力拖动系统的分析和基本折算能力;
(2) 具备直流电动机机械特性的分析和绘制能力;
(3) 具备直流电动机启动、制动、调速的过程描述和特点分析能力;
(4) 具备直流电动机电力拖动的基本计算能力。

在现代工业生产过程中,为了实现各种生产工艺过程,需要使用各种各样的生产机械。各种生产机械的运转,一般采用电动机来拖动。以电动机作为原动机拖动生产机械完成一定生产任务的拖动方式,称为电力拖动。

电力拖动系统一般由电动机、工作机构、生产机械的传动机构、控制设备及电源5个部分组成,其中电动机作为整个系统的动力源;工作机构用以完成生产过程;生产机械的传动机构用以变速或变换运动方式;控制设备用来控制电动机的运动;电源为系统提供电能。

本模块主要介绍电力拖动系统的运动方程式、运动状态、他励直流电动机的机械特性、启动、反转、调速及制动等。

2.1 课题 电力拖动系统的动力学基础

在电力拖动系统中,虽然电动机的种类和特性不同,生产机械的负载性质各异,运动形式多样,但都服从动力学的统一规律,所以应该先分析电力拖动系统的动力学问题。

2.1.1 电力拖动系统的运动方程式

1. 单轴电力拖动系统运动方程式

单轴电力拖动系统就是电动机的轴与生产机械的轴直接连接的系统,如图 2-1(a)

(a) 单轴电力拖动系统　　　　(b) 系统各物理量的参考方向

图 2-1　单轴电力拖动系统及系统各物理量的参考方向

所示。

系统中,作用在该连接轴上的转矩有电动机的电磁转矩 T_{em}、电动机的空载阻转矩 T_0 及生产机械的负载转矩 T_L。设转轴的角速度为 Ω,系统的转动惯量为 J(包括电动机转子、联轴器和生产机械的转动惯量),系统各物理量的参考方向如图 2-1(b)所示,则根据动力学定律,可得到系统的运动方程为(T_0 很小,可忽略)

$$T_{em} - T_L = J \frac{d\Omega}{dt} \tag{2-1}$$

式中,T_{em} 为电动机的电磁转矩(N·m);T_L 为电动机的负载转矩(N·m);J 为电动机轴上的总转动惯量(kg·m²);Ω 为电动机的角速度(rad/s)。

式(2-1)称为单轴电力拖动系统的运动方程式,它描述了作用于单轴拖动系统的转矩与速度之间的关系,是研究电力拖动系统各种运动状态的基础。

在工程计算中,通常用转速度 n(单位为 r/min)代替角速度 Ω;用飞轮矩 GD^2 代替转动惯量 J。n 与 Ω 之间的关系为

$$\Omega = \frac{2\pi}{60} n \tag{2-2}$$

J 与 GD^2 之间的关系为

$$J = m\rho^2 \frac{G}{g}\left(\frac{D}{2}\right)^2 = \frac{GD^2}{4g} \tag{2-3}$$

式中,m 为系统转动部分的质量(kg);G 为系统转动部分的重力(N);ρ 为系统转动部分的回转半径(m);D 为系统转动部分的回转直径(m);g 为重力加速度,可取 $g=9.81 m/s^2$。

把式(2-1)中的 Ω 和 J 用 n 和 GD^2 代替,可得电力拖动系统运动方程式的实用形式

$$T_{em} - T_L = \frac{GD^2}{375} \cdot \frac{dn}{dt} \tag{2-4}$$

式中,GD^2 是系统转动部分的总飞轮矩(N·m²);$375 \approx 4g \times 60/(2\pi)$,是具有加速度量纲的系数。电动机和生产机械的 GD^2 可从产品样本和有关设计资料中查到。

2. 运动方程式中转矩正、负号的规定

在电力拖动系统中,随着生产机械负载类型和工作状况的不同,电动机的运行状态将发生变化,即作用在电动机转轴上的电磁转矩(拖动转矩)T_{em} 和负载转矩(阻转矩)T_L 的大小和方向都可能发生变化。因此运动方程式(2-4)中的转矩 T_{em} 和 T_L 是带有正、负号的代数量,即可以写成

$$(\pm T_{em}) - (\pm T_L) = \frac{GD^2}{375} \cdot \frac{dn}{dt}$$

因此，在应用运动方程式时，必须注意转矩的正、负号。一般规定如下：

首先选定电动机处于电动状态时的旋转方向为转速 n 的正方向，然后按照下列规则确定转矩的正、负号。

(1) 电磁转矩 T_{em} 与转速 n 的正方向相同时为正，相反时为负。

(2) 负载转矩 T_L 与转速 n 的正方向相反时为正，相同时为负。

(3) 惯性转矩 $\dfrac{GD^2}{375} \cdot \dfrac{dn}{dt}$ 的大小及正、负号由 T_{em} 和 T_L 代数和决定。

转速的正方向可任意选取，即选顺时针或逆时针，但工程上一般对起重机械选取提升重物时的转速方向为正，龙门刨床工作台则以切削时的转速方向为正。

2.1.2 电力拖动系统的运动状态分析

式(2-4)描述了电力拖动系统的转矩与转速变化率之间的关系，由此式可知电力拖动系统的转速变化率 dn/dt（加速度）是由 $T_{em}-T_L$ 决定的，$T_{em}-T_L$ 称为动态转矩，因此根据式(2-4)可分析电力拖动系统的运动状态。

首先规定某一旋转方向为转速的正方向，即 $n>0$。在此旋转方向下，根据式(2-4)分析电力拖动系统的运动状态如下：

(1) 当 $T_{em}-T_L>0$ 时，$dn/dt>0$，系统处于加速运行状态。

(2) 当 $T_{em}-T_L<0$ 时，$dn/dt<0$，系统处于减速运行状态。

(3) 当 $T_{em}=T_L$ 时，$dn/dt=0$，系统处于稳态。

2.1.3 工作机构转矩、力、飞轮矩和质量的折算

在图 2-1 所示的拖动系统中，电动机和工作机构直接相连，这时工作机构的转速等于电动机的转速，这种系统称为单轴系统。实际的电力拖动系统往往不是单轴系统，而是通过一套传动机构，把电动机和工作机构连接起来的多轴系统，如图 2-2(a)所示。分析多轴的运动状态时，通常是把实际的多轴系统折算为一个等效的单轴系统，折算的原则是保持拖动系统在折算前后，其传送的功率和贮存的动能不变，如图 2-2(b)所示。

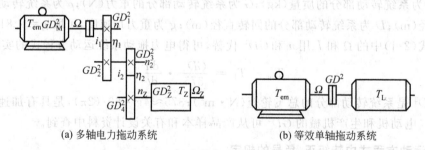

(a) 多轴电力拖动系统　　　　　(b) 等效单轴拖动系统

图 2-2　多轴电力拖动系统

若以电动机轴为研究对象，需要折算的量有工作机构的负载转矩 T_Z、系统中各轴（除电动机轴之外）的转动惯量 J_1、J_2、$\cdots$、J_n。对于某些作直线运动的工作机构，则必须把进行直线运动的质量 m_Z、直线运动的转速 v_Z 及运动所需克服的阻力 F_Z 折算到电动机轴上。

1. 工作机构负载转矩 T_Z 的折算

折算原则：功率不变。

设工作机构的负载转矩为 T_Z，转速为 Ω_Z，则对应的功率 $P_Z = T_Z \Omega_Z$。

而折算电机轴上后的功率可表示为 $P_Z = T_L \Omega$，式中，T_L 为折算电机轴上的转矩，Ω 为电动机的转速，则有

$$P_Z = T_Z \Omega_Z = P_Z = T_L \Omega \tag{2-5}$$

实际上，在系统的传动过程中，传动机构存在着功率损耗，称为传动损耗，用传动效率 η_C 表示。当电动机拖动生产机械工作时，传动损耗应由电动机承担，电动机输出的功率比生产机械消耗的功率大，这时的功率关系应为 $T_Z \Omega_Z = P_Z = \eta_C P_Z' = \eta_C T_L \Omega$，此时

$$T_L = T_Z \frac{1}{i \eta_C} \tag{2-6}$$

式中，i 为电动机与工作机构的转速比，$i = \dfrac{\Omega}{\Omega_Z} = \dfrac{n}{n_Z}$。

如果电动机处于某种制动状态，则传动损耗由生产机械的负载负担，电动机输出的功率比生产机械消耗的功率小，这时的功率关系应为 $\eta_C T_Z \Omega_Z = \eta_C P_Z = P_Z' = T_L \Omega$，此时

$$T_L = \frac{1}{i} \eta_C T_Z \tag{2-7}$$

上述公式中，转速比 i 为电动机轴与工作机构轴的转速之比，若已知多级传动机构中每级转速比 i_1、i_2、$\cdots$，则总的转速比 i 应为各级转速比之积 $i = i_1 \cdot i_2 \cdots$，总传动效率 η_C 应为各级传动效率之积 $\eta_C = \eta_1 \cdot \eta_2 \cdots$。

2. 工作机械具有直线运动的机构作用力

折算原则：功率不变。

设直线运动的直线力为 F_Z，直线运动速度为 v_Z，则对应的功率为 $P_Z = F_Z v_Z$，再考虑到传动效率，则有

$$F_Z v_Z = P_Z = \eta_C P_Z' = \eta_C T_Z \Omega$$

$$T_Z = \frac{F_Z v_Z}{\Omega \eta_C} = 9.55 \frac{F_Z v_Z}{n \eta_C} \tag{2-8}$$

3. 传动机构与工作机构飞轮矩的折算

折算原则：动能不变。

设工作机构的转动惯量为 J_Z，传动机构中各轴上的转动惯量为 J_1、J_2、$\cdots$，电动机的转动惯量为 J_M；工作机构的转速为 Ω_Z，传动机构中各轴的转速为 Ω_1、Ω_2、$\cdots$，则系统中折算前的总动能

$$W = W_M + W_1 + W_2 + \cdots + W_Z = \frac{1}{2} J_M \Omega^2 + \frac{1}{2} J_1 \Omega_1^2 + \frac{1}{2} J_2 \Omega_2^2 + \cdots + \frac{1}{2} J_Z \Omega_Z^2$$

折算到电动机上的总动能为 $W = \dfrac{1}{2} J \Omega^2$，且二者相等，所以系统总的转动惯量为

$$J = J_M + J_1 \left(\frac{\Omega_1}{\Omega}\right)^2 + J_2 \left(\frac{\Omega_2}{\Omega}\right)^2 + \cdots + J_Z \left(\frac{\Omega_Z}{\Omega}\right)^2 \tag{2-9}$$

若用飞轮矩和每分钟的转数表示，则得

$$GD^2 = GD_M^2 + GD_1^2\left(\frac{n_1}{n}\right)^2 + GD_2^2\left(\frac{n_2}{n}\right)^2 + \cdots + GD_Z^2\left(\frac{n_Z}{n}\right)^2 \tag{2-10}$$

4. 工作机构直线运动质量的计算

折算原则：动能不变。

设作直线运动的工作机构的质量为 m_Z，直线运动速度为 v_Z，则对应的动能为 $W = \frac{1}{2}m_Z v_Z^2$，将其折算到电机轴上时，它仍是一个负载部分，其动能的大小为 $W_Z = \frac{1}{2}J_Z \Omega^2$，且二者相等，所以有 $\frac{1}{2}m_Z v_Z^2 = \frac{1}{2}J_Z \Omega^2$，即 $J_Z = \frac{m_Z v_Z^2}{\Omega^2}$。

而 $m_Z = \frac{G_Z}{g}, \Omega = \frac{2\pi n}{60}, GD_Z^2 = 4gJ_Z$，所以

$$GD_Z^2 = 4gJ_Z = 4g\frac{m_Z v_Z^2}{\Omega^2} = 365\frac{G_Z v_Z^2}{n^2} \tag{2-11}$$

式中，G_Z 为工作机构的重量(N)；n 为电动机的转速(r/min)。

2.2 课题　生产机械的负载转矩特性

生产机械的负载转矩 T_L 的大小和许多因素有关，通常把负载转矩 T_Z 与转速的关系 $T_Z = f(n)$ 称为生产机械的负载转矩特性，有时又简称为负载性质。生产机械的负载性质基本上可以归纳为三大类。

1. 恒转矩负载

凡负载转矩 T_L 的大小为一定值，而与转速无关的称为恒转矩负载。恒转矩负载的特点是无论转速 n 如何变化，负载转矩都保持恒值，根据负载转矩的方向是否与转向有关，恒转矩负载又分为反抗性负载和位能性负载两种。

（1）反抗性的恒转矩负载。反抗性恒转矩负载转矩是由摩擦阻力产生的转矩，因此是阻碍运动的制动性质转矩。它的特点是不管生产机械的运动方向如何，其作用方向总是与旋转方向相反，而绝对值的大小则是不变的。属于这一类的生产机械有起重机的行走机构、皮带运输机和轧钢机等。

从反抗性恒转矩负载的性质可知，当 $n>0$ 时，$T_L>0$（常数）；$n<0$ 时，$T_L<0$（也是常数），且 T_L 的绝对值相等。因此，在 n-T_L 直角坐标系中，反抗性恒转矩负载特性是位于第一或第三象限且与纵轴相平行的直线，如图2-3所示。

（2）位能性的恒转矩负载。位能性恒转矩负载的转矩是由重力作用产生的。其特点是工作机构的转矩绝对值大小恒定不变，而且作用方向也保持不变。当 $n>0$ 时，$T_L>0$，T_L 是阻碍运动的制动转矩；$n<0$ 时，$T_L>0$，T_L 成为帮助运动的拖动转矩。在 n-T_L 坐标系中，位能性恒转矩负载特性是穿过第一、第四象限的直线，如图2-4所示。起重机的提升机构、矿井卷扬机等生产机械都具有位能性恒转矩负载特性。

但是在某种情况下，例如机车下坡时，位能性负载的负载力矩对电动机起加速作用，当电动机处于这种运转状态时，负载转矩特性应在第二象限。

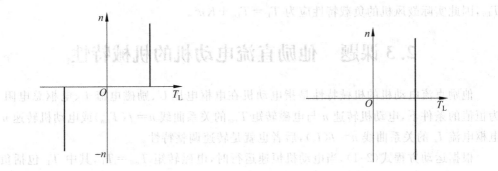

图 2-3　反抗性恒转矩负载特性　　　　图 2-4　位能性恒转矩负载特性

2. 恒功率负载

恒功率负载的特点是负载的功率为一恒定值,即 $P_L = T_L\Omega = T_L \dfrac{2\pi}{60}n =$ 常数,也就是负载转矩 T_L 与转速 n 成反比。转速升高时,负载转矩减小;转速降低时,负载转矩增大,负载功率不变。恒功率负载特性是一条双曲线,如图 2-5 所示。

某些生产机械,例如车床,在粗加工时,切削量大,切削阻力大,负载转矩大,用低速切削;在精加工时,切削量小,切削阻力小,往往用高速切削,负载功率恒定。

应当指出,所谓恒功率负载是指一种工艺要求,例如车床在加工零件时,根据切削量的不同,选用不同的转速,以使切削功率保持不变,对这种工艺要求,体现为负载的转速与转矩之积为常数,即恒功率负载特性,但是在进行每次切削时,切削量都保持不变,因而切削转矩为常数,为恒转矩负载特性。

3. 风机、泵类负载转矩特性

鼓风机、水泵、输油泵等流体机械,其转矩随转速的变化按一定规律变化,即其变化规律与设备的出口压力有关,即

$$T_L = Kn^\alpha \tag{2-12}$$

式中,α 为与出口压力有关的系数,当出口压力为零时,$\alpha = 2$。

风机、泵类负载的转矩特性如图 2-6 所示。

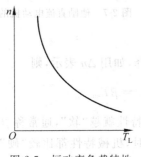
图 2-5　恒功率负载特性

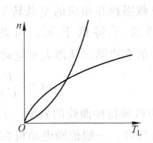
图 2-6　通风机负载特性

以上三类负载转矩特性都很典型,实际负载可能是一种类型,也可能是几种类型的综合。例如实际的鼓风机除了主要是通风机负载特性外,由于其轴上还有一定的摩擦转矩

T_{L0},因此实际鼓风机的负载特性应为 $T_L = T_{L0} + Kn^\alpha$。

2.3 课题 他励直流电动机的机械特性

他励直流电动机的机械特性是指电动机在电枢电压 U、励磁电流 I_f、电枢总电阻 R_a 为恒值的条件下,电动机转速 n 与电磁转矩 T_{em} 的关系曲线 $n = f(T_{em})$ 或电动机转速 n 与电枢电流 I_a 的关系曲线 $n = f(I_a)$,后者也就是转速调整特性。

根据运动方程式(2-1),当电动机恒速运行时,电磁转矩 $T_{em} = T_L$,其中 T_L 包括负载转矩 T_Z 和空载转矩 T_0,由于在一般情况下,T_0 所占比重较小,在工程计算中可以忽略不计,这样负载转矩 T_Z 就等于电动机轴上总的阻转矩 T_L,而与电磁转矩 T_{em} 相平衡。在以后的分析中,若无特别的说明,都是在忽略 T_0 的情况下进行的。

2.3.1 机械特性方程式

直流电动机的机械特性方程式,可由直流电动机的基本方程式导出。由电动势平衡方程式 $U = E_a + I_a R_a$ 和电动势表达式 $E_a = C_e \Phi n$,便可求得用电流 I_a 表示的机械特性方程式

$$n = \frac{E_a}{C_e \Phi} = \frac{U - I_a R_a}{C_e \Phi} = \frac{U}{C_e \Phi} - \frac{R_a}{C_e \Phi} I_a \tag{2-13}$$

再利用电磁转矩表达式 $T_{em} = C_T \Phi I_a$,可求得用电磁转矩 T_{em} 表示的机械特性方程式

$$n = \frac{U}{C_e \Phi} - \frac{R}{C_e \Phi} I_a = \frac{U}{C_e \Phi} - \frac{R}{C_e \Phi} \frac{T_{em}}{C_T \Phi} = \frac{U}{C_e \Phi} - \frac{R}{C_e \Phi C_T \Phi} T_{em} \tag{2-14}$$

当电源电压 $U =$ 常数,电枢电路总电阻 $R_a =$ 常数,励磁电流 $I_f =$ 常数(若忽略电枢反应,则 $\Phi =$ 常数)时,电动机的机械特性如图 2-7 所示,是一条向下倾斜的直线,这说明加大电动机的负载,会使转速下降。特性曲线与纵轴的交点为 $T_{em} = 0$ 时的转速 n_0,称为理想空载转速,有

$$n_0 = \frac{U}{C_e \Phi} \tag{2-15}$$

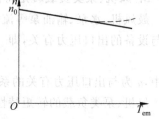

图 2-7 他励直流电动机的机械特性

实际上,当电动机旋转时,不论有无负载,总存在一定的空载损耗和相应的空载转矩。所以电动机的实际空载转速 n_0' 将低于 n_0。由此可见式(2-13)和式(2-14)的右边第二项即表示电动机带负载后的转速降,如用 Δn 表示,则

$$\Delta n = \frac{R_a}{C_e \Phi} I_a = \frac{R_a}{C_e \Phi C_T \Phi} T_{em} = \beta T_{em} \tag{2-16}$$

式中,β 为机械特性曲线的斜率。β 越大,Δn 越大,机械特性就越"软",通常称 β 大的机械特性为软特性。一般他励电动机在电枢没有外接电阻时,机械特性都比较"硬"。机械特性的硬度也可用额定转速调整率 $\Delta n\%$ 来说明,转速调整率小,则机械特性硬度就高。

2.3.2 固有机械特性和人为机械特性

固有机械特性是当电动机的工作电压和磁通均为额定值,电枢电路中没有串入附加

电阻时的机械特性,其方程式为

$$n = \frac{U_N}{C_e \Phi_N} - \frac{R_a}{C_e \Phi_N C_T \Phi_N} T_{em} \qquad (2\text{-}17)$$

或

$$n = \frac{U_N}{C_e \Phi_N} - \frac{R_a}{C_e \Phi_N} I_a \qquad (2\text{-}18)$$

固有机械特性如图 2-8 中 $R=R_a$ 的曲线所示,由于 R_a 较小,故他励直流电动机固有机械特性较硬。

人为机械特性是人为地改变电动机参数或电枢电压而得到的机械特性,他励电动机有下列三种人为机械特性。

1. 电枢串接电阻时的人为机械特性

此时 $U=U_N$、$\Phi=\Phi_N$、$R=R_a+R_{pa}$,电路如图 2-9 所示,人为机械特性的方程式为

$$n = \frac{U_N}{C_e \Phi_N} - \frac{R_a+R_{pa}}{C_e \Phi_N C_T \Phi_N} T_{em} \qquad (2\text{-}19)$$

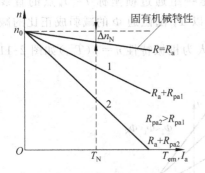

图 2-8 他励电动机固有机械特性及串入电阻时的人为机械特性

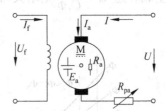

图 2-9 他励电动机电枢串入附加电阻

与固有特性相比,理想空载转速 n_0 不变,但转速降 Δn 增大。R_{pa} 越大,Δn 也越大,特性变"软",如图 2-8 中曲线 1、2 所示。

这种人为机械特性是一组通过 n_0 但具有不同斜率的直线。

2. 改变电枢电压时的人为机械特性

此时 $R_{pa}=0$,$\Phi=\Phi_N$,特性方程式为

$$n = \frac{U}{C_e \Phi_N} - \frac{R_a}{C_e \Phi_N C_T \Phi_N} T_{em} \qquad (2\text{-}20)$$

由于电动机的工作电压以额定电压为上限,因此电压在改变时,只能在低于额定电压的范围内变化。与固有特性相比较,特性曲线的斜率不变,理想空载转速 n_0 随电压减小成正比减小,因此改变电压时的人为特性是一组低于固有机械特性而与之平行的直线,如图 2-10 所示。

3. 减弱磁通时的人为机械特性

减弱磁通可以在励磁回路内串接电阻 R_{pf} 或降低励磁电压 U_f,此时 $U=U_N$、$R_{pa}=0$,

特性方程式为

$$n = \frac{U_N}{C_e\Phi} - \frac{R_a}{C_e\Phi C_T\Phi}T_{em} \quad (2-21)$$

或

$$n = \frac{U_N}{C_e\Phi} - \frac{R_a}{C_e\Phi}I_a \quad (2-22)$$

当 $\Phi =$ 常数时，因为 $T_{em} \propto I_a$，所以 $n=f(I_a)$ 和 $n=f(T_{em})$ 可以用同一曲线表示。但是在讨论减弱磁通的人为特性时，因为 Φ 是个变量，所以 $n=f(I_a)$ 和 $n=f(T_{em})$ 必须分别表示，而且这时机械特性采用堵转数据表示比较方便。

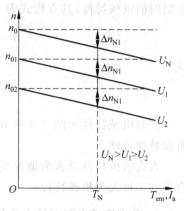

图 2-10 他励电动机改变电枢电压时的人为机械特性

堵转时转速 $n=0$, $E_a=0$, 由电动势平衡方程式 $U=E_a+I_aR_a$ 知 $I_k=\dfrac{U}{R_a}=$ 常数，而 $n_0=\dfrac{U}{C_e\Phi}$ 随 Φ 的减小而成反比增大，因此 $n=f(I_a)$ 的人为特性是一组通过横坐标 $I=I_k$ 点的直线，如图 2-11(a)所示。而当磁通减弱时，因 I_k 不变，所以 T_k 随磁通 Φ 的减弱成正比的减小，而理想空载转速 $n_0=\dfrac{U}{C_e\Phi}$ 则增大，Φ 值不同时的人为机械特性 $n=f(T_{em})$ 如图 2-11(b)所示。

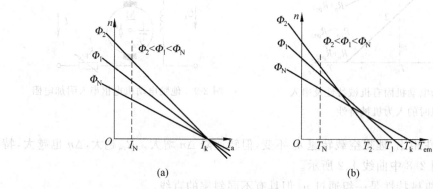

图 2-11 他励电动机减弱磁通时的人为机械特性

从这组曲线可以看出，在一般情况下，因为 $T_2 < T_N < T_k$，所以减弱磁通可以使转速升高，但当负载转矩特别大或者工作磁通特别小时，如再减弱磁通，反而会使转速下降。

2.3.3 机械特性的绘制

根据机械特性方程式绘制或计算机械特性时，需要知道电动机的内部结构参数（如 C_e、C_T）。通常这些参数只有设计部门掌握，因此一般情况下都是利用电动机的铭牌数据或实测数据来绘制机械特性的。绘制时需要知道的数据包括电动机的额定功率 P_N、额定电压 U_N、额定电流 I_N 和额定转速 n_N。

1. 固有机械特性的绘制

忽略电枢反应的去磁效应时，他励直流电动机的固有机械特性是一条直线。众所周

知,两点可以确定一条直线,因此只要找到机械特性上的两个点,就可以绘出固有机械特性,即采用"两点法"。通常选择以下两点:

- 理想空载点($T_{em}=0, n=n_0$);
- 额定工作点($T_{em}=T_N, n=n_N$)。

对于理想空载点,需要求出 n_0 的大小,现已知 $n_0 = \dfrac{U_N}{C_e \Phi_N}$,而 $C_e \Phi_N$ 尚属未知,根据电动势平衡方程式 $U_N = E_{aN} + I_{aN} R_a$ 和电动势表达式 $E_{aN} = C_e \Phi_N n_N$ 可得

$$C_e \Phi_N = \dfrac{U_N - I_{aN} R_a}{n_N} \tag{2-23}$$

但式中的 R_a 又属未知,它可以用实测的方法取得,也可以根据名牌数据估算,估算的原则是认为在额定负载下,电枢的铜耗占电动机总损耗的 $\dfrac{1}{2} \sim \dfrac{2}{3}$,即

$$p_{Cua} = \left(\dfrac{1}{2} \sim \dfrac{2}{3}\right)(P_1 - P_N) \tag{2-24}$$

而 $p_{Cua} = I_{aN}^2 R_a$,$P_1 = U_N I_{aN}$,所以有

$$R_a = \left(\dfrac{1}{2} \sim \dfrac{2}{3}\right) \dfrac{U_N I_{aN} - P_N}{I_{aN}^2} \tag{2-25}$$

求出 R_a 后,就可算出 $C_e \Phi_N$ 和 n_0,得到理想空载点数据。

对于额定点,根据电磁转矩表达式 $T_{em} = C_T \Phi I_a$ 和 $C_T = 9.55 C_e$ 直接求得额定状态下的电磁转矩的大小,即

$$T_{emN} = C_T \Phi_N I_{aN} = 9.55 C_e \Phi_N I_{aN} \tag{2-26}$$

在忽略空载转矩的情况下,额定电磁转矩也可用额定输出转矩来替代,即

$$T_N = 9.55 \dfrac{P_N}{n_N} \tag{2-27}$$

根据铭牌数据求得以上理想空载点和额定点后,用直线连接该两点,即为所求的固有特性。

2. 人为机械特性的绘制

人为机械特性的绘制有两种情况:一种是已知参数求特性,另一种是已知特性求参数。

人为机械特性的计算方法和固有特性的计算方法相似,只要把相应的参数值代入相应的人为特性方程即可。

下面用一实例来说明固有特性、已知参数求人为机械特性和已知人为机械特性求参数的各种特性的绘制方法。

【例 2-1】 一他励直流电动机的铭牌数据为 $P_N = 22kW$,$U_N = 220V$,$I_N = 116A$,$n_N = 1500 r/min$。

(1)绘制固有特性曲线。

(2)分别绘制下列三种情况的人为机械特性曲线:①电枢电路中串入电阻 $R_{pa} = 0.7\Omega$ 时;②电源电压降至 110V 时;③磁通减弱 $\dfrac{2}{3}\Phi_N$ 时。

(3)当轴上负载转矩为额定转矩时,要求电动机以 $n = 1000 r/min$ 的速度运转,试问

有几种可能的方案,并分别求出它们的参数。

【解】 (1) 绘制固有特性曲线。

① 估算 R_a,根据 $R_a = \left(\dfrac{1}{2} \sim \dfrac{2}{3}\right)\dfrac{U_N I_{aN} - P_N}{I_{aN}^2}$,取 $\dfrac{2}{3}$,则

$$R_a = \dfrac{2}{3} \times \dfrac{U_N I_{aN} - P_N}{I_{aN}^2} = \dfrac{2}{3} \times \dfrac{220 \times 116 - 22 \times 10^3}{116^2} = 0.175\,\Omega$$

② 计算 $C_e \Phi_N$,即

$$C_e \Phi_N = \dfrac{U_N - I_{aN} R_a}{n_N} = \dfrac{220 - 116 \times 0.175}{1500} = 0.133$$

③ 理想空载点($T_{em} = 0, n = n_0$)

$$n_0 = \dfrac{U_N}{C_e \Phi_N} = \dfrac{220}{0.133} = 1654\,\text{r/min}$$

④ 额定点($T_{em} = T_N, n = n_N$)

$$T_{emN} = 9.55 C_e \Phi_N I_{aN}$$
$$= 9.55 \times 0.133 \times 116 = 147.2\,\text{N}\cdot\text{m}$$

连接额定点和理想空载点,即得固有特性曲线,如图 2-12 所示。

(2) 绘制人为机械特性。

① 电枢电路中串入电阻 $R_{pa} = 0.7\,\Omega$ 时,理想空载点仍为 $n_0 = 1654\,\text{r/min}$;当 $T_{em} = T_{emN}$ 时,即 $I_a = 116\,\text{A}$,电动机转速为

$$n = n_0 - \dfrac{R_a + R_{pa}}{C_e \Phi_N} I_{aN}$$
$$= 1654 - \dfrac{0.175 + 0.7}{0.133} \times 116 = 890\,\text{r/min}$$

人为机械特性是通过($T_{em} = 0, n_0 = 1654\,\text{r/min}$)和($T_{em} = 147.3\,\text{N}\cdot\text{m}, n = 890\,\text{r/min}$)两点的直线,见图 2-13 中曲线 1。

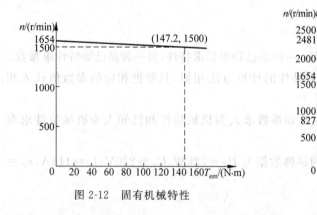

图 2-12 固有机械特性

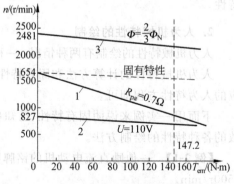

图 2-13 人为机械特性

② 电源电压降至 110V 时的理想空载点。

$$n_0' = \dfrac{U}{C_e \Phi_N} = \dfrac{110}{0.133} = 827\,\text{r/min}$$

当 $T_{em} = T_{emN}$ 时,即 $I_a = 116\,\text{A}$,电动机转速为

$$n = n_0' - \frac{R_a}{C_e \Phi_N} I_{aN}$$

$$= 827 - \frac{0.175}{0.133} \times 116 = 674 \text{r/min}$$

人为机械特性是通过($T_{em}=0, n_0=827\text{r/min}$)和($T_{em}=147.3\text{N}\cdot\text{m}, n=674\text{r/min}$)两点的直线，见图2-13中曲线2。

③ 磁通减弱至 $\frac{2}{3}\Phi_N$ 时理想空载转速 n_0' 将升高，即

$$n_0' = \frac{U_N}{\frac{2}{3} C_e \Phi_N} = \frac{220}{\frac{2}{3} \times 0.133} = 2481 \text{r/min}$$

当 $T_{em}=T_{emN}$ 时，即 $I_a=116\text{A}$，电动机转速为

$$n = n_0' - \frac{R_a}{9.55 \times \left(\frac{2}{3} C_e \Phi_N\right)^2} = 2481 - \frac{0.175}{9.55 \times \left(\frac{2}{3} \times 0.133\right)^2} = 2137.7 \text{r/min}$$

其人为机械特性为通过($T_{em}=0, n_0=2481\text{r/min}$)和($T_{em}=147.3\text{N}\cdot\text{m}, n=2137.7\text{r/min}$)两点的直线，见图2-13中之曲线3。

(3) 当轴上负载转矩为额定时，要求转速为1000r/min，可以采取两种方案：第一，电枢串电阻；第二，降低电枢电压。其参数分别计算如下：

① 电枢串电阻 R_{pa}。当负载为额定转矩时，电流也为额定值，所以将有关数据代入人为特性方程式即得

$$1000 = \frac{220}{0.133} - \frac{0.175 + R_{pa}}{0.133} \times 116$$

解得 $R_{pa}=0.575\Omega$。

② 降低电枢电压同上，将数据代入人为特性方程式得

$$1000 = \frac{U}{0.133} - \frac{0.175}{0.133} \times 116$$

解得 $U=112.7\text{V}$，即电压由220V降至112.7V。

2.3.4 电力拖动系统稳定运行的条件

设有一电力拖动系统，原来运行于某一转速，由于受到外界某种短时的扰动，如负载的突然变化或电网电压波动等（注意：这种变化不是人为的调节），而使电动机转速发生变化，离开了原平衡状态。如果系统在新的条件下仍能达到新的平衡，或者当外界的扰动消失后，系统能恢复到原来的转速，就称该系统能稳定运行；否则就称为不稳定运行，这时即使外界的扰动已经消失，系统速度也会无限制地上升或者是一直下降，直到停止转动。

为了使系统能稳定运行，电动机的机械特性和负载的转矩特性必须配合得当，这就是电力拖动系统稳定运行的条件。

为了分析电力拖动系统稳定运行的问题，将电动机的机械特性和负载的转矩特性画在同一坐标图上，如图2-14所示。图2-14(a)和图2-14(b)表示了电动机的两种不同的机械特性。

根据运动方程式，当电动机的电磁转矩 T_{em} 等于总负载转矩 T_L 时，加速转矩为0，即

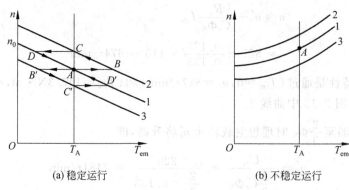

(a) 稳定运行　　　　　　　(b) 不稳定运行

图 2-14　电力拖动系统稳定运行的条件

系统运行于一个确定的转速 n，在图 2-14(a)的情况下，系统原来运行在两条特性曲线的交点 A 处，A 点称为运行工作点。设由于外界的扰动，如电网电压波动，使机械特性偏高，由曲线 1 转为曲线 2。扰动作用使原平衡状态受到破坏，但瞬间转速还来不及变化，电动机的转矩则增大到 B 点所对应的值。这时电磁转矩将大于负载转矩，所以转速将沿机械特性曲线 2 由 B 增加到 C。随着转速的升高，电动机转矩也就重新变小，最后在 C 点得到新的平衡。当扰动消失后，机械特性由曲线 2 恢复到原机械特性曲线 1，这时电动机的转速由 C 点过渡到 D 点，由于电磁转矩小于负载转矩，故转速下降，最后又恢复到原运行点 A，重新达到平衡。

反之，如果电网电压波动使机械特性偏低，由曲线 1 转为曲线 3，则瞬间工作点将跃变到 B' 点，电磁转矩小于负载转矩，转速将由 B' 点降低到 C' 点，在 C' 点取得新的平衡；而当扰动消失后，工作点将又恢复到原工作点 A。

这种情况我们就称为系统在 A 点能稳定运行。

而图 2-14(b)则是一种不稳定运行的情况。

由以上分析，可得出如下结论：在工作点上，若

$$\frac{dT_{em}}{dn} < \frac{dT_L}{dn} \tag{2-28}$$

则系统能稳定运行，式(2-28)即为稳定运行条件，显然在图 2-14(b)中的 A 点，$\frac{dT_{em}}{dn} > \frac{dT_L}{dn}$。

由于大多数负载转矩都是随转速的升高而增大或者保持恒值，因此只要电动机具有下降的机械特性，就能满足稳定运行的条件。一般来说，电动机如果具有上升的机械特性，运行是不稳定的，但若拖动某种特殊负载，如通风机负载，那么只要能满足式(2-35)的条件，系统仍能稳定运行。

应当指出，式(2-28)所表示的电力拖动稳定运行的条件，不论对直流电动机还是交流电动机都是适用的，因而具有普遍意义。

2.4 课题　他励直流电动机的启动和反转

电动机接通电源后,转子转速从静止状态开始加速,转速逐渐升高,直到转速稳定,这一过程为电动机的启动过程,简称启动。电动机启动时,首先应在电动机的励磁绕组中通入励磁电流建立磁场,然后在电枢绕组通入电枢电流,带电的电枢绕组在磁场中受力产生转矩,电动机转子受到电磁转矩而转动起来。

在启动瞬间,电动机的转速 n 为零,反电势 E_a 也为零,启动瞬间启动电流为

$$I_{ST} = I_a = \frac{U_N - E_a}{R_a} = \frac{U_N}{R_a} \tag{2-29}$$

由于电枢电阻 R_a 很小,在 R_a 上加上额定电压 U_N,必然产生过大的电枢电流,通常可达到电动机额定电流的 10~20 倍。由此产生的后果如下:

(1) 大电流将使电动机换向困难,主要是在换向器表面产生强烈的火花,甚至产生环火。

(2) 大电流在电枢绕组中产生过大的电动应力,损坏电动机的绕组。

(3) 大电流使电动机产生过大的电磁转矩,因为电动机的电磁转矩与电枢电流成正比,因此电磁转矩也与之成正比地增长 10~20 倍,这样大的转矩突然加到传动机构上,将损坏机械部件的薄弱环节,例如传动机构的轮齿等。

(4) 大电流将使供电电网的电压上下波动,特别是电机容量较大时,会使电网电压波动较大,将影响在同一电网上运行的其他设备的正常运行。

因此,除了个别容量很小的电动机外,一般不允许电动机在额定电压下直接启动。

对直流电动机启动的要求如下:

① 启动时的启动转矩要足够大,启动转矩应大于负载转矩,使电动机能够在负载情况下顺利启动,且启动过程的时间尽量短一些。

② 启动电流不能太大,要限制在一定的范围之内。否则会使电动机换向困难,产生较强的火花,损坏电动机。

③ 启动控制设备简单,经济可靠,操作方便。

2.4.1 他励直流电动机的启动

限制启动电流的措施有两个:一是降低电源电压 U;二是加大电枢回路电阻。因此直流电动机启动方法主要有降低电源电压启动和电枢回路串电阻启动两种。

1. 降低电源电压启动

图 2-15(a)是降低电源电压启动时的接线图。电动机的电枢由可调直流电源(直流发电机或可控整流器)供电。启动时,先将励磁绕组接通电源,并将励磁电流调到额定值,然后从低向高调节电枢回路的电压。启动瞬间加到电枢两端的电压 U 在电枢回路中产生的电流不应超过 $1.5I_N$。这时电动机的机械特性为图 2-15(b)中的直线 1,此时电动机的电磁转矩大于负载转矩,电动机开始旋转。随着转速升高,E_a 增大,电枢电流 $I_a = (U_1 - E_a)/R_a$ 逐渐减小,电动机的电磁转矩也随着减小。当电磁转矩下降到 T_2 时,将电

源电压提高到 U_2，其机械特性为图 2-15(b)中的直线 2。在升压瞬间，n 不变，E_a 也不变，因此引起 I_a 增大，电磁转矩增大，直到 T_1，电动机将沿着机械特性直线 2 升速。逐级升高电源电压，直到 $U=U_N$ 时，电动机将沿着图中的点 $a \to b \to c \to \cdots \to k$，最后加速到 p 点，电动机稳定运行，降低电源电压启动过程结束。

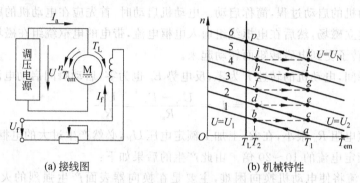

(a) 接线图　　　　　　　　(b) 机械特性

图 2-15　降低电源电压启动时的接线图及机械特性

值得注意的是在调节电源电压时，不能升得太快，否则会引起过大的冲击。

降压启动方法在启动过程中能量损耗小，启动平稳，便于实现自动化，但需要一套可调节的直流电源，增加了初投资。

2. 电枢电路串电阻启动

(1) 启动特性。电动机启动时，励磁电路的调节电阻 $R_{pf}=0$，使励磁电流 I_f 达到最大。电枢电路串接可变电阻 R_{ST}（称为启动电阻），电动机加上额定电压，启动电流 $I_{ST}=\dfrac{U_N}{R_a+R_{ST}}$，$R_{ST}$ 的数值应使 I_{ST} 不大于容许值。

由启动电流产生的启动转矩使电动机开始转动并逐渐加速，随着转速的升高，电枢反电动势 E_a 逐渐增大，使电枢电流逐渐减小，电磁转矩也随之减小，这样转速的上升就逐渐缓慢下来。为了缩短启动时间，保证电动机在启动过程中的加速度不变，就要求在启动过程中电枢电流维持不变，因此随着电动机转速的增加，就应将启动电阻平滑地切除，最后调节电动机转速达到运行值。

欲按要求平滑地切除启动电阻，在实际上是不可能的，一般是将启动电阻分为若干段，逐段加以切除。通常利用接触器来切除启动电阻，由于每一段电阻的切除需要有一个接触器控制，因此启动级数不宜过多，一般分为 2~5 级。下面对这种启动方法作进一步的分析。

设有一直流电动机，采用三级启动，图 2-16 所示为电动机的启动线路和机械特性，电枢利用接触器 KM 接入电网，启动电阻 R_{ST1}、R_{ST2}、R_{ST3} 利用接触器 KM_1、KM_2、KM_3 来切除。启动开始瞬间，电枢电路中接入全部启动电阻，启动电流 I_{ST} 达到最大值 I_{ST1} 为

$$I_{ST1}=\frac{U_N}{R_a+R_{ST1}+R_{ST2}+R_{ST3}} \tag{2-30}$$

I_{ST1} 称为尖峰电流或启动电流，一般当电动机容量 $P_N<150\text{kW}$ 时，$I_{ST1}\leqslant 2.5I_N$；当 $P_N>150\text{kW}$ 时，$I_{ST1}\leqslant 2I_N$。接入全部启动电阻时的人为机械特性如图 2-16(b)中的曲线

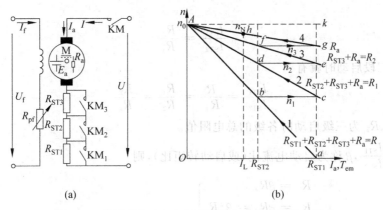

图 2-16 他励磁电动机电枢串电阻启动线路及机械特性

1 所示。随着电动机开始旋转并不断加速,电枢电流和电磁转矩将逐渐减小,它们沿着曲线 1 的箭头所指的方向变化。

当转速升高至 n_1 电流降至 I_{ST2}(图中 b 点)时,接触器 KM_1 触头闭合,将电阻 R_{ST1} 短路,I_{ST2} 称为切换电流,一般取 $I_{ST2}=(1.1\sim 1.2)I_N$。电阻 R_{ST1} 切除后,电枢电路中的电阻减小为 $R_a+R_{ST2}+R_{ST3}$,与之对应的人为机械特性如图 2-16(b) 中的曲线 2,在切除电阻的瞬间,由于机械惯性,转速不能突变,仍为 n_1,电动机的运行点由 b 点沿水平方向跃变到曲线 2 上的 c 点,选择恰当的 R_{ST1} 值,可使 c 点的电流值仍为尖锋电流 I_{ST1},这样,电动机又进一步加速,电流和转速便沿曲线 2 箭头所指方向变化。

当转速变化到 d 点,电流又降到 I_{ST2} 时,接触器 KM_2 触头闭合,将 R_{ST2} 短接,电动机工作点由 d 点水平移到曲线 3 上的 e 点。曲线 3 是电枢总电阻为 R_a+R_{ST3} 时的人为机械特性,e 点的电流仍为尖锋电流 I_{ST1},电流和转速就沿曲线 3 变化。

以此类推,在最后一级电阻 R_{ST3} 切除后,电动机将过渡到固有特性(曲线 4)上,并沿固有特性加速,到达 h 点时,电磁转矩与负载转矩相等,电动机便在 h 点所对应的转速上稳定运行,启动过程结束。

(2) 启动电阻计算。电动机在启动过程中,当切除第一级电阻时,运行点将由 b 移至 c(见图 2-16(b)),b、c 两点的转速相等,即 $n_b=n_c$,因而 $E_b=E_c$,这样

在 b 点:特性曲线对应电阻 $R=R_a+R_{ST1}+R_{ST2}+R_{ST3}$,$I_{ST2}=\dfrac{U_N-E_b}{R}$

在 c 点:特性曲线对应电阻 $R_1=R_a+R_{ST2}+R_{ST3}$,$I_{ST1}=\dfrac{U_N-E_b}{R_1}$

两式相除得

$$\frac{I_{ST1}}{I_{ST2}}=\frac{R}{R_1}$$

同样,当运行点自 d 点移至 e 点及运行点自 f 点移至 g 点时,特性曲线对应电阻 $R_2=R_a+R_{ST3}$ 及 R_a,有

$$\frac{I_{ST1}}{I_{ST2}}=\frac{R_1}{R_2}$$

和
$$\frac{I_{ST1}}{I_{ST2}} = \frac{R_2}{R_a}$$

这样,三段启动时就有
$$\frac{I_{ST1}}{I_{ST2}} = \frac{R}{R_1} = \frac{R_1}{R_2} = \frac{R_2}{R_a}$$

式中,R、R_1、R_2 为三级启动时各级的总电阻值。

设 $\beta = \dfrac{I_{ST1}}{I_{ST2}}$,$\beta$ 称为启动电流比(或启动转矩比),则

$$\left.\begin{array}{l} R_2 = \beta R_a \\ R_1 = \beta R_2 = \beta^2 R_a \\ R = \beta R_1 = \beta^3 R_a \end{array}\right\} \quad (2\text{-}31)$$

$$\left.\begin{array}{l} R_{ST3} = R_2 - R_a = (\beta-1)R_a \\ R_{ST2} = R_1 - R_2 = \beta R_{ST3} = \beta(\beta-1)R_a \\ R_{ST1} = R - R_1 = \beta R_{ST2} = \beta^2(\beta-1)R_a \end{array}\right\} \quad (2\text{-}32)$$

且
$$\frac{R}{R_1} \cdot \frac{R_1}{R_2} \cdot \frac{R_2}{R_a} = \frac{R}{R_a} = \left(\frac{I_{ST1}}{I_{ST2}}\right)^3 = \beta^3$$

因而
$$\beta = \sqrt[3]{\frac{R}{R_a}} \quad (2\text{-}33)$$

推广到启动级数为 m 的一般情况,则有
$$\beta = \sqrt[m]{\frac{R}{R_a}} \quad (2\text{-}34)$$

在具体计算时,可能有下述两种情况:

① 启动级数 m 未定。此时可按尖峰电流 I_{ST1}、切换电流 I_{ST2} 的规定范围,初选 I_{ST1} 及 I_{ST2},即初选 β 值,并用式(2-34)求出 $m\left(\text{显然该式中 } R = \dfrac{U_N}{I_{ST1}}\right)$,如求得 m 为分数,则将之加大到相近的整数值。然后将 m 的整数值代入式(2-34)求取新的 β 值,用新的 β 值代入式(2-32)求各部分启动电阻。

② 启动级数 m 已知。先选定 I_{ST1},算出 $R = \dfrac{U_N}{I_{ST1}}$,将 m 及 R 代入式(2-34)算出 β,然后用公式(2-32)算出各级启动电阻。

【例 2-2】 一他励直流电动机,$P_N = 10\text{kW}$,$U_N = 220\text{V}$,$I_N = 54.2\text{A}$,$n_N = 2250\text{r/min}$。$R_a = 0.264\Omega$,$GD^2 = 9.81 \times 0.5\text{N} \cdot \text{m}^2$。现用两级启动电阻启动,计算启动电阻值。

【解】 $m = 2$,因为当 $P_N = 10\text{kW} < 150\text{kW}$ 时,取 $I_{ST1} \leqslant 2.5 I_N$。

为保证电动机的工作可靠性,暂取 $I_{ST1} \leqslant 2I_N = 2 \times 54.2\text{A} = 108.4\text{A}$,则

$$R = \frac{U_N}{I_{ST1}} = \frac{220}{108.4} = 2.03\Omega$$

$$\beta = \sqrt{\frac{R}{R_a}} = \sqrt{\frac{2.03}{0.264}} = 2.77$$

两段启动电阻分别为

$$R_{ST1} = \beta(\beta-1)R_a = 2.77 \times (2.77-1) \times 0.264 = 1.29\Omega$$

$$R_{ST2} = (\beta-1)R_a = (2.77-1) \times 0.264 = 0.47\Omega$$

2.4.2 他励直流电动机的反转

由前面可知，电动机运行时的旋转方向与转矩方向一致，若要改变旋转方向，就必须改变电动机电磁转矩的方向。由 $T_{em} = C_T \Phi I_a$ 可知，电磁转矩的方向取决于磁通和电枢电流的相互作用，所以只要改变磁通 Φ 和电流 I_a 中任意一个量的方向，则可改变电磁转矩方向，即电动机的转动方向。具体方法有以下两种。

1. 改变励磁电流的方向

保持电枢绕组两端电源电压的极性不变，将励磁绕组反接，使励磁电流反向，从而改变磁通 Φ 的方向。

2. 改变电枢绕组两端电源电压的极性

保持励磁绕组的电压极性不变，将电枢绕组反接，使电枢电流改变方向。

如果励磁绕组和电枢绕组同时反接，磁通 Φ 和电流 I_a 同时都改变方向，则达不到电动机反转的目的。

由于他励直流电动机的励磁匝数较多，电感较大，励磁电流由正向到反向的时间较长，建立反向励磁的过程缓慢，反向过程不能迅速进行。另外，在励磁绕组断开瞬间，会产生很高的感应电动势，使绕组绝缘击穿。所以在实际应用中，大多采用反接电枢绕组（改变电枢电压极性）的方法来实现直流电动机的正反转。但对于一些容量较大的电动机也可采用改变励磁电流的方向来实现反转。

2.5 课题 他励直流电动机的制动

所谓制动，就是使拖动系统从某一稳定转速很快减速停车（如可逆轧机），或是为了限制电动机转速的升高（如起重机下放重物、电车下坡等）。使其在某一转速下稳定运行，以确保设备和人身安全。

电动机在运行时，若电动机的电磁转矩 T_{em} 与转速 n 的方向一致时，T_{em} 是拖动性质转矩，这时电动机的工作状态为电动状态；当电动机的电磁转矩 T_{em} 与转速 n 的方向相反时，T_{em} 是制动性质的阻转矩，这时电动机的工作状态为制动状态。电动状态时，电机将电能转换成机械能；制动状态时，电机将机械能转换成电能。

电动机在正常运行时，如果切断电源，拖动系统的转速会慢慢地下降，直到转速为零而停止，这一制动过程称为自由停车。这是靠很小的摩擦阻转矩实现的，因此制动时间较长。

电力拖动系统的制动，通常采用机械制动和电气制动两种方法进行。机械制动是利用摩擦力产生阻转矩来实现的，如电磁抱闸，若采用此方法，闸皮磨损严重，维护工作量增加,所以对频繁启动、制动和反转的生产机械,一般都不采用机械制动而采用电气制动。电气制动就是使电动机产生一个与转速方向相反的电磁转矩。电气制动方法便于控制,易于实现自动化,也比较经济。下面我们仅讨论电气制动。

电气制动的方法有三种:能耗制动、反接制动和回馈制动。

2.5.1 能耗制动

能耗制动是把正处于电动运行状态的电动机电枢绕组从电网上断开,并立即与一个附加制动电阻 R_{bk} 相连接构成闭合电路,如图 2-17 所示。能耗制动又可分为能耗制动停车和能耗制动运行。

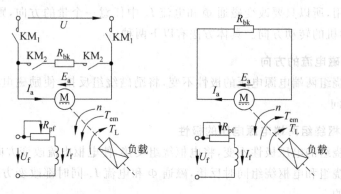

(a) 电路接线图　　　　　　(b) 制动原理

图 2-17　他励直流电动机的能耗制动

1. 能耗制动停车

在图 2-17(a)中。当接触器 KM_1 的动合触点闭合,将电源接入电枢后,电动机拖动恒转矩负载在正向电动状态下运行。为实现快速停车,先将 KM_1 断开,电动机电枢与电源脱离,电压 U 为零;再将 KM_2 闭合,电枢通过制动电阻 R_{bk} 构成闭合电路。在电路切换的瞬间,由于机械惯性作用,电动机转速不能突变,转速 n 仍保持原电动状态的大小和方向,因此电枢电动势 E_a 的大小和方向不变。忽略电枢电感时,电枢电流 $I_a = E_a/(R_a + R_{bk})$ 为负,说明电枢电流与电动状态时的方向相反,因此产生的电磁转矩反向,与转速方向相反,成为制动转矩,如图 2-17(b)所示。

在制动转矩的作用下,转速 n 迅速下降,当 $n=0$ 时,$E_a=0$,$I_a=0$,$T_{em}=0$,制动过程结束。

在制动过程中,由于 $U=0$,电动机与电源没有能量转换关系,输入功率 $P_1=0$;电磁功率 $P_{em}=E_a I_a=T_{em}\Omega<0$,说明电动机由生产机械的惯性作用拖动而发电,将生产机械储存的动能转换为电能消耗在电阻(R_a+R_{bk})上,直到电动机停止转动为止。所以这种制动方式称为能耗制动。

能耗制动时,$U=0$,$\Phi=\Phi_N$,其机械特性方程式

$$n = -\frac{R_a+R_{bk}}{C_e\Phi_N}I_a = -\frac{R_a+R_{bk}}{C_e\Phi_N C_T\Phi_N}I_a \qquad (2\text{-}35)$$

由上式可知其机械特性曲线为一条通过原点,位于第二象限的直线,如图 2-18 所示。

设电动机原在固有特性的 A 点稳定运行,切换到能耗制动的瞬间,转速 n 不能突变,电动机的工作点从 A 点过渡到能耗制动机械特性的 B 点上,B 点的电磁转矩 $T_{em}<0$,与负载转矩同方向,拖动系统在负载转矩和电磁转矩的共同作用下,迅速减速,运行点沿能耗制动特性曲线 BO 下降,直到原点,电磁转矩及转速都降为零,如果负载为反抗性负载,电动机停车。如果负载是位能性负载,电动机有可能在负载的作用下反向加速,进入第四象限,因此,若制动的目的是为了停车,需与电磁制动闸相配合。能耗制动开始瞬间的电枢电流与电枢电路总电阻(R_a+R_{bk})成反比,R_{bk}越小,制动电流及制动转矩就越大,制动效果越好,停车迅速。但 R_{bk} 不宜太小,因 I_a 受电机换向条件限制不能太大,所以规定制动开始时的最大允许制动电流 $I_{bk} \leqslant (2\sim2.5)I_N$,则制动电阻 R_{bk} 应为

$$R_{bk} \geqslant \frac{E_a}{I_{bk}} - R_a \tag{2-36}$$

式中,E_a 为制动开始时电动机的电枢电动势;I_{bk} 为制动开始时的电枢电流。

2. 能耗制动运行

图 2-19 为电动机拖动位能性负载能耗制动接线图。若要使电动机拖动位能性负载下放重物,可设电动机拖动位能性负载在固有特性的 A 点运行,以转速 n 提升重物,如图 2-18 所示。首先采用能耗制动使电动机停止,这时工作点由 A 点跳至 B 点,再沿特性下降至 O 点,此过程中,当工作点到达 O 点时,在该点电磁转矩和转速均为零,此时拖动系统在位能负载转矩 T_L 的作用下使电动机反转,并反向加速,$n<0,E_a<0,I_a>0,T_{em}>0$,T_{em} 与 n 的方向相反,电动机运行在第四象限的机械特性上,如图 2-18 中的虚线 OC 段所示。随着转速的反向升高,电枢电势 E_a 增加,电枢电流 I_a 增加,电磁转矩 T_{em} 增加,直到 $T_{em}=T_L$ 时,在 C 点稳定运行,匀速下放重物,电动机处于能耗制动运行状态。

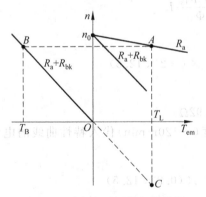
图 2-18 能耗制动时的机械特性

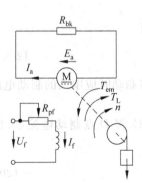
图 2-19 能耗制动运行

能耗制动运行状态时的电枢电流和机械特性方程与能耗制动停车时相同。功率关系也是完全一样的,不同的只是在能耗制动运行状态下,机械功率的输入是靠重物下降时减少的位能提供的,将机械能转换为电能,供给电枢电路。能耗制动运行方法,控制比较简单,运行可靠,且比较经济。制动转矩 T 随转速 n 的下降而减小,因此制动比较平稳,便于准确停车。它适用于要求准确停车的场合制动停车或提升装置均匀下放重物。

【例 2-3】 一台他励直流电动机的铭牌数据为：$P_N = 2.5\text{kW}$，$U_N = 220\text{V}$，$I_N = 12.5\text{A}$，$n_N = 1500\text{r/min}$，电枢电阻 $R_a = 0.8\Omega$。试求：

(1) 当电动机以 1200r/min 的转速运行时采用能耗制动停车，若限制最大制动电流为 $2I_N$，则电枢电路应串多大的电阻？

(2) 若负载为位能性负载，负载转矩为 $T_L = 0.9T_N$，采用能耗制动使负载以 120r/min 的速度下放重物时，电枢电路应串多大的电阻？

【分析】 在解决这类问题时，首先要进行分析。第一问的已知条件是电动机在制动已经运行在 1200r/min，电枢回路已经串入一定的电阻，虽然在计算时可以不考虑这一电阻，但必须明确电动机是在 B 点运行的，如图 2-20 所示。制动从 B 点过渡到 C 点开始，要求制动电流为 $2I_N$，此时的电流是负值，代入特性曲线公式时要特别注意。第二问的已知条件是负载转矩为 $T_L = 0.9T_N$，此时可直接用 $0.9I_N$ 来计算，将其直接代入特性曲线的电流表达式更为简洁。在 D 点运行时速度 120r/min 也是负值，可直接代入特性曲线公式。

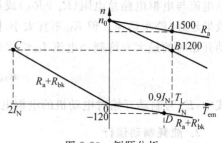

图 2-20 例题分析

【解】 (1) $C_e\Phi_N = \dfrac{U_N - I_N R_a}{n_N} = \dfrac{220 - 12.5 \times 0.8}{1500} = 0.14$

当转速 $n = 1200\text{r/min}$ 时，电动势为

$$E_a = C_e\Phi_N n_B = 0.14 \times 1200 = 168\text{V}$$

将 C 点制动电流 $(-2I_N)$ 代入特性曲线的电流表达式

$$n = -\frac{R_a + R_{bk}}{C_e\Phi_N}I_a$$

有

$$1200 = -\frac{0.8 + R_{bk}}{0.14} \times (-2 \times 12.5)$$

得制动时应串入的制动电阻为

$$R_{bk} = 5.92\Omega$$

(2) 将 D 点制动电流 $(0.9I_N)$ 和下放速度 (-120r/min) 代入特性曲线的电流表达式有

$$-120 = -\frac{0.8 + R_{bk}}{0.14} \times (0.9 \times 12.5)$$

得下放重物应串入的制动电阻为

$$R_{bk} = 0.77\Omega$$

2.5.2 反接制动

反接制动根据具体的实现方法，可分为电源反接制动和倒拉反接制动。

1. 电源反接制动

为了实现快速停车，在生产中除采用能耗制动外，还采用电源反接制动。电源反接制动是在制动时将电源极性对调,反接在电枢两端,同时还要在电枢电路中串一制动电阻,电路原理接线图如图 2-21(a)所示。当接触器 KM₁ 的动合触点闭合,KM₂ 的动合触点断开时,电动机拖动负载在 A 点稳定运行,如图 2-21(b)所示。电动机制动时,KM₁ 的触点断开,KM₂ 的触点闭合,电枢所加电压反向,同时在电枢电路中串入了电阻 R_{bk},这时 $U=-U_N$,电枢电流则为

$$I_a = \frac{-U_N - E_a}{R_a + R_{bk}} = -\frac{U_N + E_a}{R_a + R_{bk}} < 0 \tag{2-37}$$

由上式可知电枢电流 I_a 变为负值而改变方向,电磁转矩 $T_{em} = C_T \Phi I_a$ 也随之变为负值而改变方向,与原转速方向相反,成为制动转矩,使电动机处于制动状态。

电源反接制动时电动机的机械特性方程式为

$$n = \frac{-U_N}{C_e \Phi_N} - \frac{R_a + R_{bk}}{C_e \Phi_N C_T \Phi_N} T_{em} = -n_0 - \frac{R_a + R_{bk}}{C_e \Phi_N C_T \Phi_N} T_{em} \tag{2-38}$$

相应得机械特性为图 2-21(b)所示的第二象限的直线段部分。在电源反接切换的瞬间,转速 n_A 不变,电动机的工作点由 A 点跳至 B 点,电磁转矩 T_{em} 反向。$T_{em} < 0, n > 0$,电磁转矩 T_{em} 为制动转矩,电动机开始减速,沿机械特性的 BC 线段下降,至 C 点时,$n=0$。如果负载为反抗性恒转矩负载,且 $|T_C| \leqslant |T_L|$ 时,电动机就停止转动,制动过程结束;若 $|T_C| > |T_L|$,这时在反向转矩作用下,电动机将反向启动,并沿特性曲线加速到 D 点,进入反向电动状态下稳定运行。当制动的目的就是为了停车时,在电动机转速接近于零时,必须立即断开电源(一般由速度继电器控制)。

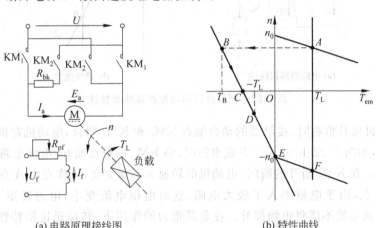

(a) 电路原理接线图 (b) 特性曲线

图 2-21 电源反接制动原理接线及特性

电源反接制动过程中,电动机仍与电网连接,从电网吸取电能,同时随着转速的降低,系统储存的动能减少,减少的动能从电动机轴上输入转换为电能,这些电能全部消耗在电枢电路的电阻上。

电动状态时,电枢电流的大小由电源电压 U_N 与电动势 E_a 之差决定,而反接制动时,电枢电流的大小由电源电压 U_N 与电动势 E_a 之和决定。因此,反接制动时,电枢电流是非常大的。为了限制过大的电枢电流,反接制动时必须在电枢电路中串入制动电阻 R_{bk}。R_{bk} 的大小应使反接制动时电枢电流不超过电动机的最大允许电流 $I_{max} = (2 \sim 2.5) I_N$,应

串入的制动电阻值为

$$R_{bk} \geq \frac{U_N + E_a}{I_{max}} - R_a \tag{2-39}$$

电源反接制动的特点是设备简单,操作方便,制动转矩较大。但制动过程中能量损耗较大,在快速制动停车时,如不及时切断电源可能反转,不易实现准确停车。

电源反接制动适用于要求迅速停车的生产机械,对于要求迅速停车并立即反转的生产机械更为理想。

2. 倒拉反接制动

倒拉反接制动的方法适用于电动机拖动位能性负载,由提升重物转为下放重物的系统中,将重物低速匀速下放,制动控制电路接线图如图2-22(a)所示。其接线与提升重物时的电动状态基本相同,只是在电枢电路串了一个较大的电阻R_{bk}。

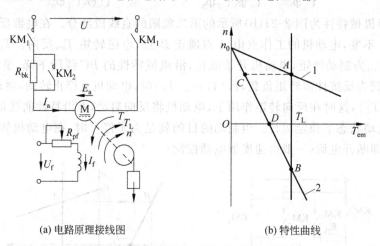

(a) 电路原理接线图　　　(b) 特性曲线

图2-22　倒拉反接制动原理接线及特性

当电动机提升重物时,接触器的动合触点KM_1和KM_2闭合,电动机在机械特性的A点稳定运行,如图2-22(b)所示。下放重物时,将KM_2的触点断开,电枢电路串入一个较大的电阻R_{bk},在KM_2断开的瞬间,电动机的转速n不能突变,工作点由A点跳至人为机械特性的C点,由于电枢串入了较大电阻,这时电枢电流变小,电磁转矩T_{em}变小,即$T_{em} < T_L$,因此系统不能将重物提升。在负载重力的作用下,转速迅速沿特性下降到$n=0$,如图2-22(b)所示的D点,在该点电磁转矩还是小于负载转矩,即$T_{em} < T_L$,电动机开始反转,也称为倒拉反转,使转速反向,电动机的电动势方向也随之改变,而与电源电压方向相同,于是电枢电流为

$$I_a = \frac{U_N - (-E_a)}{R_a + R_{bk}} = \frac{U_N + E_a}{R_a + R_{bk}} > 0 \tag{2-40}$$

由上式可知,电枢电流仍是正值,未改变方向,以致电磁转矩T_{em}也是正值,未改变方向,但转速已改变方向,因此电磁转矩T_{em}与转速n方向相反,为制动转矩,电动机处于制动状态。由上式可知,随着转速的升高,电枢电流增大,电磁转矩也增大,直到$T_{em} = T_L$时,如图2-22(b)所示的B点,电动机将在B点稳定运行,开始匀速下放重物。

倒拉反接制动的机械特性方程式与电动状态时电枢串电阻的人为机械特性方程式一样,即

$$n = \frac{U_N}{C_e\Phi_N} - \frac{R_a + R_{bk}}{C_e\Phi_N C_T\Phi_N} T_{em} = n_0 - \frac{R_a + R_{bk}}{C_e\Phi_N C_T\Phi_N} T_{em} \quad (2-41)$$

不过由于电枢电路串接的电阻 R_{bk} 较大,使得 $n = n_0 - \frac{R_a + R_{bk}}{C_e\Phi_N C_T\Phi_N} T_{em} < 0$ 因此 n 为负值,倒拉反接制动的机械特性是电动状态时电枢串电阻的人为机械特性在第四象限的延伸部分。

倒拉反接制动时的制动电阻为

$$R_{bk} = \frac{U_N + E_a}{I_{bk}} - R_a \quad (2-42)$$

倒拉反接制动的功率关系与电源反接制动的功率关系相同,区别在于电源反接制动时,电动机输入的机械功率由系统储存的动能提供,而倒拉反转制动则是由位能性负载以减少位能的方式来提供的。

倒拉反接制动的特点是设备简单,操作方便,电枢电路串入的电阻较大,机械特性较软,转速稳定性差,能量损耗较大。倒拉反接制动适用于位能性负载低速下放重物。

2.5.3 回馈制动

若在外部条件的作用下,使电动机的实际转速高于理想空载转速时,电动机即可运行在回馈制动状态,回馈制动一般有下面两种情况。

1. 位能性负载拖动电动机时

电动机拖动位能性负载提升重物时,将电源反接,电路接线与电源反接制动时完全一样,如图 2-21(a)所示,电动机进入电源反接制动状态,转速将沿电源反接时的机械特性 BC 段迅速下降至 C 点,如图 2-21(b)所示。当转速降为零时,不断开电源,电动机开始反向启动,转速反向升高至 E 点时,电磁转矩 $T_{em}=0$,但负载转矩 $T_L>0$,电动机在位能负载 T_L 的作用下沿机械特性的 EF 段继续反向升速(这时 $R_{bk}=0$),工作点进入机械特性的第四象限部分,电动机的转速还要继续增加,直至 $T_{em}=T_L$ 时,在 F 点稳定运行,匀速下放重物。

当下放转速超过理想空载转速时,$|E_a|>|-U_N|$,这时电动机的电流为

$$I_a = \frac{-U_N - E_a}{R_a} = \frac{-U_N + |E_a|}{R_a + R_{bk}} > 0 \quad (2-43)$$

即电流方向改变,变为正值,则转矩也变为正值,与转速的方向相反,变为制动转矩。于是电动机变为发电状态,把系统的动能转变成电能回馈电网,所以回馈制动状态又称再生制动状态。

回馈制动时的机械特性方程式与电源反接制动状态时的完全一样。回馈制动时,为防止拖动系统的转速过高,通常在电枢电路不串接电阻,让电动机工作在固有机械特性上,如图 2-21(b)所示的 EF 段。

回馈制动稳定运行时,系统减少的位能变换为电能,除电枢电路电阻消耗一小部分外,大部分电能回馈给电网,因此回馈制动能量损耗小,很经济,但只能高速下放重物,安

全性较差。

2. 电动机降压调速时

在电动机降压调速的过程中,若突然降低电枢电压,感应电动势还来不及变化,就会发生 $E_a > U_N$ 的情况,即出现了回馈制动状态。

如图 2-23 所示,当电压从 U_N 降到 U_1 时,转速从 n_N 降到 n_1 的过程中,由于 $E_a > U_1$ 将产生回馈制动,此时电枢电流及电磁转矩方向将与正向电动状态时相反,而转速方向未改变。如果减速到 n_{01},若不再降低电压,转速将降到低于 n_{01},使 $E_a < U_1$,此时电枢电流及电磁转矩方向将与正向电动状态时相同,电动机恢复到电动状态下工作。

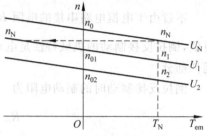

图 2-23 电动机降压调速时的回馈制动

2.5.4 他励直流电动机的四象限运行

他励直流电动机机械特性方程式的一般形式为

$$n = \frac{U}{C_e \Phi} - \frac{R}{C_e \Phi C_T \Phi} T_{em} \tag{2-44}$$

当按规定的正方向用曲线表示机械特性时,电动机的固有机械特性及人为机械特性将位于直角坐标的四个象限之中。在第一、第三象限内为电动状态;第二、第四象限内为制动状态。

电动机的负载有反抗性负载、位能性负载及风机泵类负载等。它们的转矩特性也位于直角坐标的四个象限中。

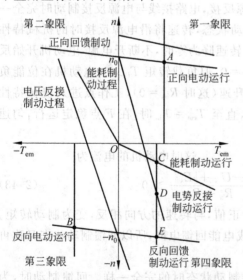

图 2-24 他励直流电动机的四象限运行

在电动机机械特性与负载机械特性的交点处,$T_{em} = T_L$,$dn/dt = 0$,电动机稳定运行。该交点即为电动机的工作点。所谓运转状态就是指电动机在各种情况下稳定运行时的工作状态。他励直流电动机的各种运转状态如图 2-24 所示。电动机在工作点以外的机械特性上运行时,$T_{em} \neq T_L$,系统将处于加速或减速的过程中。利用位于四个象限的电动机机械特性和负载转矩特性就可以分析出运转状态的变化情况,其方法如下。

假设电动机原来运行于机械特性的某点上,处于稳定运转状态。当人为地改变电动机的参数时,例如降低电源电压、减弱磁通或在电枢回路中串电阻等,电动机的机械特性将发生相应的变化。在改变电动机参数瞬间,转速 n 不能突变,电动机将以不变的转速从原来的运转点过渡到新的特性上来。在新特性上,电磁转矩将不再与负载转矩相等,因此电动机便运行于过渡过程之中。这时转速是升高还是降低,由 $T_{em}-T_L$ 为正或负来决定。此后运行点将沿着新机械特性变化,最后可能有两种情况。

(1) 电动机的机械特性与负载转矩特性相交,得到新的工作点,在新的稳定状态下运行。

(2) 电动机将处于静止状态。例如电动机拖动反抗性恒转矩负载,在能耗制动过程中当 $n=0$ 时,$T_{em}=0$。

上述方法是分析电力拖动系统运动过程中最基本的方法,它不仅适用于他励直流电动机拖动系统,也适用于交流电动机拖动系统。

2.6 课题　他励直流电动机的调速

在生产实践中,有许多生产机械需要调速。例如龙门刨床在切削过程中,当刀具进刀和退出工件时要求较低的转速;切削过程用较高的速度;工作台返回时则用较高的转速。又如轧钢机,在轧制不同品种和不同厚度的钢材时,也必须采用不同的速度。可见生产机械的转速要求能够人为地进行调节,以满足生产工艺的要求,提高生产效率和产品质量。

调节生产机械的转速有两种方法。

(1) 采用改变传动机构速比的方法来改变生产机械的转速,称为机械调速。

(2) 通过改变电动机参数,以改变电动机转速的方法来改变生产机械的转速,称为电气调速。在生产实践中应用最多的是电气调速。

改变电动机参数就是人为地改变电动机的机械特性,从而使负载工作点发生变化,转速随之变化。可见,在调速前后,电动机必然运行在不同的机械特性上。必须指出,调速因负载变化而引起的速度变化是不同的。

根据他励直流电动机的机械特性方程式

$$n = \frac{U}{C_e \Phi} - \frac{R_C}{C_e \Phi C_T \Phi} T_{em} \tag{2-45}$$

可以看出,当转矩 T_{em} 不变时,改变电枢电路串接的电阻 R_C、电枢两端电压 U 和气隙磁通 Φ 都可以改变电动机的转速。

2.6.1 调速的性能指标

在实际工作中,生产机械为了选择合适的调速方法,统一规定了一些技术和经济指标,作为调速的依据。

1. 调速范围

调速范围是指电动机在额定负载下,电力拖动系统所能达到的最高转速和最低转速之比,用 D 表示,即

$$D = \frac{n_{\max}}{n_{\min}} \tag{2-46}$$

最高转速受电动机换向条件及机械强度的限制,一般取额定转速,即 $n_{\max}=n_N$。在额定转速以上,转速提高的范围是不大的。最低转速则受生产机械对转速的相对稳定性要求的限制。

不同的生产机械对调速的范围要求不同，例如车床要求 $D=20\sim120$，龙门刨床要求 $D=10\sim40$，轧钢机要求 $D=3\sim120$，造纸机械要求 $D=3\sim20$ 等。

2. 静差率

静差率是指电动机在某一条机械特性上运行时，由理想空载到额定负载运行的转速降 Δn_N 与理想空载转速 n_0 之比（用百分数表示），用 δ 表示，即

$$\delta = \frac{\Delta n}{n_0} \times 100\% = \frac{n_0 - n_N}{n_0} \times 100\% \tag{2-47}$$

静差率的大小反映了静态转速的相对稳定性，即负载转矩变化时，转速变化的程度。转速变化小，稳定性就好。由他励直流电动机的机械特性可知，机械特性越硬，静差率越小，稳定性越好。

由式(2-47)可知，静差率取决于理想空载转速 n_0 及在额定负载下的额定转速降。在调速时若 n_0 不变，那么，机械特性越软，在额定负载下的转速降就越大，静差率也大。例如图 2-25 所示的他励直流电动机固有机械特性和电枢串电阻的人为机械特性，在 $T_L=T_N$ 时，它们的静差率就不相同。前者静差率小，后者静差率则较大。所以，在电枢串电阻调速时，外串电阻越大，转速就越低，在 $T_L=T_N$ 时的静差率也越大。如果生产机械要求静差率不能超过某一最大值 δ_{max}，那么，电动机在 $T_L=T_N$ 时的最低转速 n_{min} 也就确定了。于是，满足静差率 δ_{max} 要求的调速范围也就相应地被确定了。

虽然在调速过程中有时理想空载转速发生变化，但机械特性的斜率不变，例如他励直流电动机改变电源电压调速就是如此。这时，由于各条人为机械特性都与固有机械特性平行，$T_L=T_N$ 时转速降相等，都等于 Δn_N，因此，理想空载转速越低，静差率就越大。当电动机电源电压最低的一条人为机械特性在 $T_L=T_N$ 时的静差率能满足要求时，其他各条机械特性的静差率就都能满足要求。这条电压最低的人为机械特性，在 $T_L=T_N$ 时的转速就是调速时的最低转速 n_{min}，于是，调速范围 D 也就被确定了，如图 2-26 所示。

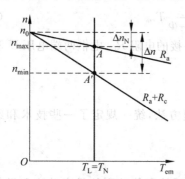

图 2-25　电枢串电阻时的静差率和调速范围

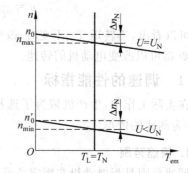

图 2-26　调压调速时的静差率和调速范围

现利用图 2-26 中所示的特性，推导调速范围与静差率间的关系。

$$D = \frac{n_{max}}{n_{min}} = \frac{n_{max}}{n_0' - \Delta n_N} = \frac{n_{max}}{n_0'\left(1 - \frac{\Delta n_N}{n_0'}\right)} = \frac{n_{max}}{\frac{\Delta n_N}{\delta_{max}}(1 - \delta_{max})}$$

$$= \frac{n_{\max}\delta_{\max}}{\Delta n_N(1-\delta_{\max})} \tag{2-48}$$

式中,$\delta_{\max}$ 为最低转速时的静差率;Δn_N 为低速特性额定负载下的转速降落。

一般设计调速方案前,D 与 δ 已由生产机械的要求确定下来,这时可算出允许的转速降落 Δn_N,式(2-48)可写成另外一种形式

$$\Delta n_N = \frac{n_{\max}\delta_{\max}}{D(1-\delta)} \tag{2-49}$$

通过以上分析可以看出,调速范围与静差率互相制约。当对静差率要求不高时,可以得到较大的调速范围;反之,如果要求的静差率较小,调速范围就不能太大。当静差率一定时,采用不同的调速方法,得到的调速范围也不同。由此可见,对需要调速的生产机械,必须同时给出静差率和调速范围两项指标,这样才能合理地确定调速方法。

各种生产机械对静差率和调速范围的要求是不一样的,例如车床主轴要求 $\delta \leqslant 30\%$,$D=10\sim40$;龙门刨床要求 $\delta \leqslant 10\%$,$D=10\sim40$;造纸机要求 $\delta \leqslant 0.1\%$,$D=3\sim20$。

3. 调速的平滑性

以电动机相邻两级的转速之比来衡量调速的平滑性。即

$$\varphi = \frac{n_i}{n_{i-1}} \tag{2-50}$$

式中,φ 为平滑系数。在一定的调速范围内,级数越多,相邻两级转速的差值越小,φ 越接近于1,平滑性越好。不同的生产机械对平滑性的要求也不同。

4. 调速时的允许输出

调速时的允许输出是指在额定电流条件下调速时,电动机允许输出的最大转矩或最大功率。允许输出的最大转矩与转速无关的调速方法,称为恒转矩调速;允许输出的最大功率与转速无关的调速方法,称为恒功率调速。

5. 调速的经济性

调速的经济性是指对调速设备的投资、运行过程中的电能损耗、维护费用等进行综合性比较,在满足一定的技术指标下,确定调速方案,力求设备投资少,电能损耗小,且维护方便。

2.6.2 他励直流电动机的调速方法

1. 电枢电路串电阻调速

电枢电路串电阻调速是指保持电源电压和励磁磁通为额定值,通过在电枢电路串接不同电阻进行调速。电枢电路串电阻调速时,电动机的机械特性如图2-27所示。从图中可以看出,负载转矩 T_L 不变,串入的电阻 R_c 越大,转速越低,机械特性越软。电枢电路未串接电阻时,电动机稳定运行在固有机械特性的 A 点上,转速为 n_A,当串入电阻 R_{c1} 时,因转速不能突变,工作点从 A 点跳至人为机械特性的 A' 点,之后沿该机械特性运行,转速下降,到 B 点后在该点稳定运行,转速变为 n_B,若串入 R_{c2}($R_{c2}>R_{c1}$)后,稳定工作点在 C 点,转速为 n_C。电枢电路串入不同的电阻,可得到不同的转速,从而达到调速的目的。下面对调速的物理过程进行分析。

设电动机在电枢电压、励磁电流及负载转矩均保持不变时,运行在机械特性的 A 点,此时 $T_{em}=T_L$,电枢电流为 I_a。开始调速时,在电枢电路串入电阻 R_{c1},由于机械惯性使电动机转速不能突变,电枢电动势仍为 $E_a=C_e\Phi n_A$,而电枢电流 $I_a=(U_N-E_a)/(R_a+R_{c1})$ 减小,$T_{em}=C_T\Phi I_a$ 减小,运行点由 A 点平移到人为机械特性的 A' 点,此时由于 $T_{em}<T_L$,电动机开始减速,在 R_a+R_{c1} 的机械特性上运行,随着转速的降低,电枢电动势减小,电枢电流和电磁转矩上升,当回升到原来的 I_a 及 T_{em} 时,$T_{em}=T_L$,在 B 点稳定运行,转速为 n_B,调速过程结束。同理,如再改变电阻由 R_{c1} 增大到 R_{c2},可使转速继续下降,如图 2-27 中的 C 点稳定运行转速为 n_C。

通过以上分析可知,采用电枢回路串电阻调速时,对于恒转矩负载,串电阻前后的稳态电流保持不变,因此输入功率也不变,但转速随电枢回路的电阻增大而降低,输出功率 $(P=T\Omega)$ 减小,效率降低。电流和转速的过渡过程如图 2-28 所示。

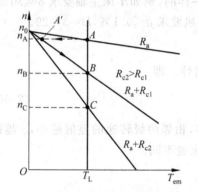
图 2-27 电枢串电阻调速的机械特性

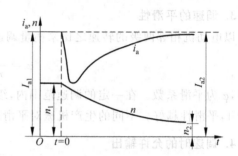
图 2-28 电枢串电阻调速时电流和转速的过渡过程

电枢电路串电阻调速的方法具有以下特点。

(1) 转速只能从额定值往下调,且机械特性变软,转速降 Δn 增大,静差率明显增大,转速的稳定性变差,因此调速范围较小,一般情况下 $D=1\sim3$。

(2) 调速电阻中有较大电流 I_a 流过,消耗较多的电能,不经济。

(3) 调速电阻 R_C 不易实现连续调节,只能分段有级调节,调速平滑性差。

(4) 调速时 Φ 和电枢电流 I_a 均不变,允许输出的转矩 $T_{em}=C_T\Phi I_a$ 不变,属于恒转矩调速。

(5) 调速设备投资少,方法简单。

2. 降低电枢电压调速

降低电枢电压调速是指保持磁通为额定值,且电枢电路不串接附加电阻,通过降低电枢两端电压 U 进行调速。降低电枢电压调速时的机械特性如图 2-29 所示。从图中可以看出,负载转矩 T_L 不变,电动机在额定电压工作时,稳定运行在固有机械特性的 A 点,转速为 n_A,电枢电压降至 U_1 后,稳定运行工作点移至 C 点,转速为 n_C,电压继续降低到 U_2 时,稳定运行工作点为 D 点,转速为 n_D。由此可见,降低电压可调节电动机的转速。若电压连续可调,则转速 n 随电压连续变化。

降低电枢电压调速的物理过程:当 $\Phi=\Phi_N$,$R_C=0$,负载转矩为 T_L 时,电动机在机械

特性的 A 点上稳定运行。当电枢电压从 U_N 降为 U_1 时,由于机械惯性,转速不能突变,工作点由 A 点移至 B 点,此时 $T_{em} < T_L$ 电动机开始减速,转速 n 降低,电枢电动势 E_a 降低,电枢电流 I_a 升高,电磁转矩 $T_{em} = C_T\Phi I_a$ 增大,直到 $T_{em} = T_L$ 时,电动机在 C 点稳定运行,转速变为 n_C。若电压继续降低至 U_2 时,同理可知电动机在 D 点稳定运行,转速变为 n_C。

经以上分析可知,采用降低电枢电压调速时,对于恒转矩负载,降低电枢电压前后的稳态电流保持不变,但因电压降低使输入功率也减小,转速随电枢回路的电压的降低而降低,输出功率($P = T\Omega$)也减小,效率较高。电流和转速的过渡过程如图 2-30 所示。

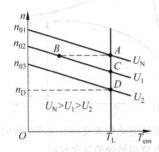

图 2-29 降低电枢电压调速时的机械特性

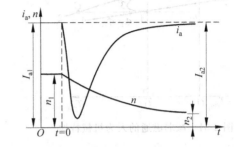

图 2-30 降低电枢电压调速时电流和转速的过渡过程

降低电枢电压调速的方法具有以下特点。
(1) 机械特性的硬度不变,静差率较小,调速性能稳定。
(2) 调速的范围大,调速的平滑性好,可实现无级调速。
(3) 功率损耗小,效率高。
(4) 调压电源设备的费用较高。

降压调速的性能优越,广泛应用于对调速性能要求较高的电力拖动系统中,如轧钢机、精密机床等。

3. 弱磁调速

弱磁调速是一种用改变电动机中磁通的大小进行调速的方法。由于电动机通常都是在电压为额定值的情况下工作,而额定电压时电动机的磁通已使电动机的磁路接近饱和,因而改变磁通只能从额定磁通往下调,故称为弱磁调速。减弱磁通可以在励磁回路中接入磁场调节电阻,以减小励磁电流,对于较大容量的电动机,也可用专用的可调电源向励磁绕组供电。

在图 2-31 中,曲线 1 为电动机的固有机械特性曲线,曲线 2 为减弱磁通的人为机械特性曲线。调速前,电动机工作在固有机械特性上的 A 点,这时电动机的磁通为 Φ_1,转速为 n_1,转矩为 T_L,对应的电流为 I_{a1},减弱磁通时,考虑到电磁惯性远小于机械惯性,因此,当磁通由 Φ_1 减小到 Φ_2 时,转速还来不及变化,电动机的工作点由 A 点沿水平方向移到曲线 2 的 C 点,这时电动机的电枢电动势 E_a 将随 Φ 的减小而减小。因电枢电阻很小,而且稳定运行时,U 与 E_a 相差不大,由 $I_a = (U - E_a)/R_a$ 可见,Φ 的减小将引起电流 I_a 的急剧增加,一般情况下,I_a 增加的相对数量比磁通减小的相对数量要大,所以电磁转矩 $T_{em} = C_T\Phi I_a$ 在磁通减小的瞬间是增大的,从而使电动机的转速升高;转速的升高使电动

势 E_a 从开始降低的某一最低值开始回升,而电流 I_a 和电磁转矩 T_{em} 则从开始上升到的某一最大值逐渐减小,当电磁转矩 T_{em} 下降到等于 T_L 时,电动机便在曲线 2 上的 B 点稳定运行,新的转速 $n_2 > n_1$。实际上由于励磁回路的电感较大,磁通不可能突变,电磁转矩的变化将如图 2-31 中的曲线 3 所示,调速过程中电枢电流 I_a 和转速 n 的变化过程,如图 2-32 所示。

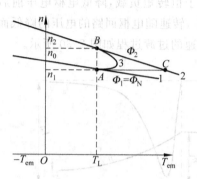

图 2-31 减弱磁通的人为机械特性

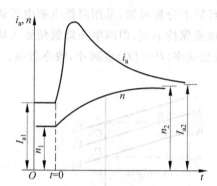

图 2-32 他励电动机改变励磁电流调速时电流和转速的变化过程

对恒转矩负载,调速前后电动机的电磁转矩相等。因为 $\Phi_2 < \Phi_1$,所以调速后最后稳定的电枢电流 $I_2 > I_1$。当忽略电枢反应的影响和电枢电阻压降 $I_a R_a$ 的变化时,可近似认为磁通与转速成反比。

弱磁调速,转速是往上调的,以电动机的额定转速 n_N 为最低转速,而最高转速则受到电动机本身换向条件和机械强度的限制,同时如磁通过弱,电枢反应的去磁作用显著,将使电动机运行的稳定性受到破坏。一般情况下,弱磁调速的调速范围 $D \leqslant 2$。

弱磁调速方法具有以下特点。

(1) 弱磁调速只能在额定转速以上调速。

(2) 在电流较小的励磁回路内进行调节,因此控制方便,功率损耗较小。

(3) 用于调节励磁电流的变阻器功率小,可以较平滑地调节转速。如果采用可以连续可调的直流电源控制励磁电压进行弱磁,则可实现无级调速。

(4) 由于受电动机换向能力和机械强度的限制,弱磁调速时转速不能升得太高。一般只能升到 $(1.2 \sim 1.5) n_N$,特殊设计的弱磁调速电动机,则可升到 $(3 \sim 4) n_N$。

在实际生产中,通常把降压调速和弱磁调速配合起来使用,以实现双向调速,扩大转速的调节范围。

【例 2-4】 一台他励直流电动机的铭牌数据为 $P_N = 22$kW,$U_N = 220$V,$I_N = 115$A,$n_N = 1500$r/min,$R_a = 0.1\Omega$,该电动机拖动额定负载运行,要求把转速降低到 1000r/min,不计电动机的空载转矩 T_0,试计算:

(1) 用电枢串电阻调速时需串入的电阻值。

(2) 用降低电源电压调速时需把电源电压降低到多少伏?

(3) 采用弱磁调速,$\Phi = 0.8 \Phi_N$,如果不使电动机超过额定电枢电流,求 Φ 减少瞬间的电动势和电枢电流及调速后的稳定速度。

【分析】 首先根据题目要求画出机械特性曲线,如图 2-33 所示。由图可知,欲使电动机工作在 1000r/min,因为它小于额定转速,所以只有两种调速方法,一是电枢回路串电阻,二是降低电枢电压,然后把已知条件代入相应的特性方程式就可以了。由图还可以看出,在采用弱磁调速时,调速前的转速是额定转速,求调速瞬间的电动势时,磁通应该用减小后的磁通,转速用额定转速;求调速瞬间的电流时也应该用磁通突变之后的电动势计算。电动机弱磁之后的转速应该大于额定转速,若负载转矩维持不变(如图 2-33 中的 C 点),则因输出功率($P=T\Omega$)的增加而使电流增大,即使电动机过载,为使电动机不超过额定电流,根据 $T_{em}=C_T\Phi I_a$ 只能使负载转矩减小,也就是电动机工作在图 2-33 中的 D 点,此时若用特性曲线的电流表达式非常方便,如果用电磁转矩表达式求解,需要先求出额定电流所对应的转矩,这样不但烦琐,而且不易考虑到,并容易出现错误。

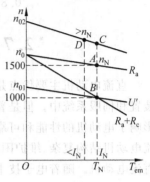

图 2-33 调速例题分析

【解】 (1)求用电枢串电阻调速时需串入的电阻,计算如下:

$$C_e\Phi_N = \frac{U_N - I_N R_a}{n_N} = \frac{220 - 115 \times 0.1}{1500} = 0.139$$

将 B 点参数($1000, I_N$)代入电枢串电阻调速时的特性曲线的电流表达式

$$n = \frac{U_N}{C_e\Phi_N} - \frac{R_a + R_c}{C_e\Phi_N} I_N$$

有

$$1000 = \frac{220}{0.139} - \frac{0.1 + R_c}{0.139} \times 115$$

解得用电枢串电阻调速时需串入的电阻为

$$R_c = 0.604\Omega$$

(2)求用调压调速时所需的电源电压,计算如下:

将 B 点参数($1000, I_N$)代入调压调速时的特性曲线的电流表达式

$$n = \frac{U}{C_e\Phi_N} - \frac{R_a}{C_e\Phi_N} I_N$$

有

$$1000 = \frac{U}{0.139} - \frac{0.1}{0.139} \times 115$$

解得所需的电源电压 $U = 150.5V$。

(3)采用弱磁调速时的计算。

Φ 减少瞬间的电动势

$$E_a = C_e\Phi n_N = (0.8 C_e\Phi_N) n_N = 0.8 \times 0.139 \times 1500 = 166.8V$$

Φ 减少瞬间的电流

$$I_a = \frac{U_n - E_a}{R_a} = \frac{220 - 166.8}{0.1} = 532A$$

将 D 点参数($0.8 C_e\Phi_N, I_N$)代入弱磁调速时的特性曲线的电流表达式

$$n = \frac{U_N}{C_e\Phi} - \frac{R_a}{C_e\Phi} I_N$$

可求得 $n=\dfrac{220}{0.8\times0.139}-\dfrac{0.1}{0.8\times0.139}\times115=1875\text{r/min}$

*2.7 课题　无刷直流电动机简介

直流电动机主要优点是调速和启动特性好，堵转转矩大，因而被广泛应用于各种驱动装置和伺服系统中。但是普通直流电动机都有电刷和换向器，其间形成的滑动机械接触影响了电动机的性能和可靠性，所产生的火花会引起无线电干扰，换向器电刷装置又使直流电动机结构复杂、维护困难，因此长期以来人们都在寻求可以不用电刷和换向器装置的直流电动机。随着电子技术的迅速发展，各种大功率电子器件的广泛采用，这种愿望已被逐步实现。本节介绍的无刷直流电动机就是利用电子开关和位置检测器来代替电刷和换向器，使这种电动机既具有直流电动机的特性，又具有交流电动机结构简单、运行可靠、维护方便等优点。因此，无刷直流电动机，不仅可作为一般直流电动机使用，而且更适用于航空航天技术、数控装置等高新技术领域。无刷直流电动机将电子电路与电动机融为一体，把电子技术应用于电动机领域，这将促使电动机技术更新、更快地发展。

2.7.1　无刷直流电动机的组成

无刷直流电动机(Brushless DC Motor,BLDCM)是一种典型的机电一体化产品，它是由电动机本体、转子位置检测器、逆变器和控制器组成的自同步电动机系统或自控式变频同步电动机，如图2-34所示。

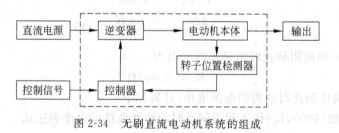

图2-34　无刷直流电动机系统的组成

1. 电动机本体

无刷直流电动机与换向器式直流电动机相比，不同的是其转子为永磁结构，产生气隙磁通；定子为电枢，嵌有多相对称绕组。而一般直流电动机的电刷则由机械换向器和转子位置检测器所代替，所以无刷直流电动机的电动机本体实际上是一种永磁同步电动机，因此无刷直流电动机又称为永磁无刷直流电动机，其外形及结构如图2-35所示。

定子的结构与普通的同步电动机或感应电动机相同，铁芯中嵌有多相对称绕组。绕组可以接成星形或三角形，并分别与逆变器中的各开关相连。目前，无刷直流电动机铁芯中多采用钐钴(SmCO)和钕铁硼(NdFeB)等高矫顽力、高剩磁密度的稀土永磁材料。

除了普通的内转子无刷直流电动机之外，在电动机驱动中还常常采用外转子结构，将无刷直流电动机装在轮毂之内，直接驱动电动车辆。外转子无刷直流电动机的结构是其定子绕组出线和位置传感器引线都从电动机轴引出。

 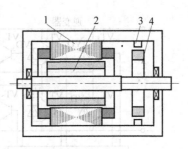

图 2-35 无刷直流电动机外形及结构
1—定子；2—永磁转子；3—定子检测器；4—转子检测器

2. 逆变器

逆变器将直流电转换成交流电向电动机供电。与一般逆变器不同，它的输出频率不是独立调节的，而是受控于转子位置信号，是一个"自控式逆变器"。由于采用自控式逆变器，无刷直流电动机输入电流的频率和电动机转速始终保持同步，电动机和逆变器不会产生振荡和失步，这也是无刷直流电动机的主要优点之一。

目前，无刷直流电动机的逆变器主开关一般采用 IGBT 或功率 MOSFET 等全控型器件，有些主电路已有集成的功率模块（PIC）和智能功率模块（IPM），选用这些模块可以提高系统的可靠性。

无刷直流电动机定子绕组的相数可以有不同的选择，绕组的联结方式也有星形和三角形之分，而逆变器又有半桥型和全桥型两种。不同的组合会使电动机产生不同的性能和成本，这是每一个应用系统设计者都要考虑的问题。综合以下三个指标有助于我们做出正确的选择。

（1）绕组利用率。与普通电动机不同，无刷直流电动机的绕组是断续通电的。相数越多，每相绕组通电的时间就越少。为提高绕组的利用率，三相绕组优于四相和五相绕组。

（2）转矩脉动。无刷直流电动机的输出转矩脉动比普通直流电动机的转矩脉动大。一般相数越多，转矩的脉动越小；采用桥式主电路比采用非桥式主电路时的转矩脉动要小。

（3）制造成本。相数越多，逆变器电路使用的开关管就越多，成本越高。桥式主电路所用的开关管比半桥式多一倍，成本要高；多相电动机的逆变器结构复杂，成本也高。

因此，目前以星形联结的三相桥式主电路应用最多。

3. 位置检测器

位置检测器的作用是检测转子磁极相对于定子绕组的位置信号，为逆变器提供正确的换相信息。位置检测包括有位置传感器检测和无位置传感器检测两种方式。

转子位置检测器也由定子和转子两部分组成（见图 2-36），其转子与电动机本体同轴，以跟踪电动机本体转子磁极的位置；其定子固定在电动机本体定子或端盖上，以检测和输出转子位置信号。转子位置传感器的种类包括磁敏式、电磁式、光电式、接近开关式、正余弦旋转变压器式以及编码器等。

在无刷直流电动机系统中，安装机械式位置传感器解决了电动机转子位置的检测问

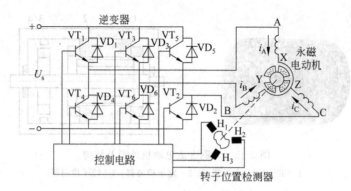

图 2-36 无刷直流电动机系统

题,但是位置传感器的存在增加了系统的成本和体积,降低了系统的可靠性,限制了无刷直流电动机的应用范围,对电动机的制造工艺也带来了不利的影响。因此,国内对无刷直流电动机的无转子位置传感器运行方式给予了高度重视。无机械式位置传感器转子对位置检测是通过检测和计算与转子位置有关的物理量间接地获得转子位置信息,主要有反电动势检测法、续流二极管工作状态检测法、定子三次谐波检测法和瞬时电压方程法等。

4. 控制器

控制器是无刷直流电动机正常运行并实现各种调速伺服的指挥中心,它主要完成以下功能。

(1) 对转子位置检测器输出的信号、PWM 调制信号、正反转和停车信号进行逻辑综合,为驱动电路提供各开关管的斩波信号和选通信号,实现电动机的正反转及停车控制。

(2) 产生 PWM 调制信号,使电动机的电压随给定速度信号而自动变化,实现电动机开环调速。

(3) 对电动机进行速度闭环调节和电流闭环调节,使系统具有较好的动态和静态性能。

(4) 实现短路、过电流、过电压和欠电压等故障保护功能。

控制器的主要形式有模拟控制系统、基于专用的集成电路的控制系统、数模混合控制系统和全数字控制系统。

2.7.2 无刷直流电动机的工作原理

这里用图 2-36 所示无刷直流电动机系统来说明无刷直流电动机的工作原理。电动机本体的电枢绕组为三相星形联结,位置传感器与电动机本体同轴,控制电路对位置信号进行逻辑变换后产生驱动信号,驱动信号经驱动电路隔离放大后控制逆变器的功率开关管,使电动机的各相绕组按一定的顺序工作。

当转子旋转到图 2-37(a)所示的位置时,转子位置传感器输出的信号经控制电路逻辑交换后驱动逆变器,使 VT_1、VT_6 导通,即 A、B 两相绕组通电,电流从电源的正极流出,经 VT_1 流入 A 相绕组,再从 B 相绕组流出,经 VT_6 回到电源的负极。电枢绕组在空间产生的磁动势 F_a,如图 2-37(a)所示,此时,定转子磁场互相作用,使电动机的转子顺时针转动。

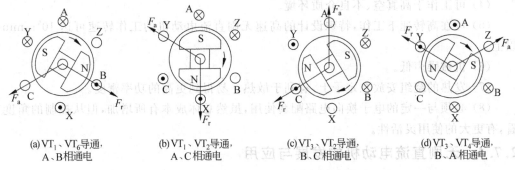

(a) VT_1、VT_6导通，A、B相通电
(b) VT_1、VT_2导通，A、C相通电
(c) VT_3、VT_2导通，B、C相通电
(d) VT_3、VT_4导通，B、A相通电

图 2-37 无刷直流电动机工作原理示意图

当转子在空间转过 60°电角度，到达图 2-37(b)所示位置时，转子位置传感器输出的信号经控制电路逻辑变换后驱动逆变器，使 VT_1、VT_2 导通，A、C 两相绕组通电，电流从电源的正极流出，经 VT_1 流入 A 相绕组，再从 C 相绕组流出，经 VT_2 回到电源的负极。电枢绕组在空间产生的磁动势 F_a，如图 2-37(b)所示，此时，定转子磁场互相作用，使电动机的转子继续顺时针转动。

转子在空间每转过 60°电角度，逆变器开关就发生一次切换，功率开关管的导通逻辑为 VT_1、$VT_6 \to VT_1$、$VT_2 \to VT_3$、$VT_2 \to VT_3$、$VT_4 \to VT_5$、$VT_4 \to VT_5$、$VT_6 \to VT_1$、VT_6。在此期间，转子始终受到顺时针方向的电磁转矩作用，沿顺时针方向连续旋转。

在图 2-37(a)到图 2-37(b)的 60°电角度范围内，转子磁场沿顺时针连续旋转，而定子合成磁场在空间保持图 2-37(a)中的 F_a 的位置静止。只有当转子磁场连续旋转 60°电角度，到达图 2-37(b)中的 F_r 位置时，定子合成磁场才从图 2-37(a)的 F_a 位置跳跃到图 2-37(b)中的 F_r 位置。可见，定子合成磁场在空间不是连续旋转的，而是一种跳跃式旋转磁场，每个步进角是 60°电角度。

转子在空间每转过 60°电角度，定子绕组就进行一次换流，定子合成磁场的磁状态就发生一次跃变。可见，电动机有六种磁状态，每一状态有两相导通，每相绕组的导通时间对应于转子旋转 120°电角度。我们把无刷直流电动机的这种工作方式称为两相导通星形三相六状态，这是无刷直流电动机最常用的一种工作方式。

由于定子合成磁动势每隔 1/6 周期(60°电角度)跳跃前进一步，在此过程中，转子磁极上的永磁磁动势是随着转子连续旋转的，这两个磁动势之间平均速度相等，保持"同步"，但是瞬时速度却是有差别的，二者之间的相对位置是时刻发生变化的，所以，它们互相作用下所产生的转矩除了平均转矩外，还有脉动分量。

2.7.3 无刷直流电动机的特点

无刷直流电动机克服了有刷直流电动机的致命弱点。与有刷直流电动机相比，无刷直流电动机有以下特点。

（1）可靠性高，寿命长。它的工作期限主要取决于轴承及其润滑系统。高性能的无刷直流电动机工作寿命可达数十万小时。而有刷直流电动机寿命一般较短。

（2）维护和修理简单。

（3）无电气火花。

(4) 可工作于高真空、不良介质环境。

(5) 可在高转速下工作,特殊设计的高速无刷直流电动机的工作转速可达 $10^5 \mathrm{r/min}$ 以上。

(6) 机械噪声低。

(7) 发热的绕组安放在定子上,有利于散热。易得到更高的功率密度。

(8) 必须与一定的电子换向电路配套使用,虽然总体成本有所增加,但从控制的角度看,有更大的使用灵活性。

2.7.4 无刷直流电动机的发展与应用

有刷直流电动机从 19 世纪 40 年代出现以来,以其优良的转矩控制特性,在相当长的一段时间内一直在拖动控制领域占主导地位。但是,有机械接触的电刷、换向器结构一直是电流电动机的一个致命弱点,它降低了系统的可靠性,限制了其在很多场合中的应用。取代有刷直流电动机的机械换向装置,人们进行了长期的探索,早在 1917 年,Bolgior 就提出了用整流管代替有刷直流电动机的机械电刷,从而诞生了无刷直流电动机的基本思想。1955 年,美国的 D. Harrison 等就首次申请了用晶体管换相电路代替有刷直流电动机的机械电刷的专利,从而标志着现代无刷直流电动机的诞生。

无刷直流电动机的发展在很大程度上取决于电力电子技术的进步。在无刷直流电动机发展的早期,由于当时大功率开关器件仅处于初级发展阶段,可靠性差,价格昂贵,加上永磁材料和驱动控制技术水平的制约,使无刷直流电动机自发明以后的一个相当长的时期内,性能都不理想,只能停留在实验室阶段,无法推广使用。1970 年以来,随着电力半导体工业的飞速发展,许多新型的全控型半导体功率器件陆续出现,这些均为无刷直流电动机广泛应用奠定了坚实的基础,无刷直流电动机系统因而得到了发展。在 1978 年,前联邦德国的 MANNESMANN 公司正式推出了 MAC 无刷直流电动机及其驱动器,引起了世界各国的关注,随即在国际上掀起了研制和生产无刷直流系统的热潮,这也标志着无刷直流电动机走向实用阶段。

随着人们对无刷直流电动机特性日益深入的了解,无刷直流电动机的理论也逐渐得到了完善。1986 年,H. R. Roloton 对无刷直流电动机作了全面系统的总结,指出了无刷直流电动机的研究领域,成为无刷直流电动机的经典文献,标志着无刷直流电动机在理论上走向成熟。

我国对无刷直流电动机的研究起步于 1987 年,经过多年的努力,目前国内已有无刷直流电动机的系列产品,形成了一定的生产规模。

现阶段,虽然各种交流电动机和直流电动机在电力拖动系统中占主导地位,但无刷直流电动机正受到普遍关注。自 20 世纪 90 年代以来,随着人们生活水平的提高和现代化生产、办公自动化的发展,家用电器、工业机器人等设备都越来越趋向于高效率化、小型化及高智能化,作为执行元件的重要组成部分,电动机必须具有精度高、响应速度快、效率高等特点。

尤其在要求有良好的静态特性和高动态响应的伺服驱动系统中,如数控机床、机器人等应用中,无刷直流电动机比交流伺服电动机和直流伺服电动机显示了更多的优越性。目前无刷直流电动机的应用范围已遍及国民经济的各个领域,并日趋广泛,特别是在家用电器、电动汽车、航天航空等领域已得到大量应用。

思考题与习题

2.1 电力拖动系统由哪几部分组成？各起什么作用？

2.2 电力拖动系统运行方程式中各量的物理意义是什么？它们的正、负号如何确定？

2.3 什么叫负载转矩特性？典型的负载转矩特性有哪几种？各有什么特点？试画出其转矩特性。

2.4 生产机械的负载转矩特性归纳起来有哪几种类型？

2.5 他励直流电动机的机械特性指什么？什么是固有机械特性和人为机械特性？

2.6 他励直流电动机一般为什么不能直接启动？对启动有哪些要求？

2.7 他励直流电动机有哪几种启动方法？

2.8 他励直流电动机的制动方法有哪几种？各有什么特点？适用于哪些场合？

2.9 他励直流电动机有哪几种调速方法？各有什么特点？

2.10 电动机的调速指标有哪些？

2.11 能耗制动停车和能耗制动运行有何异同点？

2.12 电源反接制动和倒拉反接制动有何异同点？

2.13 一台他励直流电动机，$P_N=40$kW，$U_N=220$V，$I_N=207.5$A，$R_a=0.067\Omega$。
   (1) 若电枢回路不串电阻直接启动，则启动电流为额定电流的几倍？
   (2) 若将启动电流限制为 $1.5I_N$，求电枢回路应串入的电阻大小。

2.14 一台他励直流电动机，$P_N=17$kW，$U_N=220$V，$I_N=92.5$A，$R_a=0.16\Omega$，$n_N=1000$r/min，电动机允许的最大电流 $I_{amax}=1.8I_N$，电动机拖动负载 $T_L=0.8T_N$ 电动运行。求：
   (1) 若采用能耗制动停车，电枢回路应串入多大电阻？
   (2) 若采用反接制动停车，电枢回路应串入多大电阻？

2.15 他励直流电动机额定数据为：$P_N=7.5$kW，$U_N=110$V，$I_N=85.2$A，$n_N=750$r/min，$R_a=0.13\Omega$，如采用三级启动，最大启动电流限制为 $2I_N$，求各段启动电阻。

2.16 一台他励直流电动机，$P_N=5.5$kW，$U_N=220$V，$I_N=30.5$A，$R_a=0.45\Omega$，$n_N=1500$r/min。电动机拖动额定负载运行，保持励磁电流不变，要把转速降到1000r/min，求：
   (1) 若采用电枢回路串电阻调速，应串入多大电阻？
   (2) 若采用降压调速，电枢电压应降到多少？
   (3) 两种方法调速时电动机的效率各是多少？

2.17 他励直流电动机的数据为：$P_N=30$kW，$U_N=220$V，$I_N=158.5$A，$n_N=1000$r/min，$R_a=0.1\Omega$，$T_L=0.8T_N$，求：
   (1) 电动机的转速。
   (2) 电枢回路串入 0.3Ω 电阻时的稳态转速。
   (3) 电压降低188V时，降压瞬间的电枢电流和降压后的稳态转速。
   (4) 将磁通减弱至 $80\%\Phi_N$ 时的稳态转速。

模块 3

变 压 器

知识点

(1) 变压器的基本结构和原理；
(2) 变压器的运行特性及参数的测定；
(3) 三相变压器；
(4) 其他常用变压器。

学习要求

(1) 掌握变压器的基本结构；
(2) 具备变压器的原理分析和参数测定能力；
(3) 具备变压器的运行特性和基本计算能力；
(4) 具备变压器联结组别的判断能力；
(5) 具备互感器等特殊变压器的正确使用能力。

变压器是一种静止的电器，它是利用电磁感应原理，将一种电压等级的交流电能转换成同频率的另一种电压等级的交流电能。

变压器是电力系统中一种重要的电气设备，它对电能的经济传输、灵活分配和安全使用具有重要的意义。

此外，各种用途的控制变压器、仪用互感器等也应用得十分广泛。

本模块主要介绍变压器的用途、分类、结构及额定值，着重阐明变压器的工作原理和运行特性、三相变压器的特点与并联运行，最后简要地介绍自耦变压器和互感器的结构特点及工作原理。

3.1 课题　变压器的基本工作原理和结构

3.1.1　变压器的用途和分类

1. 变压器的用途

电力系统中使用的变压器称为电力变压器，它是电力系统中的重要设备。目前世界各国使用的电能基本上均是由各类（火力、水力、核能等）发电站发出的三相交流电能，发电站一般建在能源产地、江、海边或远离城市的地区。

发电机的输出电压因受绝缘及工艺技术的限制不可能太高，一般为 6.3～27kV。要想把发出的大功率电能直接送到很远的用电区域，需用升压变压器把发电机的端电压升到较高的输电电压。这是因为输出功率一定时，输电线路的电压越高，输电线路中的电流越小，不仅可以减小输电线的截面积，节约导电材料的用量，而且还可以减小线路的功率损耗。一般来说，当输电距离越远、输送的功率越大时，要求的输电电压也越高。我国现有高压线路的输电电压为 110kV、220kV、330kV、500kV 及 750kV 等几种。

当电能输送到用电地区后，为了安全用电，又必须用降压变压器逐步将输电线路上的高电压降到配电系统的配电电压，然后再送到各用电分区，最后再经配电变压器把电压降到用户所需要的电压等级，供用户使用。故从发电、输电、配电到用户，通常需经过多次升压和降压。

另外，变压器的用途还很多，如测量系统中广泛应用的仪用互感器，可将高电压变换成低电压或将大电流变换成小电流，以隔离高压和便于测量；在实验室中广泛应用的自耦调压器，可任意调节输出电压的大小，以适应负载的要求；在电信、自动控制系统中，控制变压器、电源变压器和用于阻抗变换的输入、输出变压器等也被广泛应用。

2. 变压器的分类

变压器的品种、规格很多，分类方法也很多。通常根据变压器的用途、相数、绕组数目、铁芯结构和冷却方式等分类。

（1）按用途分，可以分为以下几类。

① 电力变压器——主要应用于电能的输送与分配。电力变压器又可分为升压变压器、降压变压器、配电变压器、联络变压器和厂用变压器等几种。

② 特殊电源用变压器——如电炉、电焊、整流变压器等。

③ 仪用变压器——供测量和继电保护用的变压器，如电压、电流互感器等。

④ 实验变压器——专供电气设备作耐压用的高压变压器。

⑤ 调压器——能均匀调节输出电压的变压器，如自耦调压器、感应调压器等。

⑥ 控制变压器——容量一般比较小，用于小功率电源系统和自动控制系统，如电源变压器、输入变压器、输出变压器、脉冲变压器等。

（2）按相数分，有单相变压器、三相变压器和多相变压器。

（3）按绕组数目分，有单绕组（自耦）变压器、双绕组变压器、三绕组变压器和多绕组变压器。

（4）按铁芯结构分，有壳式变压器和心式变压器。

（5）按冷却方式分，有干式变压器、油浸式变压器和充气式变压器。

（6）按容量分，有小型变压器（容量为 10～630kV·A）、中型变压器（容量为 800～6300kV·A）、大型变压器（容量为 8000～63 000kV·A）和特大型变压器（容量在 90 000kV·A 以上）。

3.1.2 变压器的基本工作原理

由于变压器是利用电磁感应原理工作的，因此它主要由铁芯和套在铁芯上的两个独立绕组组成,图3-1为单相变压器的工作原理图。这两个绕组间只有磁的耦合而没有电的联系,且具有不同的匝数,其中与交流电源相接的绕组称为一次绕组或原绕组,又称为原边或初级,其匝数为 N_1;与用电设备(负载)相接的绕组称为二次绕组或副绕组,又称为副边或次级,其匝数为 N_2。

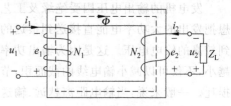

图 3-1 单相变压器的工作原理图

当一次绕组外加电压为 u_1 的交流电源,二次绕组接负载时,一次绕组将流过交变电流 i_1,并在铁芯中产生交变磁通 Φ,该磁通同时交链一、二次绕组,并在两绕组中分别产生感应电动势 e_1、e_2,它们的大小为

$$\left.\begin{aligned} u_1 = -e_1 = N_1 \frac{d\Phi}{dt} \\ u_2 = e_2 = N_2 \frac{d\Phi}{dt} \end{aligned}\right\} \tag{3-1}$$

式中,N_1、N_2 分别为变压器一、二次绕组的匝数。

若把负载接于二次绕组,在电动势 e_2 的作用下,就能向负载输出电能,即电流将流过负载,实现电能的传递。

若不计变压器一、二次绕组的电阻和漏磁通,不计铁芯损耗,即认为是理想变压器,$u_1 \approx e_1$,$u_2 \approx e_2$,则一、二次绕组的电压和电动势有效值与匝数的关系为

$$\frac{U_1}{U_2} = \frac{E_1}{E_2} = \frac{N_1}{N_2} = k \tag{3-2}$$

式中,k 为匝数比,亦即电压比,$k = N_1/N_2$,$k > 1$ 为降压变压器,$k < 1$ 为升压变压器。

根据能量守恒定律可得

$$U_1 I_1 = U_2 I_2$$

即

$$\frac{I_1}{I_2} = \frac{U_2}{U_1} = \frac{E_2}{E_1} = \frac{N_2}{N_1} = \frac{1}{k} \tag{3-3}$$

由式(3-3)可知,一、二次绕组的电压与绕组的匝数成正比,一、二次绕组的电流与组的匝数成反比,因此只要改变绕组的匝数比,就能达到改变输出电压和输出电流大小的目的,这就是变压器的基本工作原理。

3.1.3 变压器的基本结构

电力变压器主要由铁芯、绕组、绝缘套管、油箱(油浸式)及其他附件组成,油浸式电力变压器的结构如图3-2所示。铁芯和绕组是变压器的主要组成部分,称为变压器的器身。下面着重介绍变压器的基本结构。

1. 铁芯

铁芯是变压器的主磁路部分,又作为绕组的支撑骨架。铁芯由铁芯柱和铁轭两部分组成。铁芯柱上套装有绕组,铁轭的作用则是使整个磁路闭合。为了提高磁路的导磁性能和减少铁芯中的磁滞损耗和涡流损耗,铁芯一般由厚度为 0.35~0.5mm 且表面覆盖

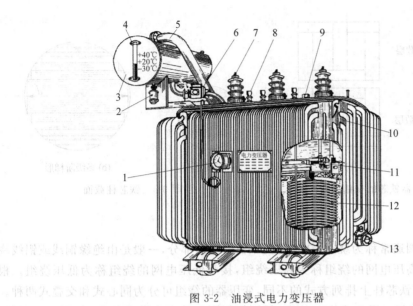

图 3-2 油浸式电力变压器

1—信号式温度计；2—吸湿器；3—储油柜；4—油表；5—安全气道；6—气体继电器；7—高压套管；8—低压套管；9—分接开关；10—油箱；11—铁芯；12—线圈；13—放油阀门

有绝缘层的热轧或冷轧硅钢片叠装而成。

铁芯的基本结构形式有心式和壳式两种。心式结构的特点是绕组包围着铁芯，如图 3-3(a)所示，这种结构比较简单，绕组的装配及绝缘也较容易，因此绝大部分国产变压器均采用心式结构。壳式结构的特点是铁芯包围着绕组，如图 3-3(b)所示，这种结构的机械强度较高，但制造工艺复杂，使用材料较多，因此目前除了容量很小的电源变压器以外，很少采用壳式结构。

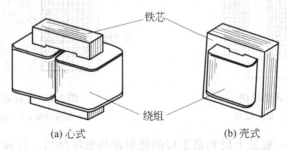

(a) 心式　　　　　(b) 壳式

图 3-3 心式和壳式变压器

变压器铁芯的叠装方法：一般先将硅钢片裁成条形，然后再进行叠装。为了减少叠片接缝间隙以减小励磁电流，硅钢片在叠装时，一般采用叠接式，即上层和下层交错重叠的方式，如图 3-4 所示。

变压器容量不同，铁芯柱的截面形状也不一样。小容量变压器常采用矩形截面，大型变压器一般采用多级阶梯形截面，如图 3-5 所示。

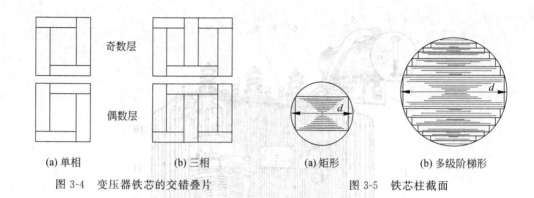

图 3-4 变压器铁芯的交错叠片　　　　图 3-5 铁芯柱截面

2. 绕组

变压器的线圈通常称为绕组,绕组是变压器的电路部分,一般是由绝缘铜线或铝线绕制而成的。接于高压电网的绕组称为高压绕组,接于低压电网的绕组称为低压绕组。根据高、低压绕组在铁芯柱上排列方式的不同,变压器的绕组可分为同心式和交叠式两种。

（1）同心式绕组。同心式绕组的高、低压绕组同心地套在铁芯柱上,如图 3-6 所示。为了便于绝缘,一般低压绕组套在里面,高压绕组套在外面。这种绕组具有结构简单,制造方便的特点,主要用在国产电力变压器中。

（2）交叠式绕组。交叠式绕组一般都做成饼式,高、低压绕组交替地套在铁芯柱上,如图 3-7 所示。

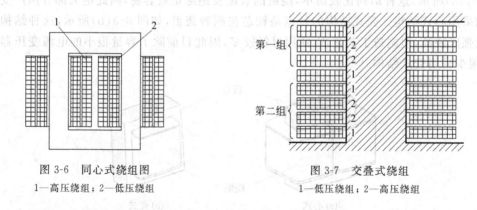

图 3-6 同心式绕组图　　　　　　图 3-7 交叠式绕组
1—高压绕组；2—低压绕组　　　　1—低压绕组；2—高压绕组

为了便于绝缘,一般最上层和最下层的绕组都是低压绕组。这种绕组机械强度高,引线方便,漏电抗小,但绝缘比较复杂,主要用在大型电炉变压器中。

3. 油箱等其他附件

变压器除了器身之外,典型的油浸式电力变压器还有油箱、储油柜、绝缘套管、气体继电器、安全气道、分接开关等附件,如图 3-2 中所示,其作用是保证变压器的安全和可靠运行。

（1）油箱。变压器的器身放置在装有变压器油的油箱内,变压器油是一种矿物油,具有很好的绝缘性能。变压器油起两个作用：一是在变压器绕组与绕组、绕组与铁芯及油箱之间起绝缘作用；二是变压器油受热后产生对流,对变压器铁芯和绕组起散热作用。油箱的结构与变压器的容量、发热情况密切相关。变压器的容量越大,发热问题就越严重。在20kV·A及以下的小容量变压器中采用平板式油箱;一般容量稍大的变压器都采用排管式油箱,在油箱壁上焊有散热管,以增大油箱的散热面积。

(2) 储油柜。储油柜又称油枕,它是安装在油箱上面的圆筒形容器,它通过连通管与油箱相连,柜内油面高度随着油箱内变压器油的热胀冷缩而变动。储油柜的作用是保证变压器的器身始终浸在变压器油中,同时减少油和空气的接触面积,从而降低变压器油受潮和老化的速度。

(3) 绝缘套管。电力变压器的引出线从油箱内穿过油箱盖时,必须穿过瓷质的绝缘套管,以使带电的引出线与接地的油箱绝缘。绝缘套管的结构取决于电压等级,较低电压采用实心瓷套管;10~35kV电压采用空心充气式或充油式套管;电压在110kV及以上时采用电容式套管。为了增加表面爬电距离,绝缘套管的外形做成多级伞形,电压越高,级数越多。

(4) 气体继电器(又称瓦斯继电器)。气体继电器装在油枕和油箱的连通管中间,当变压器内部发生故障(如绝缘击穿、匝间短路、铁芯事故等)产生气体时,或油箱漏油使油面降低时,气体继电器动作,发出信号,以便运行人员及时处理;若事故严重,可使断路器自动跳闸,对变压器起保护作用。

(5) 安全气道(又称防爆筒)。安全气道装于油箱顶部,是一个长钢圆筒,上端口装有一定厚度的玻璃板或酚醛纸板,下端口与油箱连通。其作用是当变压器内部因发生故障引起压力骤增时,让油气流冲破玻璃板或酚醛纸板释放出来,以免造成箱壁爆裂。

(6) 分接开关。油箱盖上面还装有分接开关,通过分接开关可改变变压器高压绕组的匝数,从而调节输出电压的大小。通常输出电压的调节范围是额定电压的±5%。

分接开关有两种形式:一种是只能在断电的情况下进行调节,称无载分接开关;另一种是可以在带负载的情况下进行调节,称为有载分接开关。

3.1.4 变压器的铭牌与主要系列

为了使变压器安全、经济、合理地运行,同时使用户对变压器的性能有所了解,变压器出厂时都安装了一块铭牌。在铭牌上标明了变压器的型号、额定值及其他有关数据。图3-8所示为三相电力变压器的铭牌。

铝线电力变压器					
产品标准				型号	SJL-560/10
额定容量	560kV·A		相数	3	额定频率	50Hz
额定电压	高压	10kV	额定电流	高压	32.3A
	低压	400~230V		低压	808A
使用条件	户外式		绕组温升65℃		油面温升55℃
短路电压	4.94%		冷却方式		油浸自冷式
油重370kg	器身重1040kg		总重1900kg		连接组Y,yn0
出厂序号		×××厂		年 月 出品	

图3-8 三相电力变压器的铭牌

1. 变压器的型号与主要系列

(1) 变压器的型号。变压器的型号表示了一台变压器的结构、额定容量、电压等级和冷却方式等内容。例如 SJL-560/10,其中"S"表示三相,"J"表示油浸式,"L"表示铝导线,"560"表示额定容量为 560kV·A,"10"表示高压绕组额定电压等级为 10kV。

电力变压器的分类和型号如表 3-1 所示。

表 3-1 电力变压器的分类和型号

代表符号排列顺序	分 类	类 别	代表符号
1	绕组耦合方式	自耦	O
2	相数	单相	D
		三相	S
3	冷却方式	空气冷却	—
		油自然循环	—
		油浸式	J
		风冷	F
		水冷	W
		强迫油循环风冷	FP
		强迫油循环水冷	WP
4	绕组数	双绕组	—
		三绕组	S
5	绕组导线材质	铜	—
		铝	L
6	调压方式	无励磁调压	—
		有励磁调压	Z

(2) 变压器的主要系列。目前我国生产的各种系列变压器产品有 SJL1(三相油浸铝线电力变压器)、SL7(三相铝线低损耗电力变压器)、S7 和 S9(三相铜线低损耗电力变压器)、SFL1(三相油浸风冷铝线电力变压器)、SFPSL1(三相强油风冷三线圈铝线电力变压器)、SWP0(三相强油水冷自耦电力变压器)等,基本上满足了国民经济各部门发展的要求。

2. 变压器的额定值

额定值是对变压器正常工作状态所作的使用规定,它是正确使用变压器的依据。

(1) 额定容量 S_N。额定容量 S_N 指变压器在额定工作条件下所能输出的视在功率,单位为 V·A 或 kV·A。由于变压器效率高,通常一次侧、二次侧的额定容量设计相等。对三相变压器而言,额定容量指三相容量之和。

(2) 额定电压 U_{1N} 和 U_{2N}。U_{1N} 是指加在变压器一次绕组上的额定电源电压值,U_{2N} 是指变压器一次绕组加额定电压,二次绕组开路时的空载电压值。单位为 V 或 kV。对三相变压器而言,额定电压是指空载线电压。

(3) 额定电流 I_{1N} 和 I_{2N}。额定电流 I_{1N} 和 I_{2N} 指变压器在额定负载情况下,各绕组长期允许通过的电流,单位为 A。I_{1N} 是指一次绕组的额定电流；I_{2N} 是指二次绕组的额定电流。对三相变压器而言,额定电流是指线电流。

对单相变压器

$$I_{1N} = \frac{S_N}{U_{1N}}; \quad I_{2N} = \frac{S_N}{U_{2N}} \tag{3-4}$$

对三相变压器

$$I_{1N} = \frac{S_N}{\sqrt{3}U_{1N}}; \quad I_{2N} = \frac{S_N}{\sqrt{3}U_{2N}} \tag{3-5}$$

(4) 额定频率 f_N。我国规定标准工业用电的频率即工频为 50Hz。

(5) 联结组标号。联结组标号指三相变压器一、二次绕组的联结方式,Y 表示高压绕组作星形联结；y 表示低压绕组作星形联结；D 表示高压绕组作三角形联结；d 表示低压绕组作三角形联结；n 表示低压绕组作星形联结时的中性线。

(6) 阻抗电压。阻抗电压又称为短路电压,它标志着在额定电流时变压器阻抗压降的大小,通常用它与额定电压的百分比来表示。

此外,额定运行时变压器的效率、温升等数据均属于额定值。除额定值外,铭牌上还标有变压器的相数、变压器的运行方式及冷却方式等。为考虑运输,有时铭牌上还标出变压器的总重、油重、器身重量和外形尺寸等附属数据。

3.2 课题　单相变压器的空载运行

本节介绍的是单相变压器,但分析研究所得结论同样适用于三相变压器的对称运行。

变压器的空载运行是指变压器一次绕组接在额定频率和额定电压的交流电源上,而二次绕组开路时的运行状态如图 3-9 所示。

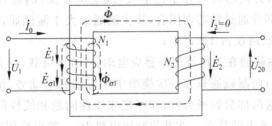

图 3-9　变压器的空载运行

3.2.1　变压器空载运行时的电磁关系

1. 变压器中各量参考方向的规定

由于变压器中电压、电流、磁通及电动势的大小和方向都是随时间作周期性变化的,因此它们的参考方向原则上是可以任意规定的。为了能正确表明各量之间的关系,必须首先规定它们的参考方向,或称为正方向。

为了统一起见,习惯上都按照"电工惯例"来规定参考方向,具体如下：

(1) 电压 u 的参考方向与电流 i 的参考方向一致,即符合关联方向。

(2) 由电流 i 产生的磁动势所建立的磁通 Φ 与电流 i 的参考方向符合右手螺旋定则。

(3) 由磁通 Φ 产生的感应电动势 e 的参考方向与产生磁通 Φ 的电流 i 的参考方向一致,并有 $e=-N\dfrac{\mathrm{d}\Phi}{\mathrm{d}t}$ 的关系即符合关联方向,即 e 与 i 符合右手螺旋定则。

图 3-9 中各量的参考方向就是根据上述规定来确定的。

2. 空载运行时各电磁量之间的关系

当一次绕组加上交流电压 $\dot{U}_1$,二次绕组开路时,一次绕组中便有空载电流 $\dot{I}_0$ 流过,由于变压器为空载运行,此时二次绕组中没有电流,即 $\dot{I}_2=0$。空载电流 $\dot{I}_0$ 在一次绕组中产生空载磁动势 $\dot{F}_0=\dot{I}_0 N_1$,并建立空载时的磁场,由于铁芯的磁导率比空气或油的磁导率大得多,因此绝大部分磁通通过铁芯闭合,同时交链一、二次绕组,这部分磁通称作主磁通;另一小部分磁通

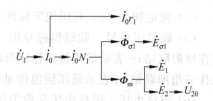

图 3-10 空载运行时的各电磁量间的关系

通过空气或变压器油(非铁磁性介质)闭合,只交链一次绕组,这部分磁通称作漏磁通。根据电磁感应原理,主磁通 $\dot{\Phi}$ 在一、二次绕组中感应出电动势 $\dot{E}_1$、$\dot{E}_2$,漏磁通 $\dot{\Phi}_{\sigma 1}$ 只在一次绕组中感应漏电动势 $\dot{E}_{\sigma 1}$,另外空载电流 $\dot{I}_0$ 流过一次绕组的电阻 r_1 还会产生电阻压降 $\dot{I}_0 r_1$。此过程的电磁关系可用图 3-10 表示。

由于路径不同,主磁通和漏磁通有以下差异:

(1) 在性质上,主磁通磁路由铁磁材料组成,具有饱和特性,Φ 与 I_0 呈非线性关系,而漏磁通磁路不饱和,$\Phi_{\sigma 1}$ 与 I_0 呈线性关系;

(2) 在数量上,因为铁芯的磁导率比空气(或变压器油)的磁导率大很多,铁芯磁阻小,所以磁通的绝大部分通过铁芯而闭合,故主磁通远大于漏磁通,一般主磁通可占总磁通的 99% 以上,而漏磁通仅占 1% 以下;

(3) 在作用上,主磁通在二次绕组中感应电动势,若接负载,就有电功率输出,故起了传递能量的媒介作用;而漏磁通只在一次绕组中感应漏电动势,仅起漏抗压降的作用。在分析变压器时,把这两部分磁通分开,即可把非线性问题和线性问题分别予以处理,便于考虑它们在电磁关系上的特点。在其他交流电机中,一般也采用这种分析方法。

3.2.2 变压器空载时的感应电动势

1. 主磁通感应的感应电动势

若主磁通按正弦规律变化,即

$$\Phi = \Phi_m \sin\omega t \tag{3-6}$$

按照图 3-9 中参考方向的规定,则绕组感应电动势的瞬时值为

$$e_1 = -N_1\frac{\mathrm{d}\Phi}{\mathrm{d}t} = -\omega N_1 \Phi_m\cos\omega t = \omega N_1 \Phi_m \sin(\omega t - 90°)$$

$$= E_{1m}\sin(\omega t - 90°) \tag{3-7}$$

$$e_2 = -N_2 \frac{d\Phi}{dt} = -\omega N_2 \Phi_m \cos\omega t = \omega N_2 \varphi_m \sin(\omega t - 90°)$$
$$= E_{2m} \sin(\omega t - 90°) \tag{3-8}$$

由上式可知,当主磁通 Φ 按正弦规律变化时,电动势 e_1、e_2 也按正弦规律变化,但 e_1、e_2 滞后于磁通 Φ 90°,且感应电动势的有效值为

$$E_1 = \frac{E_{1m}}{\sqrt{2}} = \frac{\omega N_1 \Phi_m}{\sqrt{2}} = \frac{2\pi f N_1 \Phi_m}{\sqrt{2}} = 4.44 f N_1 \Phi_m \tag{3-9}$$

同理

$$E_2 = \frac{E_{2m}}{\sqrt{2}} = \frac{\omega N_2 \Phi_m}{\sqrt{2}} = \frac{2\pi f N_2 \Phi_m}{\sqrt{2}} = 4.44 f N_2 \Phi_m \tag{3-10}$$

故电动势与主磁通的相量关系为

$$\left.\begin{array}{l} \dot{E}_1 = -j4.44 f N_1 \dot{\Phi}_m \\ \dot{E}_2 = -j4.44 f N_2 \dot{\Phi}_m \end{array}\right\} \tag{3-11}$$

从上面的表达式中可以看出,当主磁通按正弦规律变化时,一、二次绕组中的感应电动势也按正弦规律变化,其大小与电源频率、绕组匝数及主磁通最大值成正比,且在相位上滞后于主磁通 90°。

2. 漏磁通感应的电动势

漏磁通感应的电动势的有效值相量表示为

$$\dot{E}_{\sigma1} = -j4.44 f N_1 \dot{\Phi}_{\sigma1m} \tag{3-12}$$

式中,$\dot{\Phi}_{\sigma1m}$ 为一次漏磁通最大值。

为了简化分析或计算,通常根据电工基础知识把上式由电磁表达形式转化为习惯的电路表达形式,即

$$\dot{E}_{\sigma1} = -j\dot{I}_0 \omega L_{\sigma1} = -j\dot{I}_0 X_{\sigma1} \tag{3-13}$$

式中,$L_{\sigma1}$ 为一次绕组的漏电感;$X_{\sigma1}$ 为一次绕组漏电抗,反映漏磁通 $\Phi_{\sigma1}$ 对一次侧电路的电磁效应,$X_{\sigma1} = \omega L_{\sigma1}$。

由于漏磁通的路径是非铁磁性物质,磁路不会饱和,是线性磁路,因此对已制成的变压器,漏电感 $L_{\sigma1}$ 为常数,当频率 f 一定时,漏电抗 $X_{\sigma1}$ 也是常数。

3.2.3 变压器的空载电流和空载损耗

1. 空载电流

变压器空载运行时,一次绕组的电流称为空载电流。空载电流主要用来建立主磁通,所以又称励磁电流。空载时,变压器实际上是一个铁芯线圈,空载电流的大小主要取决于铁芯线圈的电抗和铁芯损耗。铁芯线圈的电抗正比于线圈匝数的平方和磁路的磁导,因此空载电流的大小与铁芯的磁化性能、饱和程度等有着密切的关系。

如果铁芯没有饱和,且忽略铁芯中的损耗时,此时的空载电流纯粹为建立主磁通的无功电流,称为磁化电流 i_μ。当主磁通 Φ 按正弦变化时,空载电流 i_0(或 i_μ)也将按正弦变化,且与 Φ 同相。但实际上为了充分利用有效材料,变压器的铁芯总是设计得比较饱和,

磁通与磁化电流的关系曲线成为一条饱和曲线。磁路饱和后,磁化电流的增加比磁通的增加大得多。因此,当主磁通按正弦变化时,磁化电流的波形畸变成尖顶波,如图 3-11 所示。很明显它含有较强的三次谐波分量和其他高次谐波;磁通密度越高,铁芯越饱和,谐波成分也越显著。

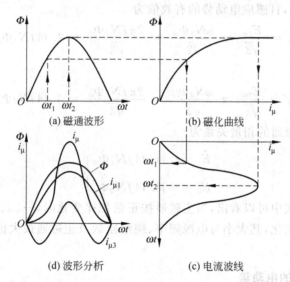

图 3-11　不考虑铁芯损耗磁通为正弦波时空载电流的波形

用同样的分析方法可知,当磁化电流 i_μ 按正弦规律变化时,即电流为正弦波,主磁通 Φ 将是平顶波,如图 3-12 所示。很明显,这时在主磁通 Φ 中也含有较强的三次谐波分量和其他高次谐波,同样磁通密度越高,铁芯越饱和,谐波成分也越显著。

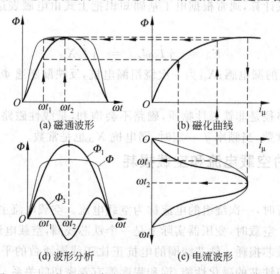

图 3-12　不考虑铁芯损耗空载电流为正弦波时磁通的波形

以上两种情况都是存在的,在三相变压器中,如果三相绕组接成 Y 形联结,在没有中线时,三相电流的基波成分因相互对称,在相位上彼此互差 120°,三相绕组互为通路,使三相电流的基波成分顺利通过,但三相电流中的三次谐波及 3 的整数倍次谐波在相位上是相同的,因而没有通路,所以三相绕组中的电流只能是正弦波,那么铁芯中的磁通便是平顶波了。平顶波的磁通将产生尖顶波的电动势(这部分将在三相变压器的磁路中分析)。如果 Y 形联结的三相绕组有中线,三相电流中的三次谐波及 3 的整数倍次谐波成分可以同时流过中线,此时电流可以是尖顶波,铁芯中的磁通便可以是正弦波了。

当考虑铁芯的磁滞损耗时,磁化曲线将变成磁滞回线,仍然用图解法可以得到空载电流的波形,如图 3-13 所示。

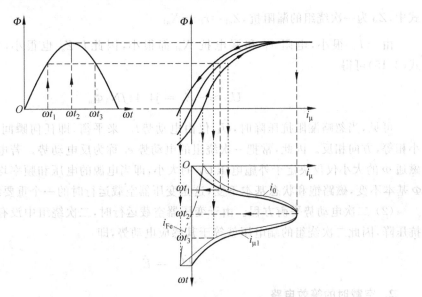

图 3-13 考虑铁芯损耗磁通为正弦波时空载电流的波形

从图 3-13 中可以看出,空载电流的波形是一个发生畸变的尖顶波,该畸变的尖顶波可以分解为一个对称的尖顶波和一个超前磁通 90°的正弦波,该超前磁通 90°的正弦波电流即为铁损电流 i_{Fe}。也就是说,实际的空载电流中,除无功的磁化电流 i_μ 外,还含有一个很小的有功电流 i_{Fe},它对应于磁滞损耗和涡流损耗,此时空载电流 i_0 将超前 Φ 一个电角度 δ(称为铁耗角),所以空载电流:

$$\dot{I}_0 = \dot{I}_{Fe} + \dot{I}_\mu \tag{3-14}$$

式中,$\dot{I}_{Fe}$ 为空载电流的有功分量;$\dot{I}_\mu$ 为空载电流的无功分量(或磁化电流)。通常,$I_{Fe} < 10\% I_0$,故 $I_0 \approx I_\mu$。

综上所述,空载电流 $\dot{I}_0$ 分为两个分量,一个为无功分量 $\dot{I}_\mu$,起励磁作用,它与主磁通 $\dot{\Phi}$ 同相;另一个为有功分量 $\dot{I}_{Fe}$,用来供给铁芯损耗,它超前于主磁通 $\dot{\Phi}$ 90°,即与 $\dot{E}_1$ 反相。

2. 空载损耗

变压器空载运行时,一次绕组从电源中吸取了少量的电功率 P_0,这个功率主要用来补偿铁芯中的铁耗 p_{Fe} 以及少量绕组的铜耗 $I_0^2 r_1$,可以认为 $P_0 \approx p_{Fe}$。对电力变压器来说,空载损耗不超过额定容量的 1%,空载电流为额定电流的 2%~10%,随变压器容量的增大而下降。

3.2.4 变压器空载时的电动势平衡方程式和等效电路

1. 电动势平衡方程式

(1) 一次侧电动势平衡方程。根据基尔霍夫电压定律可得一次绕组的电动势平衡方程式为

$$\dot{U}_1 = -\dot{E}_1 + \dot{I}_0 r_1 + j\dot{I}_0 X_{\sigma 1} = -\dot{E}_1 + \dot{I}_0 Z_{\sigma 1} \tag{3-15}$$

式中,$Z_{\sigma 1}$ 为一次绕组的漏阻抗,$Z_{\sigma 1} = r_1 + jX_{\sigma 1}$。

由于 $\dot{I}_0$ 很小,电阻 r_1 和漏电抗 $X_{\sigma 1}$ 都很小,因此 $\dot{I}_0 Z_{\sigma 1}$ 也很小,可忽略不计,由式(3-15)可得

$$\dot{U}_1 \approx -\dot{E}_1 = j4.44fN_1\dot{\Phi}_m \tag{3-16}$$

可见,当忽略漏阻抗压降时,$\dot{U}_1$ 仅由电动势 $\dot{E}_1$ 来平衡,即任何瞬间 u_1 和 e_1 两者大小相等,方向相反。因此,常把一次绕组的电动势 e_1 称为反电动势。若电源频率不变,主磁通 Φ 的大小仅仅决定于外施电压 U_1 的大小,即当电源的电压和频率均不变时,主磁通 Φ 基本不变,磁路饱和状态基本不变,这是变压器空载运行时的一个重要结论。

(2) 二次电动势平衡方程。由于变压器空载运行时,二次绕组中没有电流,不产生阻抗压降,因此二次绕组的端电压就等于其感应电动势,即

$$\dot{U}_{20} = \dot{E}_2 \tag{3-17}$$

2. 空载时的等效电路

由前面的分析可知,漏磁通在一次绕组感应的漏电动势 $\dot{E}_{\sigma 1}$ 在数值上可用 $\dot{I}_0$ 在漏电抗 $X_{\sigma 1}$ 上产生的压降来表示。同理,主磁通在一次绕组感应的电动势 $\dot{E}_1$ 在数值上也可用 $\dot{I}_0$ 在某一电抗 X_m 上产生的压降表示,但考虑到在变压器铁芯中还产生铁损耗,因此还需引入一个电阻 r_m,故在分析电动势 $\dot{E}_1$ 时实际是引入一个阻抗 Z_m 来表示,即

$$-\dot{E}_1 = \dot{I}_0 r_m + j\dot{I}_0 X_m = \dot{I}_0 Z_m \tag{3-18}$$

式中,r_m 为励磁电阻,反映铁芯损耗的等效电阻;X_m 为励磁电抗,反映主磁通对一次绕组的电磁效应;Z_m 为励磁阻抗,$Z_m = r_m + jX_m$。

注意:由于主磁通的路径是铁磁性物质,是非线性磁路,因此 r_m 和 X_m 均随电源电压和铁芯饱和程度的变化而变化,通常 r_m 随铁芯饱和程度的增加而增大,X_m 则随铁芯饱和程度的增加急剧减小,以致铁芯越饱和,Z_m 越小。

把式(3-18)代入式(3-15)可得

$$\dot{U}_1 = -\dot{E}_1 + \dot{I}_0 Z_{\sigma 1} = \dot{I}_0(r_1 + jX_{\sigma 1}) + \dot{I}_0(r_m + jX_m) \tag{3-19}$$

根据式(3-19)可画出对应的电路,如图 3-14 所示。

由于铁芯的导磁系数比空气的导磁系数要大得多,所以 $X_m \gg X_{\sigma 1}$,$r_m \gg r_1$,故 $Z_m \gg$

$Z_{\sigma 1}$。因为变压器选用高质量的硅钢片作铁芯,因而铁芯损耗较小,所以 $X_m \gg r_m$。

该电路既能正确反映变压器内部的电磁过程,又便于工程计算,把一个既有电路关系,又有电磁耦合的实际变压器,用一个纯电路的形式来代替,因此这种电路称为变压器空载运行时的等效电路。

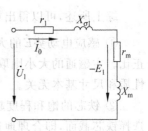

图 3-14 变压器空载运行时的等效电路

3.2.5 空载运行时的相量图

1. 空载时基本方程式

归纳本节所学过的方程式,有:

$$\left.\begin{array}{l}\dot{U}_1 = -\dot{E}_1 + \dot{I}_0 r_1 + j\dot{I}_0 X_{\sigma 1} = -\dot{E}_1 + \dot{I}_0 Z_{\sigma 1} \\ \dot{U}_{20} = \dot{E}_2 \\ \dot{E}_1 = -j4.44fN_1\dot{\Phi}_m \\ \dot{E}_2 = -j4.44fN_2\dot{\Phi}_m \\ \dot{I}_0 = \dot{I}_{Fe} + \dot{I}_\mu \\ -\dot{E}_1 = \dot{I}_0 Z_m \end{array}\right\} \qquad (3-20)$$

2. 空载运行时的相量图

为了直观地表示变压器中各物理量之间的大小和相位关系,在同一复平面上将变压器的各物理量用相量的形式表示出来,称为变压器的相量图。

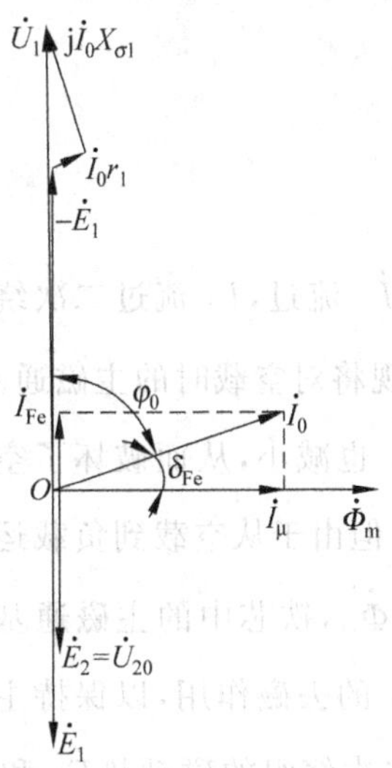

通常根据式(3-20)可作出空载运行时的相量图,如图 3-15 所示。步骤如下:

(1)首先以主磁通 $\dot{\Phi}_m$ 为参考相量,画出 $\dot{\Phi}_m$,根据 $\dot{I}_0 = \dot{I}_{Fe} + \dot{I}_\mu$ 画出 $\dot{I}_0$,$\dot{I}_0$ 超前 $\dot{\Phi}_m$ 一个铁损耗角 δ_{Fe}。

(2)根据 $\dot{E}_1$ 和 $\dot{E}_2$ 滞后 $\dot{\Phi}_m 90°$,可作出 $\dot{E}_1$ 和 $\dot{E}_2$(即 $\dot{U}_{20}$)。

(3)根据式(3-19),先作相量 $-\dot{E}_1$,在其末端作相量 $\dot{I}_0 r_1$ 平行于 $\dot{I}_0$,然后在相量 $\dot{I}_0 r_1$ 的末端作相量 $j\dot{I}_0 X_{\sigma 1}$ 超前于 $\dot{I}_0 90°$,其末端再与原点相连,即为相量 $\dot{U}_1$。

由图 3-15 可知,$\dot{U}_1$ 与 $\dot{I}_0$ 之间的相位角 φ_0 接近 $90°$,因此变压器空载时的功率因数很低,一般 $\cos\varphi_0 = 0.1 \sim 0.2$。

图 3-15 变压器空载运行时的相量图

在相量图中,各相量均应按比例画出,但为清楚起见,图中把相量 $\dot{I}_0 r_1$ 和 $j\dot{I}_0 X_{\sigma 1}$ 人为放大了。

综上所述,可以得出如下重要结论:

① 感应电动势 $\dot{E}$ 的大小与电源频率 f、绕组匝数 N 及铁芯中主磁通的最大值 Φ_m 成正比。主磁通的大小则取决于电源电压的大小、频率和绕组的匝数,而与磁路所用材料的性质和尺寸基本无关。

② 铁芯的饱和程度越高,则磁导率越低,励磁电抗越小,空载电流越大。因此合理地选择铁芯截面,即合理地选择铁芯的最大磁通密度 B_m,对变压器的运行性能有重要影响。

③ 所用材料的导磁性能越好,则励磁电抗 X_m 越大,空载电流越小。因此变压器的铁芯均用高导磁的材料硅钢片叠成。

④ 气隙对空载电流影响很大,气隙越大,空载电流越大。因此要严格控制铁芯叠片接缝之间的气隙。

3.3 课题 单相变压器的负载运行

变压器一次绕组接交流电源,二次绕组接负载时的运行状态,称为变压器的负载运行,如图 3-16 所示。此时二次绕组有电流 I_2 流过,此电流又称为负载电流。

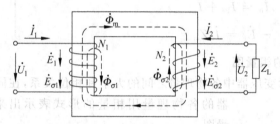

图 3-16 变压器的负载运行原理图

3.3.1 负载运行时的电磁关系

当变压器二次绕组接上负载时,二次绕组中就有负载电流 $\dot{I}_2$ 流过,$\dot{I}_2$ 流过二次绕组产生磁动势 $\dot{F}_2 = \dot{I}_2 N_2$,$\dot{F}_2$ 也在铁芯中产生磁通,因此 $\dot{F}_2$ 的出现将对空载时的主磁通 $\dot{\Phi}_m$ 有去磁作用,使铁芯中的主磁通趋于减小,随之电动势 $\dot{E}_1$ 和 $\dot{E}_2$ 也减小,从而破坏了空载运行时的电动势平衡关系,使一次绕组的电流由 $\dot{I}_0$ 增加到 $\dot{I}_1$。但由于从空载到负载运行时,电源的电压和频率都为常数,始终有 $\dot{U}_1 \approx -\dot{E}_1 = j4.44fN_1\dot{\Phi}_m$,铁芯中的主磁通基本恒定,因此一次绕组增加的磁动势必须抵消二次绕组磁动势 $\dot{F}_2$ 的去磁作用,以保持主磁通基本不变。故变压器负载运行时,铁芯中的主磁通是由一、二次绕组的磁动势 $\dot{F}_1$ 和 $\dot{F}_2$ 共同建立的,负载运行时的电磁关系可用图 3-17 表示。

3.3.2 负载运行时的基本方程

1. 磁动势平衡方程式

当变压器由空载运行到负载运行时,由于电源电压 $\dot{U}_1$ 保持不变,则主磁通 $\dot{\Phi}_m$ 基本

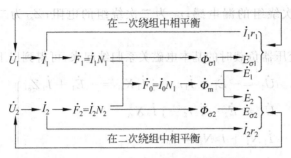

图 3-17 变压器负载运行时的电磁关系

保持不变,因此负载时产生主磁通的总磁动势($\dot{F}_1 + \dot{F}_2$)应该与空载时产生主磁通的空载磁动势$\dot{F}_0$基本相等,即

$$\dot{F}_1 + \dot{F}_2 = \dot{F}_0$$

或

$$\dot{I}_1 N_1 + \dot{I}_2 N_2 = \dot{I}_0 N_1 \tag{3-21}$$

将上式两边除以 N_1 得

$$\dot{I}_1 = \dot{I}_0 + \left(-\frac{N_1}{N_2}\dot{I}_2\right) = \dot{I}_0 + \left(-\frac{\dot{I}_2}{k}\right) \tag{3-22}$$

式(3-21)为变压器的磁动势平衡方程式,使式(3-22)为电流形式的磁动势平衡方程式。式(3-22)表明,负载运行时,一次绕组的电流$\dot{I}_1$由两个分量组成,一个是励磁电流$\dot{I}_0$,用以建立负载运行时所需的主磁通;另一个是负载电流分量$-\frac{\dot{I}_2}{k}$,用于抵消二次绕组磁动势的去磁作用,以保持主磁通基本不变。这说明变压器负载运行时,通过电磁感应关系,将一、二次侧电流紧密联系起来,二次侧电流增加或减小的同时必然引起一次侧电流的增加或减小。相应的,当二次侧输出功率增加或减小时,一次侧从电网吸收的功率必然同时增加或减小。

负载运行时,$\dot{I}_0 \ll \dot{I}_1$,可忽略$\dot{I}_0$,则有

$$\frac{\dot{I}_1}{\dot{I}_2} \approx -\frac{1}{k} = -\frac{N_1}{N_2} \tag{3-23}$$

这说明一、二次侧电流的大小近似与绕组匝数成反比,可见变压器两侧绕组匝数不同,不仅能改变电压,同时也能改变电流。

2. 电动势平衡方程式

根据基尔霍夫电压定律,由图 3-16 与图 3-17 可得

$$\dot{U}_1 = -\dot{E}_1 - \dot{E}_{\sigma 1} + \dot{I}_1 r_1 = -\dot{E}_1 + \dot{I}_1 r_1 + j\dot{I}_1 X_{\sigma 1} = -\dot{E}_1 + \dot{I}_1 Z_{\sigma 1} \tag{3-24}$$

$$\dot{U}_2 = \dot{E}_2 + \dot{E}_{\sigma 2} - \dot{I}_2 r_2 = \dot{E}_2 - \dot{I}_2 r_2 - j\dot{I}_2 X_{\sigma 2} = \dot{E}_2 - \dot{I}_2 Z_{\sigma 2} \tag{3-25}$$

式中,$\dot{E}_{\sigma 2} = -j\dot{I}_2 X_{\sigma 2}$;$X_{\sigma 2}$为二次绕组的漏电抗,反映漏磁通$\dot{\Phi}_{\sigma 2}$对二次绕组的电磁效应,

$X_{\sigma 2}=\omega L_2$,L_2 为二次绕组的漏电感;r_2 为二次绕组的电阻;$Z_{\sigma 2}$ 为二次绕组的漏阻抗,$Z_{\sigma 2}=r_2+\mathrm{j}\,X_{\sigma 2}$。

综上所述,将变压器负载时的基本电磁关系归纳起来,可得到以下基本方程式

$$\left.\begin{aligned}\dot{U}_1 &= -\dot{E}_1 + \dot{I}_1 r_1 + \mathrm{j}\,\dot{I}_1 X_{\sigma 1} = -\dot{E}_1 + \dot{I}_1 Z_{\sigma 1} \\ \dot{U}_2 &= \dot{E}_2 - \dot{I}_2 r_2 - \mathrm{j}\,\dot{I}_2 X_{\sigma 2} \\ \dot{I}_1 N_1 + \dot{I}_2 N_2 &= \dot{I}_0 N_1 \\ \dot{E}_1 &= k\dot{E}_2 \\ \dot{E}_1 &= -\dot{I}_0 Z_\mathrm{m} \\ \dot{U}_2 &= \dot{I}_2 Z_\mathrm{L} \end{aligned}\right\} \quad (3\text{-}26)$$

3.3.3 负载运行时的等效电路和相量图

变压器的基本方程式反映了变压器内部的电磁关系,使用方程式(3-26)来求解具体变压器运行问题时,计算很复杂,精确度降低,特别是画相量图更困难。因此一般要采用"折算"的方法,将实际变压器"折算"成一个既能正确反映变压器内部电磁过程,又便于工程计算的等效电路来代替实际的变压器,通过绕组折算便可得到这种等效电路。

1. 绕组折算

绕组折算就是把变压器的一、二次绕组折算成相同的匝数,通常是将二次侧折算到一次侧,即用一个和一次绕组匝数 N_1 相等、电磁效应关系不变的等效绕组代替匝数为 N_2 的实际二次绕组。折算仅仅是一种数学手段,它不改变折算前后的电磁关系,即折算前后功率、损耗、磁动势的平衡关系均不变。因为折算前后二次绕组的匝数不同,所以折算后的二次侧绕组的各物理量的大小与折算前的不同,折算后的二次侧各物理量均由原量符号右上角加"'"表示。下面分别求取各物理量的折算值。

(1) 二次侧电流的折算。根据折算前后二次绕组磁动势不变的原则,可得

$$\dot{I}_2 N_2 = \dot{I}'_2 N_1$$

即

$$I'_2 = \frac{N_2}{N_1} I_2 = \frac{1}{k} I_2 \quad (3\text{-}27)$$

(2) 二次侧电动势及电压的折算。根据折算前后主磁通不变的原则,可得

$$E_2 = 4.44 f \Phi_\mathrm{m} N_2, \quad E'_2 = 4.44 f \Phi_\mathrm{m} N_1$$

即

$$E'_2 = \frac{N_1}{N_2} E_2 = kE_2 \quad (3\text{-}28)$$

同理,二次侧漏电动势、端电压的折算值为

$$E'_{\sigma 2} = kE_{\sigma 2} \quad (3\text{-}29)$$

$$U'_2 = kU_2 \quad (3\text{-}30)$$

(3) 二次侧阻抗的折算。根据折算前后二次绕组铜损耗及漏电感中无功功率不变的

原则,可得

$$I_2'^2 r_2' = I_2^2 r_2, \quad r_2' = \left(\frac{I_2}{I_2'}\right)^2 r_2 = k^2 r_2 \tag{3-31}$$

$$I_2'^2 X_{\sigma 2}' = I_2^2 X_{\sigma 2}, \quad X_{\sigma 2}' = \left(\frac{I_2}{I_2'}\right)^2 X_{\sigma 2} = k^2 X_{\sigma 2} \tag{3-32}$$

随后可得

$$Z_{\sigma 2}' = k^2 Z_{\sigma 2} \tag{3-33}$$

$$Z_L' = k^2 Z_L \tag{3-34}$$

综上所述,将二次绕组折算到一次绕组,折算值与原值的关系为:凡是电动势、电压都乘以变比 k;凡是电流都除以变比 k;凡是电阻、电抗、阻抗都乘以变比 k^2;凡是磁动势、功率、损耗等值不变。折算后,变压器负载运行时的基本方程式变为

$$\left.\begin{array}{l} \dot{U}_1 = -\dot{E}_1 + \dot{I}_1 r_1 + \mathrm{j}\dot{I}_1 X_{\sigma 1} = -\dot{E}_1 + \dot{I}_1 Z_{\sigma 1} \\ \dot{U}_2' = \dot{E}_2' - \dot{I}_2' r_2' - \mathrm{j}\dot{I}_2' X_{\sigma 2}' \\ \dot{I}_1 + \dot{I}_2' = \dot{I}_0 \\ \dot{E}_1 = \dot{E}_2' \\ \dot{E}_1 = -\dot{I}_0 Z_m \\ \dot{U}_2' = \dot{I}_2' Z_L' \end{array}\right\} \tag{3-35}$$

上述折算分析,是将二次侧的各物理量折算到一次侧,折算后仅改变二次侧各量的大小,而不改变其相位或幅角。

2. 等效电路

(1) T 形等效电路。根据折算后变压器负载运行时的基本方程式分别画出变压器的部分等效电路,如图 3-18(a)所示,其中变压器一、二次绕组之间磁的耦合作用,反映在由

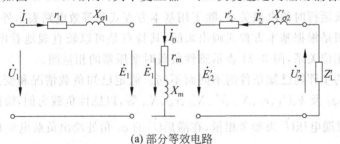

(a) 部分等效电路

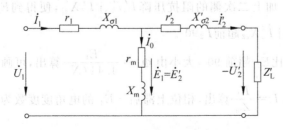

(b) T 形等效电路

图 3-18 变压器 T 形等效电路形成过程

主磁通在绕组中产生的感应电动势 $\dot{E}_1$ 和 $\dot{E}'_2$ 上，根据 $\dot{E}_1=\dot{E}'_2=-\dot{I}_0 Z_m$ 和 $\dot{I}_1+\dot{I}'_2=\dot{I}_0$ 的关系式，可将图 3-18(a) 的 3 个部分等效电路联系在一起，得到一个由阻抗串、并联的 T 形等效电路，如图 3-18(b)所示，其中励磁电流 $\dot{I}_0$ 流过的支路称为励磁支路。

(2) 近似等效电路。T 形等效电路能正确反映变压器内部的电磁关系，但其结构为串、并联混合电路，计算比较繁杂，所以应在一定条件下把等效电路进行简化。

在一般变压器中，因为 $Z_m \gg Z_{\sigma 1}$，同时，I_0 很小，在一定电源电压下，I_0 不随负载而变化，这样便忽略空载电流 I_0 在 r_1 和 $X_{\sigma 1}$ 上产生的电压降，把励磁支路从 T 形等效电路中部移到电源端去，如图 3-19 所示。这种电路称为近似等效电路。

(3) 简化等效电路。由于一般变压器励磁电流 I_0 很小，在分析变压器负载运行的某些问题时，可把励磁电流 I_0 忽略，即去掉励磁支路，从而得到一个更简单的阻抗串联电路，如图 3-20 所示，这种电路称为变压器的简化等效电路。

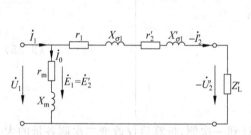
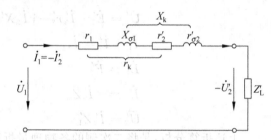

图 3-19　变压器的近似等效电路　　　　图 3-20　变压器的简化等效电路

图 3-20 中，r_k 为变压器的短路电阻，$r_k=r_1+r'_2$；X_k 为短路电抗，$X_k=X_1+X'_2$。故短路阻抗为 $Z_k=r_k+jX'_k$。

3. 变压器负载时的相量图

变压器负载运行时的电磁关系，除了用基本方程式和等效电路表示外，还可以用相量图表示。相量图是根据基本方程式画出来的，其特点是可以较直观地看出变压器中各物理量的大小和相位关系，图 3-21 表示感性负载时变压器的相量图。

画相量图的步骤随已知条件的不同而不同。假定已知负载情况和变压器的参数，即已知 U'_2、I'_2、$\cos\varphi_2$ 及 k、U_1、r_1、$X_{\sigma 1}$、r'_2、$X'_{\sigma 2}$、r_m、X_m 等，以感性负载为例，绘图的步骤如下：

(1) 以负载端电压 $\dot{U}'_2$ 为参考相量，在滞后 $\dot{U}'_2$ 的 φ_2 角处绘出负载电流 $\dot{I}'_2$ 相量。

(2) 在相量 $\dot{U}'_2$ 上加上二次侧的阻抗压降 $\dot{I}'_2 r'_2$、$j\dot{I}'_2 X'_{\sigma 2}$，便得到 $\dot{E}_1=\dot{E}'_2$ 的相量，其中 $\dot{I}'_2 r'_2$ 相量平行于 $\dot{I}'_2$，$j\dot{I}'_2 X'_{\sigma 2}$ 超前 $\dot{I}'_2$ 90°。

(3) 主磁通 $\dot{\Phi}_m$ 比 $\dot{E}_1$ 超前 90°，大小由 $\Phi_m=\dfrac{E_1}{4.44 f N_1}$ 算出，可画出相量 $\dot{\Phi}_m$ 及 $-\dot{E}_1$。

(4) 励磁电流由 $I_0=\dfrac{E_1}{Z_m}$ 算出，相位上滞后 $-\dot{E}_1$ 的电角度度数为 $\varphi_0=\arctan\dfrac{X_m}{r_m}$，可画出相量 $\dot{I}_0$。

(5) 根据 $\dot{I}_1=\dot{I}_0+(-\dot{I}'_2)$ 便可画出输入电流 $\dot{I}_1$ 的相量。

(6) 在 $-\dot{E}_1$ 上加上一次侧的阻抗压降相量 $\dot{I}_1 r_1$、$\mathrm{j}\dot{I}_1 X_{\sigma 1}$ 便得到电源电压相量 $\dot{U}_1$。

$\dot{U}_1$ 与 $\dot{I}_1$ 之间的相位角为 φ_1，φ_1 是一次侧功率因数角。$\cos\varphi_1$ 是变压器负载运行时一次侧的功率因数。由图 3-21 可见，在感性负载下，变压器的二次侧电压 $U_2' < E_2'$。

此相量图在理论分析上是有意义的，实际应用较复杂，也很困难。因为已制成的变压器，很难用实验的方法把 $X_{\sigma 1}$ 和 $X_{\sigma 2}$ 分开，因此在分析变压器负载运行时，常根据图 3-20 的简化等效电路来绘制简化相量图，如图 3-22 所示。

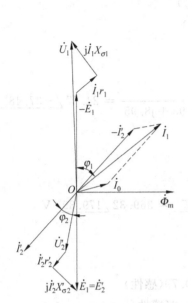

图 3-21 感性负载时变压器的相量图

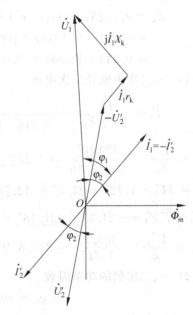

图 3-22 感性负载时变压器的简化相量图

在已知 $\dot{U}_2'$、$\dot{I}_2'$、$\cos\varphi_2$ 及 r_k、X_k 之后，便可画出简化相量图。因为忽略了 $\dot{I}_0$，所以 $\dot{I}_1 = -\dot{I}_2'$，在 $-\dot{U}_2'$ 的相量上加上平行于 $\dot{I}_1$ 的相量 $\dot{I}_1 r_k$ 和超前 90°的相量 $\mathrm{j}\dot{I}_1 X_k$，便得到电源电压 $\dot{U}_1$。

从图 3-22 可见，短路阻抗的压降形成一个三角形，称为阻抗三角形。对已做好的变压器，这个三角形的形状是固定的，它的大小与负载成正比，在额定负载时称为短路三角形，可由短路试验求出。

基本方程式、等效电路和相量图是分析变压器运行的 3 种方法。基本方程式是基础，它概括了变压器中的电磁关系，而等效电路和相量图是基本方程式的另一种表达形式，虽然三者的形式不同，但实质上是一致的。究竟取哪一种形式，则视具体情况而定。通常定量计算时，等效电路比较方便；在做定性分析时，应用相量图分析比较清楚。

【例 3-1】 一台单相变压器，$S_N = 10\mathrm{kV \cdot A}$，$U_{1N}/U_{2N} = 380\mathrm{V}/200\mathrm{V}$，$r_1 = 0.14\Omega$，$r_2 = 0.035\Omega$，$X_{\sigma 1} = 0.22\Omega$，$X_{\sigma 2} = 0.055\Omega$，$r_m = 30\Omega$，$X_m = 310\Omega$。一次侧加额定频率的额定电压并保持不变，二次侧接负载阻抗 $Z_L = (4+\mathrm{j}3)\Omega$。试用简化等效电路计算：

(1) 一、二次电流及二次电压。

(2) 一、二次侧的功率因数。

【解】 先求参数

$$k = \frac{U_{1N}}{U_{2N}} = \frac{380}{220} = 1.727$$

$$r'_2 = k^2 r_2 = 1.727^2 \times 0.035 = 0.1044\,\Omega$$

$$X'_{\sigma 2} = k^2 X_{\sigma 2} = 1.727^2 \times 0.055 = 0.164\,\Omega$$

$$Z'_L = k^2 Z_L = 1.727^2 \times (4 + j3) = 11.93 + j8.95 = 14.91 \underline{/36.87°}\,\Omega$$

$$Z_k = r_k + jX_k = (r_1 + r'_2) + j(X_{\sigma 1} + X'_{\sigma 2})$$
$$= (0.14 + 0.1044) + j(0.22 + 0.164)$$
$$= 0.244 + j0.384 = 0.455 \underline{/57.57°}\,\Omega$$

(1) 一、二次电流及二次电压

$$\dot{I}_1 = -\dot{I}'_2 = \frac{\dot{U}_1}{Z_k + Z'_L} = \frac{380\underline{/0°}}{0.244 + j0.384 + 11.93 + j8.95} = 24.77\underline{/-37.48°}\,A$$

$$\dot{I}_0 = \frac{\dot{U}_1}{Z_m} = \frac{380\underline{/0°}}{30 + j310} = 1.22\underline{/-84.47°}\,A$$

$$I_2 = kI'_2 = 1.727 \times 24.77 = 42.78\,A$$

$$\dot{U}'_2 = \dot{I}'_2 Z'_L = -24.77\underline{/-37.48°} \times 14.91\underline{/36.87°} = 369.32\underline{/179.39°}\,V$$

$$U_2 = \frac{U'_2}{k} = \frac{369.32}{1.727} = 213.85\,V$$

(2) 一、二次侧的功率因数

$$\cos\varphi_1 = \cos 37.48° = 0.79\,(感性)$$
$$\cos\varphi_2 = \cos 36.87° = 0.8\,(感性)$$

3.4 课题 变压器参数的测定

在分析计算变压器的运行问题时，必须首先知道变压器的各个参数。知道了变压器的参数，即可绘出等值电路，然后运用等值电路去分析和计算变压器的运行性能。

变压器的参数可通过空载试验和短路试验来测定。

3.4.1 空载试验

空载试验是在变压器空载运行情况下进行的，试验的目的是通过测定变压器的空载电流 I_0 和空载损耗 p_0，求得变压比 k 和励磁参数 r_m、X_m 和 Z_m。

1. 空载试验的接线

空载试验可以在变压器的任何一侧做，但为了便于试验和安全起见，对于额定电压较高的电力变压器，通常在低压侧进行加压试验，高压侧开路；而对于额定电压较低的小容量变压器，一般在高压侧进行加压试验，低压侧开路。若在高压侧进行试验，记录和计算所得数据即为等效电路的励磁参数，而在低压侧进行试验时，记录和计算所得数据需进行折算才能成为等效电路中的励磁参数。

下面以单相低压变压器的空载试验为例,介绍试验电路及试验方法,如图 3-23 所示。由于空载电流很小,功率因数很低,电压表及功率表的电压线圈必须接在电流表及功率表的电流线圈前面,而且必须使用低功率因数的瓦特表,以减小测量误差。

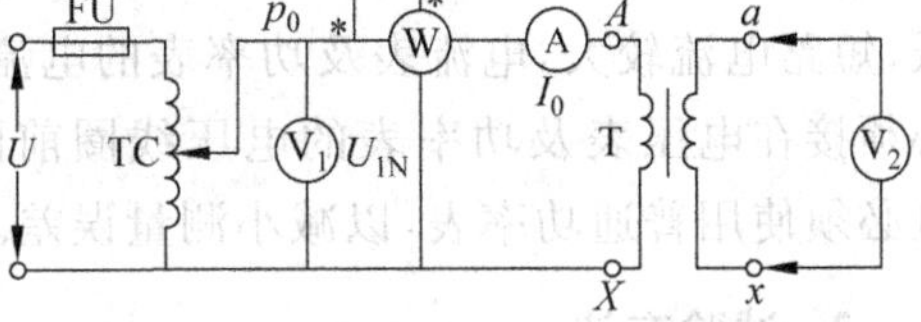

2. 试验方法

图 3-23　变压器的空载试验电路图

空载试验时,调压器输入端接工频的正弦交流电源,输出端接变压器的高(低)压侧,调节调压器的输出电压,使试验电压 U 由零逐渐升高,直到 V_1 的读数等于额定电压 U_{1N} 为止(在低压侧试验时,使试验电压达到 U_{2N}),然后记录所对应的空载电流 I_0、空载损耗 p_0(空载输入功率)和低(高)压侧的开路电压 $U_{2N}(U_{1N})$。

空载试验时,变压器不输出有功功率,输入功率 p_0 全部用于变压器的内部损耗,即铁芯损耗和绕组电阻上的铜损耗,故 p_0 又称为空载损耗,且 $p_0 = p_{Cu} + p_{Fe}$。由于变压器高(低)压侧所加电压为额定值,铁芯中的主磁通达到正常运行数值,因此铁芯损耗 p_{Fe} 也达到正常运行时的数值。又由于空载电流 I_0 很小,绕组铜损耗相对很小,即 $p_{Cu} \ll p_{Fe}$,因此 p_{Cu1} 可忽略不计,认为 $p_0 \approx p_{Fe}$。

根据变压器等效电路可知,$p_0 \approx p_{Fe} = I_0^2 r_m$,变压器空载时总阻抗 $Z_0 = (r_1 + jX_{\sigma 1}) + (r_m + jX_m)$。

3. 参数计算

由于 $r_m \gg r_1$、$X_m \gg X_{\sigma 1}$,因此,$Z_{01} \approx Z_m$,根据测试结果,可求得

变压比

$$k = \frac{U_1(\text{高压})}{U_2(\text{低压})} = \frac{N_1}{N_2} \tag{3-36}$$

励磁阻抗

$$|Z_m| \approx |Z_0| = \frac{U_0}{I_0} \tag{3-37}$$

励磁电阻

$$r_m \approx r_0 = \frac{p_0}{I_0^2} \tag{3-38}$$

励磁电抗

$$X_m = \sqrt{|Z_m|^2 - r_m^2} \tag{3-39}$$

对于三相变压器,应用式(3-36)~式(3-39)时,必须采用每相值,即一相的损耗以及相电压和相电流等来进行计算,而 k 值也应取相电压之比。

3.4.2　短路试验

短路试验是在变压器二次绕组短路的条件下进行的,试验的目的是通过测量短路电压 U_k 和空载损耗 p_k,再求得短路参数 r_k、X_k 和 Z_k(即 r_1、$X_{\sigma 1}$、$Z_{\sigma 1}$ 和 r_2、$X_{\sigma 2}$、$Z_{\sigma 2}$)。

1. 短路试验的接线

由于短路试验外加电源电压很低,一般为额定电压的 5%~10%,电流较大(达到额

定值),因此为了便于测量,一般在高压侧加电压,低压侧短路。单相变压器短路试验的接线图如图 3-24 所示。短路试验时,所加电压较低,短路电流较大,电流表及功率表的电流线圈必须接在电压表及功率表的电压线圈前面,而且必须使用普通功率表,以减小测量误差。

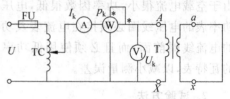

图 3-24 变压器短路试验的电路图

2. 试验方法

短路试验时,调节调压器输出电压 U,从零开始缓慢增大,使高压侧短路电流 I_k 等于额定电流 I_{1N} 为止,然后记录 $I_k = I_{1N}$ 时的短路电压 U_k、短路电流 I_k 和短路损耗 p_k(短路输入功率),并记录试验时的室温 $\theta(\text{℃})$。为了避免绕组发热引起电阻变化,试验应尽快进行。

由于短路试验时高压侧外加电压很低,铁芯中的主磁通很小,因此铁芯损耗可忽略不计,这时输入功率 p_k 就可以认为完全用于一、二次绕组电阻的铜损耗,即 $p_k \approx p_{Cu}$。

由变压器简化等效电路可知,$p_k \approx p_{Cu} = I_k^2 r_k = p_{Cu1} + p_{Cu2} = I_k^2(r_1 + r_2')$。

3. 参数计算

根据等效电路和测量结果,可计算室温下的短路参数如下:

短路阻抗

$$|Z_k| = \frac{U_k}{I_k} = \frac{U_k}{I_{1N}} \tag{3-40}$$

短路电阻

$$r_k = \frac{p_k}{I_k^2} = \frac{p_k}{I_{1N}^2} \tag{3-41}$$

短路电抗

$$X_k = \sqrt{|Z_k|^2 - r_k^2} \tag{3-42}$$

由于绕组的电阻值随温度的变化而变化,而短路试验一般在室温下进行,求得的 r_k 是室温 θ 条件下的数值,而不是实际运行的变压器的电阻值。所以经过计算所得的电阻必须换算到标准工作温度时的数值。按国家标准规定,变压器的标准工作温度是 75℃,因此应将 r_k 换算到 75℃ 时的数值,换算公式如下:

对于铜绕组变压器

$$r_{k,75℃} = \frac{235 + 75}{235 + \theta} r_k \tag{3-43}$$

对于铝绕组变压器

$$r_{k,75℃} = \frac{228 + 75}{228 + \theta} r_k \tag{3-44}$$

求出 $r_{k,75℃}$ 之后,由于 X_k 与温度无关,则 75℃ 时的短路阻抗为

$$|Z_{k,75℃}| = \sqrt{r_{k,75℃}^2 + X_k^2} \tag{3-45}$$

75℃ 时的短路电压为

$$U_{k,75℃} = I_{k,75℃} \cdot |Z_{k,75℃}| \tag{3-46}$$

75℃ 时的短路损耗为

$$p_{k,75℃} = I_{1N}^2 \cdot r_{k,75℃} \tag{3-47}$$

一般情况下,试验的目的只是了解变压器经过运行一段时间或大修之后参数的变化情况,用以分析变压器的绝缘和铁芯的工作状况,所以有时可以不分开一、二次绕组的参数(r_1、$X_{\sigma1}$ 和 r_2、$X_{\sigma2}$),若需要分开,对于大、中型电力变压器,可假设 $r_1 = r_2' = r_k/2$,$X_{\sigma1} = X_{\sigma2}' = X_k/2$。

为了便于比较,常把 $U_{k,75℃}$ 表示为对一次侧额定电压的相对值的百分数,称为短路电压 u_k,又称为阻抗电压,即

$$u_k = \frac{U_{k,75℃}}{U_{1N}} \times 100\% \tag{3-48}$$

一般中、小型变压器的 u_k 为 4%～10.5%,大型变压器的 u_k 为 12.5%～17.5%。

由以上分析可知,计算时需要注意以下几项。

(1) 实际工作中,变压器的参数均指标准工作温度下的数值(不再注出下标 75℃)。

(2) 空载试验一般是在低压侧进行的,故测得的励磁参数是低压侧的数值。如果需要得到折算高压侧的数值,必须乘以 k^2,这里的 k 必须是高压侧对低压侧的电压比。

(3) 短路试验是在高压侧进行的,因此测得的短路参数是折算到高压侧的数值。如果要得到低压侧的数值,应除以 k^2。

(4) 对于三相变压器,应用上述公式时,必须采用每相的数值,即相电压、相电流和一相的损耗等进行计算。

【例 3-2】 一台三相电力变压器 SL-750/10,$S_N = 750$kV·A,$U_{1N}/U_{2N} = 10\,000$V/400V,Y,yn 接线。在低压侧做空载试验,测得数据为 $U_0 = 400$V,$I_0 = 60$A,$p_0 = 3800$W。在高压侧做短路试验,测得数据为 $U_k = 440$V,$I_k = 43.3$A,$p_k = 10\,900$W,室温为 20℃。试求:折算到高压侧的励磁参数和短路参数。

【解】 由空载试验数据求励磁参数:

变压比 $\quad k = \dfrac{U_{1N}/\sqrt{3}}{U_{2N}/\sqrt{3}} = \dfrac{10\,000/\sqrt{3}}{400/\sqrt{3}} = 25$

励磁阻抗 $\quad |Z_m| \approx |Z_0| = \dfrac{U_0/\sqrt{3}}{I_0} = \dfrac{400/\sqrt{3}}{60} \approx 3.85\Omega$

励磁电阻 $\quad r_{m(低)} \approx r_{0(低)} = \dfrac{p_0/3}{I_0^2} = \dfrac{3800/3}{60^2} \approx 0.35\Omega$

励磁电抗 $\quad X_{m(低)} = \sqrt{|Z_{m(低)}|^2 - r_{m(低)}^2} = \sqrt{3.85^2 - 0.35^2} \approx 3.83\Omega$

折算到高压侧的励磁参数为

$\quad |Z_{m(高)}| = k^2 |Z_{m(低)}| = 25^2 \times 3.85 = 2406.25\Omega$

$\quad r_{m(高)} = k^2 r_{m(低)} = 25^2 \times 0.35 = 218.75\Omega$

$\quad X_{m(高)} = k^2 X_{m(低)} = 25^2 \times 3.83 = 2393.75\Omega$

由短路试验数据求短路参数:

短路阻抗 $\quad |Z_k| = \dfrac{U_k/\sqrt{3}}{I_k} = \dfrac{440/\sqrt{3}}{43.3} = 5.87\Omega$

短路电阻 $\quad r_k = \dfrac{p_0/3}{I_0^2} = \dfrac{10\,900/3}{43.3^2} = 1.94\Omega$

短路电抗 $X_k = \sqrt{|Z_k|^2 - r_k^2} = \sqrt{5.87^2 - 1.94^2} = 5.54\Omega$

换算到75℃的短路参数为(SL-750/10 中的 L 代表铝绕组变压器)

额定短路电阻 $r_{k,75℃} = \dfrac{228+75}{228+\theta} r_k = \dfrac{228+75}{228+20} \times 1.94 = 2.37\Omega$

额定短路阻抗 $|Z_{k,75℃}| = \sqrt{r_{k,75℃}^2 + X_k^2} = \sqrt{2.37^2 + 5.54^2} = 6.03\Omega$

额定短路损耗 $p_{k,75℃} = 3I_{1N}^2 \cdot r_{k,75℃} = 3 \times 43.3^2 \times 2.37 = 13\,330.47\text{W}$

短路电压相对值为

$$u_k = \frac{U_{k,75℃}}{U_{1N}} \times 100\% = \frac{43.3 \times 6.03}{10\,000/\sqrt{3}} \times 100\% = 4.52\%$$

3.5 课题 变压器的运行特性

变压器的运行特性主要有:

(1) 外特性。电源电压和负载的功率因数为常数时,二次侧端电压随负载电流变化的规律,即 $U_2 = f(I_2)$。

(2) 效率特性。电源电压和负载的功率因数为常数时,变压器的效率随负载电流变化的规律,即 $\eta = f(I_2)$。

变压器的电压调整率和效率体现了这两个特性,而且是变压器的主要性能指标。下面分别讨论这两个问题。

3.5.1 变压器的外特性和电压变化率

1. 电压变化率

变压器负载时,由于变压器内部存在电阻和漏抗,故当负载电流流过时,变压器内部将产生阻抗压降,使二次侧端电压随负载电流的变化而变化。通常二次侧端电压的变化程度用电压调整率来表示。电压调整率是表征变压器运行性能的重要数据之一,它反映了变压器供电电压的稳定性。

所谓电压调整率是指当一次侧接在额定频率额定电压的电网上,负载功率因数为常值时,空载与负载时二次侧端电压变化的相对值,用 ΔU^* 表示,即

$$\Delta U^* = \frac{U_{20} - U_2}{U_{2N}} = \frac{U_{1N} - U_2'}{U_{1N}}$$

或

$$\Delta U^* = \frac{U_{1N} - U_2'}{U_{1N}} \times 100\% \qquad (3-49)$$

电压调整率与变压器的参数、负载的性质和大小有关,可由简化相量图求出,图 3-25 重绘了变压器感性负载时的简化相量图。

延长 $\overline{OC}$,以 O 为圆心,$\overline{OA}$ 为半径画弧交 $\overline{OC}$ 的延长线于 P 点,作 $\overline{BF} \perp \overline{OP}$,作 $\overline{AE}//\overline{BF}$,并交 $\overline{OP}$ 于 D 点,取 $\overline{DE} = \overline{BF}$,

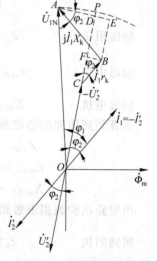

图 3-25 由简化相量图求电压调整率

有 $\overline{FD} = \overline{BE}$,则

$$U_{1N} - U'_2 = \overline{OP} - \overline{OC} = \overline{CF} + \overline{FD} + \overline{DP}$$

因 $\overline{DP}$ 很小,可忽略不计,又因 $\overline{FD} = \overline{BE}$,故

$$U_{1N} - U'_2 = \overline{CF} + \overline{BE} = \overline{CB}\cos\varphi_2 + \overline{AB}\sin\varphi_2 = I_1 r_k \cos\varphi_2 + I_1 X_k \sin\varphi_2$$

则

$$\begin{aligned}\Delta U^* &= \frac{U_{1N} - U'_2}{U_{1N}} \times 100\% \\ &= \frac{I_1 r_k \cos\varphi_2 + I_1 X_k \sin\varphi_2}{U_{1N}} \times 100\% \\ &= I_1^* \frac{I_{1N}}{U_{1N}} (r_k \cos\varphi_2 + X_k \sin\varphi_2) \times 100\% \end{aligned} \quad (3\text{-}50)$$

式中, $I_1^* = \frac{I_1}{I_{1N}} = \frac{I_2}{I_{2N}} = I_2^*$,为负载电流的标幺值,又称负载系数或负荷系数,有时也用 β 表示,即 $\beta = I_1^* = I_2^*$。

实际计算中,式(3-50)中的阻抗应采用折算到 75℃ 时的数值,即

$$\begin{aligned}\Delta U^* &= \frac{U_{1N} - U'_2}{U_{1N}} \times 100\% \\ &= \frac{I_1 r_{k,75℃} \cos\varphi_2 + I_1 X_k \sin\varphi_2}{U_{1N}} \times 100\% \\ &= I_1^* \frac{I_{1N}}{U_{1N}} (r_{k,75℃} \cos\varphi_2 + X_k \sin\varphi_2) \times 100\% \end{aligned} \quad (3\text{-}51)$$

从式(3-51)可看出,电压调整率不仅决定于它的短路参数 R_k、X_k 和负载的大小,还与负载的功率因数及其性质有关。

2. 变压器的外特性

变压器的外特性是指一次绕组加额定电压,负载的功率因数为常数时,二次侧端电压随负载电流变化的规律,即 $U_2 = f(I_2)$。

图 3-26 所示为不同性质的负载时变压器的外特性。从图中也可以看出,变压器二次电压的大小不仅与负载电流的大小有关,而且还与负载的功率因数有关。

在实际变压器中,一般 X_k 比 R_k 大得多,故在纯电阻负载时($\cos\varphi_2 = 1$),ΔU 很小且为正值,外特性稍微下降,即 U_2 随 I_2 的增大略微下降;在感性负载时 $\varphi_2 > 0$,$\cos\varphi_2 > 0$,$\sin\varphi_2 > 0$,故 ΔU 较大且为正值,外特性下降较多,即 U_2 随

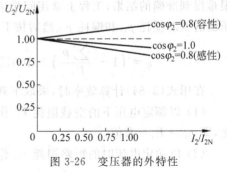

图 3-26 变压器的外特性

I_2 的增大略微下降;在容性负载时 $\varphi_2 < 0$,$\cos\varphi_2 > 0$,$\sin\varphi_2 < 0$,当 $|X_k \sin\varphi_2| > |r_k \cos\varphi_2|$ 时,ΔU 为负值,外特性是上升的,即 U_2 随 I_2 的增大而升高。

电压变化率表征了变压器二次侧供电电压的稳定性,一定程度上反应了电能的质量。ΔU 越大,供电质量越差。一般电力变压器,当 $\cos\varphi_2 \approx 1$ 时,额定负载下的电压变化率为

2%~3%,当 $\cos\varphi_2=0.8$(感性)时,额定负载下的电压变化率为 4%~7%,ΔU 大大增加,可见,提高负载的功率因数有利于减小电压变化率,提高供电质量。

3.5.2 变压器的损耗和效率特性

1. 变压器的损耗

由于变压器没有旋转部件,因此在传递能量的过程中没有机械损耗,故其效率比旋转电机高。一般中小型电力变压器的效率在 95% 以上,大型电力变压器的效率可达 99% 以上。变压器的损耗主要包括铁损耗和铜损耗,即

$$\sum p = p_{Fe} + p_{Cu} \tag{3-52}$$

在变压器的铜损耗和铁损耗中,各自又包括基本损耗和附加损耗两种。

基本铜耗是电流在绕组中产生的直流电阻损耗。附加损耗包括因集肤效应、导体中电流分布不均匀而使电阻变大所增加的铜耗以及漏磁通在结构部件中引起的涡流损耗等。在中小型变压器中,附加铜耗为基本铜耗的 0.5%~5%,在大型变压器中则可达 10%~20%。这些铜耗都与负载电流的平方成正比。

基本铁耗是变压器铁芯中的磁滞和涡流损耗。磁滞损耗与硅钢片材料的性质、磁通密度的最大值以及频率有关。涡流损耗与硅钢片的厚度、电阻率、磁通密度的最大值以及频率有关。附加铁损耗包括铁芯叠片间由于绝缘损伤而引起的局部涡流损耗以及主磁通在结构部件中所引起的涡流损耗等。附加铁损耗难以准确计算,一般取基本铁耗的 15%~20%。铁芯损耗近似地与 B_m^2 或 U_1^2 成正比。

2. 变压器的效率

变压器效率是指变压器的输出功率 P_2 与输入功率 P_1 之比,用百分数表示。即

$$\eta = \frac{P_2}{P_1} \times 100\% \tag{3-53}$$

由于变压器效率很高,用直接负载法测量输出功率 P_2 和输入功率 P_1 来确定效率,很难得到准确的结果,工程上常用间接法计算效率,即通过空载试验和短路试验,求出变压器的铁芯损耗 p_{Fe} 和铜耗 p_{Cu} 然后按下式计算效率

$$\eta = \left(1 - \frac{\sum p}{P_1}\right) \times 100\% = \left(1 - \frac{p_{Fe} + p_{Cu}}{P_2 + p_{Fe} + p_{Cu}}\right) \times 100\% \tag{3-54}$$

在用式(3-54)计算效率时,采取下列几个假定。

(1) 以额定电压下的空载损耗 P_0 作为铁芯损耗 p_{Fe},并认为铁芯损耗不随负载而变化,即 $p_{Fe}=P_0=$ 常值。

(2) 以额定电流时的短路损耗 p_{kN} 作为额定电流时的铜耗 p_{CuN},且认为铜耗与负载电流的平方成正比,即 $p_{Cu} = \left(\frac{I_2}{I_{2N}}\right)^2 p_{kN} = I_2^{*2} p_{kN} = \beta^2 p_{kN}$。

注意:p_{kN} 是折算到 75℃ 以后的额定铜耗,对于单相,$p_{kN}=I_N^2 R_{k,75℃}$;对于三相,$p_{kN}=3I_{NP}^2 R_{k,75℃}$,而不是短路试验直接得到的铜耗。

(3) 由于变压器的电压调整率很小,负载时 U_2 的变化可不予考虑(即认为 $U_2 \approx U_{2N}$),于是输出功率 $P_2 = m U_{2N} I_{2N} \cos\varphi_2 = I_2^* S_N \cos\varphi_2 = \beta S_N \cos\varphi_2$。

于是式(3-54)可写成

$$\eta = \left(1 - \frac{P_0 + \beta^2 p_{kN}}{\beta S_N \cos\varphi_2 + P_0 + \beta^2 p_{kN}}\right) \times 100\% \qquad (3-55)$$

由上式算出的效率称为惯例效率。对已制成的变压器，P_0 和 p_{kN} 是一定的，所以效率与负载的大小及功率因数有关。

3. 效率特性

效率特性是指电源电压和负载的功率因数 $\cos\varphi_2 =$ 常数时，变压器的效率与负载系数之间的关系，即 $\eta = f(\beta)$。

根据式(3-55)可绘出效率特性曲线，如图 3-27 所示。从效率特性曲线上可以看出，当负载较小时，效率随负载的增大而快速上升，当负载达到某一数值时，效率最大，然后又开始降低。因此，在 $\eta = f(\beta)$ 曲线上有一个最高的效率点 η_{max}。

为了求出在某一负载下的最高效率，可以令 $d\eta/d\beta = 0$，便得到产生最大效率的条件

$$\beta_m^2 p_{kN} = P_0 \quad \text{或} \quad \beta_m = \sqrt{\frac{P_0}{p_{kN}}} \qquad (3-56)$$

式中，β_m 为最大效率时的负载系数。

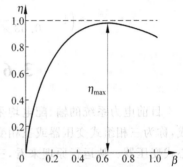

图 3-27 变压器的效率特性

式(3-56)表明变压器的可变损耗等于不变损耗时，效率达到最大值，将 β_m 代入式(3-55)即可求出变压器的最大效率 η_{max}。

由于变压器常年接在线路上，总有铁损耗，而铜损耗却随负载的变化而变化，同时，变压器不可能总在满载下运行，因此取铁损耗小一些对提高全年的效率比较有利。一般取最大效率发生在 $\beta_m = 0.5 \sim 0.6$ 范围内。

【例 3-3】 一台三相电力变压器，其铭牌数据见例 3-2 中的数据。求：

(1) 额定负载且功率因数 $\cos\varphi_2 = 0.8$(感性)时的二次侧端电压和效率。

(2) 功率因数 $\cos\varphi_2 = 0.8$(感性)时的最大效率。

【解】 (1) 额定负载且功率因数 $\cos\varphi_2 = 0.8$(感性)时

电压变化率

$$\Delta U^* = \beta \frac{I_{1N\Phi} r_{k,75℃} \cos\varphi_2 + I_{1N\Phi} X_k \sin\varphi_2}{U_{1N\Phi}} \times 100\%$$

$$= 1 \times \frac{43.3 \times 2.37 \times 0.8 + 43.3 \times 5.54 \times 0.6}{10\,000/\sqrt{3}} \times 100\%$$

$$= 1 \times (0.0178 \times 0.8 + 0.0145 \times 0.6) \times 100\% = 3.91\%$$

二次侧端电压

$$U_2 = (1 - \Delta U) U_{2N} = (1 - 0.039\,14) \times 400 = 384.34 \text{V}$$

效率

$$\eta = \left(1 - \frac{P_0 + \beta^2 p_{kN}}{\beta S_N \cos\varphi_2 + P_0 + \beta^2 p_{kN}}\right) \times 100\%$$

$$= \left(1 - \frac{3.8 + 1^2 \times 13.33}{1 \times 750 \times 0.8 + 3.8 + 1^2 \times 13.33}\right) \times 100\%$$
$$\approx 97.22\%$$

(2) $\cos\varphi_2 = 0.8$(滞后)时的最大效率

取得最高效率时的负荷率为

$$\beta_m = \sqrt{\frac{P_0}{p_{kN}}} = \sqrt{\frac{3.8}{13.33}} \approx 0.53$$

最高效率

$$\eta_{max} = \left(1 - \frac{2P_0}{\beta S_N \cos\varphi_2 + 2P_0}\right) \times 100\%$$
$$= \left(1 - \frac{2 \times 3.8}{0.53 \times 750 \times 0.8 + 2 \times 3.8}\right) \times 100\% = 97.68\%$$

3.6 课题 三相变压器

目前电力系统的输、配电均采用三相制供电。三相变压器可以用三个单相变压器组成,称为三相组式变压器或三相变压器组,也可由铁轭把三个铁芯柱连在一起,称为三相心式变压器。从运行原理来看,三相变压器在对称负载下运行时,各相的电压、电流大小相等,相位上彼此相差 120°,就其一相来说,和单相变压器没有什么区别。因此单相变压器的基本方程式、等效电路和运行特性等可直接运用于三相变压器。本课题仅讨论三相变压器的特有问题,即三相变压器的磁路系统和电路系统。

3.6.1 三相变压器的磁路系统

三相变压器的磁路系统按其铁芯结构可分为三相磁路彼此无关联的组式磁路和三相磁路彼此关联的心式磁路。

1. 三相变压器组的磁路

三相变压器组是由三台完全相同的单相变压器组成的,相应的磁路为组式磁路,如图 3-28 所示。组式磁路的特点是三相磁通各有自己单独的磁路,互不相关。因此当一次侧外加对称三相电压时,各相的主磁通必然对称,各相空载电流也是对称的。

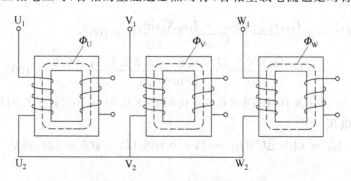

图 3-28 三相变压器组的磁路系统

2. 三相心式变压器的磁路

三相心式变压器的磁路是由三相变压器组演变而来的,如图3-29(a)所示。这种铁芯构成的磁路其特点是三相磁路互相关联,各相磁通要借另外两相磁路闭合。当外加三相对称电压时,三相主磁通是对称的,但中间铁芯柱内的主磁通为 $\dot{\Phi}_U + \dot{\Phi}_V + \dot{\Phi}_W = 0$,因此可将中间铁芯柱省去,即可变成图3-29(b)所示的结构形式。为了制造方便和节省材料,常把三相铁芯柱布置在同一平面内,即成为目前广泛采用的三相心式变压器的铁芯,如图3-29(c)所示。

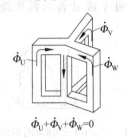  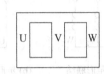

(a) 三个单相变压器的铁芯合并　　(b) 省去中间铁芯柱　　(c) 三相铁芯柱布置在同一平面内

图 3-29　三相心式变压器的磁路系统

三相心式变压器的磁路特点为:

(1) 各相磁路彼此相关,每相磁通均以其他两相磁路作为自己的闭合回路;

(2) 三相磁路长度不等,磁阻不对称。因此当一次侧外加对称三相电压时,三相空载电流不对称,但由于负载时励磁电流相对于负载电流很小,因此这种不对称对变压器的负载运行影响很小,可忽略不计。

比较以上三相变压器的磁路系统可以看出,在相同的额定容量下,三相心式变压器比三相变压器组具有效率高、维护方便、节省材料、占地面积小等优点和磁路不对称的缺点,所以现在广泛采用的是三相心式变压器。而三相变压器组中的每个单相变压器都比三相心式变压器的体积小、重量轻、运输方便,另外还可减少备用容量。所以,对于一些超高压、特大容量的三相变压器,为减少制造及运输困难,常采用三相变压器组。

3.6.2　三相变压器的电路系统——联结组别

三相变压器的绕组联结是一个很重要的问题,它关系到变压器电磁量中的谐波问题以及并联运行等一些运行方面的问题。

1. 三相绕组的联结方法

为了使用三相变压器时能正确联结三相绕组,变压器绕组的每个出线端都应有一个标志,规定变压器绕组首、末端的标志,如表3-2所示。

表 3-2　变压器绕组的首端和末端标志

绕组名称	单相变压器		三相变压器		中性点
	首端	末端	首端	末端	
高压绕组	U_1	U_2	U_1、V_1、W_1	U_2、V_2、W_2	N
低压绕组	u_1	u_2	u_1、v_1、w_1	u_2、v_2、w_2	n

三相电力变压器主要采用星形和三角形两种联结方法。把三相绕组的末端 U_2、V_2、W_2（或 u_2、v_2、w_2）联结在一起成为中性点，而把三个首端 U_1、V_1、W_1（或 u_1、v_1、w_1）引出，便是星形联结，用字母 Y 或 y 表示，如果有中性点引出，则用 YN 或 yn 表示，如图 3-30(b)所示；把不同相绕组的首、末端联结在一起，顺次连成一闭合回路，然后从首端 U_1、V_1、W_1 引出，便是三角形联结，用字母 D 或 d 表示，如图 3-30(c)、(d)所示。其中，在图 3-30(c)中，三相绕组的联结次序为 $U_1 \to U_2\ W_1 \to W_2 V_1 \to V_2\ U_1$ 称为逆序三角形联结；在图 3-30(d)中，三相绕组的联结次序为 $U_1 \to U_2\ V_1 \to V_2\ W_1 \to W_2 U_1$ 称为顺序三角形联结。大写字母 Y 或 D 表示高压绕组的联结法，小写字母 y 或 d 表示低压绕组的联结法。

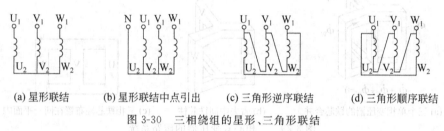

(a) 星形联结　　(b) 星形联结中点引出　　(c) 三角形逆序联结　　(d) 三角形顺序联结

图 3-30　三相绕组的星形、三角形联结

2. 单相变压器的联结组

单相变压器的联结组即高、低压绕组的联结方式及其线电动势间的相位关系。

三相变压器就其一相而言和单相变压器没有什么区别，故要想弄清三相变压器的联结组，就必须首先搞清楚单相变压器的联结组，即单相变压器高、低压绕组相电动势之间的相位关系。通常采用"时钟表示法"可以形象地表示单相变压器的联结组，即把高压绕组的电动势相量作为时钟的长针，始终指向时钟钟面"0"（即"12"）处，把低压绕组的电动势相量作为时钟的短针，短针所指的钟点数为单相变压器的联结组标号。

单相变压器高、低压绕组绕在同一个铁芯柱上，被同一个主磁通所交链。当主磁通交变时，高、低压绕组之间有一定的极性关系，即在同一瞬间，高压绕组某一个端点的电位为正（高电位）时，低压绕组必有一个端点的电位也为正（高电位），这两个具有相同极性的端点，称为同极性端或同名端，在同名端的对应端点旁用符号"·"或"*"表示，如图 3-31 所示。同名端与绕组的绕向有关。对于已制成的变压器，都有同名端的标记。如果既没有标记，又看不出绕组的绕向；可通过试验的方法确定同名端。

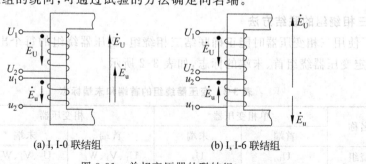

(a) I, I-0 联结组　　　　　(b) I, I-6 联结组

图 3-31　单相变压器的联结组

若规定高、低压绕组相电动势的方向都是从首端指向末端,则单相变压器的联结组有两种情况。

(1) 当高、低压绕组的首端(或末端)为同名端时,高、低压绕组的电动势同相,如图 3-31(a)所示,根据"时钟表示法"可确定其联结组标号为 0,故该单相变压器的联结组为 I,I-0,其中逗号前和逗号后的 I 分别表示高、低压绕组均为单相,0 表示联结组标号。

(2) 当高、低压绕组的首端(或末端)为异名端时,高、低压绕组的电动势反相,如图 3-31(b)所示,根据"时钟表示法"可确定其联结组标号为 6,故该单相变压器的联结组为 I,I-6。实际工作中,单相变压器只采用 I,I-0 联结组。

3. 三相变压器的联结组

三相变压器的联结方法有"Y,yn"、"Y,d"、"YN,d"、"Y,y"、"YN,y"、"D,yn"、"D,y"、"D,d"等多种组合。其逗号前的大写字母表示高压绕组的联结;逗号后的小写字母表示低压绕组的联结,N(或 n)表示有中性点引出。

由于三相变压器的绕组可以采用不同的联结,从而使三相变压器高、低压绕组的对应线电动势会出现不同的相位差,因此为了简明地表达高、低压绕组的联结方法及对应线电动势之间的相位关系,把变压器绕组的联结分成各种不同的组合,此组合就称为变压器的联结组,其中高、低压绕组线电动势的相位差用联结组标号来表示。三相变压器的联结组标号仍采用"时钟表示法"来确定,即把高压绕组线电动势(如 $\dot{E}_{UV}$)作为时钟的长针,始终指向时钟钟面"0"(即"12")处,把低压绕组对应的线电动势(如 $\dot{E}_{uv}$)作为时钟的短针,短针所指的钟点数即为三相变压器的联结组标号,将标号数字乘以 30°,就是低压绕组线电动势滞后于高压绕组对应线电动势的相位角。

标识三相变压器的联结组时,表示三相变压器高、低压绕组联结法的字母按额定电压递减的次序标注,且中间以逗号隔开,在低压绕组联结字母之后,紧接着标出其联结组标号,如"Y,y0"、"Y,d11"等。

三相变压器的联结组标号不仅与绕组的同名端及首末端的标记有关,还与三相绕组的联结方法有关。三相绕组的联结图按传统的方法,高压绕组在上面,低压绕组在下面。

根据绕组联结图,用"时钟表示法"判断联结组标号一般分为 4 个步骤。

(1) 标出高、低压绕组相电动势的参考正方向。

(2) 作出高压侧的电动势相量图(按 U→V→W 的相序),确定某一线电动势相量(如 $\dot{E}_{UV}$)的方向。

(3) 确定高、低压绕组的对应相电动势的相位关系(同相或反相),作出低压侧的电动势相量图,确定对应的线电动势相量(如 $\dot{E}_{uv}$)的方向。为了方便比较,将高、低压侧的电动势相量图画在一起,取 $\dot{E}_U$ 的尾端(U_1 点)与 $\dot{E}_u$ 的尾端(u_1 点)重合。

(4) 根据高、低压侧对应线电动势的相位关系确定联结组的标号。

下面具体分析不同联结法的三相变压器的联结组。

(1) "Y,y0"联结组和"Y,y6"联结组。对应图 3-32(a)所示的联结图。

首先,在图 3-32(a)中标出高、低压绕组相电动势的参考正方向;

其次,画出高压侧的电动势相量图,即作 $\dot{E}_U$、$\dot{E}_V$、$\dot{E}_W$ 三个相量,使其构成一个星形,并在三个矢量的首端分别标上 U、V、W,再依据 $\dot{E}_{UV}=\dot{E}_U-\dot{E}_V$ 画出高压侧线电动势的相量 $\dot{E}_{UV}$,如图 3-32(b)所示。

第三,由于对应高、低压绕组的首端为同名端,因此高、低压绕组的相电动势同相,据此作相量 $\dot{E}_u$、$\dot{E}_v$、$\dot{E}_w$ 得低压侧电动势相量图,再依据 $\dot{E}_{uv}=\dot{E}_u-\dot{E}_v$ 画出低压侧的线电动势相量 $\dot{E}_{uv}$,如图 3-32(b)所示。

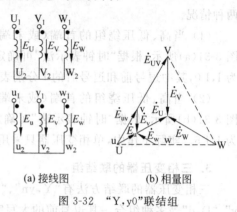

(a) 接线图　　　(b) 相量图

图 3-32 "Y,y0"联结组

第四,由该相量图可知 $\dot{E}_{UV}$ 与 $\dot{E}_{uv}$ 同相,若把相量 $\dot{E}_{UV}$ 作为时钟的长针且指向钟面"0"处,把相量 $\dot{E}_{uv}$ 作为时钟的短针,则短针指向钟面"0"处,所以该联结组的标号是"0",即为"Y,y0"联结组。

在图 3-32(a)中,如将高、低压绕组的异名端作为首端,则高、低压绕组对应的相电动势反相,如图 3-33(a)所示。用同样的方法可确定,线电动势 $\dot{E}_{UV}$ 与 $\dot{E}_{uv}$ 的相位差为 180°,如图 3-33(b)所示,所以该联结组的标号是"6",即为"Y,y6"联结组。

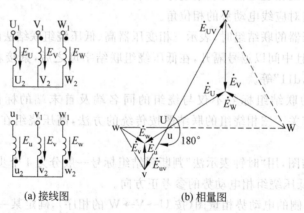

(a) 接线图　　　(b) 相量图

图 3-33 "Y,y6"联结组

(2) "Y,d11"联结组。对图 3-34(a)所示的联结图,根据判断联结组的方法,画出高、低压侧相量图,如图 3-34(b)所示。此时应注意,低压绕组为三角形联结,作低压侧相量图时,应使相量 $\dot{E}_u$、$\dot{E}_v$、$\dot{E}_w$ 构成一个三角形,并注意 $\dot{E}_{uv}=-\dot{E}_v$,由该相量图可知,$\dot{E}_{uv}$ 滞后于 $\dot{E}_{UV}$ 330°,当 $\dot{E}_{UV}$ 指向钟面"0"处时,$\dot{E}_{uv}$ 指向"11"处,故其联结组为"Y,d11"。

不论是 Y,y 联结组还是 Y,d 联结组,如果一次绕组的三相标记不变,把二次绕组的三相标记 u、v、w 顺序改为 w、u、v(相序不能变),则二次侧的各线电动势相量将分别转过

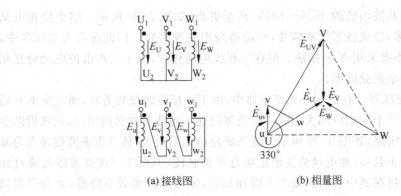

(a) 接线图　　　　　　(b) 相量图

图 3-34 "Y,d11"联结组

120°,相当于转过 4 个钟点;若改标记为 v、w、u,则相当于转过 8 个钟点。因而对 Y,y 联结而言,可得 0、4、8、6、10、2 等 6 个偶数组号;对 Y,d 联结而言,可得 11、3、7、5、9、1 等 6 个奇数组号。

变压器联结组的种类很多,为了制造和并联运行时的方便,我国规定"Y,yn0"、"Y,d11"、"YN,d11"、"YN,y0"、"Y,y0"等 5 种作为三相双绕组电力变压器的标准联结组。其中以前三种最为常用。Y,yn0 联结组的二次侧可引出中性线,成为三相四线制,用做配电变压器时可兼供动力和照明负载。Y,d11 联结组用于二次侧电压超过 400V 的线路中,这时二次侧接成三角形,对运行有利。YN,d11 联结组主要用于高压输电线路中,使电力系统的高压侧有可能接地。

3.6.3　三相变压器的联结法和磁路系统对电动势波形的影响

在分析单相变压器空载运行时曾指出:当外加电压 u_1 是正弦波时,电动势 e_1 及产生 e_1 的主磁通 Φ 也应是正弦波,但由于磁路饱和的关系,空载电流 i_0 将是尖顶波,其中除基波外,还含有较强的三次谐波和其他高次谐波,而在三相变压器中,由于一、二次绕组的联结方法不同,空载电流中不一定能含有 3 次谐波分量,这就将影响到主磁通和相电动势的波形,并且这种影响还与变压器的磁路系统有关。下面分别予以分析。

1. Y,y 联结三相变压器的电动势波形

电路理论中已分析过,三次谐波电流因构成零序对称组,而不能存在于无中性线星形联结的对称三相电路中。因而当一次绕组采用星形联结且无中性线引出时,空载电流中不可能含有三次谐波分量,空载电流就呈正弦波形(五次及以上的高次谐波,由于其值不大,可不计)。由于变压器磁路的饱和特性,正弦波形的空载电流必激励出呈平顶波的主磁通。平顶波的主磁通中除基波磁通 Φ_1 外,还含有三次谐波磁通 Φ_3。三次谐波磁通多大,影响如何,取决于磁路系统的结构,现分三相变压器组和三相心式变压器两种情况来讨论。

(1) 三相变压器组。在三相变压器组中,由于三相磁路彼此无关,三次谐波磁通 Φ_3 和基波磁通 Φ_1 沿同一磁路闭合。由于铁芯磁路的磁阻很小,故三次谐波磁通较大,加上三次谐波磁通的频率为基波频率的 3 倍,即 $f_3=3f_1$,所以由它所感应的三次谐波相电动势较大,其幅值可达基波幅值的 45%～60%,甚至更高,如图 3-35 所示。结果使相电动势的最大值升高很多,形成波形严重畸变,可能将绕组绝缘击穿。因此在电力变压器中,对于三相变压器组不准采用 Y,y 接法。但在三相线电动势中,由于三次谐波电动势互相抵消,故线电动势仍呈正弦波形。

(2) 三相心式变压器。在三相心式变压器中,由于三相磁路彼此关联,而三次谐波磁通也是零序对称组,三个同相位同大小的三次谐波磁通不可能在铁芯内闭合,只能借助变压器油、油箱壁形成闭路,如图 3-36 所示。这条磁路的磁阻很大,使三次谐波磁通大为减弱,主磁通仍接近于正弦波,相电动势波形也接近于正弦波,但由于三次谐波磁通通过油箱壁及其他铁件时,将在其中感应涡流产生附加损耗,使变压器的效率降低,并会引起局部过热,因此只有在容量不大于 1600kV·A 的三相心式变压器中,才允许采用 Y,y 联结。

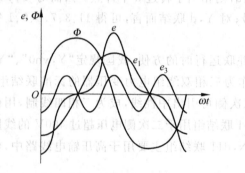 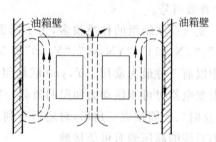

图 3-35 Y,y 联结三相变压器组的相电动势波形　　图 3-36 三相心式变压器中三次谐波磁路的路径

2. D,y 或 Y,d 联结三相变压器的电动势波形

当三相变压器采用 D,y 接法时,一次侧空载电流的三次谐波分量可以流通,于是主磁通和由它感应的相电动势 e_1 和 e_2 都是正弦波。

当三相变压器采用 Y,d 联结时,如图 3-37 所示。一次侧空载电流中不存在三次谐波分量,因此主磁通和一、二次侧相电动势中都会有三次谐波分量 $\dot{\Phi}_{13}$、$\dot{E}_{13}$ 和 $\dot{E}_{23}$。但因二次侧是三角形联结,三次谐波相电动势 $\dot{E}_{23}$ 也是零序对称组,沿三角形联结回路之和不等于零,于是 $\dot{E}_{23}$ 在二次绕组中产生三次谐波电流 $\dot{I}_{23}$。由于二次绕组的电阻远小于绕组对三次谐波的电抗,所以 $\dot{I}_{23}$ 滞后 $\dot{E}_{23}$ 接近 90°,$\dot{I}_{23}$ 建立的磁通 $\dot{\Phi}_{23}$ 与 $\dot{\Phi}_{13}$ 在相位上接近相反,其结果几乎完全抵消了 $\dot{\Phi}_{13}$ 的作用,如图 3-38 所示。因此合成磁通 $\dot{\Phi}_3$ ($\dot{\Phi}_3 = \dot{\Phi}_{13} + \dot{\Phi}_{23}$) 及其感应的电动势都接近正弦波形。

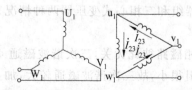 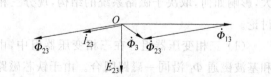

图 3-37 Y,d 联结的三相变压器　　图 3-38 Y,d 联结变压器三次谐波电流的去磁作用

综上所述，三相变压器的相电动势波形与绕组接法及磁路系统有密切关系。只要变压器有一侧是三角形联结，就能保证主磁通和电动势为正弦波形，这是因为铁芯中的磁通取决于一、二次绕组中的总磁动势，所以三角形联结的绕组在一次侧或在二次侧，其作用是一样的。在大容量高压变压器中，当需要一、二次侧都是星形联结时，可另加一个接成三角形的小容量的第三绕组，兼供改善电动势波形之用。

3.6.4 变压器的并联运行

在近代电力系统中，采用多台变压器并联运行，无论从技术或是经济的合理性来看都是必要的。所谓并联运行，就是将变压器的一、二次绕组分别并联到一、二次的公共母线上，如图 3-39 所示。并联运行的优点有：

(1) 提高供电的可靠性。并联运行时，如果某台变压器发生故障，可以把它从电网拆除检修，而电网仍能继续供电。

(2) 可以根据负载的大小调整投入并联运行变压器的台数，以提高运行效率。

(3) 可以减少总的备用容量，并可随着用电量的增加分批增加新的变压器。当然，并联的台数过多也是不经济的，因为一台大容量变压器的造价要比总容量相同的几台小变压器的造价低，占地面积也小。

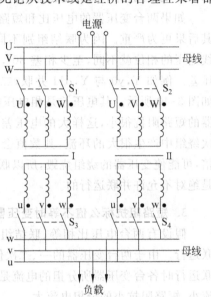

图 3-39 Y,y 联结三相变压器的并联运行

变压器并联运行的理想情况是：

(1) 空载时，并联的各变压器之间没有环流，以避免环流铜耗。

(2) 负载时，各变压器所承担的负载电流应按其容量的大小成正比例分配，防止其中某台过载或欠载，使并联组的容量得到充分利用。

(3) 负载后，各变压器所分担的电流应与总的负载电流同相位。这样在总的负载电流一定时，各变压器所分担的电流最小。如果各变压器的二次电流一定，则共同承担的负载电流为最大。要达到上述理想并联运行的要求，需满足下列条件：

① 各台变压器的额定电压应相等，并且各台变压器的电压比应相等。

② 各台变压器的联结组别必须相同。

③ 各台变压器的短路阻抗(或短路电压)的标幺值 Z_k^*（或 U_k^*）要相等。

下面分别说明满足这些条件的必要性。

1. 电压比不等时变压器的并联运行

为简单起见，以两台变压器并联为例来说明，如图 3-39 所示。设两台变压器联结组别相同，但电压比不相等，如 $k_I < k_{II}$，则在变压器空载时，两台变压器之间就有环流。因为两台变压器的一次绕组接在同一电源上，一次电压相等，故由于电压比不等，则两台变压器二次绕组的空载电压就不等，因此，在并联之前，开关 $S_3(S_4)$ 间就有电位差，并联投

入（即合上开关 S_3 或 S_4）后，两台变压器的二次绕组内便有环流产生。根据磁动势平衡原理，两台变压器的一次绕组内也同时产生环流。由于变压器的短路阻抗很小，所以即使电压比差值很小，也能产生较大的环流。为了保证变压器并联运行时空载环流不超过额定电流的 10%，通常规定并联运行的变压器电压比的差值 $\Delta k = \dfrac{k_\mathrm{I} - k_\mathrm{II}}{\sqrt{k_\mathrm{I} k_\mathrm{II}}} \times 100\%$ 不应大于 1%。

2. 联结组别不同时变压器的并联运行

如果两台变压器的电压比和短路阻抗标幺值均相等，但是联结组别不同，并联运行时其后果更为严重。因为联结组别不同，两台变压器二次侧线电压的相位就不同，至少相差 30°，因此会产生很大的电压差。例如 Y,y0 与 Y,d11 并联，二次侧线电压的相位差如图 3-40 所示。其电压差是相电压的 51.8%。由于变压器的短路阻抗很小，这样大的电压差将在两台变压器的二次绕组中产生很大的环流，其数值会超过额定电流的很多倍，可能使变压器的绕组烧毁，所以联结组别不同的变压器是绝对不允许并联运行的。

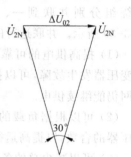

图 3-40 Y,y0 与 Y,d11 并联时二次侧线电压相量图

3. 短路阻抗标幺值不等时变压器的并联运行

假设有两台电压比相等、联结组别也相同的变压器并联运行。由于两台变压器的一、二次侧分别并联在公共母线上，其变压比、组别又相同，并联运行时各台变压器所分担的电流是与其短路阻抗成反比的，即短路阻抗大的分担的电流小，短路阻抗小的分担电流大。

由于并联运行的变压器容量不一定相等，故负载的分配是否合理，不能直接从电流的绝对值来判断，而应从相对值（即负载电流与额定电流之比，也就是标幺值）的大小来判断。也就是要求各台变压器所分担的电流均为同相，则各台变压器的短路阻抗的幅角均应相等。根据实际计算得知，即使各变压器的阻抗角相差 10°~30°，影响也不大，故在实际计算中，一般都不考虑阻抗角的差别，故认为总的负载电流是各变压器二次电流的代数和。

实际并联时，希望各变压器的电流标幺值相差不超过 10%，所以要求各变压器的短路阻抗标幺值相差不大于 10%。

【例 3-4】 有两台三相变压器并联运行，其联结组别、额定电压和电压比均相同，第一台为 3200 kV·A，$Z_{k(\mathrm{I})}^* = 7\%$；第二台为 5600 kV·A，$Z_{k(\mathrm{II})}^* = 7.5\%$。试求，第一台变压器满载时，第二台变压器的负载是多少？并联组的利用率是多少？

【解】 因为负载电流的标幺值 I^*（或 β）与短路阻抗的标幺值成反比，故

$$\frac{\beta_{(\mathrm{I})}}{\beta_{(\mathrm{II})}} = \frac{Z_{k(\mathrm{I})}^*}{Z_{k(\mathrm{II})}^*} = \frac{7.5\%}{7\%} \approx 1.07$$

当第一台满载时，即 $\beta_{(\mathrm{I})} = 1$，第二台的负载为

$$\beta_{(\mathrm{II})} = \frac{1}{1.07} \approx 0.935$$

第二台变压器的输出容量为
$$S_{Ⅱ} = \beta_{(Ⅱ)}S_{N(Ⅱ)} = 0.935 \times 5600 = 5236 \text{kV} \cdot \text{A}$$
总输出容量为
$$S = S_{(Ⅰ)} + S_{Ⅱ} = 3200 + 5236 = 8436 \text{kV} \cdot \text{A}$$
并联组的利用率为
$$\frac{S}{S_N} = \frac{8436}{3200+5600} = 95.9\%$$

3.7 课题　其他常用变压器

在电力系统中，除了普通双绕组变压器外，还常采用多种特殊用途的变压器。本节主要介绍一些较常用的自耦变压器和仪用互感器的工作原理与结构特点。

3.7.1 自耦变压器

自耦变压器的结构特点是一、二次绕组共用一部分绕组，因此其一、二次绕组之间既有磁的耦合，又有电的联系。自耦变压器一、二次侧共用的这部分绕组称为公共绕组，其余部分绕组称为串联分绕组。自耦变压器有单相和三相之分。单相自耦变压器的接线原理图如图 3-41 所示。

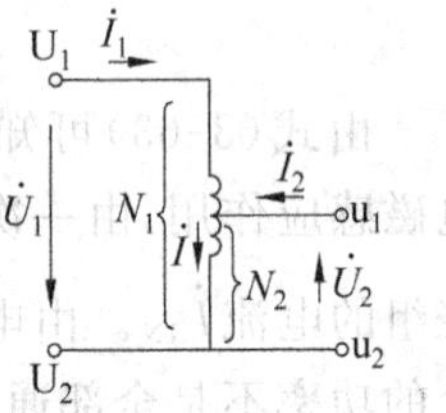

图 3-41　降压自耦变压器的接线原理图

1. 电压、电流关系

（1）电压关系。自耦变压器也是利用电磁感应原理工作的。当一次绕组两端加交流电压 $\dot{U}_1$ 时，铁芯中产生主磁通 $\dot{\Phi}_m$，并分别在一、二次绕组中产生感应电动势 $\dot{E}_1$ 和 $\dot{E}_2$，若忽略漏阻抗压降，则
$$U_1 \approx E_1 = 4.44fN_1\Phi_m$$
$$U_2 \approx E_2 = 4.44fN_2\Phi_m$$
故
$$\frac{U_1}{U_2} \approx \frac{E_1}{E_2} = \frac{N_1}{N_2} = k_a \tag{3-57}$$

式中，k_a 为自耦变压器的变压比。

（2）电流关系。由图 3-41 可知其磁动势平衡关系为
$$\dot{I}_1(N_1 - N_2) + (\dot{I}_1 + \dot{I}_2)N_2 = \dot{I}_0 N_1 \tag{3-58}$$

若忽略励磁电流，则
$$\dot{I}_1 N_1 + \dot{I}_2 N_2 = 0$$
即
$$\dot{I}_1 = -\frac{N_2}{N_1}\dot{I}_2 = -\frac{\dot{I}_2}{k_a} \tag{3-59}$$

由图 3-41 可知公共绕组的电流为

$$\dot{I} = \dot{I}_1 + \dot{I}_2 = \left(1 - \frac{1}{k_a}\right)\dot{I}_2 \tag{3-60}$$

由式(3-59)可知，$\dot{I}_1$ 与 $\dot{I}_2$ 相位相反，因此由上式又可得出以下有效值关系：

$$I = I_2 - I_1 \tag{3-61}$$

2. 容量关系

对普通双绕组变压器而言，其功率全部是通过一、二次绕组之间的电磁感应关系从一次侧传递到二次侧的，因此变压器的容量就等于一次绕组容量或二次绕组容量。但对于自耦变压器，铭牌容量和绕组的额定容量却不相等。

自耦变压器的额定容量为

$$S_N = U_{1N} I_{1N} = U_{2N} I_{2N} \tag{3-62}$$

根据式(3-61)可得

$$\dot{I}_{2N} = \dot{I}_N + \dot{I}_{1N}$$

把上式代入式(3-62)可得

$$\begin{aligned} S_N &= U_{1N} I_{1N} = U_{2N} I_{2N} = U_{2N}(I_N + I_{1N}) \\ &= U_{2N} I_N + U_{2N} I_{1N} = S_{(感应)} + S_{(传导)} \end{aligned} \tag{3-63}$$

由式(3-63)可知，自耦变压器的额定容量可分为两部分，一部分是通过公共绕组的电磁感应作用，由一次侧传递到二次侧的电磁容量 $S_{(感应)} = U_{2N} I_N$，另一部分是通过串联绕组的电流 I_{1N}。由电源直接传导到负载的传导容量 $S_{(传导)} = U_{2N} I_{1N}$ 知，自耦变压器负载上的功率不是全部通过磁耦合关系从一次侧得到，而是有一部分功率可直接从电源得到，这是自耦变压器与双绕组变压器的根本区别。

由以上分析可知，变压器在额定运行时，自耦变压器的绕组容量小于自耦变压器的额定容量。

3. 自耦变压器的特点

与额定容量相同的双绕组变压器相比，自耦变压器的主要优点有：

（1）自耦变压器绕组容量小于额定容量，故在同样的额定容量下，自耦变压器的尺寸小，有效材料（硅钢片和铜线）和结构材料（钢材）都比较节省，从而降低了成本。

（2）因为耗材少，使铜损耗和铁损耗也相应减少，因此自耦变压器的效率较高。

（3）由于自耦变压器的尺寸小，质量减轻，因此便于运输和安装，且占地面积小。

自耦变压器的主要缺点有：

（1）由于自耦变压器一、二次绕组间有电的直接联系，因此要求变压器内部绝缘和过电压保护都必须加强，以防止高压侧的过电压传递到低压侧。

（2）和相应的普通双绕组变压器相比，自耦变压器的短路阻抗标幺值较小，因此短路电流较大。

（3）为防止高压侧发生单相接地时引起低压侧非接地相对电压升得过高，造成对地绝缘击穿，自耦变压器中性点必须可靠接地。

目前，在高电压大容量的输电系统中，三相自耦变压器主要用来联结两个电压等级相近的电力网，做联络变压器之用。在工厂里，三相自耦变压器可用作异步电动机的启动补偿器。在实验室中,自耦变压器二次绕组的引出线做成可在绕组上滑动的形式,以便调节二次侧电压,这种自耦变压器称为自耦调压器。

3.7.2 仪用互感器

仪用互感器是一种用于测量的专用设备,有电压互感器和电流互感器两种,它们的工作原理与变压器相同。

使用互感器有两个目的:一是使测量回路与高压电网隔离,以保证工作人员的安全;二是可以使用低量程的电压表或电流表测量高电压或大电流。

互感器除了用于测量电压和电流外,还可用于各种继电保护装置的测量系统,其应用很广。下面分别对电压互感器与电流互感器进行简单介绍。

1. 电压互感器

图 3-42 为电压互感器的原理图。电压互感器在结构上类似普通双绕组变压器,其一次绕组匝数很多、线径较细,并接在被测的高电压上,二次绕组匝数很少、线径较粗,并接在高阻抗的测量仪表上(如电压表、功率表的电压线圈等)。

由于电压互感器二次侧所接仪表的阻抗很大,运行时相当于二次侧处于开路状态,因此电压互感器实际上相当于一台空载运行的降压变压器。

若忽略漏阻抗压降,则有

$$\frac{U_1}{U_2} = \frac{N_1}{N_2} = k_u \quad (3-64)$$

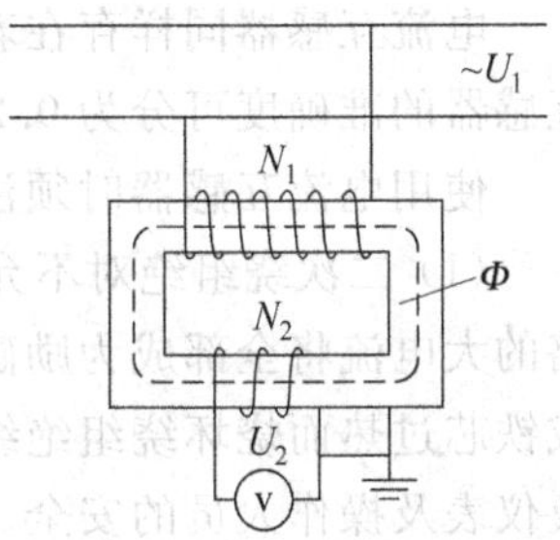

图 3-42 电压互感器的原理图

式中,k_u 为电压互感器的变压比,是常数。

电压互感器二次侧额定电压通常设计为 100V,如果电压表与电压互感器配套,则电压表指示的数值已按变压比被放大,可直接读取被测电压数值。电压互感器的额定电压等级有 3000V/100V、10 000V/100V 等。

实际的电压互感器,由于绕组漏阻抗上有压降,因此变压比 k_u 只是近似等于一个常数,必然存在误差。根据误差的大小,将电压互感器的准确度分为 0.2、0.5、1.0、3.0 共 4 个等级,每个等级允许误差参见有关的技术指标。

使用电压互感器时须注意以下问题:

(1) 二次侧绝对不允许短路。由于电压互感器正常运行时接近空载,因而若二次侧短路,短路电流将很大,会使绕组过热而烧坏互感器。

(2) 为了使用安全,二次绕组及铁芯应可靠接地,以防绝缘损坏时,一次侧的高电压传到铁芯及二次侧,危及仪表及操作人员的安全。

(3) 二次侧不宜接过多的仪表,以免影响互感器的精度等级。

2. 电流互感器

图 3-43 为电流互感器的原理图。电流互感器一次绕组匝数很少、线径较粗,串接在被测电路中,二次绕组匝数很多、线径较细,与阻抗很小的仪表(如电流表和功率表的电流线圈)组成闭合回路。

由于电流互感器二次侧所接仪表的阻抗很小,运行时二次侧相当于短路,因此电流互感器实际运行时相当于一台二次侧短路的升压变压器。

为了减小测量误差,电流互感器铁芯中的磁通密度一般设计得较低,所以励磁电流很小。若忽略励磁电流,由磁动势平衡关系为

$$\frac{I_1}{I_2} = \frac{N_2}{N_1} = k_i \quad (3\text{-}65)$$

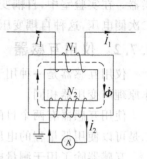

图 3-43 电流互感器的原理图

式中,k_i 为电流互感器的变流比,是常数。

电流互感器的规格各种各样,但其二次侧额定电流通常设计为 5A。与电压互感器一样,电流表指示的数值已按变流比被放大,可直接读取被测电流。电流互感器的额定电流等级有 100A/5A、500A/5A、2000A/5A 等。

电流互感器同样存在着误差,变流比 k_i 只是近似等于常数。根据误差的大小,电流互感器的准确度可分为 0.2、0.5、1.0、3.0、10.0 共 5 个等级。

使用电流互感器时须注意以下问题。

(1) 二次绕组绝对不允许开路。若二次侧开路,电流互感器将空载运行,此时被测线路的大电流将全部成为励磁电流,铁芯中的磁通密度就会猛增,磁路严重饱和,一方面造成铁芯过热而烧坏绕组绝缘,另一方面二次绕组将会感应很高的电压,可能击穿绝缘,危及仪表及操作人员的安全。因此在一次电路工作时如需检修和拆换电流表或功率表的电流线圈,则必须先将互感器二次侧短路。

(2) 二次绕组及铁芯应可靠接地。

(3) 二次侧所接电流表的内阻抗必须很小,否则会影响测量精度。

3.7.3 电焊变压器

交流电弧焊接在实际生产中的应用十分广泛,而交流电弧焊的电源通常是电焊变压器,实际上它是一种特殊的降压变压器。为了保证电焊的质量和电弧燃烧的稳定性,对电焊变压器有以下几点要求。

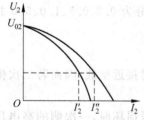

图 3-44 电焊变压器的外特性

① 电焊变压器应具有 60~75V 的空载电压,以保证容易起弧,但考虑操作的安全,电压一般不超过 85V。

② 电焊变压器应有迅速下降的外特性,如图 3-44 所示,以满足电弧特性的要求。

③ 为了满足焊接不同工件的需要,要求能够调节焊接电流的大小。

④ 短路电流不应太大,也不应太小。短路电流太大,会使焊条过热、金属颗粒飞溅,易烧穿工件;短路电流太小,引弧条件差,电源短路时间过长。一般短路电流不超过额定电流的两倍,在工作中电流要比较稳定。

为了满足上述要求,电焊变压器应有较大的可调电抗。电焊变压器的一、二次绕组一般分装在两个铁芯柱上,以使绕组的漏抗比较大。改变漏抗的方法很多,常用的有磁分路法和串联可变电抗法两种,如图 3-45 所示。

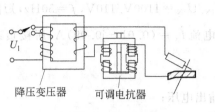 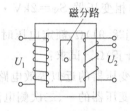

(a) 带电抗器的电焊变压器　　　　　(b) 磁分路电焊变压器

图 3-45　电焊变压器的接线图

（1）带电抗器的电焊变压器。带电抗器的电焊变压器如图 3-45(a)所示，是在二次绕组中串接可调电抗器。电抗器中的气隙可以用螺杆调节，当气隙增大时，电抗器的电抗减小，电焊工作电流增大；反之，当气隙减小时，电抗增大，电焊工作电流减小。另外，在一次绕组中还备有分接头，以便调节起弧电压的大小。

（2）磁分路电焊变压器。磁分路电焊变压器如图 3-45(b)所示。在一、二次绕组铁芯柱中间，加装一个可移动的铁芯，提供了一个磁分路。当磁分路铁芯移出时，一、二次绕组的漏抗减小，电焊变压器的工作电流增大；当磁分路铁芯移入时，一、二次绕组总的漏抗增大，工作电流变小。这样，通过调节磁分路的磁阻，即可调节漏抗大小和工作电流的大小，以满足焊件和焊条的不同要求。在二次绕组中还常备有分接头，以便调节空载时的起弧电压。

思考题与习题

3.1　变压器是根据什么原理进行电压变换的？变压器的主要用途有哪些？

3.2　变压器有哪些主要部件，其功能是什么？

3.3　铁芯在变压器中起什么作用？如何减少铁芯中的损耗？

3.4　变压器有哪些主要额定值？原、副边额定电压的含义是什么？

3.5　一台单相变压器，$S_N=5000 \text{ kV}\cdot\text{A}$，$U_{1N}/U_{2N}=10\text{kV}/6.3\text{kV}$，试求一、二次绕组的额定电流。

3.6　有一台 $S_N=5000\text{kV}\cdot\text{A}$，$U_{1N}/U_{2N}=10\text{kV}/6.3\text{kV}$，Y，d 联结的三相变压器，试求：
（1）变压器的额定电压和额定电流；
（2）变压器一、二次绕组的额定电压和额定电流。

3.7　变压器的主磁通和漏磁通的性质有何不同？在等效电路中是如何反映它们的作用的？

3.8　变压器空载电流的性质和作用如何？其大小与哪些因素有关？

3.9　电源频率降低，其他各量不变；试分析变压器铁芯饱和程度、励磁电流、励磁电抗、漏电抗和铁损耗的变化情况。

3.10　某台单相变压器，$U_{1N}/U_{2N}=220\text{V}/110\text{V}$，若错把二次侧当成一次侧接到 220V 的交流电源上，会产生什么现象？

3.11　变压器折算的原则是什么？如何将副边各量折算到原边？

3.12 某单相变压器 $S_N=2\text{kV}\cdot\text{A}$，$U_{1N}/U_{2N}=1100\text{V}/110\text{V}$，$f=50\text{Hz}$，短路阻抗 $Z_k=(8+j28.91)\Omega$，额定电压时空载电流 $\dot{I}_0=(0.01-j0.09)\text{A}$，所接负载阻抗 $Z_L=(10+j5)\Omega$。试求：

(1) 变压器的近似等效电路；

(2) 变压器的一、二次侧电流及输出电压；

(3) 变压器的输入功率、输出功率。

3.13 为什么变压器的空载损耗可以近似看成是铁损耗，短路损耗可以近似看成是铜损耗？

3.14 做变压器空载、短路试验时，电压可加在高压侧，也可加在低压侧。两种方法试验时，电源输入的有功功率是否相同？测得的参数是否相同？

3.15 已知三相变压器 $S_N=5600\text{kV}\cdot\text{A}$，$U_{1N}/U_{2N}=10\text{kV}/6.3\text{kV}$；Y,d11 联结组，空载及短路试验数据如下(室温25℃，铜绕组)：

试验名称	电压/V	电流/A	功率/W	备注
空载	6300	7.4	18 000	低压侧加电压
短路	550	323.3	56 000	高压侧加电压

试求：

(1) 额定负载且功率因数 $\cos\varphi=0.8$(滞后)时的二次侧端电压及效率；

(2) $\cos\varphi=0.8$(滞后)时的最大效率。

3.16 某三相变压器，$S_N=750\text{kV}\cdot\text{A}$，$U_{1N}/U_{2N}=10\text{kV}/0.4\text{kV}$，Y,yn0 联结组。空载及短路试验数据如下(室温20℃，铜绕组)：

试验名称	电压/V	电流/A	功率/W	备注
空载	400	60	3800	低压侧加电压
短路	440	43.3	10 900	高压侧加电压

试求：

(1) 折算到高压侧的变压器 T 形等效电路(设 $r_1=r_2'$，$X_{\sigma1}=X_{\sigma2}'$)；

(2) 当额定负载且 $\cos\varphi_2=0.8$(超前)时的电压变化率、二次侧端电压和效率。

3.17 三相组式变压器和三相心式变压器，在磁路上各有什么特点？

3.18 什么是三相变压器的联结组？影响联结组的因素有哪些？如何用时钟法来表示并确定联结组标号？

3.19 三相变压器的一、二次绕组按下页图联结，试画出它们的电动势相量图，并判断其联结组。

3.20 某三相变压器的额定容量为 $20\text{kV}\cdot\text{A}$，额定电压为 $10\text{kV}/0.4\text{kV}$，额定频率为 50Hz，Y,y0 联结，高压绕组匝数为3300。试求：

(1) 变压器高压侧和低压侧的额定电流；

(2) 高压和低压侧的额定相电压；

(3) 低压绕组的匝数。

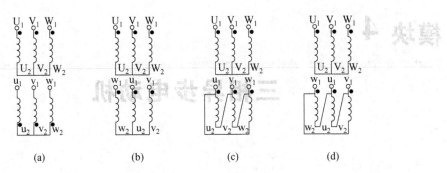

三相变压器的一、二次绕组联结图

3.21 两台变压器数据如下：$S_{NI}=1000kV·A$，$u_{kI}=6.5\%$，$S_{NII}=2000kV·A$，$u_{kII}=7.0\%$，联结组均为(Y,d11)，额定电压均为35kV/10.5kV。现将它们并联运行，试计算：

(1) 当输出为3000kV·A时，每台变压器承担的负载是多少？

(2) 在不允许任何一台变压器过载的条件下，并联组的最大输出负载是多少？此时并联组的利用率是多少？

3.22 自耦变压器是如何传递功率的？具有什么特点？

3.23 电压互感器和电流互感器的功能是什么？使用时须注意哪些问题？

模块 4

三相异步电动机

知识点

(1) 三相异步电动机的结构和工作原理；
(2) 三相异步电动机的电磁关系、基本方程式；
(3) 三相异步电动机的工作特性。

学习要求

(1) 具备三相异步电动机结构特点和原理的分析能力；
(2) 具备三相异步电动机电磁关系和工作特性的分析能力；
(3) 理解三相异步电动机基本方程式并具备应用能力；
(4) 具备异步电动机绕组展开图的绘制能力。

异步电机是一种交流旋转电机，它的转速除了与电网频率有关外，还随负载的大小而变化。异步电机主要用做电动机，按供电电源的不同，异步电动机又可分为三相异步电动机和单相异步电动机两大类。异步电动机具有结构简单，制造、使用和维护方便，运行可靠，成本低廉，效率较高等优点，因此得到了广泛应用。但它也存在缺点，一是在运行时要从电网吸取感性无功电流来建立磁场，降低了电网功率因数，增加了线路损耗，限制了电网的功率传送；二是启动和调速性能较差。异步电机也可作为发电机使用，但一般只用于风力发电等特殊场合。

4.1 课题　三相异步电动机的基本工作原理

4.1.1 三相定子绕组的旋转磁场

1. 旋转磁场的产生

在三相异步电动机中实现机电能量转换的前提是必须产生旋转磁场。所谓旋转磁场，就是一种极性不变且以一定转速旋转的磁场。根据理论分析和实践证明，在多相对称绕组中流过多相对称电流时，会产生一种大小恒定的旋转磁场，即圆形旋转磁场。

图 4-1 所示为三相异步电动机定子绕组结构示意图。三个完全相同的线圈空间彼此互隔 $\frac{2}{3}\pi$，分布在定子铁芯内圆的圆周上，构成了三相对称绕组。当三相对称绕组接上三

相对称电源时,在绕组中将流过三相对称电流。若各相电流的瞬时表达式

$$i_U = I_m \sin\omega t$$

$$i_V = I_m \sin\left(\omega t - \frac{2}{3}\pi\right)$$

$$i_W = I_m \sin\left(\omega t + \frac{2}{3}\pi\right)$$

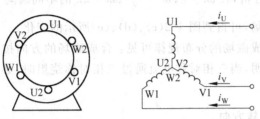

图 4-1　定子三相绕组结构示意图(极对数 $p=1$)

则各相电流随时间变化的曲线如图 4-2 所示。该电源将在定子绕组中分别产生磁场。为了便于考察三相电流产生的合成磁效应,下面通过几个特定的瞬间,以窥其全貌。规定:电流为正值时,电流从每相绕组的首端(U1、V1、W1)流进,末端(U2、V2、W2)流出;电流为负值时,电流从每相绕组的末端流进,首端流出。在表示线圈导线的"○"内,用"⊗"号表示电流流入,用"⊙"号表示电流流出。

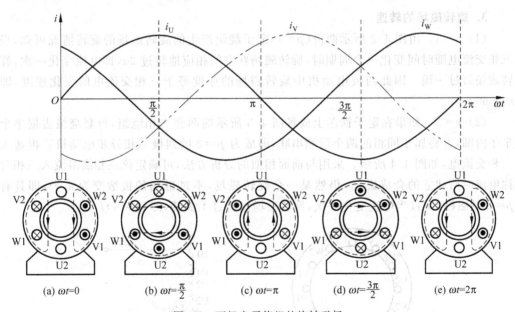

图 4-2　两极定子绕组的旋转磁场

(1) 在 $\omega t = 0$ 的瞬间, $i_U = 0$,故 U1-U2 绕组中无电流;i_V 为负,则电流从绕组末端 V2 流入,从首端 V1 流出;i_W 为正,则电流从绕组首端 W1 流入,从末端 W2 流出。绕组中电流产生的合成磁场如图 4-2(a)所示。

(2) 在 $\omega t = \dfrac{\pi}{2}$ 的瞬间，i_U 为正，电流从首端 U1 流入、末端 U2 流出；i_V 为负，电流仍从末端 V2 流入、首端 V1 流出；i_W 为负，电流从末端 W2 流入、首端 W1 流出。绕组中电流产生的合成磁场如图 4-2(b)所示，可见合成磁场顺时针转过了 $\dfrac{\pi}{2}$。

(3) 继续按上法分析，在 $\omega t = \pi$、$\omega t = \dfrac{3\pi}{2}$、$\omega t = 2\pi$ 的不同瞬间三相交流电在三相定子绕组中产生的合成磁场，可得到图 4-2(c)、(d)、(e)所示的变化。

观察这些图中合成磁场的分布规律可见：合成磁场的方向按顺时针方向旋转，并旋转了一周。由此可证明，当三相对称电流通过三相对称绕组时，必然产生一个大小不变，转速一定的旋转磁场。

2. 旋转磁场的旋转方向

由图 4-2 可以看出，流入三相定子绕组的电流 i_U、i_V、i_W 是按 U→V→W 的相序达到最大值的，产生旋转磁场的旋转方向也是从 U 相绕组轴线转向 V 相绕组轴线，再转向 W 相绕组轴线的，即按 U→V→W 的顺序旋转（图中为顺时针方向），即与三相交流电的变化顺序一致。由此可以得出结论：在三相定子绕组空间排序不变的条件下，旋转磁场的转向取决于三相电流的相序，即从电流超前相转向电流滞后相。若要改变旋转磁场的方向，只需将三相电源进线中的任意两相对调即可。

3. 旋转磁场的转速

(1) $p=1$。由图 4-2 所示两极($p=1$)定子绕组产生的旋转磁场的旋转情况可知，当三相交流电随时间变化一个周期时，旋转磁场在空间相应地转过 2π，即电流变化一次，旋转磁场转过一周。因此两极电动机中旋转磁场的速度等于三相交流电的变化速度，即 $n_1 = 60f_1$。

(2) $p=2$。如果在定子铁芯上放置图 4-3 所示的两套三相绕组，每套绕组占据半个定子内圆，并将属于同相的两个线圈串联，即成为 $p=2$ 的四极三相异步电动机。再通入三相交流电，如图 4-4 所示。采用与前面相似的分析方法，可确定该三相绕组流入三相对称电流时所建立的合成磁场，仍然是一个旋转磁场，不过磁场的极数变为 4 个，即具有 $p=2$ 对磁极，而且当电流变化一次，旋转磁场仅转过 1/2 转，即 $n_1 = 60f_1/2$。

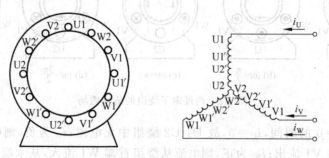

图 4-3　定子三相绕组结构示意图($p=2$)

(3) p 对磁极。用同样方法分析，旋转磁场的转速 n_1 与磁极对数 p 之间成反比关

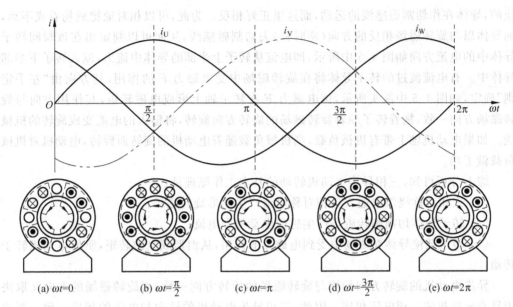

图 4-4 四极定子绕组的旋转磁场

系,即具有 p 对磁极的旋转磁场,交流电变化一个周期,磁场转过 $1/p$ 转。因此具有 p 对磁极的旋转磁场的转速为

$$n_1 = \frac{60 f_1}{p} \tag{4-1}$$

式中,f_1 为交流电的频率(Hz);p 为旋转磁场的磁极对数;n_1 为旋转磁场的转速,又称同步转速,单位常采用 r/min。

由于我国交流电的频率为 50Hz,因此不同极对数的异步电动机对应的同步转速也不同。当 $p=1$ 时,$n_1=3000$r/min;当 $p=2$ 时,$n_1=1500$r/min;当 $p=3$ 时,$n_1=1000$r/min;当 $p=4$ 时,$n_1=750$r/min;当 $p=5$ 时,$n_1=600$r/min。

4.1.2 三相异步电动机的基本工作原理

1. 三相异步电动机的工作原理

图 4-5 所示为一台三相笼形异步电动机的示意图。在定子铁芯里嵌放着对称的三相绕组 U1-U2、V1-V2、W1-W2。转子槽内放有导条,导体两端用短路环短接起来,形成一个笼形的闭合绕组。定子三相绕组可接成星形,也可以接成三角形。

如果向定子三相对称绕组通入三相交流电后,就会在电机的气隙中形成一个在空间以顺时针方向旋转的磁场,这个旋转磁场的转速 n_1 称为同步转速。该旋转磁场将切割转子导体,在转子导体中产生感应电动势,由于转子导体自成闭合回路,因此该电动势将在转子导体中形成电流,其电流方向可用右手定则判定。在使用右手定则时必须注意,右手定则的磁场是静

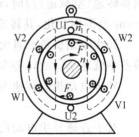

图 4-5 三相笼形异步电动机的工作原理

止的,导体在作切割磁感线的运动,而这里正好相反。为此,可以相对地把磁场看成不动,而导体以与旋转磁场相反的方向(逆时针)去切割磁感线,从而可以判定出在该瞬间转子导体中的电流方向如图 4-5 中所示,即电流从转子上半部的导体中流出,流入转子下半部导体中。有电流流过的转子导体将在旋转磁场中受电磁力 F 的作用,其方向由"左手定则"确定,如图 4-5 中箭头所示,该电磁力 F 在转子轴上形成电磁转矩,其作用方向与旋转磁场方向一致,拖着转子顺着旋转磁场的旋转方向旋转,将输入的电能变成旋转的机械能。如果电动机轴上带有机械负载,则机械负载随着电动机的旋转而旋转,电动机对机械负载做了功。

综上分析可知,三相异步电动机转动的基本工作原理是:
(1) 三相对称绕组中通入三相对称电流产生圆形旋转磁场;
(2) 转子导体切割旋转磁场产生感应电动势和电流;
(3) 转子载流导体在磁场中受到电磁力的作用,从而形成电磁转矩,驱使电动机转子转动。

异步电动机的旋转方向始终与旋转磁场的旋转方向一致,而旋转磁场的方向又取决于异步电动机的三相电流相序。因此,三相异步电动机的转向与电流的相序一致。要改变转向,只要改变电流的相序即可,即任意对调电动机的两根电源线,便可使电动机反转。

异步电动机的转速恒小于旋转磁场转速 n_1,因为只有这样,转子绕组才能产生电磁转矩,使电动机旋转。如果 $n=n_1$,转子绕组与定子磁场之间便无相对运动,则转子绕组中无感应电动势和感应电流产生,可见 $n<n_1$ 是异步电动机工作的必要条件。由于电动机转速 n 与旋转磁场转速 n_1 不同步,故称为异步电动机。又因为异步电动机转子电流是通过电磁感应作用产生的,所以又称为感应电动机。

2. 转差率

旋转磁场转速 n_1 与转子转速 n 之差称为转差 Δn,转差 Δn 与同步转速 n_1 的比值称为转差率,用字母 s 表示,即

$$s = \frac{\Delta n}{n_1} = \frac{n_1 - n}{n_1} \tag{4-2}$$

转差率 s 是异步电机的一个基本物理量,它反映异步电机的各种运行情况。对异步电动机而言,当转子尚未转动(如启动瞬间)时,$n=0$,此时转差率 $s=1$;当转子转速接近同步转速(空载运行)时,$n≈n_1$,此时转差率 $s≈0$。由此可见,作为异步电动机,转速在 $0 \sim n_1$ 范围内变化,其转差率 s 在 $0 \sim 1$ 范围内变化。

异步电动机负载越大,转速就越慢,其转差率就越大;反之,负载越小,转速就越快,其转差率就越小。故转差率直接反映了转子转速的快慢或电动机负载的大小。

异步电动机的转速为

$$n = (1-s)n_1 \tag{4-3}$$

对于普通异步电动机,为了使其在运行时效率较高,通常使它的额定转速略低于同步转速,故额定转差率 s_N 很小,一般在 $0.01 \sim 0.06$ 之间。

【例 4-1】 某三相异步电动机的额定转速 $n_N = 720 \text{r/min}$,电源频率为 50Hz。试求该电动机的额定转差率及磁极对数。

【解】 同步转速

$$n_1 = \frac{60 f_1}{p} = \frac{3000}{p}$$

由于额定转速略低于同步转速,所以同步转速应比720r/min略高,即750r/min,所以其同步转速 $n_1 = 750\text{r/min}$。

则其极对数为

$$p = \frac{60 f_1}{n_1} = \frac{3000}{750} = 4$$

其额定转差率

$$s_N = \frac{n_1 - n}{n_1} = \frac{750 - 720}{750} = 0.04$$

4.2 课题 三相异步电动机的基本结构和铭牌

4.2.1 三相异步电动机的基本结构

三相异步电动机种类繁多,从不同角度有不同的分类方法。按其外壳防护方式的不同可分开启型、防护型、封闭型三大类,如图4-6所示。由于封闭型结构能防止固体异物、水滴等进入电动机内部,并能防止人或物触及电动机带电部位与运动部位,运行中安全性好,因而成为目前使用最广泛的结构形式。按电动机转子结构的不同又可分为笼形异步电动机和绕线转子异步电动机。图4-6所示为笼形异步电动机外形图,图4-7所示为绕线转子异步电动机外形图。

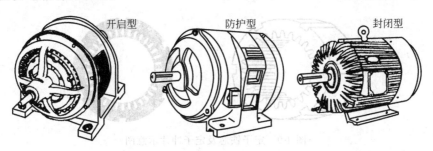

图 4-6 三相笼形异步电动机外形图

另外异步电动机还可按其工作电压的高低不同分为高压异步电动机和低压异步电动机。按其性能的不同分为高启动转矩异步电动机和高转差异步电动机。按其外形尺寸及功率的大小可分为大型、中型、小型异步电动机等。

三相异步电动机虽然种类繁多,但基本结构均由定子和转子两大部分组成,转子装在定子腔内,定、转子之间有一缝隙,称为气隙。图4-8所示为封闭型三相笼形异步电动机组成部件图,其主要组成部分如下。

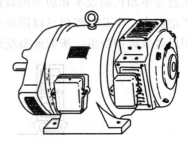

图 4-7 绕线转子异步电动机外形图

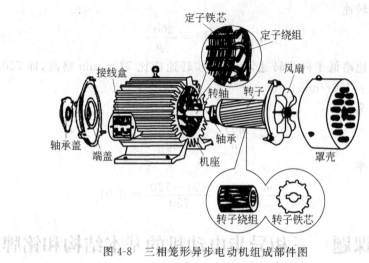

图 4-8 三相笼形异步电动机组成部件图

1. 定子部分

定子部分主要由定子铁芯、定子绕组、机座、端盖等部分组成。

(1) 定子铁芯。定子铁芯是电动机磁路的一部分，为减少铁芯损耗，一般由 0.5mm 厚的导磁性能较好的硅钢片叠压而成，安放在机座内。在定子铁芯冲有嵌放绕组的槽，故又称为冲片。定子铁芯及定子冲片如图 4-9 所示。大中型电机常采用扇形冲片拼成一个圆。为了冷却铁芯，在大容量电机中，定子铁芯分成很多段，每两段之间留有径向通风槽，作为冷却空气的通道。

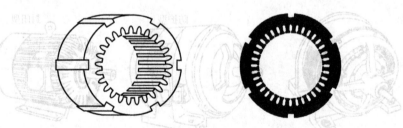

图 4-9 定子铁芯及定子冲片示意图

定子铁芯的槽型有开口型、半开口型、半闭口型三种，如图 4-10 所示。半闭口型槽的优点是电动机的效率和功率因数较高，缺点是绕组嵌线和绝缘都较困难，一般用于小型低压电机中。半开口型槽可以嵌放成型绕组，故一般用于大型、中型低压电机中。开口型槽用以嵌放成型绕组。所谓成型绕组即成型并经过绝缘处理的绕组，因此开口型槽内绕组

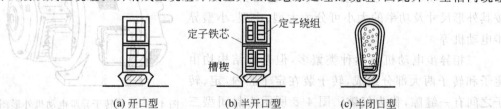

图 4-10 定子铁芯的槽型和绕组分布示意图

绝缘方法比半闭口槽方便,主要用在大中型容量的高压电机中。

(2)定子绕组。定子绕组是电动机的电路部分,通入三相交流电产生旋转磁场。它由许多线圈按一定的规律联结而成,嵌放在定子铁芯的内圆槽内。小型异步电动机定子绕组一般采用高强度漆包圆铜线绕成,大中型异步电动机定子绕组一般采用漆包扁铜线或玻璃丝包扁铜线绕成。

三相异步电动机的定子绕组是一个三相对称绕组,它由三个完全相同的绕组所组成,一般有6个出线端U1、U2、V1、V2、W1、W2置于机座外部的接线盒内,根据需要接成星形(Y)或三角形(△),如图4-11所示。

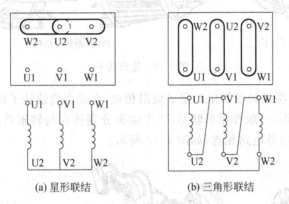

(a) 星形联结　　　　　　(b) 三角形联结

图4-11　定子绕组的联结

(3)机座。机座的作用是固定定子铁芯和定子绕组,并通过两侧的端盖和轴承来支承电动机转子。同时可保护整台电机的电磁部分和发散电机运行中产生的热量。

中小型异步电动机一般采用铸铁机座,大型异步电动机一般用钢板焊接的机座,而有些微型电动机的机座则采用铸铝件以降低电机的重量。封闭式电机的机座外面有散热筋以增加散热面积,防护式电机的机座两端端盖开有通风孔,使电动机内外的空气可以直接对流,以利于散热。

(4)端盖。借助置于端盖内的滚动轴承将电动机转子和机座连成一个整体。端盖一般为铸钢件,微型电动机则用铸铝件。

2. 转子部分

转子主要由转子铁芯、转子绕组和转轴三部分组成。整个转子靠端盖和轴承支撑着。转子的主要作用是产生感应电流,形成电磁转矩,以实现机电能量的转换。

(1)转子铁芯。转子铁芯是电机磁路的一部分,一般也用0.5mm厚的硅钢片叠成,硅钢片外圆冲有均匀分布的孔,用来安置转子绕组。通常都是用定子铁芯冲落后的硅钢片来冲制转子铁芯。一般小型异步电动机的转子铁芯直接压装在转轴上,而大、中型异步电动机(转子直径在300mm以上)的转子铁芯则借助于转子支架压在转轴上。

(2)转子绕组。转子绕组用来切割定子旋转磁场,产生感应电动势和电流,并在旋转磁场的作用下受力而使转子转动。根据转子绕组的结构形式,异步电动机分为笼形转子和绕线转子两种。

① 笼形转子。在转子铁芯的每一个槽中，插入一根裸导条，在铁芯两端分别用两个短路环把导条联结成一个整体，形成一个自身闭合的多相对称短路绕组。如去掉转子铁芯，整个绕组犹如一个"松鼠笼子"，因此称为笼形转子，如图4-12所示。大型电动机则采用铜导条，如图4-12（a）所示。中小型电动机的笼形转子一般都采用铸铝的，如图4-12（b）所示。

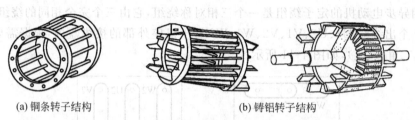

(a) 铜条转子结构　　　　(b) 铸铝转子结构

图4-12　笼形转子

② 绕线转子。绕线转子绕组与定子绕组相似，它是在绕线转子铁芯的槽内嵌有绝缘导线组成的三相绕组，一般作星形联结，三个端头分别接在与转轴绝缘的三个滑环上，再经一套电刷引出来与外电路相连，如图4-13所示。

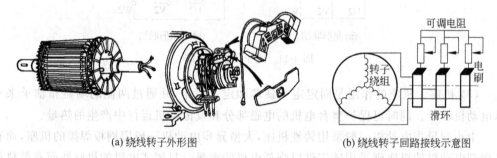

(a) 绕线转子外形图　　　　(b) 绕线转子回路接线示意图

图4-13　绕线转子

一般绕线转子电动机在转子回路中串电阻，若仅用于启动，则为了减少电刷的摩擦损耗，还装有提刷装置。

（3）转轴。转轴是支撑转子铁芯和输出转矩的部件，一般用强度和刚度较高的低碳钢制成。

3. 气隙

异步电动机的气隙是均匀的。气隙大小对异步电动机的运行性能和参数影响较大，由于励磁电流由电网供给，气隙越大，励磁电流也就越大，而励磁电流又属无功性质，它要影响电网的功率因数，因此异步电动机的气隙大小往往为机械条件所能允许达到的最小数值，中小型电机一般为0.2～1.5mm。

4.2.2　异步电动机的铭牌

在三相异步电动机的机座上均装有一块铭牌，如图4-14所示。铭牌上都标注了电动机的型号、额定值和额定运行情况下的有关技术数据。按铭牌上所规定的额定值和工作条件下运行，称为额定运行。

```
              三相异步电动机
   型号 Y112M-2      功率 4kW      频率 50Hz
   电压 380V        电流 8.2A      接法 △
   转速 2890r/min   绝缘等级 B    工作方式 连续
   ××年××月       编号××××     ××电机厂
```

图 4-14　三相异步电动机的铭牌

下面对铭牌中的型号、额定值、接线及电机的防护等级等分别加以叙述。

1. 型号

异步电动机的型号主要包括产品代号、设计序号、规格代号和特殊环境代号等，产品代号表示电机的类型，用大写印刷体的汉语拼音字母表示。如 Y 表示异步电动机，YR 表示绕线转子异步电动机等。设计序号系指电动机产品设计的顺序，用阿拉伯数字表示。规格代号是用中心高、铁芯外径、机座号、机座长度、铁芯长度、功率、转速或极数表示。

例如，Y112M-2 的"Y"为产品代号，代表异步电动机；"112"代表机座中心高为 112mm；"M"为机座长度代号（S、M、L 分别表示短、中、长机座）；"2"代表磁极数为 2，即两个磁极。

2. 额定值

额定值是制造厂对电机在额定工作条件下所规定的量值，是选用、安装和维护电动机的依据。

(1) 额定电压 U_N。额定电压是指在额定运行状态下运行时，加在电动机定子绕组上的线电压值，单位为 V 或 kV。

(2) 额定电流 I_N。额定电流是指在额定运行状态下运行时，流入电动机定子绕组中的线电流值，单位为 A 或 kA。

(3) 额定功率 P_N。额定功率是指在额定状态下运行时，转子轴上输出的机械功率，单位为 W 或 kW。

对于三相异步电动机，其额定功率为

$$P_N = \sqrt{3} U_N I_N \cos\varphi_N \eta_N \tag{4-4}$$

式中，η_N 为电动机的额定效率；$\cos\varphi_N$ 为电动机的额定功率因数。

(4) 额定频率 f_N。在额定状态下运行时，电机定子侧电压的频率称为额定频率，单位为 Hz。我国电网 $f_N = 50$Hz。

(5) 额定转速 n_N。额定转速指额定运行时电动机的转速，单位为 r/min。

3. 接线

接线是指在额定电压下运行时，电动机定子三相绕组有星形联结和三角形联结两种，如图 4-11 所示。

4. 防护等级

电动机外壳防护等级的标志，是以字母"IP"和后面的两位数字表示的。"IP"为国际防护的缩写。IP 后面第一位数字代表一种防护形式（防尘）的等级，共分 0～6 七个等级。

第二个数字代表第二种防护形式(防水)的等级,共分 0~8 九个等级,数字越大,表示防护的能力越强。

4.2.3　三相异步电动机的主要系列简介

我国统一设计和生产的异步电动机经历了三次换代。第一次是 1953 年设计的 J 系列和 JO 系列;第二次是 1958 年设计的 J_2 系列和 JO_2 系列;第三次是 20 世纪 70 年代设计的 Y 系列,从 20 世纪 80 年代开始,Y(IP23)系列替代 J_2 系列,Y(IP44)系列替代 JO_2 系列。

Y 系列是一般用途的小型笼形电动机系列,额定电压为 380V,额定频率为 50Hz,功率范围为 0.55~90kW,同步转速为 750~3000r/min,外壳防护形式为 IP44 和 IP23 两种,B 级绝缘。该系列产品具有效率高、节能、启动转矩大、噪声低、振动小等优点,其性能指标、规格参数和安装尺寸等完全符合国际电工委员会(IEC)标准,便于进出口产品的配套。

JDO_2 系列是小型三相多速感应电动机系列。它主要用于各式机床以及起重传动设备等需要多种速度的传动装置。

JR 系列是中型防护式三相绕线转子感应电动机系列,容量为 45~410kW。

YR 系列是一种大型三相绕线转子感应电动机系列,容量为 250~2500kW。

4.3 课题　三相异步电动机的定子绕组

三相异步电动机的绕组是实现机电能量转换的重要部件。绕组分为定子绕组和转子绕组,本节主要讨论三相定子绕组。定子绕组的作用是通电后建立旋转磁场,该旋转磁场切割转子导体,在转子导体中形成感应电流,彼此相互作用产生电磁转矩,使电机旋转,输出机械能。

三相异步电动机定子绕组的种类很多,按槽内层数分,有单层、双层和单双层混合绕组;按绕组端部的形状分,单层绕组又分为链式、交叉式和同心式;双层绕组又分为叠绕组和波绕组。

单层绕组和双层绕组相比,电气性能稍差,但槽利用率高,制造工时少,因此小容量电动机(P_N<10kW)一般采用单层绕组。

4.3.1　交流绕组的基本知识

1. 线圈

线圈也称元件,是构成绕组的最基本的元件,它可由一匝或多匝串联而成;多个线圈连接成一组就称为线圈组;由多个线圈或线圈组按照一定的规律连接在一起就形成一相绕组,三相异步电动机定子有三相绕组。

图 4-15 所示为常用的菱形线圈示意图。图中,线圈嵌入铁芯槽内的直线部分称为有效边,是进行电磁能量转换的部分;伸出槽外的部分称为端部,仅起连接作用。

2. 极距 τ

两个相邻磁极轴线之间沿定子铁芯内表面的距离称为极距 τ,极距一般用每个极面

下所占的槽数来表示。如图 4-16 所示,定子槽数为 Z_1,磁极对数为 p,则

$$\tau = \frac{Z_1}{2p} \quad (4-5)$$

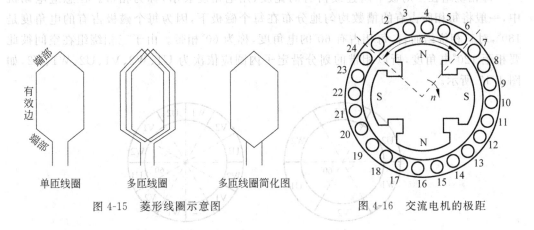

图 4-15　菱形线圈示意图　　　　图 4-16　交流电机的极距

3. 线圈节距 y_1

一个线圈的两个有效边之间所跨过的距离称为线圈的节距 y_1(对应直流电机的第一节距)。节距一般用线圈跨过的槽数来表示。为使每个线圈获得尽可能大的电动势或磁动势,节距 y_1 应等于或接近于极距。$y_1 = \tau$ 的绕组称为整距绕组,$y_1 < \tau$ 的绕组称为短距绕组,$y_1 > \tau$ 的绕组称为长距绕组。实际应用中,常采用短距和整距绕组,长距绕组一般不采用,因其端部较长,用铜量较多。

4. 机械角度和电角度

电动机圆周在几何上分成 360°,这称为机械角度。从电磁观点来看,若电动机的极对数为 p,则经过一对磁极,磁场变化一周,相当于 360°电角度。因此,电动机圆周按电角度计算就有 $p \times 360°$,即

$$电角度 = p \times 机械角度 \quad (4-6)$$

5. 槽距角 α

相邻两个槽之间的电角度称为槽距角 α。因为定子槽在定子内圆上是均匀分布的,所以若定子槽数为 Z_1,电机极对数为 p,则

$$\alpha = \frac{p \times 360°}{Z_1} \quad (4-7)$$

6. 每极每相槽数 q

每一个极下每相所占有的槽数称为每极每相槽数 q(也称为极相组),若绕组相数为 m_1,则

$$q = \frac{Z_1}{2m_1 p} \quad (4-8)$$

若 q 为整数称为整数槽绕组。若 q 为分数称为分数槽绕组。分数槽绕组一般用在大型、低速的同步电机中。对于三相电动机,上式中的 m_1 取 3;对于单相电动机,上式中的

m_1 取 2。

7. 相带

每相绕组在一对极下所连续占有的宽度（用电角度表示）称为相带。在感应电动机中，一般将每相所占有的槽数均匀地分布在每个磁极下，因为每个磁极占有的电角度是 180°，对三相绕组而言，每相占有 60°的电角度，称为 60°相带。由于三相绕组在空间彼此要相距 120°电角度，所以相带的划分沿定子内圆应依次为 U1、W2、V1、U2、W1、V2，如图 4-17 所示。

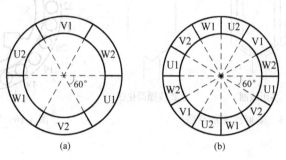

图 4-17　60°相带三相绕组

这样只要掌握了相带的划分和线圈的节距，就可以掌握绕组的排列规律。

4.3.2　单层绕组

1. 交流电动机绕组展开图的绘制方法

和前述直流电动机的电枢结构类似，只是交流电动机的定子绕组是嵌放在定子上的，用于嵌放定子绕组的槽是均匀地分布在定子内圆的圆周上，为了获得旋转磁场，三相绕组在空间上必须对称，即它们的相位在空间互差 120°电角度。图 4-18(a)所示的是最简单的 6 槽电动机的绕组分布图。由图可见，该电动机的磁极数 $2p=2$，每极每相槽数 $q=1$，即每个相带中只有一个槽，其中 U1、U2 的线圈边构成一相绕组，V1、V2 和 W1、W2 构成另外两相绕组。显然，它们在空间互差 120°电角度。图 4-18(b)所示为该电机绕组的展开图。

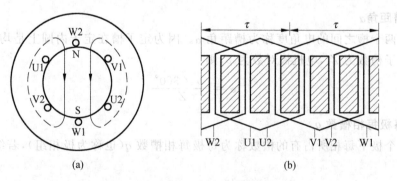

图 4-18　$2p=2$，$q=1$ 的单层绕组

从图 4-18 中可以看出，每个线圈的节距 y_1 都等于极距 τ，三个线圈的引出端 U1-U2，V1-V2，W1-W2 可以根据需要接成星形或三角形。

若定子槽数 $Z_1=12$，磁极数 $2p=4$，则每对极下将有 6 个槽，每极每相槽数 q 仍等于 1，每对极下的三相绕组的排列完全相同，相当于把图 4-18 所示的情况重复一次，其展开图如图 4-19 所示。这样，每相绕组就有两个线圈，它们可以并联，也可以串联。图 4-19 所示为串联联结的情况。

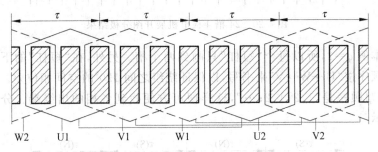

图 4-19　三相四极电动机的绕组展开图

$q=1$ 的绕组称为集中绕组，虽然结构简单，但电气性能较差（电动势和磁动势的波形不是正弦波），且定子铁芯的内圆没有得到充分利用，散热也困难，因此实际上应用很少。分析这种情况，仅仅是为了便于了解实际的三相交流绕组。

以上是对三相交流绕组结构和展开图的简单认识，要掌握三相交流绕组结构，还必须能够正确绘制其展开图，绘制绕组展开图一般步骤如下：

（1）分极。即根据公式 $\tau=\dfrac{Z_1}{2p}$ 计算极距，然后在图上标出，每一个磁极的极性可以任意假设。

（2）分相。即根据公式 $q=\dfrac{\tau}{m_1}$ 计算每极每相槽数，然后在图上从左向右对每一个磁极下的槽进行分段，每段即为一个极相组，把每个极相组都标上 U1、W2、V1、U2、W1、V2 等以区别各相绕组的位置。

（3）画电流方向。画电流方向的原则是每个极相组（一个 q）的电流方向一致，相邻极相组的电流方向相反。

（4）放置元件和接线。根据节距 y_1 和绕组的具体结构要求放置元件并连接端线及引线，绕组的首端从 U1、V1 和 W1 引出，尾端从 U2、V2 和 W2 引出。

2. 常见单层绕组

为了绕组展开图的具体画法，下面用一个实例详细分析单层绕组展开图的绘制过程。

【例 4-2】 设有一台 4 极电机，定子槽数 $Z_1=24$，试绘制其整距单层绕组展开图。

【解】 ① 分极：$\tau=\dfrac{Z_1}{2p}=\dfrac{24}{4}=6$，把 24 个槽平均分成 4 个磁极，磁极的极性可以任意假设，分极的结果如图 4-20 所示。

② 分相：$q=\dfrac{\tau}{m_1}=\dfrac{6}{3}=2$，分相的过程就是求得每极每相槽数 q，然后把它标在图中以便接线，为了明显起见，每一个 q 用一个"短杠"画在图上，"短杠"的长度就是 q 所占槽

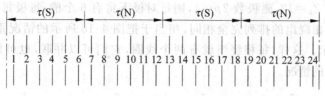

图 4-20　24 槽 4 极电机展开图分极结果

数的多少,本例 $q=2$,所以每个"短杠"只画到两个槽。另外,在"短杠"的下面还要标出"所属相",顺序按"U→W→V"来书写,以保证绕组之间 120°的空间相位差。对引线字母"脚标"的书写顺序是"1、2;1、2;…",这样便可方便找到各相的出线端。分相的结果如图 4-21 所示。

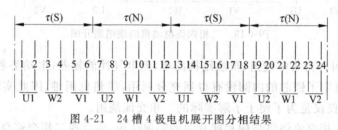

图 4-21　24 槽 4 极电机展开图分相结果

③ 画电流方向:依照上述"步骤(3)"的规则画出各槽的电流方向,如图 4-22 所示。

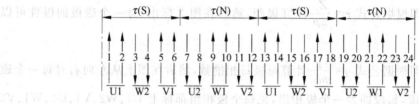

图 4-22　24 槽 4 极电机极相组的电流方向

④ 放置元件和接线:以 U 相为例,由于 $y_1=\tau=6$,若 U 相第一个元件的首边放在标有 U1 的第 1 槽,则尾边放在 1+6 等于第 7 槽,U 相第二个元件与第一个元件构成一个极相组,它们在绕制时一般不断开,所以第二个元件的首边应放在标有 U1 的第 2 槽,其尾边放在 2+6 等于第 8 槽;U 相第三个元件的首边放在标有 U1 的第 13 槽,则尾边放在 13+6 等于第 19 槽,U 相第四个元件与第三个元件也构成一个极相组,它们在绕制时一般也不断开,所以第四个元件的首边放在标有 U1 的第 14 槽,其尾边放在 14+6 等于第 20 槽。

U 相绕组共有 4 个元件,把它们从左向右顺电流方向依次串联起来,就构成了一相绕组(也可以看成是 8 个有效导体组串联而成),展开图如图 4-23 所示。图中构成一相绕组的 4 个线圈,其形状、大小是完全一样的,称为等元件绕组。又因为每个线圈的节距 y_1 都等于极距 τ,所以是一个整距绕组。

当电动机中有旋转磁场时,槽内导体将切割磁力线而感应电动势,U 相绕组的总电动势将是导体 1、2、7、8、13、14、19、20 的电动势之和(相量和)。由于导体相互串联,因此流经每个导体的电流都是相等的。显然,改变导体的连接次序,将不会影响每相电动势的

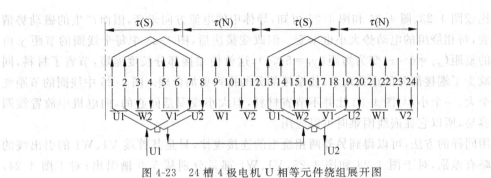

图 4-23 24 槽 4 极电机 U 相等元件绕组展开图

大小和导体中的电流大小。这样可以把图 4-23 所示的展开图改接成图 2-24 所示的情况，即把导体 2 和 7 相连，8 和 13 相连，14 和 19 相连，20 和 7 相连，同样构成四个线圈。虽然 1 和 13 不在同一对极下，但它们所处的磁场位置是相同的。改变接法后，为了维持导体中的电流方向不变，导体电动势仍是相加而不是相减，则线圈间的连接应由原来图 4-23 所示的"头-尾"相连变成图 4-24 所示的"尾-尾"相连、"头-头"相连。这种连接方式的绕组称为链式绕组。

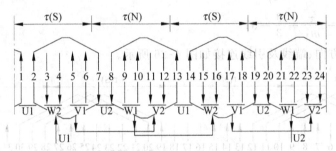

图 4-24 24 槽 4 极电机 U 相链式绕组展开图

同理，若把图 4-23 所示的展开图改接成图 4-25 所示的情况，即把导体 1 和 8 相连，2 和 7 相连，13 和 20 相连，14 和 19 相连，还是构成四个线圈。改变接法后，导体中的电流方向仍可不变，导体电动势仍是相加。但此时元件的大小不再相同，而是有两个大线圈，两个小线圈，大线圈和小线圈的中心是重合在一起的。这种连接方式的绕组称为同心式绕组。

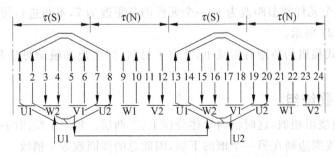

图 4-25 24 槽 4 极电机 U 相同心式绕组展开图

比较图 4-23、图 4-24 和图 4-25 可知,导体中的电流方向未变,因而产生的磁动势情况不变,每相绕组的电动势大小也未变。但改变接法后,图 4-23 中每个线圈的节距 y 由原来的整距($y_1=6=\tau$)变为短距($y_1=5<\tau$),这就使端接部分长度缩短,节省了材料,同时也减少了端接部分的重叠现象,使端接部分的排列更加合理。图 4-25 中线圈的节距变得一个大、一个小,与图 4-23 比并不节省材料,但大小线圈是同心的,向电机中放置线圈比较容易,所以它在嵌线困难时可以应用。

用同样的方法,可以得到另外两相绕组的连接规律,只是其首端 V1、W1 的引出线的位置略有差别,对于图 4-23 和图 4-25,V1、W1 都是分别从 5、9 槽引出;对于图 4-24,V1、W1 分别从 6、10 槽引出。一般当 $q=2$ 时,三相单层绕组都采用链式绕组。

必须指出,链式绕组的线圈虽然是短距的,但在电气性能方面和整距绕组一样,所以从电气性能来看,链式绕组仍然是一种整距绕组。

3. 交叉式绕组

【**例 4-3**】 设有一台 4 极电机,定子槽数 $Z_1=36$,试绘制其整距单层绕组展开图。

【**解**】 ① 分极:$\tau=\dfrac{Z_1}{2p}=\dfrac{36}{4}=9$;

② 分相:$q=\dfrac{\tau}{m_1}=\dfrac{9}{3}=3$;

③ 画电流方向、端线及引线连接如图 4-26 所示。

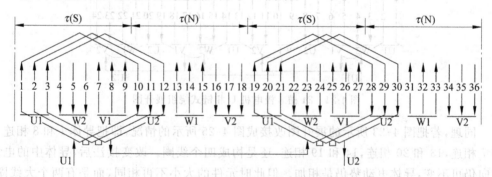

图 4-26 36 槽 4 极电机 U 相等元件绕组展开图

此时,U 相的 6 个元件的节距都等于 9,所以它仍是等元件绕组。若把每个极相组的 3 个元件中的两个元件的节距改为 8、一个元件的节距改为 7,重新进行接线,则成为交叉式绕组,如图 4-27 所示。

显然,交叉式绕组的节距有所减小,节省了材料,但电流和磁动势以及运行性能都没有改变。

4.3.3 双层叠绕组

和直流电枢绕组相似,这时槽内导体分作上、下两层。每一个线圈的一个边在一个槽的上层,另一个线圈边则在另一个槽的下层,因此总的线圈数等于槽数。

双层绕组相带的划分与单层绕组相同,现用一具体例子说明双层叠绕组的构成。

【**例 4-4**】 设一台 4 极电机,定子槽数 $Z_1=24$,试绘制其双层绕组展开图。

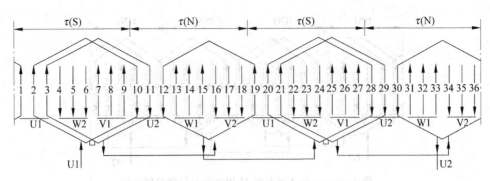

图 4-27 36 槽 4 极电机 U 相交叉式绕组展开图

【解】 ① 分极：$\tau = \dfrac{Z_1}{2p} = \dfrac{24}{4} = 6$；

② 分相：$q = \dfrac{\tau}{m_1} = \dfrac{6}{3} = 2$；

③ 画电流方向。

④ 端线及引线连接。以 U 相绕组为例：1 号元件的一个首边放在 1 号槽的上层,尾边则根据线圈节距的大小,放置在另一槽的下层边。若取整距绕组,即 $y_1 = 6$,所以 1 号元件的尾边应放在第 $1 + 6 = 7$ 号槽的下层。2 号元件的首边在 2 号槽的上层,尾边放在 $2 + 6 = 8$ 号槽的下层。

顺电流方向把各"极相组"依次串联起来即可得到 U 相绕组展开图。其他两相绕组也可按同样方法构成,如图 4-28 所示。

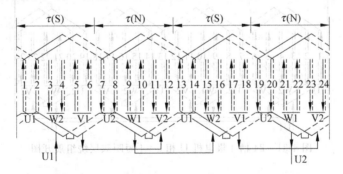

图 4-28 24 槽 4 极电机 U 相等距双层绕组展开图

在三相电机中,为改善磁动势的波形,减少谐波含量,常采用双层短距绕组,三相双层短距(取 $y_1 = 5$)叠绕组的展开图如图 4-29 所示。

当然,以上各"极相组"都是依次串联的,这时电机的并联支路数 $a = 1$,如果把各"极相组"进行不同方式的串并联,还可以得到不同的并联支路数,如图 4-30 和图 4-31 所示。

为提高槽的利用率和嵌线方便,简化绝缘结构,还可将 1 号和 7 号槽、13 号和 19 号槽的上下两层合并,构成单、双层绕组,如图 4-32 所示。

4.3.4 绕组圆形接线图

三相绕组的展开图,可以很清楚地表示出绕组的节距、线圈组数、每组线圈数、各相的

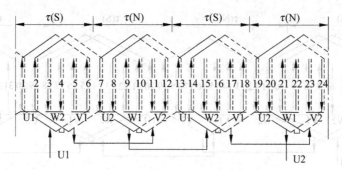

图 4-29 24 槽 4 极电机 U 相短距双层绕组展开图

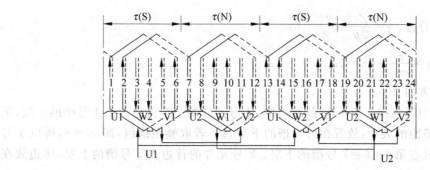

图 4-30 24 槽 4 极电机 U 相 $a=2$ 短距双层绕组展开图

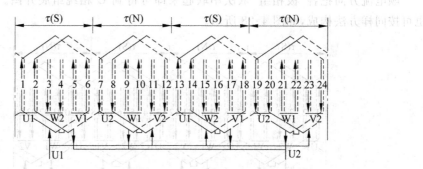

图 4-31 24 槽 4 极电机 U 相 $a=4$ 短距双层绕组展开图

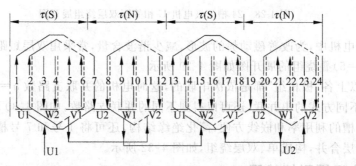

图 4-32 24 槽 4 极电机 U 相单、双层绕组展开图

头尾连接方法等。但由于线圈边的重叠,画起来比较复杂,因此在实际接线时,为了能清楚地看出各线圈组之间的连接方式,常采用一种简化了的圆形接线参考图。画接线图时,不管一个极相组内有几个线圈,每一个极相组都用一根带箭头的短圆弧线来表示,箭头所指的方向表示电流的正方向。

现以例 3-4 所给电机为例,说明接线图的画法,如图 4-33 所示。

(1) 将定子圆周按极相组平均分成 $2pm$ 段,每段表示一个极相组。对本例来说,三相共有 $2pm=2×2×3=12$ 个极相组,故图中有 12 段圆弧短线。

(2) 极相组的排列次序应与展开图一致。顺次给每个极相组编号,如第一个极相组为 U1,其次分别为 W2、V1、U2、W1、V2,以后重复 U1、W2、V1、U2、W1、V2。

(3) 三相绕组的首端应相隔 120°电角度,因而可确定:U 相的首端 U1 是极相组 U1 的头,V 相的首端 V1 是极相组 V1 的头,W 相的首端 W1 是极相组 W1 的头(逆时针排序)。

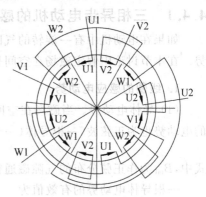

图 4-33 24 槽 4 极电机绕组圆形接线图

(4) 根据各极相组间的连接规则连接各相的极相组。

根据各相邻极相组要产生异极性的原则,绕组一般采用"首-首、尾-尾"的反串联接法。如果绕组是几路并联的,可以将每个支路各自串联后再并联起来,连接的方向应符合上述要求,如图 4-34 所示。

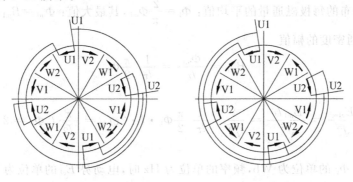

图 4-34 24 槽 4 极电机 $a=2$ 和 $a=4$ 时的绕组圆形接线图

显然,双层叠绕组的并联支路数 a 与极数 $2p$ 应满足 $\dfrac{2p}{a}=$ 整数,因此叠绕组的并联支路数最多等于极数 $2p$。

从展开图中可以看出,三相双层叠绕组的每个线圈的形状是一样的,所以是一种等元件绕组。当线圈节距改变时,槽内上、下层导体的电流关系将发生变化。在本例中取 $y_1=6=\tau$ 时,每个槽内上、下层导体中的电流是同相的;而取 $y_1=5<\tau$ 时,在某些槽内上、下层导体中的电流则是不同相的。在图 4-29 中,第 6 槽的上层是 V1-V2 相电流,而下层则是 U1-U2 相电流。槽内电流不同,使绕组磁动势的大小和波形都将发生变化(当线圈

节距改变时,绕组电动势的大小和波形也将发生变化)。采用适当的短距可以使绕组电动势和磁动势的波形接近于正弦波,因此 $P_N>10\text{kW}$ 的电动机都采用双层绕组。

4.4 课题 三相异步电动机的感应电动势和磁动势

4.4.1 三相异步电动机的感应电动势

如果在电动机中有一旋转的气隙磁场,则此旋转磁场必然会在定子绕组中感应电动势。在本节讨论中假定磁场在空间呈正弦分布,幅值不变。

1. 线圈的感应电动势

(1) 导体电动势。当磁场在空间呈正弦分布,并以恒定的转速 n_1 旋转时,导体感应的电动势也为正弦波,一根导体(一个有效边)的电动势最大值为

$$E_{c1m} = B_{m1} l v \tag{4-9}$$

式中,B_{m1} 为作正弦分布的气隙磁通密度的幅值。

一根导体电动势的有效值为

$$E_{c1} = \frac{E_{c1m}}{\sqrt{2}} = \frac{B_{m1} l v}{\sqrt{2}} \tag{4-10}$$

而导体的线速度

$$v = \frac{\pi D n_1}{60} = \frac{2 p \tau n_1}{60} = \frac{2 p \tau \frac{60 f_1}{p}}{60} = 2 \tau f_1$$

作正弦分布的每极磁通量的平均值:$\Phi_1 = \frac{2}{\pi} \Phi_{m1}$,其最大值:$\Phi_{m1} = B_{m1} S = B_{m1} l \tau$。

所以,气隙磁通密度的幅值

$$B_{m1} = \frac{\Phi_{m1}}{l \tau} = \frac{1}{l \tau} \frac{\pi}{2} \Phi_1 \tag{4-11}$$

则

$$E_{c1} = \frac{E_{c1m}}{\sqrt{2}} = \frac{B_{m1} l v}{\sqrt{2}} = \frac{1}{\sqrt{2}} \cdot \frac{1}{l \tau} \frac{\pi}{2} \Phi_1 \cdot l \cdot 2 \tau f_1 = \frac{\pi}{\sqrt{2}} f_1 \Phi_1 = 2.22 f_1 \Phi_1 \tag{4-12}$$

若取磁通 Φ_1 的单位为 Wb,频率的单位为 Hz 时,电动势 E_{c1} 的单位为 V。

(2) 整距线圈的电动势。设线圈的匝数为 N_c,每匝线圈都有两个有效边。对于整距线圈,如果一个有效边在 N 极的中心底下,则另一个有效边就刚好处在 S 极的中心底下,如图 4-35 所示。可见两有效边内的电动势瞬时值大小相等而方向相反。但就一个线圈来说,两个电动势正好相加。若把每个有效边的电动势的正方向都规定为从上向下(见图 4-35),则用相量表示时,两有效边的电动势 $\dot{E}_{c1}$ 和 $\dot{E}'_{c1}$ 的方向正好相反,即它们的相位差为 180°,于是每个线匝(一匝线圈)的电动势为

$$\dot{E}_{\tau 1} = \dot{E}_{c1} - \dot{E}'_{c1} = 2 \dot{E}_{c1} \tag{4-13}$$

有效值

$$E_{\tau 1} = 2 E_{c1} = 4.44 f \Phi_1 \tag{4-14}$$

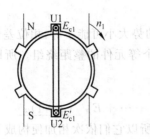 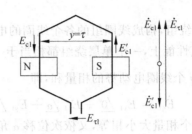

图 4-35 整距线圈的电动势

在一个线圈（N_c 匝）内，每一匝电动势在大小和相位上都是相同的，所以整距线圈的电动势

$$\dot{E}_{y1} = N_c \dot{E}_{t1} \tag{4-15}$$

有效值

$$E_{y1} = 4.44 f N_c \Phi_1 \tag{4-16}$$

（3）短距线圈的电动势。这时线圈节距 $y_1 < \tau$，如图 4-36 所示，则导体电动势 $\dot{E}_{c1}$ 和 $\dot{E}'_{c1}$ 的相位差不是 180°，而是相差 γ 角度，γ 是线圈节距 y_1 所对应的电角度。

$$\gamma = \frac{y_1}{\tau} \times 180° \tag{4-17}$$

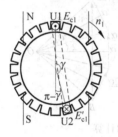 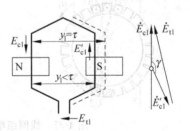

图 4-36 短距线圈的电动势

在图示转向下，$\dot{E}_{c1}$ 领先 $\dot{E}'_{c1}$，因此短距线圈匝电动势为

$$\dot{E}_{t1(y_1<\tau)} = \dot{E}_{c1} - \dot{E}'_{c1} = \dot{E}_{c1} + (-\dot{E}'_{c1}) \tag{4-18}$$

有效值

$$E_{t1(y_1<\tau)} = 2E_{c1} \cos\frac{180° - \gamma}{2} = 2E_{c1} \sin\frac{\gamma}{2} = 2E_{c1} K_{y1} \tag{4-19}$$

式中，K_{y1} 为短距因数，$K_{y1} = \sin\frac{\gamma}{2}$。

这样便可以得出短距线圈（N_c 匝）的电动势

$$E_{y1(y_1<\tau)} = N_c E_{t1} = 4.44 f N_c \Phi_1 K_{y1} \tag{4-20}$$

2. 线圈组电动势

无论是双层绕组还是单层绕组，每相绕组总是由若干个线圈组所组成，而每个线圈组又是由 q 个线圈串联而成的，每一个线圈的电动势大小是相等的，但相位则依次相差一个

槽距角 α。

对于单层绕组，构成线圈组的各个线圈的电动势大小可能不等，相位差也不等于槽距角 α，但在电气性能上，一个单层绕组都相当于一个等元件的整距绕组。所以线圈组的电动势 $\dot{E}_{q1}$ 应为 q 个线圈电动势的相量和，即

$$\dot{E}_{q1} = E_{y1}\underline{/0°} + E_{y1}\underline{/\alpha} + E_{y1}\underline{/2\alpha} + \cdots + E_{y1}\underline{/(q-1)\alpha}$$

由于这 q 个相量大小相等，又依次位移 α 角，所以它们依次相加便构成了一个正多边形的一部分，如图 4-37 所示（图中以 $q=3$ 为例）。图中 O 为正多边形外接圆的圆心，$\overline{OA} = \overline{OB} = R$ 为外接圆的半径，于是便可求得线圈组的电动势 E_{q1} 为

$$E_{q1} = E_{y1}\frac{\sin\frac{q\alpha}{2}}{\sin\frac{\alpha}{2}} = qE_{y1}\frac{\sin\frac{q\alpha}{2}}{q\sin\frac{\alpha}{2}} = qE_{y1}K_{q1} \tag{4-21}$$

即

$$E_{q1} = 4.44qN_cK_{y1}K_{q1}f_1\Phi_1 = 4.44f_1qN_c\Phi_1K_{W1} \tag{4-22}$$

式中，K_{W1} 为绕组因数，$K_{W1} = K_{y1}K_{q1}$；K_{q1} 为分布因数，$K_{q1} = \dfrac{\sin\dfrac{q\alpha}{2}}{q\sin\dfrac{\alpha}{2}}$。

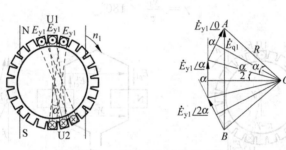

图 4-37 线圈组电动势的计算

3. 相电动势

每相绕组的电动势等于每一条并联支路的电动势。一般情况下，每条支路中所串联的几个线圈组的电动势都是大小相等，相位相同的，因此，可以直接相加。

对于双层绕组，每条支路由 $\dfrac{2p}{a}$ 个线圈组串联而成。

对于单层绕组，每条支路由 $\dfrac{p}{a}$ 个线圈组串联而成。

所以每相绕组电动势为：

双层绕组

$$E_{\Phi 1} = 4.44f_1qN_c\frac{2p}{a}\Phi_1K_{W1} \tag{4-23}$$

单层绕组

$$E_{\Phi 1} = 4.44f_1qN_c\frac{p}{a}\Phi_1K_{W1} \tag{4-24}$$

式中，$\frac{2p}{a}qN_c$ 和 $\frac{p}{a}qN_c$，分别表示双层绕组和单层绕组每条支路的串联匝数 N_1，这样就可写出绕组相电动势的一般公式

$$E_{\Phi 1} = 4.44 f_1 N_1 \Phi_1 K_{W1} \tag{4-25}$$

式中，N_1 为定子每相绕组的串联匝数。

4.4.2 三相异步电动机的磁动势

1. 单相绕组的磁动势——脉振磁动势

（1）整距线圈的磁动势。图 4-38(a) 所示为一台 2 极感应电动机的示意图，定子上有一个整距线圈 U1-U2，线圈中通以电流 I，在图示瞬间电流由 U2 流入，从 U1 流出，电流 I 所建立的磁场的磁力线分布如图中虚线所示，为一个 2 极磁场。

根据全电流定律，每根磁力线所包围的全电流均为

$$\oint H \cdot dl = \sum I = IN_c \tag{4-26}$$

式中，N_c 为线圈匝数，也就是线圈每一有效边的导体数。

为进一步分析绕组磁动势，将图 4-38(a) 展开为图 4-38(b)，取 U1-U2 线圈的轴线位置作为坐标原点。若略去铁芯磁阻，则线圈磁动势完全消耗在两个气隙中，显然整距线圈所产生的磁动势在空间的分布曲线为一矩形波，如图 4-38(b) 所示，幅值为 $\frac{1}{2}IN_c$，周期为 2τ。

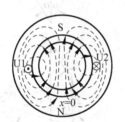
(a) 整距线圈所建立的磁场分布

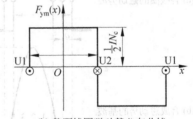
(b) 整距线圈磁动势分布曲线

图 4-38　整距线圈的磁动势 $q=1, y_1=\tau$

若线圈中的电流为交流电流，$i_c = \sqrt{2} I_c \cos\omega t$，则磁动势矩形波幅值的一般表达式为

$$f(x,t) = \frac{1}{2} \cdot \sqrt{2} I_c \cos\omega t N_c = \frac{\sqrt{2}}{2} N_c I_c \cos\omega t \tag{4-27}$$

它随时间的变化而作正弦变化，当电流为最大值时，矩形波的高度也为最大值 $F_{ym} = \frac{\sqrt{2}}{2} N_c I_c$，当电流改变方向时，磁动势也随之改变方向。因此，整距线圈所产生的磁动势在任何瞬间，空间的分布总是一个矩形波，而矩形波的高度（即幅值）则随电流的变化而变化。这种位置在空间固定，而幅值则随着时间在正、负最大值之间变化的磁动势称为脉振磁动势，幅值为 $F_{ym} = \frac{\sqrt{2}}{2} N_c I_c$，脉振的频率也就是线圈电流的频率。

对于一个空间按矩形规律分布的磁动势用傅氏级数进行分解，可得到一系列谐波。

按傅氏级数展开的磁动势可写成

$$F_{y(x)} = \frac{4}{\pi}\left(\cos\frac{\pi}{\tau}x - \frac{1}{3}\cos\frac{3\pi}{\tau}x + \frac{1}{5}\cos\frac{5\pi}{\tau}x - \frac{1}{7}\cos\frac{7\pi}{\tau}x + \cdots\right)$$

$$= F_{y1}\cos\frac{\pi}{\tau}x - F_{y3}\cos\frac{3\pi}{\tau}x + \cdots + F_{yv}\cos\frac{v\pi}{\tau}x\sin\frac{v\pi}{2} \tag{4-28}$$

式中，v 为 $1,3,5,\cdots$，表示谐波次数；$\sin\dfrac{v\pi}{2}$ 为该项前的符号。

其中基波磁动势的幅值为矩形波幅值的 $\dfrac{4}{\pi}$，即

$$F_{y1} = \frac{4}{\pi}F_{ym} = 0.9I_cN_c\cos\omega t \tag{4-29}$$

(2) 整距线圈组的磁动势。通过对绕组电动势的分析可知，无论是双层绕组还是单层绕组，每个线圈组都可以看成是由 q 个相同的线圈串联所组成，线圈之间依次相距一个槽距角 α。图 4-39 表示一个 $q=3$ 的整距线圈组，每个线圈中的电流都产生一个矩形的磁动势波，三个矩形波的幅值相等，在空间依次相隔 α 电角度。每个矩形波都可以用傅氏级数分解为基波和一系列谐波。三个基波幅值相等，在时间上同相，在空间则依次相差 α 电角度，如图 4-39(b) 中曲线 1、2、3 所示。

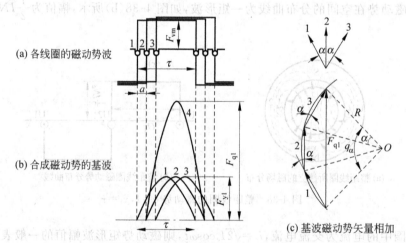

图 4-39　整距线圈的线圈组磁动势

将这三个基波磁动势逐点相加，便可得到基波合成磁动势，如图中曲线 4，它仍然是个正弦波，幅值为 F_{q1}，由于基波磁动势在空间按正弦规律分布，就可以用一空间矢量来表示，矢量的长度代表基波磁动势的幅值。这样线圈组基波合成磁动势的矢量就可以用 q 个（本例中 $q=3$）依次相差 α 电角度的基波磁动势矢量相加求得，如图 4-39(c) 所示。不难看出，用矢量相加求线圈组磁动势的方法与用电动势相量相加求分布绕组电动势的方法相同，这样即可求得

$$F_{q1} = F_{y1}\underline{/0} + F_{y1}\underline{/\alpha} + \cdots + F_{y1}\underline{/(q-1)\alpha} \tag{4-30}$$

幅值

$$F_{q1} = qF_{y1}K_{q1} = 0.9qI_cN_cK_{q1}\cos\omega t \tag{4-31}$$

式中，K_q 为基波的分布因数，$K_{q1} = \dfrac{\sin\dfrac{q\alpha}{2}}{q\sin\dfrac{\alpha}{2}}$。

和改善电动势波形一样，采用分布绕组可以削弱磁动势的高次谐波，改善磁动势波形，使之接近于正弦波。

(3) 短距线圈组的磁动势。图 4-40 绘出了双层短距叠绕组在一对极下属于同一相的两个线圈组，$q=3, \tau=9, y_1=8$。

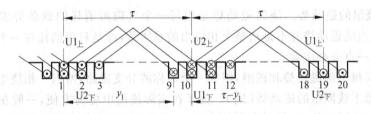

图 4-40　$q=3$，$y_1=8$ 的双层短距绕组中的一相的线圈组

线圈组的磁动势是由线圈电流产生的，磁动势的大小及波形仅取决于槽内线圈边中的电流，而与线圈边的连接次序无关，因此在讨论磁动势时，对于图 4-40 所示的线圈组可以用两个单层绕组的线圈组来等效，即上层边的线圈边组成一个 $q=3$ 的单层整距分布线圈组，下层边的线圈边也组成一个 $q=3$ 的单层整距分布的线圈组，如图 4-41(a)所示。

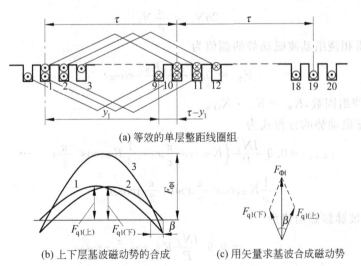

(a) 等效的单层整距线圈组

(b) 上下层基波磁动势的合成　　(c) 用矢量求基波合成磁动势

图 4-41　双层短距线圈组的基波磁动势

这两个线圈组在空间相差 β 电角度。不难看出，β 角即节距缩短所对应的电角度，即

$$\beta = \frac{\tau - y_1}{\tau}\pi = \left(1 - \frac{y_1}{\tau}\right)\pi \tag{4-32}$$

每个线圈组都可用求整距分布线圈磁动势的方法求得它们的基波和高次谐波。显

然，这两个线圈组的基波磁动势 $F_{q1上}$ 和 $F_{q1下}$，彼此相差 β 电角度，用矢量相加的方法，可求得两个线圈组的合成基波磁动势 $F_{\Phi1}$，由图 4-41(c) 可知

$$F_{\Phi1} = 2F_{q1}\cos\frac{\beta}{2} = 0.9 \times 2qN_c I_c K_{y1} K_{q1} \cos\omega t \tag{4-33}$$

式中，$K_{y1} = \cos\dfrac{\beta}{2} = \cos\left[\dfrac{1}{2}\left(\pi - \dfrac{y_1}{\tau}\pi\right)\right] = \sin\left(\dfrac{y_1}{\tau}90°\right)$ 称为基波磁动势的短距因数。

虽然采用分布短距绕组会使基波磁动势有所减小，但谐波磁动势却大大削弱，使总的磁动势波形更接近于正弦形，这也是在容量稍大的电动机中一般都采用双层分布短距绕组的原因。

(4) 相绕组的磁动势。绕组磁动势是用每一个气隙所消耗的磁动势求描述的。因此，一个相绕组的磁动势并不是指整个相绕组的总匝数，而是只指消耗在一个气隙中的合成磁动势，这一点务必注意。

因为每对极下的磁动势和磁阻，组成一个对称的分支磁路，所以一相绕组的磁动势也就等于一对极下线圈组的磁动势 (F_Φ)。为了在实际使用中更为方便，一般在公式中用相电流 I 和每相串联匝数 N_1 来代替线圈电流 I_c 和线圈匝数 N_c。若每相绕组的并联支路数为 a，则 $I_c = \dfrac{I}{a}$。

对于单层绕组

$$qN_c = \frac{a}{p}N_1$$

对于双层绕组

$$2qN_c = \frac{a}{p}N_1$$

由此可得相绕组基波磁动势的幅值为

$$F_{\Phi1} = 0.9\frac{IN_1 K_{W1}}{p}\cos\omega t \tag{4-34}$$

式中，K_{W1} 为绕组因数，$K_{W1} = K_{y1} \cdot K_{q1}$。

整个脉振磁动势的方程式为

$$f_{\Phi(x,t)} = 0.9\frac{IN_1}{P}\left(K_{W1}\cos\frac{\pi}{\tau}x - \frac{1}{3}K_{W3}\cos^3\frac{\pi}{\tau}x + \cdots \right.$$
$$\left. + \frac{1}{v}K_{Wv}\cos^v\frac{\pi}{\tau}x\sin^v\frac{\pi}{2}\right)\cos\omega t \tag{4-35}$$

其中，基波脉振磁动势为

$$f_{\Phi1(x,t)} = 0.9\frac{IN_1}{P}K_{W1}\cos\frac{\pi}{\tau}x\cos\omega t \tag{4-36}$$

在分析中，由于空间的坐标原点取在该相绕组的轴线位置上，这也就是说基波磁动势幅值所在的位置即为该相绕组的轴线位置。

2. 三相绕组的磁动势——旋转磁动势

三相绕组是由三个单相绕组 U、V、W 所构成，这三个单相绕组结构完全相同，只是在空间互差 120° 电角度。把三个单相绕组所产生的磁动势波逐点相加，就得到了三相绕组

的合成磁动势。下面用解析法进行分析、讨论。

因为 U、V、W 三个单相绕组在空间互差 120°电角度,流入三相绕组的电流为对称的三相电流,因此,它们产生的基波磁动势振幅所在位置在空间互差 120°,磁动势为最大值的时间也互差 120°。

若取 U 相绕组的轴线位置作为空间坐标的原点,以正相序的方向作为 x 的正方向,同时取 U 相电流达到最大值的瞬间作为时间的起点,则由式(4-35)即可写出 U、V、W 三相基波磁动势的表达式

$$
\left.\begin{aligned}
f_{U1} &= 0.9\,\frac{IN_1}{p}K_{W1}\cos\frac{\pi}{\tau}x\cos\omega t \\
f_{V1} &= 0.9\,\frac{IN_1}{p}K_{W1}\cos\left(\frac{\pi}{\tau}x-\frac{2}{3}\pi\right)\cos\left(\omega t-\frac{2}{3}\pi\right) \\
f_{W1} &= 0.9\,\frac{IN_1}{p}K_{W1}\cos\left(\frac{\pi}{\tau}x-\frac{4}{3}\pi\right)\cos\left(\omega t-\frac{2}{3}\pi\right)
\end{aligned}\right\} \quad (4\text{-}37)
$$

利用数学中的"积化和差"公式

$$\cos\alpha\cos\beta=\frac{1}{2}\left[\cos(\alpha-\beta)+\cos(\alpha+\beta)\right]$$

将式(4-36)改写为

$$
\left.\begin{aligned}
f_{U1} &= 0.45\,\frac{IN_1}{p}K_{W1}\left[\cos\left(\omega t-\frac{\pi}{\tau}x\right)+\cos\left(\omega t+\frac{\pi}{\tau}x\right)\right] \\
f_{V1} &= 0.45\,\frac{IN_1}{p}K_{W1}\left[\cos\left(\omega t-\frac{\pi}{\tau}x\right)+\cos\left(\omega t+\frac{\pi}{\tau}x-\frac{4}{3}\pi\right)\right] \\
f_{W1} &= 0.45\,\frac{IN_1}{p}K_{W1}\left[\cos\left(\omega t-\frac{\pi}{\tau}x\right)+\cos\left(\omega t+\frac{\pi}{\tau}x-\frac{8}{3}\pi\right)\right]
\end{aligned}\right\} \quad (4\text{-}38)
$$

三个等式右边第二项之和为零,于是三相基波合成磁动势为

$$f_1 = f_{U1}+f_{V1}+f_{W1} = 3\times 0.45\,\frac{IN_1}{p}K_{W1}\cos\left(\omega t-\frac{\pi}{\tau}x\right)=F_1\cos\left(\omega t-\frac{\pi}{\tau}x\right)$$
(4-39)

式中,F_1 为三相合成基波磁动势的幅值,$F_1=\frac{1}{2}0.9\,\frac{m_1IN_1K_{W1}}{p}=1.35\,\frac{IN_1}{p}K_{W1}$。

下面对式(4-39)作进一步的分析。

(1) 当 $\omega t=0$ 时,$f_1(x,0)=F_1\cos\left(-\frac{\pi}{\tau}x\right)$,当 $\omega t=\theta_0$ 时,$f_1(x,\theta_0)=F_1\cos\left(\theta_0-\frac{\pi}{\tau}x\right)$。图 4-42 画出了这两个瞬时基波磁动势的分布曲线。比较这两个磁动势波,可见磁动势的幅值未变,但 $f_1(x,\theta_0)$ 比 $f_1(x,0)$ 向前推进了 θ_0 电角度,所以 $f_1(x,t)$ 是一个幅值恒定,沿空间作正弦分布的行波。

由于定子内腔为圆柱形,所以 $f_1(x,t)$ 沿圆周的连续推移就成为旋转磁动势。

(2) 旋转磁动势波的旋转速度可以由波上任意一点的推移速度来确定。以波幅点为例进行考虑,其值恒为 F_1,由式(4-39)可知,在波幅点的这一时刻相当于 $\cos\left(\omega t-\frac{\pi}{\tau}x\right)=1$ 或 $\omega t-\frac{\pi}{\tau}x=0$,即

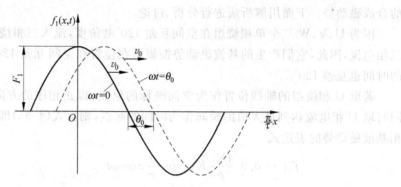

图 4-42 $\omega t=0$ 和 θ_0 两个瞬间磁动势 $f_1(x,t)$ 的分布

$$x = \frac{\tau}{\pi}\omega t \tag{4-40}$$

它表示波幅点离原点的距离与时间 t 的关系，对式(4-40)求导，就可以求出波幅点的移动速度 v。

$$v = \frac{dx}{dt} = \frac{\tau}{\pi}\omega = \frac{\tau}{\pi}2\pi f_1 = 2\tau f_1 \tag{4-41}$$

而

$$v = \frac{\pi D n_1}{60} = \frac{2p\tau n_1}{60}$$

所以

$$v = \frac{2p\tau n_1}{60} = 2\tau f_1 \Rightarrow n_1 = \frac{60f}{p} \tag{4-42}$$

n_1 称为同步转速，它仅与电流频率 f_1 和电动机的极对数 p 有关，其单位为 r/min（转/分）。

(3) 根据式(4-39)可知，当 $\omega t=0$ 时，U 相电流达最大值，此时 $f_1(x,t)=F_1\cos\left(-\frac{\pi}{\tau}x\right)$，在 $x=0$ 处，$f_1(0,0)=F_1$，说明此时幅值在 U 相绕组轴线上。

当 $\omega t=\frac{2}{3}\pi$ 时，V 相电流达最大值，此时 $f_1(x,t)=F_1\cos\left(\frac{2}{3}\pi-\frac{\pi}{\tau}x\right)$，说明幅值 F_1 应处于 $\frac{\pi}{\tau}x=\frac{2}{3}\pi$ 的电角度处，即位于 V 相绕组的轴线上。同理，当 $\omega t=\frac{4}{3}\pi$ 时，W 相电流达最大值，这时幅值 F_1 将位于 W 相绕组的轴线上。

于是可以得出如下结论：三相基波合成磁动势的振幅始终与电流达到最大值时的一相绕组的轴线重合。

(4) 根据上述结论，说明合成旋转磁动势的旋转方向决定于绕组中电流的相序，总是从电流超前相转向电流滞后相，如果改变绕组中电流的相序，就可以改变旋转磁动势的转向。

以上四点结论是在三相绕组中通入三相对称电流的情况下分析得出的。这时旋转磁动势波的幅值恒定不变，波幅的轨迹为一个圆，称为圆形旋转磁动势。相应的磁场就称为圆形旋转磁场。

4.5 课题　三相异步电动机的空载运行

三相异步电动机的定子和转子之间只有磁的耦合,没有电的直接联系,它是靠电磁感应作用,将能量从定子传递到转子的。这一点和变压器完全相似。三相异步电动机的定子绕组相当于变压器的一次绕组,转子绕组则相当于变压器的二次绕组。因此对三相异步电动机的运行分析,可以参照变压器的分析方法进行。

4.5.1　空载运行时的电磁关系

三相异步电动机的空载运行是指电动机的定子绕组接三相交流电源,轴上不带机械负载时的运行状态。

根据磁通经过的路径和性质的不同,异步电动机的磁通可分为主磁通和漏磁通两大类。

1. 主磁通和漏磁通

当三相异步电动机定子绕组通三相对称交流电时,将产生旋转磁动势,该磁动势产生的磁通绝大部分穿过气隙,并同时交链于定、转子绕组,这部分磁通称为主磁通,用 Φ_0 表示。其路径为:定子铁芯→气隙→转子铁芯→气隙→定子铁芯,构成闭合磁路。

主磁通同时交链定、转子绕组并在其中分别产生感应电动势。转子绕组为三相或多相短路绕组,在电动势的作用下,转子绕组中有电流通过。转子电流与定子磁场相互作用产生电磁转矩,实现异步电动机的机电能量转换。因此,主磁通起了转换能量的媒介作用。

除主磁通外的磁通称为漏磁通,用 Φ_σ 表示。漏磁通仅与定子绕组相交链,因此不能起能量转换的媒介作用,并且主要通过空气闭合,受磁路饱和的影响较小,在一定条件下,漏磁通的磁路可以看成线性磁路。

2. 空载电流和空载磁动势

当电动机空载,定子三相绕组接到对称的三相电源时,在定子绕组中流过的电流称为空载电流 I_0,其大小约为额定电流的 20%~50%。三相空载电流将产生一个旋转磁动势,称为空载磁动势,用 F_0 表示。

异步电动机空载运行时,由于轴上不带机械负载,其转速很高,接近同步转速,即 $n \approx n_1$,s 很小。此时定子旋转磁场与转子之间的相对速度几乎为零,于是转子感应电动势 $E_2 \approx 0$,转子电流 $I_2 \approx 0$,转子磁动势 $F_2 \approx 0$,所以空载时电动机气隙磁场完全由定子磁动势所产生。空载时的定子磁动势即为励磁磁动势,空载时的定子电流即为励磁电流。

与分析变压器时一样,空载电流 $\dot{I}_0$ 由两部分组成:一部分专门用来产生主磁通 $\dot{\Phi}_0$ 的无功分量 $\dot{I}_\mu$,另一部分专门用来供给铁芯损耗的有功分量电流 $\dot{I}_{Fe}$,即

$$\dot{I}_0 = \dot{I}_{Fe} + \dot{I}_\mu \tag{4-43}$$

由于 $\dot{I}_\mu \gg \dot{I}_{Fe}$,故空载电流基本上为无功性质的电流,即 $\dot{I}_0 \approx \dot{I}_\mu$。

4.5.2 空载时的定子电压平衡关系

设定子绕组上每相所加的端电压为 $\dot{U}_1$,相电流为 $\dot{I}_0$,主磁通 Φ_0。在定子绕组中感应的每相电动势为 $\dot{E}_1$,定子漏磁通在每相绕组中感应的电动势为 $\dot{E}_{\sigma 1}$,定子绕组的每相电阻为 r_1,类似于变压器空载时的一次侧,根据基尔霍夫第二定律,可以列出电动机空载时每相的定子电压平衡方程式

$$\dot{U}_1 = -\dot{E}_1 - \dot{E}_{\sigma 1} + \dot{I}_0 r_1 \qquad (4\text{-}44)$$

与变压器的分析方法相似,可写出

$$\dot{E}_1 = -j4.44 f_1 N_1 K_{W1} \dot{\Phi}_0 = -\dot{I}_0 (r_m + jX_m) \qquad (4\text{-}45)$$

$$\dot{E}_{\sigma 1} = -j\dot{I}_0 X_{\sigma 1} \qquad (4\text{-}46)$$

式中,$r_m + jX_m = Z_m$ 为励磁阻抗;r_m 为励磁电阻,是反映铁耗的等效电阻;X_m 为励磁电抗,与主磁通 Φ_0 相对应;$X_{\sigma 1}$ 为定子漏磁电抗,与漏磁通 $\Phi_{\sigma 1}$ 相对应。

于是电压方程式可改写为

$$\dot{U}_1 = -\dot{E}_1 + j\dot{I}_0 X_{\sigma 1} + \dot{I}_0 r_1 = -\dot{E}_1 + \dot{I}_0 Z_{\sigma 1} \qquad (4\text{-}47)$$

式中,$Z_{\sigma 1}$ 为定子漏阻抗,$Z_{\sigma 1} = r_1 + jX_{\sigma 1}$。

与变压器一样,励磁电阻 r_m 随电源频率和铁芯饱和程度的增大而增大,X_m 随铁芯饱和程度的增加急剧减小,因此励磁阻抗 Z_m 也不是一个常量。但是,电动机在实际运行时,电源电压波动不大,所以铁芯主磁通的变化也不大,Z_m 可基本认为是常量。

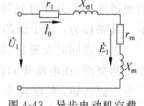

图 4-43 异步电动机空载时的等效电路

由式(4-47)和式(4-45),即可画出异步电动机空载时的等效电路,如图 4-43 所示。

4.6 课题 三相异步电动机的负载运行

负载运行是指异步电动机的定子外施对称三相电压,转子带上机械负载时的运行状态。

4.6.1 负载运行时的物理情况

当异步电动机带上机械负载时,转子转速下降,定子旋转磁场切割转子绕组的相对速度 $\Delta n = n_1 - n$ 增大,转子感应电动势 $\dot{E}_2$ 和转子电流 $\dot{I}_2$ 增大。此时,在定子三相电流 $\dot{I}_1$ 合成产生基波旋转磁动势 F_1(它是既有大小又有方向的矢量)的同时,转子对称的多相(转子为多相对称系统,一根鼠笼条即为一相;对于绕线式异步电动机,转子为三相系统。对称的多相绕组通以多相对称电流也将产生旋转磁场)电流 $\dot{I}_2$ 合成产生基波旋转磁动势 F_2,这两个旋转磁动势共同作用于气隙中,两者同速、同向旋转,处于相对静止状态,因此形成合成磁动势 F_0,其磁动势平衡方程式为

$$F_1 + F_2 = F_0 \qquad (4\text{-}48)$$

电动机在这个合成磁动势作用下,产生交链于定子绕组、转子绕组的主磁通 $\dot{\Phi}_0$,并分别在定子绕组、转子绕组中感应电动势 $\dot{E}_1$ 和 $\dot{E}_{2s}(\dot{E}_2)$,同时定、转子磁动势 F_1 和 F_2 还分别产生只交链于本侧的漏磁通 $\dot{\Phi}_{\sigma1}$ 和 $\dot{\Phi}_{\sigma2}$,感应出相应的漏磁电动势 $\dot{E}_{\sigma1}$ 和 $\dot{E}_{\sigma2}$。从电动机的能量转换过程看,它包括电能转换为磁场能→磁场能转换为电能→电能转换为机械能的三个过程,其中,在转子绕组中产生的感应电动势 $\dot{E}_{2s}$ 和转子电流 $\dot{I}_2$ 是能量转换的中间结果,由转子电流 $\dot{I}_2$ 产生的电磁转矩是能量转换的目的。

4.6.2 转子绕组各电磁量

转子不转时,气隙旋转磁场以同步转速 n_1 切割转子绕组,当转子以转速 n 旋转后,旋转磁场就以 n_1-n 的相对速度切割转子绕组。因此,当转子转速 n 变化时,转子绕组各电磁量将随之变化。

1. 转子电动势的频率

在频率为 f_1 的三相对称交流电流通入定子的三相对称绕组时,产生了速度为 n_1 的旋转磁场,且 $n_1=60f_1/p$,从该式可知,旋转磁场的转速与电源的频率成正比,反过来也可以说交流电的频率与磁场的转速成正比(交流发电机就是据此原理)。因此,在转子中产生的感应电动势的频率正比于导体与磁场的相对切割速度,而该相对切割速度就是同步转速 n_1 与电动机转子转速 n 之差,即 Δn,如果把它理解为转子磁场的转速 n_2,参照 $n_2=60f_2/p$ 则可求的转子电动势的频率为

$$f_2 = \frac{\Delta n \cdot p}{60} = \frac{sn_1 \cdot p}{60} = s\frac{n_1 \cdot p}{60} = sf_1 \tag{4-49}$$

式中,f_1 为电网频率,为一定值,故转子绕组感应电动势的频率 f_2 与转差率 s 成正比。

当转子不转(如启动瞬间)时,$n=0$,$s=1$,则 $f_2=f_1$,即转子不转时转子感应电动势频率与定子感应电动势频率相等;当转子接近同步转速(如空载运行)时,$n≈n_1$,$s≈0$,则 $f_2≈0$。异步电动机在额定情况运行时,转差率很小,通常在 0.01~0.06 之间,若电网频率为 50Hz,则转子感应电动势频率仅在 0.5~3Hz 之间,所以异步电动机在正常运行时,转子绕组感应电动势的频率很低。

2. 转子绕组的感应电动势

由前面分析可知,转子旋转时的转子绕组感应电动势 E_{2s} 为

$$E_{2s} = 4.44 f_2 N_2 K_{W2} \Phi_0 \tag{4-50}$$

若转子不转,其感应电动势频率 $f_2=f_1$,故此时感应电动势 E_2 为

$$E_2 = 4.44 f_1 N_2 K_{W2} \Phi_0 \tag{4-51}$$

由式(4-50)和式(4-51)可得

$$E_{2s} = sE_2 \tag{4-52}$$

当电源电压 U_1 一定时,Φ_0 就一定,故 E_2 为常数,则 $E_{2s} \propto s$,即转子绕组感应电动势也与转差率成正比。

当转子不转时,转差率 $s=1$,主磁通切割转子的相对速度最快,此时转子电动势最

大。当转子转速增加时,转差率将随之减小。因正常运行时转差率很小,故转子绕组感应电动势也就很小。

3. 转子绕组的漏阻抗

由于电抗与频率成正比,故转子旋转时的转子绕组漏电抗 $X_{\sigma 2s}$ 为

$$X_{\sigma 2s} = 2\pi f_2 L_2 = 2\pi s f_1 L_2 = sX_{\sigma 2} \tag{4-53}$$

式中,$X_{\sigma 2}$ 为转子不转时的漏电抗,$X_{\sigma 2} = 2\pi f_1 L_2$;$L_2$ 为转子绕组的漏电感。

显然,$X_{\sigma 2}$ 是个常数,故转子旋转时的转子绕组漏电抗也正比于转差率 s。

同样,在转子不转(如启动瞬间)时,$s=1$,转子绕组漏电抗最大。当转子转动时,它随转子转速的升高而减小。

转子绕组每相漏阻抗为

$$Z_{\sigma 2s} = r_2 + jX_{\sigma 2s} = r_2 + jsX_{\sigma 2} \tag{4-54}$$

式中,r_2 为转子绕组电阻。

4. 转子绕组的电流

异步电动机的转子绕组正常运行时处于短接状态,其端电压 $U_2=0$,所以,转子绕组电动势平衡方程为

$$\dot{E}_{2s} = \dot{I}_2 Z_{2s} \quad \text{或} \quad \dot{E}_{2s} = \dot{I}_2 r_2 + j\dot{I}_2 X_{\sigma 2s} = \dot{I}_2 r_2 + j\dot{I}_2 sX_{\sigma 2} \tag{4-55}$$

其电路如图 4-44 所示,转子每相电流 $\dot{I}_2$ 为

$$\dot{I}_2 = \frac{\dot{E}_{2s}}{Z_{2s}} = \frac{\dot{E}_{2s}}{r_2 + jX_{\sigma 2s}} = \frac{s\dot{E}_2}{r_2 + jsX_{\sigma 2}} \tag{4-56}$$

其有效值为

$$I_2 = \frac{sE_2}{\sqrt{r_2^2 + (sX_{\sigma 2})^2}} \tag{4-57}$$

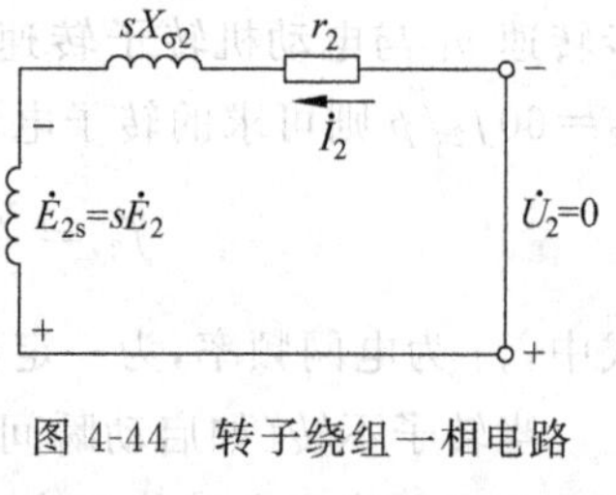

图 4-44 转子绕组一相电路

上式说明,转子绕组电流 I_2 也与转差率 s 有关。当 $s=0$ 时,$I_2=0$;当转子转速降低时,转差率 s 增大,转子电流也随之增大。

5. 转子绕组功率因数

$$\cos\varphi_2 = \frac{r_2}{\sqrt{r_2^2 + (sX_{\sigma 2})^2}} \tag{4-58}$$

式(4-58)说明,转子回路功率因数也与转差率 s 有关。当 $s=0$ 时,$\cos\varphi_2=1$;当 s 增加时,$\cos\varphi_2$ 则减小。

6. 转子旋转磁动势

异步电动机的转子为多相(或三相)绕组,它通过多相(或三相)电流,也将产生旋转磁动势,其性质如下:

(1) 幅值,$F_2 = 0.9 \times \frac{1}{2} \times \frac{m_2 N_2 K_{W2}}{p} I_2$。

(2) 转向与转子电流相序一致。转子电流相序与定子旋转磁动势方向一致,由此可知,转子旋转磁动势转向与定子旋转磁动势转向一致。

(3) 转子磁动势相对于转子的转速为

$$n_2 = \frac{60f_2}{p} = \frac{60sf_1}{p} = sn_1 = n_1 - n \tag{4-59}$$

即转子磁动势的转速也与转差率成正比。

由于转子磁动势相对于定子的转速为

$$n_2 + n = (n_1 - n) + n = n_1 \tag{4-60}$$

可见，无论转子转速怎样变化，定、转子磁动势总是以同速、同向在空间旋转，两者在空间始终保持相对静止。

综上所述，转子各电磁量除 r_2 外，其余各量均与转差率 s 有关，因此说转差率 s 是异步电动机的一个重要参数。转子各电磁量随转差率变化的情况如图 4-45 所示。

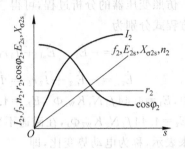

图 4-45 转子各电磁量随转差率的关系

4.6.3 负载运行时的基本方程式

1. 磁动势平衡方程式

如前所述，异步电动机负载运行时，定子电流产生定子磁动势 F_1，转子电流产生转子磁动势 F_2，这两个磁动势在空间同速、同向旋转，相对静止。F_1 与 F_2 的合成磁动势即为励磁磁动势 F_0，其磁动势平衡方程式(见式(4-48))，在式(4-48)中，每个磁动势与对应的相电流的关系分别为

$$F_1 = \frac{m_1}{2} 0.9 \frac{N_1 K_{W1}}{p} \dot{I}_1 \tag{4-61}$$

$$F_2 = \frac{m_2}{2} 0.9 \frac{N_2 K_{W2}}{p} \dot{I}_2 \tag{4-62}$$

$$F_0 = \frac{m_1}{2} 0.9 \frac{N_1 K_{W1}}{p} \dot{I}_0 \tag{4-63}$$

式中，m_1 为定子绕组的相数(三相电动机：$m_1=3$，单相电动机：$m_1=2$)；m_2 为转子绕组的相数(笼形电动机：$m_2=$ 鼠笼条数，绕线电动机：$m_2=m_1$)；N_1、N_2 分别为定、转子绕组的匝数(笼形电动机：$N_2=1/2$)。

将式(4-61)~式(4-63)代入磁动势平衡方程式(4-48)，经整理得电流平衡方程式

$$\dot{I}_1 + \frac{1}{k_i} \dot{I}_2 = \dot{I}_0 \tag{4-64}$$

式中，k_i 为异步电动机的电流变比，$k_i = \dfrac{m_1 N_1 K_{W1}}{m_2 N_2 K_{W2}}$。

式(4-64)可变换为

$$\dot{I}_1 = \dot{I}_0 + \left(-\frac{1}{k_i} \dot{I}_2\right) = \dot{I}_0 + (-\dot{I}_2') \tag{4-65}$$

上式说明，三相异步电动机负载运行时，定子电流 $\dot{I}_1$ 可看成两部分组成，一部分是励磁电流 $\dot{I}_0$，用以产生主磁通 $\dot{\Phi}_0$；另一部分是负载电流 $-\dot{I}_2'$，用以抵消转子电流 $\dot{I}_2$ 所产生的

磁效应。

2. 电动势平衡方程式

仿照变压器的分析过程,可得三相异步电动机负载运行时定子、转子绕组的电动势平衡方程式分别为

$$\dot{U}_1 = -\dot{E}_1 - \dot{E}_{\sigma1} + \dot{I}_1 r_1 = -\dot{E}_1 + j\dot{I}_1 X_{\sigma1} + \dot{I}_1 r_1 = -\dot{E}_1 + \dot{I}_1 Z_{\sigma1} \quad (4\text{-}66)$$

$$\dot{E}_{2s} = -\dot{E}_{\sigma2s} + \dot{I}_2 r_2 = \dot{I}_2 r_2 + j\dot{I}_2 X_{\sigma2s} = \dot{I}_2 Z_{\sigma2s} \quad (4\text{-}67)$$

式中, $E_1 = 4.44 f_1 N_1 K_{W1} \Phi_0$, $E_{2s} = 4.44 f_2 N_2 K_{W2} \Phi_0$, 在转子不转时, 转子绕组感应电动势为 $E_2 = 4.44 f_1 N_2 K_{W2} \Phi_0$, 在磁通不变的情况下 E_1 和 E_2 均为常数, 因此可将两者之比用 k_e 来表示, 称为电动势变比, 即

$$\frac{E_1}{E_2} = \frac{N_1 K_{W1}}{N_2 K_{W2}} = k_e \quad (4\text{-}68)$$

在变压器的分析过程中,曾涉及过变压器的变比 k, 而在电动机分析过程中,涉及了两个变比概念,即电流变比 k_i 和电动势变比 k_e, 在此应特别注意。

4.6.4 三相异步电动机负载运行时的等效电路

对笼形三相异步电动机,外串电阻 $R_P = 0$, 根据定、转子电路的电动势平衡方程式,可分别作出电动机的等效定、转子电路, 如图 4-46 所示。

由于图 4-46 所示的电动机电路定、转子电路的频率不同,要得到像变压器那样的 T 形等效电路, 首先必须进行频率折算, 然后再和变压器一样进行绕组折算。

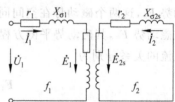

图 4-46 三相异步电动机的定子、转子电路

1. 频率折算

三相异步电动机的频率折算实质上就是用一个具有定子频率的等效转子电路去代换实际的转子电路。折算的原则是:保持转子电路对定子电路的电磁效应不变,等效转子电路的各种功率和损耗和实际转子电路一样。

因为 $f_2 = s f_1$, 当转子静止时, $f_2 = f_1$, 这说明转子频率和定子频率相等时, 转子是静止的, 所以要进行频率折算, 就需用一个静止的转子电路去代换实际转动的转子电路。

由式(4-56)可知,转子旋转时的转子电流为

$$\dot{I}_2 = \frac{\dot{E}_{2s}}{r_2 + jX_{2s}} = \frac{s\dot{E}_2}{r_2 + jsX_{\sigma2}} (\text{频率为 } f_2) \quad (4\text{-}69)$$

将上式分子、分母同除以 s, 得

$$\dot{I}_2 = \frac{\dot{E}_2}{r_2/s + jX_{\sigma2}} (\text{频率为 } f_1) \quad (4\text{-}70)$$

比较式(4-69)和式(4-70)可知,频率折算方法只要把原转子电路中的 r_2 变换为 r_2/s, 即在原转子旋转的电路中串一个 $\frac{r_2}{s} - r_2 = \frac{1-s}{s} r_2$ 的附加电阻即可, 如图 4-47 所示。由

此可知,变换后的转子电路中多了一个附加电阻 $\frac{1-s}{s}r_2$。实际旋转的转子在转轴上有机械功率输出并且转子还会产生机械损耗,而经频率折算后,因转子等效为静止状态,转子就不再有机械功率输出及机械损耗了,但却在电路中多了一个附加电阻 $\frac{1-s}{s}r_2$。根据能量守恒定律及总功率不变原则,该电阻所消耗的功率 $m_2 I_2^2 \frac{1-s}{s} r_2$ 就应等于转轴上的机械功率和转子的机械损耗之

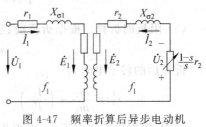

图 4-47 频率折算后异步电动机的定、转子电路

和,这部分功率称为总机械功率,附加电阻 $\frac{1-s}{s}r_2$ 称为模拟机械功率的等效电阻。

由图 4-47 可知,频率折算后的异步电动机转子电路和一个二次侧接有可变电阻 $\frac{1-s}{s}r_2$ 的变压器二次电路相似,因此从等效电路角度,可把 $\frac{1-s}{s}r_2$ 看做是异步电动机的"负载电阻",把转子电流 $\dot{I}_2$ 在该电阻上产生的电压降看成是转子回路的端电压,即 $\dot{U}_2 = \dot{I}_2 \frac{1-s}{s} r_2$,这样转子回路电动势平衡方程就可写成

$$\dot{E}_2 = \dot{U}_2 + \dot{I}_2 r_2 + j \dot{I}_2 X_{\sigma 2} \tag{4-71}$$

2. 转子绕组折算

通过频率折算,异步电动机的定子、转子绕组就相当于双绕组变压器的一、二次绕组。为了得到异步电动机的等效电路,可以仿照分析变压器的方法,对转子绕组进行折算,即用一个和定子绕组具有相同相数 m_1、匝数 N_1 及绕组系数 k_{W1} 的等效转子绕组来取代相数为 m_2、匝数为 N_2 及绕组系数 K_{W2} 的实际转子绕组。

为了区别起见,折算后的各转子物理量均加"′"表示。

(1) 电流的折算。根据折算前、后转子磁动势不变的原则,可得

$$\frac{m_2}{2} 0.9 \frac{N_2 K_{W2}}{p} I_2 = \frac{m_1}{2} 0.9 \frac{N_1 K_{W1}}{p} I_2'$$

折算后的转子电流为

$$I_2' = \frac{m_2 N_2 K_{W2}}{m_1 N_1 K_{W1}} I_2 = \frac{I_2}{k_i} \tag{4-72}$$

式中,$k_i = \frac{m_1 N_1 K_{W1}}{m_2 N_2 K_{W2}}$ 为前述已定义过的电流变比。

(2) 电动势的折算。根据折算前、后传递到转子侧的视在功率不变的原则,可得

$$m_2 E_2 I_2 = m_1 E_2' I_2'$$

折算后的转子电动势为

$$E_2' = \frac{m_2 I_2}{m_1 I_2'} E_2 = \frac{N_1 K_{W1}}{N_2 K_{W2}} E_2 = k_e E_2 \tag{4-73}$$

式中,$k_e = \frac{N_1 K_{W1}}{N_2 K_{W2}}$ 为前述已定义过的电动势变比。

根据式(4-68)及式(4-73)可得

$$E'_2 = k_e E_2 = \frac{E_1}{E_2} E_2 = E_1 \tag{4-74}$$

(3) 阻抗的折算。根据折算前、后转子铜损耗不变的原则,可得

$$m_2 I_2^2 r_2 = m_1 I'^2_2 r'_2$$

折算后的转子电阻为

$$r'_2 = \frac{m_2}{m_1} \cdot \left(\frac{I_2}{I'_2}\right)^2 r_2 = \frac{m_2}{m_1} \cdot \frac{m_1 N_1 K_{W1}}{m_2 N_2 K_{W2}} \cdot k_i r_2 = k_e k_i r_2 \tag{4-75}$$

同理,根据磁场储能不变,可得折算后的转子电抗为

$$X'_{\sigma 2} = k_e k_i X_{\sigma 2} \tag{4-76}$$

所以

$$Z'_{\sigma 2} = k_e k_i Z_{\sigma 2}$$

注意:折算只改变转子各物理量的大小,并不改变其相位。

3. T形等效电路

经过频率折算和绕组折算后,三相异步电动机的基本方程组变为

$$\left.\begin{array}{l}
\dot{U}_1 = -\dot{E}_1 + \dot{I}_1 r_1 + j\dot{I}_1 X_{\sigma 1} = -\dot{E}_1 + \dot{I}_1 Z_1 \\
\dot{U}'_2 = \dot{E}'_2 - \dot{I}'_2 r'_2 - j\dot{I}'_2 X'_{\sigma 2} \\
\dot{I}_1 + \dot{I}'_2 = \dot{I}_0 \\
\dot{E}_1 = \dot{E}'_2 \\
\dot{E}_1 = -\dot{I}_0 (r_m + jX_m) = -\dot{I}_0 Z_m \\
\dot{U}'_2 = \dot{I}'_2 \frac{1-s}{s} r'_2
\end{array}\right\} \tag{4-77}$$

根据基本方程式,再仿照变压器的分析方法,首先可画出异步电动机的等效定、转子电路如图 4-48(a)所示,然后再演变为图 4-48(b)所示的 T 形等效电路。

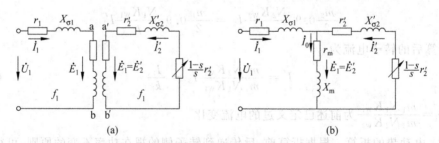

图 4-48 三相异步电动机的等效电路

4. 近似等效电路

T形等效电路为串、并联混联电路,计算比较麻烦,因此实际应用时常须进行简化。

在实际应用时,常把励磁支路前移到输入端,如图 4-49 所示。这样电路就简化为单纯的并联电路,使计算简单,这种等效电路称为异步电动机的近似等效电路。但根据此电

路算出的定、转子电流比用 T 形等效电路算出的稍大,且电动机越小,相对偏差越大。

注意:三相异步电动机的电动势平衡方程式和等效电路都是针对每相绕组而言的。

5. 三相异步电动机的相量图

根据折算后的电压方程式,和变压器一样,仍以磁通为参考相量,可以画出三相异步电动机的相量图,如图 4-50 所示。

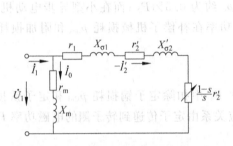

图 4-49 异步电动机的近似等效电路

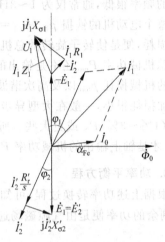

图 4-50 异步电动机的相量图

但需要注意,虽然前述对电动机定、转子的磁动势已进行了讨论,同时得出了二者的旋转速度相同,在空间相对静止的结论。但应明确,电动机在运行过程中,由于定、转子中电动势和电流的频率是不相同的,它们在相量图中的相位关系没有任何物理意义。

对折算后的电动机而言,转子是静止的,定、转子中电动势和电流的频率变得相同,因此该相量图可以反映感应电动机折算后的各物理量之间的关系,而且可以用电流代替磁动势的关系。

4.7 课题 三相异步电动机的功率平衡和转矩平衡

三相异步电动机的机电能量转换过程和直流电动机的相似,不过异步电动机中的电磁功率在定子绕组中发生,然后经由气隙送给转子,扣除一些损耗以后,从轴上输出。异步电动机在能量转换过程中产生的一些损耗,其种类与性质也和直流电动机相似。下面仅就功率转换过程加以说明,然后推导其功率平衡方程式和相应的转矩平衡方程式。

4.7.1 功率平衡方程

1. 功率转换过程

异步电动机运行时,定子从电网吸收电功率,转子向拖动的机械负载输出机械功率。电动机在实现机电能量转换的过程中,必然会产生各种损耗。根据能量守恒定律,输出功率应等于输入功率减去总损耗。

异步电动机负载运行时,由电网供给电动机的功率称为输入功率 P_1,P_1 的一小部分消耗在定子电阻上的定子铜损耗 p_{Cu1}，还有一小部分消耗在定子铁芯中的铁损耗 p_{Fe1}，其余的大部分电功率借助于气隙旋转磁场由定子传送到转子，这部分功率就是异步电动机的电磁功率 P_{em}。电磁功率 P_{em} 传递到转子以后，转子电流在转子电阻上又产生了转子铜损耗 p_{Cu2}。气隙旋转磁场在传递电磁功率的过程中，与转子铁芯存在着相对运动，在转子铁芯中引起铁损耗，但实际上由于电动机正常运行时，转差率很小，以致转子铁芯中磁通变化的频率很低，通常仅为 1~3Hz，所以转子铁损耗可以略去不计(即认为定子铁耗 p_{Fe1} 就是整个电动机的铁损 p_{Fe}，$p_{Fe1}=p_{Fe}$)。这样，从定子传递到转子的电磁功率仅需扣除转子铜损耗，便是使转子旋转的总机械功率 P_{mec}。

总机械功率 P_{mec} 还不是输出的机械功率，因为电动机运行时还有轴承和风阻等摩擦引起的机械损耗 p_{mec} 以及高次谐波和转子铁芯中的横向电流引起的附加损耗 p_s。电动机的附加损耗很小，一般在大型异步电动机中，p_s 约为 $0.5\%P_N$；而在小型异步电动机中，p_s 为 $(1\%~3\%)P_N$ 或更大些。所以，总机械功率在补偿了机械损耗 p_{mec} 和附加损耗 p_s 之后，才是轴上输出的机械功率 P_2。

2. 功率平衡方程

根据上述功率转换过程，可知从输入功率 P_1 中扣除定子铜损耗 p_{Cu1} 和定子铁损耗 p_{Fe}，剩余的功率便是由气隙磁场通过电磁感应关系由定子传递到转子侧的电磁功率 P_{em}，即

$$P_{em} = P_1 - (p_{Cu1} + p_{Fe}) \tag{4-78}$$

传递到转子的电磁功率扣除转子铜损耗为电动机的总机械功率 P_{mec}，即

$$P_{mec} = P_{em} - p_{Cu2} \tag{4-79}$$

总机械功率 P_{mec} 扣去机械损耗 p_{mec} 和附加损耗 p_s 才是电动机转轴上输出的机械功率 P_2，即

$$P_2 = P_{mec} - p_{mec} - p_s \tag{4-80}$$

可见异步电动机运行时，从电源输入电功率 P_1 到转轴上输出功率 P_2 的全过程为

$$P_2 = P_1 - p_{Cu1} - p_{Fe} - p_{Cu2} - p_{mec} - p_s = P_1 - \sum p \tag{4-81}$$

式中，$\sum p$ 为电动机的总损耗。

三相异步电动机的效率为

$$\eta = \frac{P_2}{P_1} \times 100\% \tag{4-82}$$

另外，由 T 形等效电路可知

$$P_1 = m_1 U_1 I_1 \cos\varphi_1 = \sqrt{3} U_1 I_1 \cos\varphi_1 \tag{4-83}$$

$$p_{Cu1} = m_1 r_1 I_1^2 \tag{4-84}$$

$$p_{Fe} = m_1 r_m I_0^2 \tag{4-85}$$

$$P_{em} = m_1 E_2' I_2' \cos\varphi_2 = m_1 I_2'^2 \frac{r_2'}{s} \tag{4-86}$$

$$p_{Cu2} = m_1 r_2' I_2'^2 \tag{4-87}$$

$$P_{mec} = m_1 \frac{1-s}{s} r_2' I_2'^2 \tag{4-88}$$

由式(4-86)和式(4-87)可得
$$p_{Cu2} = sP_{em} \qquad (4-89)$$

由式(4-86)和式(4-88)可得
$$P_{mec} = (1-s)P_{em} \qquad (4-90)$$

由式(4-89)和式(4-90)可知,由定子经空气隙传递到转子侧的电磁功率有一小部分 sP_{em} 转变为转子铜损耗 p_{Cu2},故转子铜损耗又称转差功率;其余绝大部分 $(1-s)P_{em}$ 转变为总机械功率。

异步电动机功率和能量转换的关系可形象地用功率流程图来表示,如图 4-51 所示。在该流程图中,全面反映了功率传递过程中,从电动机的输入功率 P_1 去掉定子铜损 p_{Cu1} 和定子铁损 p_{Fe} 之后的电磁功率 P_{em}→去掉转子铜损 p_{Cu2} 之后的总机械功率 P_{mec}→去掉机械摩擦损耗 p_{mec} 和附加损耗 p_s 之后的输出功率 P_2 等各部分功率之间的相互数量关系。可见,它们是密切联系的统一整体。在图中,还列入了功率与转矩有直接平衡关系的公式,以说明电动机实现电能向机械能的转化过程。

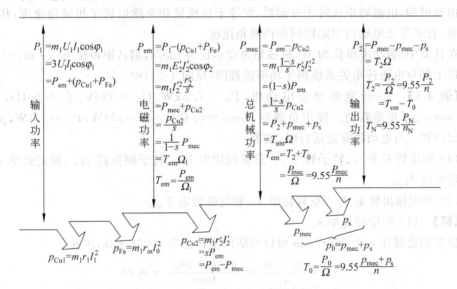

图 4-51 异步电动机功率流程图

4.7.2 转矩平衡方程

由动力学可知,旋转体的机械功率等于作用在旋转体上的转矩与其机械角速度 Ω 的乘积,将式(4-80)的两边同除以转子机械角速度 Ω 便得到稳态时异步电动机的转矩平衡方程式为

$$\frac{P_2}{\Omega} = \frac{P_{mec}}{\Omega} - \frac{p_{mec} + p_s}{\Omega}$$

即
$$T_{em} = T_2 + T_0 \qquad (4-91)$$

式中,T_{em} 为电动机的电磁转矩,$T_{em} = \frac{P_{mec}}{\Omega} = 9.55 \frac{P_{mec}}{n}$;$T_2$ 为电动机轴上输出的机械负

载转矩，$T_2 = \dfrac{P_2}{\Omega} = 9.55 \dfrac{P_2}{n}$；$T_0$ 为电动机的空载转矩，$T_0 = \dfrac{P_0}{\Omega} = 9.55 \dfrac{p_{mec} + p_s}{n}$。

式(4-91)说明，电磁转矩 T_{em} 与输出机械转矩 T_2 和空载转矩 T_0 相平衡。稳态运行时，电动机的输出转矩 T_2 也等于负载转矩 T_L，T_L 和 T_2 均为制动转矩，它们与驱动性质的电磁转矩 T_{em} 方向相反。

电动机在额定运行时，$P_2 = P_N$，$T_2 = T_N$，$n = n_N$，则

$$T_N = 9.55 \dfrac{P_N}{n_N} \qquad (4-92)$$

从式(4-90)可推得

$$T_{em} = \dfrac{P_{mec}}{\Omega} = \dfrac{(1-s)P_{em}}{\dfrac{2\pi n}{60}} = \dfrac{P_{em}}{\dfrac{2\pi n_1}{60}} = \dfrac{P_{em}}{\Omega_1} \qquad (4-93)$$

式中，Ω_1 为同步机械角速度，$\Omega_1 = \dfrac{2\pi n_1}{60}$ (rad/s)。

由此可知，电磁转矩从转子方面看，它等于总机械功率除以转子机械角速度；从定子方面看，它又等于电磁功率除以同步机械角速度。

在计算中，若功率单位为 W，机械角速度单位为 rad/s，则转矩单位为 N·m。

以上部分电磁转矩关系也画于功率流程图(见图 4-51)中。

【**例 4-5**】 一台笼形异步电动机，$P_N = 7.5\text{kW}$、$U_N = 380\text{V}$、$f_N = 50\text{Hz}$、$n_N = 960\text{r/min}$，定子星形联结。额定负载时 $\cos\varphi_N = 0.824$，$p_{Cu1} = 474\text{W}$，$P_{Fe} = 231\text{W}$，$p_{mec} + p_s = 82.5\text{W}$。当电动机额定运行时，试求：

(1) 额定转差率 s_N、转子频率 f_2、总机械功率 P_{mec}、转子铜损耗 p_{Cu2}、额定效率 η_N、定子额定电流 I_{1N}。

(2) 额定输出转矩 T_{2N}、空载转矩 T_0 和电磁转矩 T_{em}。

【**解**】 (1) 额定转差率 s_N

根据额定转速 $n_N = 960\text{r/min}$ 可以判断同步转速为 1000r/min，因此

$$s_N = \dfrac{n_1 - n}{n_1} = \dfrac{1000 - 960}{1000} = 0.04$$

转子频率　　　　$f_2 = sf_1 = 0.04 \times 50 = 2\text{Hz}$

总机械功率　　　$P_{mec} = P_N + P_{em} + p_s = 7500 + 82.5 = 7582.5\text{W}$

转子铜损耗　　　$p_{Cu2} = \dfrac{s}{1-s} P_{mec} = \dfrac{0.04}{1-0.04} \times 7582.5 \approx 315.9\text{W}$

额定效率　　　　$\eta_N = \dfrac{P_N}{P_1}$

而　　　　　　　$P_1 = p_{Cu1} + p_{Fe} + P_{em} = p_{Cu1} + p_{Fe} + p_{Cu2} + P_{mec}$
$$= 474 + 231 + 7582.5 + 315.9 = 8603.4\text{W}$$

$$\eta_N = \dfrac{P_N}{P_1} = \dfrac{7500}{8603.4} = 0.872$$

定子额定电流　　$I_{1N} = \dfrac{P_1}{\sqrt{3}U_1 \cos\varphi_1} = \dfrac{8603.4}{\sqrt{3} \times 380 \times 0.824} = 15.86\text{A}$

(2) 输出转矩　　$T_N = 9.55 \dfrac{P_N}{n_N} = 9.55 \times \dfrac{7500}{960} = 74.61 \text{N·m}$

空载转矩　　　$T_0 = 9.55 \dfrac{p_{mec} + p_s}{n_N} = 9.55 \times \dfrac{82.5}{960} = 0.82 \text{N·m}$

电磁转矩　　　$T_{em} = T_2 + T_0 = 74.61 + 0.82 = 75.43 \text{N·m}$

4.8 课题　三相异步电动机的工作特性

异步电动机的工作特性是指在额定电压和额定频率运行时,电动机的转速 n、电磁转矩 T_{em}、定子电流 I_1、功率因数 $\cos\varphi_1$、效率 η 与输出功率 P_2 之间的关系曲线,即 $U_1 = U_N$, $f_1 = f_N$ 时, n、I_1、$\cos\varphi_1$、T_{em}、$\eta = f(P_2)$。

1. 转速特性

电动机的转速 n 与输出功率 P_2 的关系曲线 $n = f(P_2)$ 称为三相异步电动机的转速特性。

由 $p_{Cu2} = sP_{em}$,可得

$$s = \dfrac{p_{Cu2}}{P_{em}} = \dfrac{m_1 r'_2 I'^2_2}{m_1 E'_2 I'_2 \cos\varphi_2}$$

空载时,$P_2 = 0$,转子电流很小,$I_2 \approx 0$,所以 $p_{Cu2} \approx 0$,$s \approx 0$,$n \approx n_1$。随着负载增加,即 P_2 的增大时,转子电流也增大,p_{Cu2} 和 T_{em} 也随之增大。因此,随着负载的增大,s 也增大,转速 n 则降低。额定运行时,转差率很小,一般 $s_N = 0.01 \sim 0.06$,相应的转速 $n = (1 - s_N)n_1 = (0.99 \sim 0.94)n_1$,与同步转速 n_1 接近,故转速特性 $n = f(P_2)$ 是一条稍向下倾斜的曲线,如图 4-52 所示,与并励直流电动机的转速特性极为相似,为硬特性。

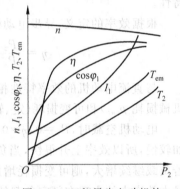

图 4-52　三相异步电动机的工作特性曲线

2. 定子电流特性

电动机的定子电流 I_1 与输出功率 P_2 的关系曲线 $I_1 = f(P_2)$ 为三相异步电动机的定子电流特性。

由电流平衡方程式 $\dot{I}_1 = \dot{I}_0 + (-\dot{I}'_2)$ 可知,当空载时,$\dot{I}'_2 \approx 0$,故 $\dot{I}_1 \approx \dot{I}_0$。负载时,随着输出功率 P_2 的增加,转子电流增大,于是定子电流负载分量也随之增大,来抵消转子电流产生的磁动势,以保持磁动势关系的平衡;当 P_2 增大到一定数值时,由于转子转速下降较多,转差率较大,转子功率因数较低,这时平衡较大的负载转矩需要更大的转子电流,因而 I_1 的增长比原先更快些。所以三相异步电动机的定子电流特性几乎是一条向上倾斜的直线,只是负载较大时,曲线开始向上弯曲,如图 4-52 所示。

3. 功率因数特性

电动机的定子功率因数 $\cos\varphi_1$ 与输出功率 P_2 的关系曲线 $\cos\varphi_1 = f(P_2)$ 为三相异步

电动机的功率因数特性。

三相异步电动机运行时需要从电网吸收感性无功功率来建立磁场,所以异步电动机的功率因数总是滞后的。

空载时,定子电流主要是无功励磁电流,因此功率因数很低,通常不超过 0.2。负载运行时,随着负载的增加,功率因数逐渐上升,在额定负载附近,功率因数达到最大值;超过额定负载后,由于转速降低,转差率 s 增大,转子功率因数 $\cos\varphi_2$ 下降较多,于是转子电流无功分量增大,相应的定子无功分量也增大,因此定子功率因数 $\cos\varphi_1$ 反而下降,如图 4-52 所示。对小型异步电动机,额定功率因数在 0.76~0.90 的范围内,因此电动机长期处于轻载或空载运行,是很不经济的。

4. 转矩特性

电动机电磁转矩 T_{em} 与输出功率 P_2 的关系 $T_{em}=f(P_2)$ 为三相异步电动机的转矩特性。

因负载转矩 $P_{em}=P_2/\Omega$,考虑到异步电动机从空载到满载过程中,转速 n 变化不大,可以认为 T_2 与 P_2 成正比,所以 $T_2=f(P_2)$ 近似于一直线。而 $T_{em}=T_0+T_2$,因 T_0 近似不变,所以 $T_{em}=f(P_2)$ 也近似于一直线,且斜率为 $1/\Omega$,如图 4-52 所示。

5. 效率特性

电动机的效率 η 与输出功率 P_2 的关系曲线 $\eta=f(P_2)$ 为三相异步电动机的效率特性。

根据效率的定义,异步电动机的效率为

$$\eta=\frac{P_2}{P_1}\times 100\%=\frac{P_2}{P_2+\sum p}\times 100\%$$

与直流电动机的效率特性相似,异步电动机中的损耗也可分为不变损耗(铁损耗 p_{Fe}、机械损耗 p_{mec})和可变损耗(定、转子铜损耗 p_{Cu1} 和 p_{Cu2}、附加损耗 p_s)两部分。

电动机空载时,$P_2=0$,$\eta=0$。当负载增加时,随着输出功率 P_2 的增大,可变损耗增加较慢,所以效率上升很快,当负载增大到使可变损耗等于不变损耗时,效率达最大值。若负载继续增大,则可变损耗增加很快,故效率反而随着降低。对于中小型异步电动机,最大效率大约出现在额定负载的 3/4 时,电动机容量越大,其效率越高。

由于额定负载附近的功率因数及效率均较高,因此电动机应运行在额定负载附近。若电动机长期欠载运行,效率及功率因数均低,很不经济。所以在选用电动机时,应注意其容量与负载相匹配。

4.9 课题 三相异步电动机的参数测定

利用等效电路计算感应电动机的运行特性时,必须知道电动机的参数 r_1、r_2'、$X_{\sigma 1}$、$X_{\sigma 2}'$、r_m 和 X_m,这些参数可以通过空载试验和堵转(短路)试验求得。

4.9.1 空载试验

空载试验的目的是测定励磁支路的参数 r_m、X_m 以及铁耗 p_{Fe} 和机械损耗 p_s。试验时,电动机空载,定子接到额定频率的三相对称电源,改变定子端电压的大小可测得对应的空载电流 I_0 和空载输入功率 P_0,绘出 $I_0 = f(U_1)$ 和 $P_0 = f(U_1)$ 两条曲线,如图 4-53 所示。

空载试验时,先测出电动机的定子相绕组电阻 r_1,然后,电动机轴上不带任何负载,定子接到额定频率的对称三相电源上,当电源电压达额定值时,让电动机运行一段时间,使其机械损耗达到稳定值。用调压器改变外加电压大小,使其从 $(1.1 \sim 1.3) U_{1N}$ 开始,逐渐降低电压,直到电动机转速发生明显变化为止。此过程共记录 7~9 组数据,每次记录端电压 U_1(相电压)、空载电流 I_0(相电流)、空载功率 P_0(三相总功率)和转速 n。

试验中应注意,记数开始后电压要单方向下调,并在额定点附近取点密一些,以保证试验的准确性。根据记录数据,画出异步电动机的空载特性曲线,如图 4-53 所示。

空载时,因为转子电流很小,转子铜耗可以不计,所以输入功率 P_0 完全消耗在定子铜耗 p_{Cu1}、铁耗 p_{Fe} 和机械损耗 p_{mec} 上。由于异步电动机的空载电流较大,空载时的定子铜损耗 p_{Cu1} 不能忽略,因此求励磁电阻 r_m 要先从空载损耗 P_0 中分离出铁损耗 p_{Fe}。方法是先从 P_0 中减去定子铜耗 p_{Cu1} ($p_{Cu1} = m_1 I_0^2 r_1$),这时得

$$P_0 - p_{Cu1} = p_{Fe} + p_{mec} = P_0' \tag{4-94}$$

其中 p_{Fe} 近似与电源电压 U_1 的平方成正比,当 $U_1 = 0$ 时,$p_{Fe} = 0$。而 p_{mec} 则与电压 U_1 无关,仅仅取决于电动机转速 n,在整个空载试验中可以认为转速 n 无显著变化,可以认为等于常数。因此若以 U_1^2 为横坐标,则 $P_0' = f(U_1^2)$ 近似为一条直线,此直线与纵坐标的交点,即表示 p_{mec} 的值,如图 4-54 所示。求得 p_{mec} 后,即可求出 $U_1 = U_{1N}$ 时的 p_{Fe} 值。

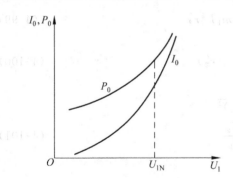

图 4-53 感应电动机的空载特性

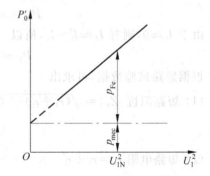

图 4-54 铁损耗与机械损耗的分离

根据空载试验,求得额定电压 U_{1N} 时的部分空载参数,即可算出

(1) 空载相阻抗 $|Z_0| = \sqrt{(r_1 + r_m)^2 + (X_{\sigma 1} + X_m)^2}$

$$|Z_0| = \frac{U_1}{I_0} \tag{4-95}$$

(2) 空载相电阻 $r_0 = r_1 + r_m$

$$r_0 = \frac{P_0 - p_{mec}}{m_1 I_0^2} \tag{4-96}$$

励磁电阻

$$r_m = r_0 - r_1 \quad \text{或} \quad r_m = \frac{p_{Fe}}{m_1 I_0^2} \tag{4-97}$$

(3) 空载相电抗 $X_0 = X_{\sigma 1} + X_m$

$$X_0 = \sqrt{|Z_0|^2 - r_0^2}$$
(4-98)

励磁电抗 X_m 需要通过短路实验在计算出定子漏抗 $X_{\sigma 1}$ 之后才能求得。

4.9.2 短路试验与短路参数的测定

对于异步电动机，短路是指 T 形等值电路中的附加电阻上 $\dfrac{1-s}{s}r_2' = 0$ 的状态。在这种情况下，$s=1, n=0$，即电动机在外施电压下处于静止状态。如果是绕线式异步电动机，转子绕组应予以短路（笼形电动机转子本身已短路），并将转子堵住不转，故短路试验又称为堵转试验。

为了在做短路试验时不出现过电流，应降低试验电压，试验电压 U_1 一般从 $0.4U_{1N}$ 开始，然后逐渐降低电压。为避免绕组过热烧坏，试验应尽快进行。每次记录电动机的外加电压 U_k、定子短路电流 I_k 和短路功率 P_k，从而画出电动机的短路特性曲线 $I_k = f(U_1)$ 和 $P_k = f(U_1)$，如图 4-55 所示。

电动机堵转时，由于堵转电压很低，磁通较低，因此励磁电流很小，$I_0 \approx 0$，可认为励磁支路开路，铁损忽略不计。定子全部的输入功率都消耗在定、转子的电阻上，即

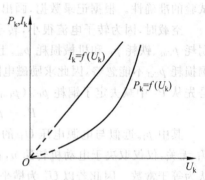

图 4-55 异步电动机的短路试验

$$P_k = m_1 I_1^2 r_1 + m_1 I_2'^2 r_2'$$
(4-99)

由于 $I_0 \approx 0$，则有 $I_1 \approx I_2' = I_k$，所以

$$P_k = m_1 I_k^2 (r_1 + r_2')$$
(4-100)

根据短路试验数据，可求出

(1) 短路阻抗 $|Z_k| = \sqrt{(r_1 + r_2')^2 + (X_{\sigma 1} + X_{\sigma 2}')^2}$

$$|Z_k| = \dfrac{U_k}{I_k}$$
(4-101)

(2) 短路电阻 $r_k = r_1 + r_2'$

$$r_k = \dfrac{P_k}{m_1 I_k^2}$$
(4-102)

(3) 短路电抗 $X_k = X_{\sigma 1} + X_{\sigma 2}'$

$$X_k = \sqrt{|Z_k|^2 - r_k^2}$$
(4-103)

从 r_k 中减去定子电阻 r_1 即得 r_2'，对于 $X_{\sigma 1}$ 和 $X_{\sigma 2}'$ 无法用实验的办法分开。对大中型异步电动机，可认为

$$X_{\sigma 1} = X_{\sigma 2}' = \dfrac{X_k}{2}$$
(4-104)

而对 $P_N < 100\text{kW}$ 的小型电动机：

当 $2p \leqslant 6$ 时

$$X_{\sigma 2}' = 0.67 X_k$$
(4-105)

当 $2p \geqslant 8$ 时

$$X'_{\sigma 2} = 0.57 X_k \tag{4-106}$$

必须指出,因短路参数受磁路饱和的影响,它的数值是随电流数值的不同而不同的,因此,根据计算目的的不同,应该选取不同的短路电流进行计算,例如求工作特性时,应取 $I_k = I_N$ 时的短路参数;计算最大转矩时,应取 $I_k = (2\sim 3)I_N$ 时的短路参数;而在进行启动计算时则应取对应于 $U_1 = U_{1N}$ 时的短路电流的参数。

思考题与习题

4.1 三相异步电动机的旋转磁场是怎样产生的?旋转磁场的转向和转速各由什么因素决定?

4.2 试述三相异步电动机的转动原理,并解释"异步"的含义。

4.3 什么是异步电动机的转差率?如何根据转差率来判断异步电机的运行状态?

4.4 试分析单相交流绕组、三相交流绕组所产生的磁动势有何区别?

4.5 简述三相异步电动机的基本结构和各部分的主要功能。

4.6 一台三相异步电动机 $P_N = 75\text{kW}, n_N = 975\text{r/min}, U_N = 3000\text{V}, I_N = 18.5\text{A}, f_N = 50\text{Hz}, \cos\varphi = 0.87$。试问:
  (1) 电动机的极数是多少?
  (2) 额定负载下的转差率 s 是多少?
  (3) 额定负载下的效率 η 是多少?

4.7 一台三角形联结的三相异步电动机,其 $P_N = 7.5\text{kW}, U_N = 380\text{V}, n_N = 1440\text{r/min}, \eta_N = 87\%, \cos\varphi_N = 0.82$。求其额定电流和对应的相电流。

4.8 一台三相异步电动机接于电网工作时,其每相感应电动势 $E_1 = 350\text{V}$,定子绕组的每相串联匝数 $N_1 = 132$ 匝,绕组因数 $k_{w1} = 0.96$,试问每极磁通 Φ_1 为多大?

4.9 三相异步电动机主磁通和漏磁通是如何定义的?主磁通在定、转子绕组中感应电动势的频率一样吗?两个频率之间数量关系如何?

4.10 异步电动机在启动及空载运行时,为什么功率因数较低?当满载运行时,功率因数为什么会较高?

4.11 为什么三相异步电动机励磁电流比相应三相变压器的大很多?

4.12 试说明异步电动机转轴上机械负载增加时,电动机的转速 n、定子电流 I_1 和转子电流 I_2 如何变化?为什么?

4.13 推导出三相异步电动机的等效电路时,转子边要进行哪些折算?折算的原则是什么?如何折算?

4.14 三相异步电动机在额定负载运行时,如果负载转矩不变,当电源电压降低时,电动机的 Φ_0、I_1、I_2、n 和 η 如何变化?为什么?

4.15 一台 6 极异步电动机额定功率 $P_N = 28\text{kW}$,额定电压 $U_N = 380\text{V}$,频率为 50Hz,额定转速 $n_N = 950\text{r/min}$,额定负载时 $\cos\varphi_1 = 0.88$,$p_{Cu1} + p_{Fe} = 2.2\text{kW}$,$p_{mec} = 1.1\text{kW}$,$p_s = 0$,试计算在额定负载时的 s_N、p_{Cu2}、η_N、I_1 和 f_2。

4.16 已知一台三相50Hz绕线转子异步电动机,额定数据为:$P_N=100\text{kW}$, $U_N=380\text{V}$, $n_N=950\text{r/min}$。在额定转速下运行时,机械损耗 $p_{mec}=0.7\text{kW}$,附加损耗 $p_s=0.3\text{kW}$。求额定运行时的:(1)额定转差率 s_N;(2)电磁功率 P_{em};(3)转子铜损耗 p_{Cu2};(4)输出转矩 T_2;(5)空载转矩 T_0;(6)电磁转矩 T_{em}。

4.17 一台三相四级Y联结的异步电动机 $P_N=10\text{kW}$, $U_N=380\text{V}$, $I_N=11.6\text{A}$ 额定运行时 $p_{Cu1}=560\text{W}$, $p_{Cu2}=310\text{W}$, $p_{Fe}=270\text{W}$, $p_{mec}=70\text{W}$, $p_s=200\text{W}$,试求额定运行时的:(1)额定转速 n_N;(2)空载转矩 T_0;(3)输出转矩 T_2;(4)电磁转矩 T_{em}。

4.18 已知一台三相异步电动机定子输入功率为60kW,定子铜损耗为600W,铁损耗为400W,转差率为0.03,试求电磁功率 P_{em}、总机械功率 P_{mec} 和转子铜损耗 p_{Cu2}。

4.19 一台 $P_N=5.5\text{kW}$, $U_N=380\text{V}$, $f_1=50\text{Hz}$ 的三相四极异步电动机,在某运行情况下,自定子方面输入的功率为 6.32kW, $p_{Cu1}=341\text{W}$, $p_{Cu2}=237.5\text{W}$, $p_{Fe}=167.5\text{W}$, $p_{mec}=45\text{W}$, $p_s=29\text{W}$。试绘出该电动机的功率流程图,并计算在该运行情况下,电动机的效率、转差率、转速、空载转矩、输出转矩和电磁转矩。

4.20 有一台四极异步电动机 $P_N=10\text{kW}$, $U_N=380\text{V}$, $f_1=50\text{Hz}$,转子铜损耗 $p_{Cu2}=314\text{W}$,附加损耗 $p_s=102\text{W}$,机械损耗 $p_{mec}=175\text{W}$,求电动机的额定转速及额定电磁转矩。

4.21 一台三相异步电动机,额定参数如下:$U_N=380\text{V}$, $f_1=50\text{Hz}$, $P_N=7.5\text{kW}$, $n_N=960\text{r/min}$,三角形接法,已知 $\cos\varphi_N=0.872$, $p_{Cu1}=470\text{W}$, $p_{Fe}=234\text{W}$, $p_m=45\text{W}$, $P_s=80\text{W}$,求:(1)电动机的极数;(2)额定负载时的转差率和转子频率;(3)转子铜耗;(4)效率。

模块 5

三相异步电动机的电力拖动

知识点

(1) 三相异步电动机的机械特性;
(2) 三相异步电动机的运行性能;
(3) 三相异步电动机的启动、制动和调速的方法及特点。

学习要求

(1) 具备绘制和分析三相异步电动机的机械特性曲线的能力;
(2) 具备描述三相异步电动机启动、制动、调速的过程、原理和特点的能力;
(3) 具备三相异步电动机启动、制动、调速的基本计算能力。

随着电力电子技术的发展和交流调速技术的日益成熟,使得异步电动机调速性能获得改善。目前,异步电动机的电力拖动已被广泛地应用在各个工业电气自动化领域中,并逐步成为电力拖动的主流。

本模块首先研究三相异步电动机的机械特性,然后以机械特性为理论基础,研究三相异步电动机的启动、制动和调速等问题。

5.1 课题 三相异步电动机的机械特性

5.1.1 电磁转矩的三种表达式

与直流电动机相同,三相异步电动机的机械特性也是指电动机的转速 n 与电磁转矩 T_{em} 之间的关系,即 $n=f(T_{em})$。因为异步电动机的转速 n 与转差率 s 之间存在着一定的关系,所以异步电动机的机械特性通常也可用 $T_{em}=f(s)$ 的形式表示。

三相异步电动机的电磁转矩有三种表达式,分别为物理表达式、参数表达式和实用表达式,现分别介绍如下。

1. 物理表达式

异步电动机的电磁转矩 T_{em} 是由主磁通与转子电流相互作用产生的,它的大小和电磁场传递的电磁功率成正比,即与主磁通及转子电流的有功分量的乘积成正比。电磁转矩的表达式为

$$T_{em} = C_T \Phi_m I_2' \cos\varphi_2 \tag{5-1}$$

式中，C_T 为转矩常数，$C_T = m_1 p N_1 K_{W1}/\sqrt{2}$，对于已制成的电动机。

物理表达式虽然反映了异步电动机电磁转矩产生的物理本质，但并没有直接反映出电磁转矩与电动机参数之间的关系。更没有明显地表示电磁转矩与转速之间的关系。因此，分析或计算异步电动机的机械特性时，一般不采用物理表达式，而是采用下面介绍的参数表达式。

2. 参数表达式

异步电动机的电磁转矩为

$$T_{em} = \frac{P_{em}}{\Omega_1} = \frac{m_1 I_2'^2 r_2'/s}{2\pi f_1/p} \tag{5-2}$$

根据近似等效电路得到

$$I_2' = \frac{U_1}{\sqrt{(r_1 + r_2'/s)^2 + (X_{\sigma1} + X_{\sigma2}')^2}} \tag{5-3}$$

将式(5-3)代入式(5-2)中，可以得到异步电动机机械特性的参数表达式

$$T_{em} = \frac{m_1 p U_1^2 r_2'/s}{2\pi f_1 [(r_1 + r_2'/s)^2 + (X_{\sigma1} + X_{\sigma2}')^2]} \tag{5-4}$$

由此可见，当 U_1 不变，频率 f_1 不变，电动机的参数（$r_1, r_2', X_1, X_{\sigma2}', p$ 及 m_1）为常值时，电磁转矩 T_{em} 与电源电压的平方（U_1^2）成正比，同时，电磁转矩 T_{em} 是转差率 s 的函数。当电动机的转差率 s（或转速 n）变化时，可由式(5-4)算出相应的电磁转矩 T_{em}，因而可以作出图 5-1 所示的机械特性曲线。

当 s 为某一个值时，电磁转矩 T_{em} 有一个最大值 T_m。

令 $dT_{em}/ds = 0$，可求得产生最大电磁转矩 T_m 时的转差率 s，称与最大转矩 T_m 对应的转差率 s 为临界转差率，用 s_m 表示。临界转差率为

$$s_m = \pm \frac{r_2'}{\sqrt{r_1^2 + (X_{\sigma1} + X_{\sigma2}')^2}} \tag{5-5}$$

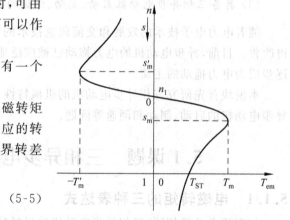

图 5-1 三相异步电动机的机械特性曲线

最大电磁转矩 T_m 为

$$T_m = \pm \frac{m_1 p U_1^2}{4\pi f_1 [\pm r_1 + \sqrt{r_1^2 + (X_{\sigma1} + X_{\sigma2}')^2}]} \tag{5-6}$$

以上两式中，正号对应于图 5-1 中的第 I 象限，即电动运行状态，负号则对应于图 5-1 中的第 II 象限，即发电运行状态。

通常 $r_1 \ll (X_{\sigma1} + X_{\sigma2}')$，故在定性分析问题时，有时将式(5-5)和式(5-6)中的 r_1 忽略，把该两式近似为

$$s_m \approx \frac{r_2'}{X_{\sigma1} + X_{\sigma2}'} \tag{5-7}$$

$$T_\mathrm{m} \approx \frac{m_1 p U_1^2}{4\pi f_1 (X_{\sigma 1} + X'_{\sigma 2})} \tag{5-8}$$

由式(5-7)和式(5-8)可以得出：

(1) 当电动机各参数与电源频率不变时，最大转矩 T_m 与电源电压的平方（U_1^2）成正比，而临界转差率 s_m 与电源电压 U_1 无关。

(2) 当电源频率、电压与电动机其他各参数不变时，临界转差率 s_m 与转子回路电阻 r'_2 成正比，而最大转矩 T_m 与转子回路电阻 r'_2 无关。

(3) 当电源频率及电压不变时，最大转矩 T_m 和临界转差率 s_m 都近似与漏电抗（$X_{\sigma 1} + X'_{\sigma 2}$）成反比。

对式(5-4)和机械特性曲线(见图 5-1)进行分析可知，在转差率 s 很小时（对应特性曲线的稳定工作区段），r'_2/s 远远大于 r_1 和 $X_{\sigma 1} + X'_{\sigma 2}$，若忽略 r_1 和 $X_{\sigma 1} + X'_{\sigma 2}$，可将式(5-4)写为

$$T_\mathrm{em} \approx \frac{m_1 p U_1^2}{2\pi f_1 r'_2} s \tag{5-9}$$

由此可见，在电动机的稳定工作区段，当电源电压和电动机参数不变的情况下，电磁转矩 T_em 与转差率 s 成正比，这也是一条重要结论。

T_m 是异步电动机可能产生的最大转矩。电动机运行时，若负载转矩短时突然增大且大于最大电磁转矩，则电动机将因承受不了负载转矩而停转。为了保证电动机不会因短时过载而停转，一般电动机都具有一定的过载能力。显然，最大电磁转矩愈大，电动机短时过载能力愈强，因此把最大电磁转矩与额定转矩之比称为电动机的过载能力，用 λ_m 表示，即

$$\lambda_\mathrm{m} = \frac{T_\mathrm{m}}{T_\mathrm{N}} \tag{5-10}$$

λ_m 是表征电动机运行性能的重要参数，它反映了电动机短时过载能力的大小。一般电动机的过载能力 $\lambda_\mathrm{m} = 1.8 \sim 3.0$，对于起重冶金机械专用电动机其 λ_m 可达 3.5。

除了最大转矩 T_m 以外，机械特性曲线（见图 5-1）上还反映了异步电动机的另一个重要参数，即启动转矩 T_ST，它是异步电动机接至电源开始启动瞬间的电磁转矩。将 $s=1$（$n=0$ 时）代入式(5-4)得启动转矩为

$$T_\mathrm{ST} = \frac{m_1 p U_1^2 r'_2}{2\pi f_1 [(r_1 + r'_2)^2 + (X_{\sigma 1} + X'_{\sigma 2})^2]} \tag{5-11}$$

由式(5-11)可以得出：

(1) 当电动机各参数与电源频率不变时，T_ST 与 U_1^2 成正比。

(2) 当电源频率及电压不变时，电抗参数（$X_{\sigma 1} + X'_{\sigma 2}$）愈大，$T_\mathrm{ST}$ 愈小。

(3) 当电源频率、电压与电动机其他各参数不变时，在一定范围（$s_\mathrm{m} \leqslant 1$）内增大 r'_2 时，T_ST 也增大。

由于 s 随 r'_2 正比增大，而 T_m 与 r'_2 无关，所以绕线转子异步电动机可以在转子回路串入适当的电阻来增大启动转矩，从而改善电动机的启动性能。如果在转子电路中串入一适当电阻使启动转矩增大到最大转矩，则此时临界转差率 $s_\mathrm{m} = 1$。

对于笼形异步电动机，无法在转子回路中串电阻，启动转矩大小只能在设计时考虑，

在额定电压下,其启动转矩 T_{ST} 是一个恒值。T_{ST} 与 T_N 之比称为启动转矩倍数 K_{ST},即

$$K_{ST} = \frac{T_{ST}}{T_N} \tag{5-12}$$

式中,K_{ST} 是表征笼形异步电动机性能的另一个重要参数,它反映了电动机启动能力的大小。显然,只有当启动转矩大于负载转矩,即 $T_{ST} > T_L$ 时,电动机才能启动起来。一般笼形异步电动机的 $K_{ST} = 1.0 \sim 2.0$,起重和冶金专用的笼形异步电动机,$K_{ST} = 2.8 \sim 4.0$。

3. 实用表达式

机械特性的参数表达式对于分析各种参数对机械特性的影响是很方便的。但是,由于在电动机的产品目录中,定子及转子的内部参数是查不到的,欲求得其机械的参数表达式显然是困难的。因此希望能够利用电动机的技术数据和铭牌数据求得电动机的机械特性,即机械特性的实用表达式。

在忽略 r_1 的条件下,用电磁转矩公式(5-4)除以最大转矩近似表达式(5-8),并考虑到临界转差率近似表达式(5-7),化简后可得电动机机械特性的实用表达式

$$T_{em} = \frac{2T_m}{\frac{s}{s_m} + \frac{s_m}{s}} \tag{5-13}$$

上式中的 T_m 和 s_m 可根据电动机额定数据用下述方法求出:

$$T_m = \lambda_m T_N = \lambda_m \times 9.55 \times \frac{P_N}{n_N} \tag{5-14}$$

若忽略 T_0,将 $T_{em} \approx T_N$,$s = s_N$ 代入式(5-13)中,可得

$$s_m = s_N(\lambda_m + \sqrt{\lambda_m^2 - 1}) \tag{5-15}$$

上述异步电动机机械特性的三种表达式,虽然都能用表征电动机的运行性能,但其应用场合各有不同。一般来说,物理表达式适用于对电动机的运行作定性分析;参数表达式适用于分析各种参数化对电动机运行性能的影响;实用表达式适用于电动机机械特性的工程计算。

5.1.2 固有机械特性

三相异步电动机的固有机械特性是指电动机在额定电压和额定频率下,按规定的接线方式接线,定子和转子电路不外接电阻或电抗时的机械特性,如图 5-2 所示。

为了描述机械特性的特点,下面对固有特性上的几个特殊点进行说明。

1. 启动点 A

电动机接通电源开始启动瞬间,其工作点位于 A 点,此时,$n=0$,$s=1$,$T_{em}=T_{ST}$。定子电流 $I_1 = I_{ST} = (4 \sim 7)I_N$($I_N$ 为额定电流)。

2. 最大转矩点 B

B 点是机械特性曲线中的线性段(D-B)与非线性段(B-A)的分界点,此时:$s = s_m$,$T_{em} = $

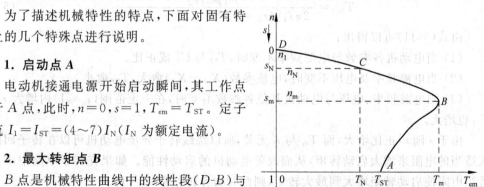

图 5-2 三相异步电动机的固有机械特性

T_m。通常情况下,电动机在线性段上工作是稳定的,而在非线性段上工作是不稳定的,所以 B 点也是电动机稳定运行的临界点,临界转差率 s_m 也是由此而得名。

3. 额定运行点 C

电动机额定运行时,工作点位于 C 点,此时:$n=n_N$,$s=s_N$,$T_{em}=T_N$,$I_1=I_N$。额定运行时转差率很小,一般来说,$s_N=0.01\sim0.06$,所以电动机的额定转速 n_N 略小于同步转速 n_1,这也说明了固有特性的线性段为硬特性。

4. 同步转速点 D

D 点是电动机的理想空载点,即转子转速达到了同步转速。此时:$n=n_1$,$s=0$,$T_{em}=0$,转子电流,$I_2=0$,显然,如果没有外界转矩的作用,异步电动机本身不可能达到同步转速点。

5.1.3 人为机械特性

三相异步电动机的人为机械特性是指人为地改变电源参数或电动机参数而得到的机械特性。由电磁转矩的参数表达式可知,人为地改变任何一个可以改变参数(U_1、f_1、p、r_1、X_1、r_2'、$X_{\sigma2}'$ 等),都可以得到不同的人为机械特性。这里介绍两种常见的人为特性。

1. 降低定子电压时的人为特性

如果在异步电动机的其他条件都与固定特性相同,仅人为地降低定子电压 U_1 时,T_{em}(包括 T_{ST} 和 T_m)与 U_1^2 成正比减小,s_m 和 n_1 与 U_1 无关而保持不变。因此,降低定子电压的人为机械特性是一组通过同步点的曲线族。图 5-3 绘出 $U_1=U_N$ 的固有机械特性和 $U_1=0.8U_N$ 及 $U_1=0.8U_N$ 时的人为机械特性。

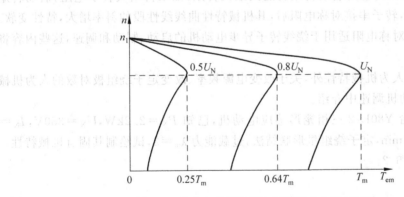

图 5-3 异步电动机降低电压时的人为机械特性

由图 5-3 可见,降低电压后的人为机械特性,其线性段的斜率变大,即特性变软。如果电动机在某一负载下运行,若降低电压 U_1,则电动机 n 降低,s 增大,转子电流将因转子电动势 $E_{2s}=sE_2$ 的增大而增大,从而引起定子电流增大,导致电动机过载。长期欠压过载运行,必然使电动机过热,电动机的使用寿命缩短。另外电压下降过多,可能出现最大转矩小于负载转矩,这时电动机将停转。

2. 转子电路串接对称电阻时的人为机械特性

在绕线转子异步电动机的转子三相电路中，可以串接三相对称电阻 R_s。由前面的分析可知，此时 n_1、T_m 不变，而 s_m 则随外接电阻 R_s 的增大而增大。其人为机械特性为一组通过同步点的曲线族，如图 5-4 所示。

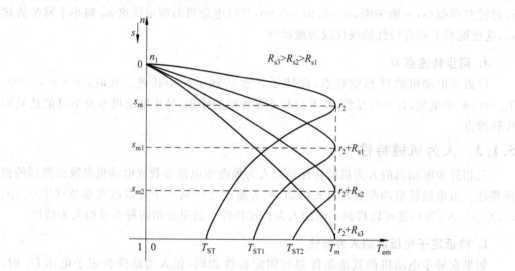

图 5-4 异步电动机转子串电阻时的机械特性

由图 5-4 可知，在一定范围内增加转子电阻，可以增大电动机的启动转矩。当所串接的电阻使其 $s_m=1$ 时，对应的启动转矩将达到最大转矩，如果再增大转子电阻，启动转矩反而会减小。另外，转子串接对称电阻后，其机械特性曲线线性段的斜率增大，特性变软。

转子电路串接对称电阻适用于绕线转子异步电动机的启动、制动和调速，这些内容将在以后讨论。

除了上述两种人为机械特性外，关于改变电源频率、改变定子绕组极对数的人为机械特性，将在异步电动机调速中介绍。

【**例 5-1**】 一台 Y80L-2 三相笼形感应电动机，已知 $P_N=2.2$kW，$U_N=380$V，$I_N=4.74$A，$n_N=2840$r/min，定子绕组星形联结法，过载能力 $\lambda_m=2$，试绘制其固有机械特性。

【**解**】 参照图 5-2。

D 点参数：
$$n_1 = 3000 \text{r/min}$$

C 点参数：
$$n_N = 2840 \text{r/min}$$

额定转差率
$$s_N = \frac{n_1 - n}{n_1} = \frac{3000 - 2840}{3000} = 0.053$$

电动机的额定转矩为
$$T_N = 9.55 \frac{P_N}{n_N} = 9.55 \times \frac{2200}{2840} = 7.40 \text{ N·m}$$

B 点参数：

电动机的最大转矩

$$T_\mathrm{m} = \lambda_\mathrm{m} T_\mathrm{N} = 2 \times 7.40 = 14.8\mathrm{N \cdot m}$$

临界转差率

$$s_\mathrm{m} = s_\mathrm{N}(\lambda_\mathrm{m} + \sqrt{\lambda_\mathrm{m}^2 - 1}) = 0.053 \times (2 + \sqrt{2^2 - 1}) = 0.198$$

将 T_m 和 s_m 代入电磁转矩的实用表达式，得到该电动机的固有机械特性方程式

$$T_\mathrm{em} = \frac{2 \times 14.8}{\dfrac{0.198}{s} + \dfrac{s}{0.198}}$$

把不同的 s 值代入上式，算得对应的 T_em 值，列于表 5-1。

表 5-1 s 与 T_em 的对应表

s	1.0	0.9	0.8	0.7	0.6	0.5	0.4	0.3	0.2	0.15	0.10	0.053
$T_\mathrm{em}/(\mathrm{N \cdot m})$	5.63	6.21	6.9	7.75	8.81	10.14	11.75	19.5	14.8	14.2	11.9	7.4

根据表 5-1 中 T_em 和 s 值，即可描点绘出电动机的固有机械特性曲线。其中 $s=1$ 所对应的数值即为 A 点参数。

因为参数 $X'_{\sigma 2}$ 实际上是个变值，另外，电磁转矩的实用表达式是在忽略定子电阻后推导出来的，所以用这种方法点绘的机械特性，其非工作部分与实际相差较远。为此，如果用电磁转矩的实用表达式直接求出 A 点参数，即采用"四点法"，然后定性地画出特性曲线，得到的效果与列表描点法相近，但会使特性曲线的绘制过程大为简化。

5.2 课题　三相异步电动机的启动

电动机的启动是指电动机接通电源后，由静止状态加速到稳定运行状态的过程。一般情况下，电力拖动系统对异步电动机的启动性能的要求是：启动电流要小，以减小对电网的冲击；启动转矩要大，以加速启动过程，缩短启动时间；同时启动设备尽可能简单、经济、操作方便。

本节分别介绍笼形异步电动机和绕线转子异步电动机的启动方法。

5.2.1　三相笼形异步电动机的启动

笼形异步电动机的启动方法有直接启动、降压启动和软启动三种启动方法。下面简要介绍前两种启动方法。

1. 直接启动

利用刀开关或接触器将电动机定子绕组直接接到额定电压的电网上，这种启动方法称为直接启动，也称全压启动。直接启动是一种最简单的启动方法，不需要复杂的启动设备。但是，它的启动电流大，因为启动时 $n=0$，$s=1$，转子电动势很大，所以转子电流很大，根据磁动势平衡关系，定子电流也必然很大。对于普通笼形异步电动机，启动电流可达额定电流的 4~7 倍。

对于经常启动的电动机,过大的启动电流对电网电压的波动及电动机本身均会带来不利影响。因此,直接启动一般只在小容量电动机中使用,一般 7.5kW 以下的电动机可采用直接启动。如果电网容量很大,就可允许容量较大的电动机直接启动。若电动机的启动电流倍数 k_i 满足电动机容量与电网容量的下列经验公式:

$$k_i = \frac{I_{ST}}{I_N} \leq \frac{1}{4}\left[3 + \frac{电网容量(kV \cdot A)}{电动机容量(kW)}\right] \qquad (5-16)$$

则电动机便可直接启动,否则应采用降压启动方法,通过降压,将启动电流限制到允许的范围内。

对于较小容量电动机(7.5kW),也可按经验简单估算,如果电动机的容量(kW)小于或等于电源(变压器)容量(kV·A)的 20% 时,可以频繁地直接启动;如果电动机的容量大于电源容量的 20% 但小于电源容量的 30% 时,允许不频繁地直接启动。

2. 降压启动

降压启动是指电动机在启动时降低加在定子绕组上的电压,待电动机转速上升到一定数值时,再使电动机承受额定电压,保证电动机在额定电压下稳定工作。降压启动虽然能降低电动机启动电流,但由于启动转矩与电压的平方成正比,因此降压启动时电动机的启动转矩减小较多,所以降压启动只适用于电动机空载或轻载启动。减压启动的方法有定子串电阻或电抗器的降压启动、Y-△降压启动、自耦变压器降压启动和延边三角形降压启动四种,下面介绍几种常见的降压启动方法。

(1) 定子串电阻或电抗器的降压启动。启动时,在定子回路中串入启动电阻或电抗器,启动电流在电阻或电抗器上产生压降,降低了定子绕组上的电压,从而减小了启动电流。启动后,切除电阻或电抗器,进入正常运行。

定子串电阻或电抗器的降压启动接线图如图 5-5 所示。启动时把转换开关 S_2 投向"启动"的位置,此时定子电路串入启动电阻或电抗器,然后闭合主开关 S_1,电动机开始旋转,待转速接近稳定转速时,把开关 S_2 投向"运行"的位置,使电源电压直接加到定子绕组上。

设电动机全压 U_N 启动时启动电流为 I_N,启动转矩为 T_N,串入电阻或电抗器后定子电压为 U_1',设

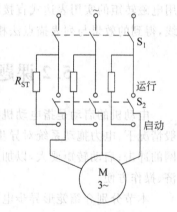

图 5-5 定子串电阻或电抗器的降压启动

$$\frac{U_1'}{U_N} = \frac{1}{\alpha} \qquad (5-17)$$

则根据 $I_{ST} \propto U_1, T_{ST} \propto U_1^2$ 可得定子串电阻或电抗器时的启动电流和启动转矩为

$$\frac{I_{ST}'}{I_{ST}} = \frac{1}{\alpha} \qquad (5-18)$$

$$\frac{T_{ST}'}{T_{ST}} = \frac{1}{\alpha^2} \qquad (5-19)$$

在采用电阻降压启动时,由于流过电阻的电流等于电动机的启动电流,所以耗能较大,因此一般仅用于较小容量的电动机,容量较大的电动机多采用电抗降压启动。由于电

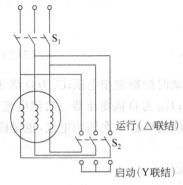

图 5-6　Y-△降压启动原理接线图

阻降压或电抗降压启动使能量损耗较多，故目前已被其他方法所取代。

(2) Y-D(有时也用 Y-△表示)降压启动。Y-D 降压启动，即星形-三角形降压启动，启动时定子绕组接成 Y 形，运行时定子绕组接成△形。此方法只适用于正常运行时定子绕组为三角形联结的电动机。启动接线原理图如图 5-6 所示。启动时先将开关 S_2 投向"启动"侧，将定子绕组接成星形(Y 接)，然后合上开关 S_1 进行启动。待转速上升至一定数值时，将 S_2 投向"运行"侧，恢复定子绕组为三角形(△)联结，使电动机在全压下运行。

下面讨论一下 Y-D 降压启动时启动电流和直接启动电流的关系。设电动机额定电压为 U_N，每相漏阻抗为 Z_σ，由近似等效电路可得：

Y 联结时的启动电流为

$$I_{STY} = \frac{U_N/\sqrt{3}}{Z_\sigma} \tag{5-20}$$

D 联结时的启动电流(线电流)，即直接启动电流为

$$I_{ST\triangle} = \sqrt{3}\frac{U_N}{Z_\sigma} \tag{5-21}$$

于是得到启动电流减小的倍数为

$$I_{STY} = \frac{1}{3}I_{ST\triangle} \tag{5-22}$$

根据 $T_{ST} \propto U_1^2$ 可得启动转矩减小的倍数为

$$\frac{T_{STY}}{T_{ST\triangle}} = \frac{U_N/\sqrt{3}}{\sqrt{3}U_N} = \frac{1}{3} \tag{5-23}$$

可见，Y-D 降压启动时，启动电流和启动转矩都降为直接启动时的 $\frac{1}{3}$。

Y-D 降压启动操作方便，启动设备简单，应用较广泛，但它仅适用于正常运行时定子绕组作三角形联结的电动机，且启动转矩小。对于一般用途的小型感应电动机，当容量大于 4kW 时，定子绕组的正常接法都采用三角形。

(3) 自耦变压器降压启动。自耦变压器降压启动是通过自耦变压器降低加到电动机定子绕组上的电压以减小启动电流，其接线原理图如图 5-7 所示。

启动时，把开关 S_2 投向"启动"侧，并合上开关 S_1，这时自耦变压器一次绕组加全电压，而电动机定子电压为自耦变压器二次抽头部分的电压，电动机在低压下启动。待转速上升至一定数值时，再把开关 S_2 切换到"运行"侧，切除自

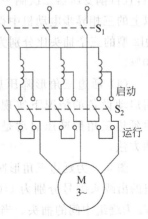

图 5-7　自耦变压器降压启动接线原理图

耦变压器，电动机在全压下运行。

设自耦变压器的变比为 k，则

$$k = \frac{U_N}{U'_1} = \frac{I'_{1ST}}{I'_{ST}} = \frac{N_1}{N_2} \tag{5-24}$$

式中，U_N 为自耦变压器一次侧相电压也是电动机直接启动时的额定相电压；U'_1 为自耦变压器的二次侧相电压，也是电动机降压启动时的相电压；I'_{1ST} 为自耦变压器二次侧电流，也是电压降至 U'_1 后，流过定子绕组的启动电流；I'_{ST} 为自耦变压器一次侧的电流，也是降压后电网供给的启动电流。

设电动机的短路阻抗为 Z_k，则直接启动时的启动电流为

$$I_{ST} = \frac{U_N}{Z_k} \tag{5-25}$$

降压后自耦变压器二次侧供给电动机的启动电流为

$$I'_{1ST} = \frac{U'_1}{Z_k} = \frac{U_N/k}{Z_k} \tag{5-26}$$

自耦变压器一次侧的电流，即电网提供的启动电流为

$$I'_{ST} = \frac{1}{k}I'_{1ST} = \frac{1}{k^2}\frac{U_N}{Z_k} \tag{5-27}$$

由式(5-26)、式(5-27)可得电网提供的启动电流减小倍数为

$$\frac{I'_{ST}}{I_{ST}} = \frac{1}{k^2} \tag{5-28}$$

启动转矩减小倍数为

$$\frac{T'_{ST}}{T_{ST}} = \left(\frac{U'_1}{U_N}\right)^2 = \frac{1}{k^2} \tag{5-29}$$

式(5-28)、式(5-29)表明，采用自耦变压器降压启动时，启动电流和启动转矩都降低到直接启动时的 $1/k^2$。

自耦变压器降压启动适用于容量较大的低压电动机，这种方法可获得较大的启动转矩，且自耦变压器二次侧一般有三个抽头，可以根据需要选用，故这种启动方法在10kW以上的三相异步电动机中得到了广泛应用。启动用自耦变压器有 QJ2 和 QJ3 两个系列。QJ2 型的三个抽头比分别为 55%、64%和 73%；QJ3 型的三个抽头比分别为 40%、60%和 80%。

(4) 延边三角形降压启动。三相笼形感应电动机采用 Y-D 启动，可在不增加专用启动设备的情况下实现减压启动，但其启动转矩只为额定电压下启动转矩的 1/3。而延边三角形减压启动是一种既不增加专用启动设备，又可提高启动转矩的减压启动方法。

图 5-8 为延边三角形减压启动电路，其中的电动机定子绕组拥有 9 个端头。各相绕组的出线头编号分别为 U(U_1, U_2, U_3)、V(V_1, V_2, V_3)、W(W_1, W_2, W_3)，其中 U_3、V_3、W_3 为绕组中间的抽头。当电动机定子绕组作延边三角形联结时，每相绕组承受的电压比角形联结时低，此时定子绕组相电压与线电压的关系取决于每相定子绕组两部分的匝数比。因此，改变延边部分与三角形联结部分的匝数比就可改变电动机相电压的大小，从

而达到改变启动电流的目的。但在一般情况下,电动机的抽头比已确定,故不可能获得更多或任意的匝数比。

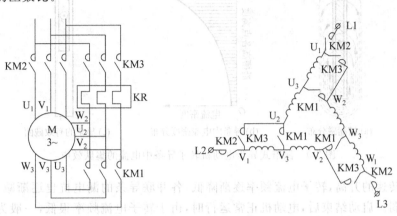

图 5-8 延边三角形减压启动电路原理图

由上分析可知,三相笼形感应电动机采用延边三角形减压启动,其启动转矩比采用 Y-D 减压启动时大,并且可在一定范围内选择。所以延边三角形减压启动具有 Y-D 减压启动时不增加专用设备的优点,又在一定程度上吸取了自耦变压器减压启动时转矩较大并可调节的优点。但要求电动机有 9 个出线头,存在接线麻烦等缺点。常用的延边三角形启动器有 XJ1 系列低压启动控制箱,它可用作延边三角形减压启动,也可用作 Y-D 减压启动,适用于 11~132kW 电动机的启动控制。

另外,随着科学技术的发展,笼形感应电动机的软启动设备已投入到生产实际当中,如磁控式、电子式软启动设备等,具有优越调速性能的变频器也被广泛采用。

笼形异步电动机的优点显著,但启动转矩较小、启动电流较大。为了改善这种电动机的启动性能,可以从转子槽形着手,设法利用"集肤效应",使启动时转子电阻增大,以增大启动转矩并减小启动电流,在正常运行时转子电阻又能自动减小。深槽式及双笼形异步电动机均可满足这种要求。

(1) 深槽式异步电动机。深槽式异步电动机的转子槽形深而窄,通常槽深与槽宽之比大到 10~12 或以上。当转子导条中流过电流时,槽漏磁通的分布如图 5-9(a)所示。由图可见,与导条底部相交链的漏磁通比槽口部分相交链的漏磁通多得多,因此若将导条看成是由若干个沿槽高划分的小导体(小薄片)并联而成,则越靠近槽底的小导体具有越大的漏电抗,而越接近槽口部分的小导体的漏电抗越小。在电动机启动时,由于转子的电流较高,转子导条的漏电抗较大,因而各小导体中电流的分配将主要决定于漏电抗,漏电抗越大则电流越小。这样在由气隙主磁通所感应的相同电动势的作用下,导条中靠近槽底处的电流密度将很小,而越靠近槽口则越大,因此沿槽高的电流密度分布如图 5-9(b)所示,这种现象称为电流的集肤效应,由于电流好像是被挤到槽口处,所以又称挤流效应。集肤效应的效果相当于减小了导条的高度和截面,如图 5-9(c)所示,增大了转子电阻,从而满足了启动的要求。

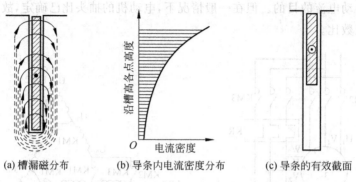

(a) 槽漏磁分布　　　(b) 导条内电流密度分布　　　(c) 导条的有效截面

图 5-9　深槽式异步电动机转子导条中电流的集肤效应

随着转速的升高,转子电流频率逐渐降低,各并联导条的漏电抗也逐渐减小,集肤效应逐渐减弱。启动结束后,电动机正常运行时,由于转子电流频率很低,一般为 1~3Hz,转子导条的漏电抗比转子电阻小得多,其电流密度主要决定于其电阻的大小,是转子电流均匀地分布在转子导条的整个截面上,集肤效应基本消失,转子导条电阻恢复(减小)为自身的直流电阻。可见,正常运行时,转子电阻能自动变小,从而满足了减小转子铜损耗,提高电动机效率的要求。

(2) 双笼形异步电动机。双笼形异步电动机的转子上有两套笼形绕组,即上笼和下笼,如图 5-10(a)所示。上笼导条截面积较小,并用黄铜或铝青铜等电阻系数较大的材料制成,电阻较大,但上笼交链的漏磁通少,漏电抗小;下笼导条的截面积较大,并用电阻系数较小的紫铜制成,电阻较小,但下笼交链的漏磁通多,漏电抗大。

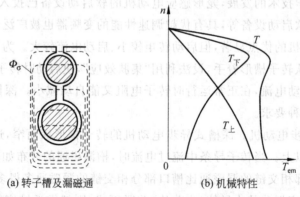

(a) 转子槽及漏磁通　　　(b) 机械特性

图 5-10　双笼形异步电动机转子槽形及机械特性

启动时,转子电流频率较高,转子漏电抗大于电阻,上、下笼的电流分配主要决定于漏电抗。由于下笼的漏电抗比上笼的大得多,电流主要从上笼流过。因此启动时上笼起主要作用,由于它的电阻较大,可以产生较大的启动转矩,限制启动电流,所以常把上笼称为启动笼。

正常运行时,转子电流频率很低,转子漏电抗远比电阻小,上、下笼的电流分配决定于电阻,于是电流大部分从电阻较小的下笼流过,产生正常运行时的电磁转矩,所以把下笼称为运行笼。

双笼形异步电动机的机械特性曲线可以看成是上、下笼两条特性曲线的合成，如图 5-10(b)所示。改变上、下笼的参数就可以得到不同的机械特性曲线，以满足不同的负载要求，这是双笼形异步电动机的一个突出优点。

双笼形异步电动机的启动性能比深槽异步电动机好，但深槽异步电动机结构简单，制造成本较低。它们的共同缺点是转子漏电抗较普通笼形电动机大，因此功率因数和过载能力都比普通笼形异步电动机低。

5.2.2 三相绕线转子异步电动机的启动

对于绕线转子异步电动机，若转子回路串入适当的电阻，既能限制启动电流，又能增大启动转矩，同时克服了笼形异步电动机启动电流大、启动转矩不大的缺点，这种启动方法适用于大、中容量异步电动机重载启动。绕线转子异步电动机的启动分为转子串电阻和转子串频敏变阻器两种启动方法。

1. 转子串电阻启动

为了在整个启动过程中得到较大的加速转矩，并使启动过程比较平滑，应在转子回路中串入多级对称电阻。启动时，随着转速的升高，逐段切除启动电阻，这与直流电动机电枢串电阻启动类似，称为电阻分级启动。图 5-11 为三相绕线转子异步电动机转子串接对称电阻分级启动的接线图和对应三级启动时的机械特性。

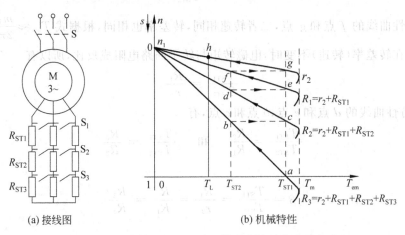

图 5-11 绕线转子异步电动机转子串接对称电阻启动

下面介绍转子串接对称电阻的启动过程和启动电阻的计算方法。

(1) 启动过程。启动开始时，图 5-11(a)中的开关 S 闭合，S_1、S_2、S_3 断开，启动电阻全部串入转子回路中，转子每相电阻为 $R_3 = r_2 + R_{ST1} + R_{ST2} + R_{ST3}$，对应的机械特性如图 5-11(b)中曲线 R_3。启动瞬间，转速 $n=0$，电磁转矩 $T_{em} = T_{ST1}$（T_{ST1} 称为最大加速转矩），因 T_{ST1} 大于负载转矩 T_L，于是电动机从 a 点沿转子回路电阻为 R_3 的特性曲线开始加速。随着转速 n 的上升，T_{em} 逐渐减小，当减小到 T_{ST2} 时(对应于 b 点)，触点 S_3 闭合，切除 R_{ST3}，切除电阻 R_{ST3} 时的转矩值 T_{ST2} 称为切换转矩。切除 R_{ST3} 后，转子每相电阻变为 $R_2 = r_2 + R_{ST1} + R_{ST2}$，对应的机械特性变为转子回路电阻为 R_2 的特性曲线，在切换瞬间，

转速 n 来不及突变，电动机的运行点由 b 点跃变到 c 点，T_{em} 由 T_{ST2} 跃升为 T_{ST1}。此后，n、T_{em} 沿转子回路电阻为 R_2 的特性曲线变化，待 T_{em} 又减小到 T_{ST2} 时（对应 d 点），触点 S_2 闭合，切除 R_{ST2}，此后转子每相电阻变为 $R_1 = r_2 + R_{ST1}$。电动机运行点由 d 点跃变到 e 点，工作点 $(n、T_{em})$ 沿转子回路电阻为 R_1 的特性曲线变化。最后在 f 点时，触点 S_1 闭合，切除 R_{ST1}，转子绕组被直接短路，电动机运行点由 f 点变到 g 点后沿固有特性加速到负载点 h 稳定运行，启动结束。

在启动过程中，一般取最大加速转矩 $T_{ST1} = (0.7 \sim 0.85) T_m$，切换转矩 $T_{ST2} = (1.1 \sim 1.2) T_N$。

启动电阻通常用高电阻系数合金或铸铁电阻片制成，在大容量电动机中，过去也有用水电阻的，但因腐蚀严重，维修困难，运行时电阻值稳定性差等原因而逐步退出。

(2) 启动电阻的计算。启动电阻的计算可以采用图解法和解析法，这里只介绍解析法。

由图 5-11(b) 可见，分级启动时，电动机的运行点在每条机械特性的线性段 $(0 < s < s_m)$ 上变化。根据式(5-9)，在每根机械特性曲线上，电磁转矩 T_{em} 与转差率 s 成正比，即 $T_{em} \propto s$；又根据机械特性的线性表达式可知，当电动机的最大转矩 T_m 保持不变，临界转差率 s_m 与转子电阻成正比变化。设 β 为启动转矩比，则

$$\beta = \frac{T_{ST1}}{T_{ST2}} \tag{5-30}$$

在特性曲线的 f 点和 g 点，二者转速相同，转差率也相同，根据式 $T_{em} \approx \dfrac{m_1 p U_1^2}{2\pi f_1 r_2'} s$，即式(5-9)，在转差率（转速）不变时，电磁转矩与转子回路电阻成反比，所以有

$$\frac{T_{ST1}}{T_{ST2}} = \frac{R_1}{r_2} \tag{5-31}$$

同理，在特性曲线的 d 点和 e 点；b 点和 c 点，有

$$\frac{T_{ST1}}{T_{ST2}} = \frac{R_2}{R_1} \quad \text{和} \quad \frac{T_{ST1}}{T_{ST2}} = \frac{R_3}{R_2} \tag{5-32}$$

因此

$$\beta = \frac{T_{ST1}}{T_{ST2}} = \frac{R_1}{r_2} = \frac{R_2}{R_1} = \frac{R_3}{R_2} \tag{5-33}$$

同时有

$$\frac{R_1}{r_2} \cdot \frac{R_2}{R_1} \cdot \frac{R_3}{R_2} = \frac{R_3}{r_2} = \beta^3 \Rightarrow \beta = \sqrt[3]{\frac{R_3}{r_2}} \tag{5-34}$$

若在计算中已知转子每相电阻 r_2 和启动转矩比 β 时，根据以上两式便可求出各级启动电阻。

启动转矩比 β 可以通过人为取定 T_{ST1} 和 T_{ST2} 来确定，但为了满足系统对加速度的要求和合理确定启动级数 m，有时需要在取定 T_{ST1} 后通过电动机的额定参数求得启动转矩比 β，然后再对切换转矩 T_{ST2} 验证，为此需要找出计算 β 的其他公式。

在图 5-11 的固有特性上，对于 h 和 g 点，它们都在特性曲线的线性工作区段，且转子电阻同为 r_2，因此，该两点对应的电磁转矩 T_{em} 与转差率 s 成正比，即 $T_{em} \propto s$，这时有

$$\frac{T_\text{N}}{s_\text{N}} = \frac{T_\text{ST1}}{s_\text{g}} \tag{5-35}$$

而在固有特性和初始加速的人为特性曲线上的 g 点和 a 点，对应的电磁转矩都是启动转矩 T_ST1，根据前面的分析结论可知，转差率与转子回路电阻成正比（同一转矩），因此有

$$\frac{s_\text{g}}{r_2} = \frac{s_\text{a}}{R_3} \tag{5-36}$$

在启动瞬间，转速 $n=0$，所以对应的转差率 $s_\text{a}=1$，因此可得

$$s_\text{g} = \frac{r_2}{R_3} = \frac{1}{\beta^3} \tag{5-37}$$

将其代入到式(5-35)中可得

$$\beta = \sqrt[3]{\frac{T_\text{N}}{s_\text{N} T_\text{ST1}}} \tag{5-38}$$

因此，结合式(5-34)和式(5-38)有

$$\beta = \sqrt[3]{\frac{R_3}{r_2}} = \sqrt[3]{\frac{T_\text{N}}{s_\text{N} T_\text{ST1}}} \tag{5-39}$$

当启动级数为 m 时，

$$\beta = \sqrt[m]{\frac{R_3}{r_2}} = \sqrt[m]{\frac{T_\text{N}}{s_\text{N} T_\text{ST1}}} \tag{5-40}$$

对于绕线电动机，转子的每相电阻 r_2 可以通过许多方法取得，如查阅产品目录和试验测定等，但在计算时往往是通过电动机的额定参数求取。

假设在转子回路串入某一电阻后，使电动机的启动转矩恰好等于额定转矩，把该电阻与转子固有电阻 r_2 之和定义为绕线电动机的转子额定电阻 R_2N，根据等效电路和电动势平衡方程式可得

$$R_\text{2N} = \frac{E_\text{2N}}{\sqrt{3} I_\text{2N}} \tag{5-41}$$

式中，E_2N 为转子回路的额定线电压（开路线电压）；I_2N 为转子回路的额定线电流（转子回路均接成 Y 结）。

把额定电阻 R_2N 所对应的人为特性与固有特性曲线相比较，在同一转矩（额定转矩）上，依据转差率与转子回路电阻成正比的结论可得

$$\frac{s_\text{N}}{r_2} = \frac{1}{R_\text{2N}} \Rightarrow r_2 = s_\text{N} R_\text{2N} \tag{5-42}$$

即

$$r_2 = s_\text{N} R_\text{2N} = s_\text{N} \frac{E_\text{2N}}{\sqrt{3} I_\text{2N}} \tag{5-43}$$

在实际应用中计算启动电阻时，启动级数 m 可能是已经确定，也可能是未知的，故计算启动电阻可分为两种情况。现分两种情况说明启动电阻的计算步骤。

(1) 已知启动级数 m，计算启动电阻的步骤介绍如下：

① 按要求在 $T_\text{ST1} = (0.7 \sim 0.85) T_\text{m}$ 的范围内选取 T_ST1。

② 计算 $\beta = \sqrt[m]{\dfrac{T_\text{N}}{s_\text{N} T_\text{ST1}}}$。

③ 校验 T_{ST2} 应满足 $T_{ST2} \geqslant (1.1 \sim 1.2)T_N$，如不满足，应重新选取较大的 T_{ST1} 值或增加启动级数 m。

④ 计算 $r_2 = s_N \dfrac{E_{2N}}{\sqrt{3}I_{2N}}$。

⑤ 计算各级启动电阻和各分段电阻。

$$\left.\begin{aligned} R_1 &= \beta r_2 \\ R_2 &= \beta^2 r_2 \\ &\vdots \\ R_m &= \beta^m r_2 \end{aligned}\right\} \tag{5-44}$$

$$\left.\begin{aligned} R_{ST1} &= R_1 - r_2 \\ R_{ST2} &= R_2 - R_1 \\ &\vdots \\ R_{STm} &= R_m - R_{m-1} \end{aligned}\right\} \tag{5-45}$$

(2) 当启动级数 m 未知时，计算启动电阻的步骤介绍如下：

① 按要求在 $T_{ST1} = (0.7 \sim 0.85)T_m$，$T_{ST2} = (1.1 \sim 1.2)T_N$ 的范围内预选 T_{ST1}、T_{ST2}。

② 计算 $\beta = \dfrac{T_{ST1}}{T_{ST2}}$。

③ 计算 $m = \dfrac{\lg\left(\dfrac{T_N}{s_N T_{ST1}}\right)}{\lg \beta}$，对 m 向上取整数（不是四舍五入）后，按 $\beta = \sqrt[m]{\dfrac{T_N}{s_N T_{ST1}}}$ 修正 β 值，并用新的 β 值按 $\beta = \dfrac{T_{ST1}}{T_{ST2}}$ 修正 T_{ST2} 值。

④ 计算 $r_2 = s_N \dfrac{E_{2N}}{\sqrt{3}I_{2N}}$。

⑤ 按式(5-44)、式(5-45)计算各级启动电阻和各分段电阻。

【例 5-2】 一台绕线转子异步电动机，$P_N = 28\text{kW}$，$n_N = 1420\text{r/min}$，$\lambda_m = 2$，$E_{2N} = 250\text{V}$，$I_{2N} = 71\text{A}$，启动级数 $m = 3$，负载转矩 $T_L = 0.5T_N$。求各级启动电阻。

【解】
$$s_N = \dfrac{n_1 - n}{n_1} = \dfrac{1500 - 1420}{1500} \approx 0.0533$$

$$r_2 = s_N \dfrac{E_{2N}}{\sqrt{3}I_{2N}} = 0.0533 \times \dfrac{250}{\sqrt{3} \times 71} \approx 0.108\Omega$$

取 $T_{ST1} = 1.7T_N$

$$\beta = \sqrt[m]{\dfrac{T_N}{s_N T_{ST1}}} = \sqrt[3]{\dfrac{T_N}{0.0533 \times 1.7T_N}} \approx 2.23$$

$$T_{ST2} = \dfrac{T_{ST1}}{\beta} = \dfrac{1.7T_N}{2.23} = 0.762T_N > (1.1 \sim 1.2)T_L$$

各级启动电阻为

$$R_1 = \beta r_2 = 2.22 \times 0.108 \approx 0.24\Omega$$

$$R_2 = \beta^2 r_2 = 2.22^2 \times 0.108 \approx 0.532\Omega$$
$$R_3 = \beta^3 r_2 = 2.22^3 \times 0.108 \approx 1.182\Omega$$

各段启动电阻为

$$R_{ST1} = R_1 - r_2 = 0.24 - 0.108 = 0.132\Omega$$
$$R_{ST2} = R_2 - R_1 = 0.532 - 0.24 = 0.292\Omega$$
$$R_{ST3} = R_3 - R_2 = 1.182 - 0.532 = 0.65\Omega$$

必须说明,对于用在桥式起重机和冶金等机械上的绕线转子感应电动机,它们的启动、调速用的电阻大小均已标准化,并与所有控制器及电动机配合成套,可以根据电动机的大小,直接从有关产品目录或手册中查得,但是要注意的是这些电阻值并非按上述方法计算而得。另外,本书只是对转子绕组串三相对称电阻的启动进行了分析。实际应用中,也可串不对称电阻启动,请见有关书籍。

2. 转子串接频敏变阻器启动

绕线转子异步电动机采用转子串接电阻启动时,若想在启动过程中保持有较大的启动转矩且启动平稳,则必须采用较多的启动级数,这必然导致启动设备复杂化。为了克服这个问题,可以采用频敏变阻器启动。频敏变阻器是绕线式异步电动机较为理想的启动装置,常用于 2.2~3300kW 的 380V 低压绕线式异步电动机的启动控制。

频敏变阻器是一个铁损耗很大的三相电抗器。从结构上看,它类似于一个没有二次绕组的三相心式变压器,其铁芯是用较厚的钢板叠成。三个绕组分别绕在三个铁芯柱上并作 Y 形联结,然后接到转子滑环上,如图 5-12(a)所示。图 5-12(b) 为频敏变阻器每相的等效电路,其中 r_1 为频敏电阻器绕组的电阻,X_m 为带铁芯绕组的电抗,r_m 为反映铁损耗的等效电阻。

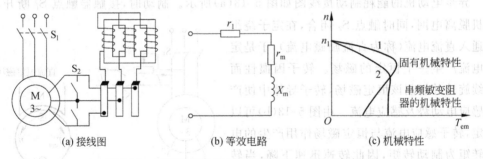

图 5-12 三相绕线异步电动机转子串频敏变阻器启动

当频敏变阻器的三相绕组通入交流电时,铁芯中产生交变磁通,引起铁芯损耗。因铁芯为厚钢板制成,故会产生很大涡流,使铁损很大。频率越高、涡流越大,铁损也越大,可等效地看作电阻越大。因此,频率变化时,铁损变化,相当于电阻的值在变化。

用频敏变阻器启动的过程如下:启动时触点 S_2 断开,转子串入频敏变阻器,当触点 S_1 闭合时,电动机接通电源开始启动。启动瞬间 $n=0$, $s=1$,转子电流频率 $f_2 = sf_1 = f_1$(最大),频敏变阻器的铁芯中与频率平方成正比的涡流损耗最大,即铁损耗大,反映铁损耗大小的等效电阻 r_m 大,此时相当于转子回路中串入一个较大的电阻。

启动过程中,随着 n 的上升,s 减小,$f_2=sf_1$ 逐渐减小,频敏变阻器的铁损耗逐渐减小,r_m 也随之减小,这相当于在启动过程中逐渐切除转子回路串入的电阻。启动结束后,触点 S_2 闭合,切除频敏变阻器,转子电路因为频敏变阻器的等效电阻 r_m 是随频率 f_2 的变化而自动变化的,因此称为"频敏"变阻器,它相当于一种无触点的变阻器。在启动过程中,它能自动、无级地减小电阻,如果参数选择适当,可以在启动过程中保持转矩近似不变,使启动过程平稳、快速。这时电动机的机械特性如图 5-12(c)曲线 2 所示。曲线 1 是电动机的固有机械特性。

频敏变阻器的结构简单,运行可靠,使用维护方便,因此使用广泛。

5.3 课题 三相异步电动机的制动

三相异步电动机除了运行于电动状态外,还时常运行于制动状态。运行于电动状态时,T_{em} 与 n 方向相同,T_{em} 是驱动转矩,电动机从电网吸收电能并转换成机械能从轴上输出,其机械特性位于第 Ⅰ 或第 Ⅲ 象限。运行于制动状态时,T_{em} 与 n 方向相反,T_{em} 是制动转矩,电动机从轴上吸收机械能并转换成电能,该电能或消耗在电机内部,或反馈回电网,其机械特性位于第 Ⅱ 或第 Ⅳ 象限。

异步电动机制动的目的是使电力拖动系统快速停车或者使拖动系统尽快减速,对于位能性负载,制动运行可获得稳定的下降速度。

异步电动机制动的方法有能耗制动、反接制动和回馈制动三种。

5.3.1 能耗制动

异步电动机的能耗制动接线图如图 5-13(a)所示。制动时,接触器触点 S_1 断开,电动机脱离电网,同时触点 S_2 闭合,在定子绕组中通入直流电流(称为直流励磁电流),于是定子电流产生一个恒定的磁场。转子因惯性而继续旋转并切割该恒定磁场,转子导体中便产生感应电动势及感应电流。由图 5-13(b)可以判定,转子感应电流与恒定磁场作用产生的电磁转矩为制动转矩,因此转速迅速下降,当转速下降至零时,转子感应电动势和感应电流均为零,制动过程结束。此制动方法是将电动机旋转的动能转变为电能,消耗在转子回路电阻上,故称为能耗制动。

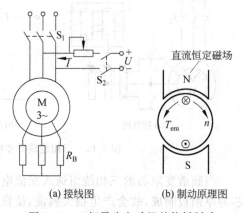

(a) 接线图　　　　(b) 制动原理图

图 5-13　三相异步电动机的能耗制动

能耗制动时,需要将直流电流通入电动机绕组,而三相异步电动机的有 Y、D 接线两种,各自都有三个接线端子,而直流电源只要两个接线端子,这时就需要电动机的三个接线端子中全部被利用或有一个闲置。为此,向定子绕组提供直流电流的连接方法就出现四种,如表 5-2 所示。

表 5-2 能耗制动的接线方式及电流等效关系

接线方式	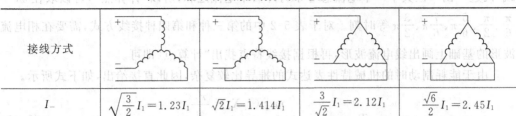
I_-	$\sqrt{\dfrac{3}{2}}I_1=1.23I_1$ $\sqrt{2}I_1=1.414I_1$ $\dfrac{3}{\sqrt{2}}I_1=2.12I_1$ $\dfrac{\sqrt{6}}{2}I_1=2.45I_1$

由于在制动时给定子接入的直流电流,其频率 $f_1=0$,此时定子回路的阻抗只有定子绕组的直流电阻 r_1,如果制动电源电压过高,势必导致电动机过载或损坏,因此必须合理计算能耗制动所需直流电流的大小,计算的依据是保持磁动势不变。下面以表 5-2 中的第一种接线方式为例介绍直流电流的计算过程。

电动机在电动状态下工作时,定子绕组中通过是三相对称交流电,其表达式为

$$\left.\begin{array}{l}i_a=\sqrt{2}I_1\sin\omega t\\ i_b=\sqrt{2}I_1\sin\left(\omega t-\dfrac{2\pi}{3}\right)\\ i_c=\sqrt{2}I_1\sin\left(\omega t+\dfrac{2\pi}{3}\right)\end{array}\right\} \quad (5\text{-}46)$$

其波形如图 5-14(a)所示。

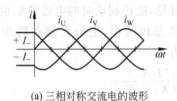

(a) 三相对称交流电的波形   (b) 能耗制动接线图

图 5-14 能耗制动电流的计算图

由图可知,在 $\omega t=0$ 时刻,U 相电流的瞬时值 $i_U=0$,而其他两相电流一个为"正"、一个为"负",恰好对应图 5-14(b)所示接线图中直流电流的一"进"一"出",所以,此时直流电流所建立的磁动势与交流电流相等,制动时所需要直流电流(等效直流电流)的大小即为该时刻其他两相交流电流的有效值,其大小为

$$\left.\begin{array}{l}i_a=\sqrt{2}I_1\sin 0=0\\ i_b=\sqrt{2}I_1\sin(0-120°)=-\sqrt{2}I_1\dfrac{\sqrt{3}}{2}=-1.23I_1\\ i_c=\sqrt{2}I_1\sin(0+120°)=\sqrt{2}I_1\dfrac{\sqrt{3}}{2}=1.23I_1\end{array}\right\} \quad (5\text{-}47)$$

即

$$I_-=1.23I_1 \quad (5\text{-}48)$$

对于该种接线,只要有一相电流为零的时刻都可以是等效直流电流的"计算点",如 $\omega t=\dfrac{\pi}{3}$、$\dfrac{2}{3}\pi$、π、$\dfrac{4}{3}\pi$、$\dfrac{5}{3}\pi$ 等。而对应表 5-2 中的第二种接线方式,其特点是"一进两出"

或"两进一出",但其中一个电流总等于另外两个电流之和,所以"计算点",可以取在 $\omega t = \frac{\pi}{6}、\frac{\pi}{2}、\frac{5}{6}\pi、\frac{7}{6}\pi、\frac{3}{2}\pi$ 等时刻。对于表 5-2 中的第三种和第四种接线方式,需要在相电流波形的基础上画出线电流波形,再根据接线特点找出"计算点"即可。

由于能耗制动时的机械特性表达式的推导比较复杂,因此直接给出,如下式所示。

$$T_{em} = \frac{m_1 p(I_1 X_u)^2 \frac{r_2'}{v}}{2\pi f_1 \left[\left(\frac{r_2'}{v}\right)^2 + (X_{\sigma 2}' + X_u)^2\right]} \tag{5-49}$$

式中,I_1 为直流电流 I_- 的等效交流电流,其大小为表 5-2 中等效直流电流的反运算,即第一种接线,$I_1 = 0.816 I_-$;第二种接线,$I_1 = 0.707 I_-$;第三种接线,$I_1 = 0.47 I_-$;第四种接线,$I_1 = 0.41 I_-$;X_u 为励磁电抗;v 为相对速度,$v = \frac{n}{n_1}$。

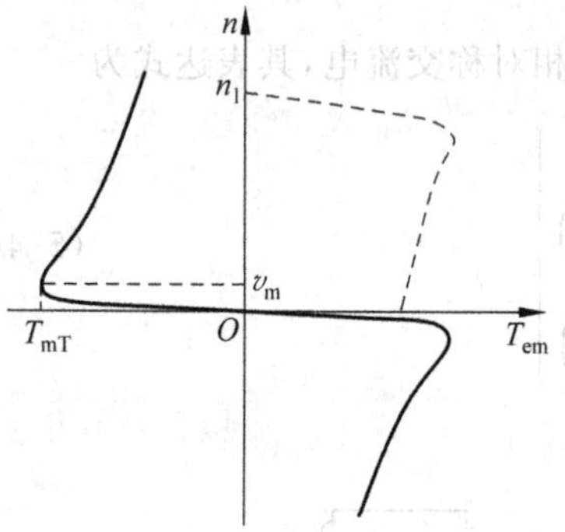

上式说明,感应电动机能耗制动时制动转矩的大小决定于等效电流 I_1,并与转速 n、转子电阻 r_2 有关,当 $n=0$ 时,$T_{em}=0$,特性曲线通过原点,由于是制动状态,曲线应在第Ⅱ象限(逆向电动状态转入能耗制动时,特性曲线在第Ⅳ象限),如图 5-15 所示。

由图可见,能耗制动时的电磁转矩也有最大值,为了与电动状态相区别,把最大制动转矩用 T_{mT} 表示。其表达式为

$$T_{mT} = \frac{p m_1 (I_1 X_u)^2}{4\pi f_1 (X_{\sigma 2}' + X_u)} \tag{5-50}$$

图 5-15 能耗制动时的机械特性曲线

对应与电动状态的临界转差率 s_m,能耗制动时也存在最大制动转矩时的临界相对速度,用 v_m 表示。其表达式为

$$v_m = \frac{R_r'}{X_{\sigma 2}' + X_u} \tag{5-51}$$

由以上两式可知,当直流励磁一定,而转子电阻增加时,产生最大制动转矩时的转速也增大,但最大转矩值不变;而当转子电路电阻不变,增大直流励磁时,则产生的最大制动转矩增大,但产生最大转矩时的转速不变。显然,转子电阻较小时,在高速时的制动转矩就比较小,因此对笼形感应电动机来说为了增大高速时的制动转矩就必须增大直流励磁,而对绕线转子感应电动机,则可采取转子串接电阻的方法使得在高速时获得较大的制动转矩。

能耗制动时的人为机械特性如图 5-16 所示。图中曲线 1 和曲线 2 具有相同的转子电阻,但曲线 2 比曲线 1 具有较大的直流励磁电流;曲线 1 和曲线

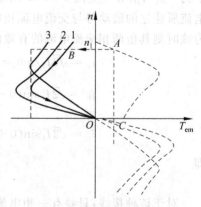

图 5-16 异步电动机能耗制动时的人为特性

3 具有相同的直流励磁电流,但曲线 3 比曲线 1 具有较大的转子电阻。

能耗制动过程可分析如下:设电动机原来工作在固有特性曲线上的 A 点,在制动瞬间,因转速不突变,工作点便由 A 点平移至能耗制动特性(如曲线1)上的 B 点,在制动转矩的作用下,电动机开始减速,工作点沿曲线 1 变化,直到原点 $n=0$,$T_{em}=0$,如果拖动的是反抗性负载,则电动机便停转,实现了快速制动停车;如果是位能性负载,当转速过零时,若要停车,必须立即用机械抱闸将电动机轴刹住,否则电动机将在位能性负载转矩的倒拉下反转,直到进入第四象限中的 C 点($T_{em}=T_L$),系统处于稳定的能耗制动运行状态,这时重物保持匀速下降。C 点称为能耗制动运行点。由图 5-16 可见,改变制动电阻 R_B 或直流励磁电流的大小,可以获得不同的稳定下降速度。

对于绕线转子异步电动机采用能耗制动停车时,按照最大制动转矩为 $(1.2\sim2.2)T_N$ 的要求,可用以下两式计算直流励磁电流和转子应串接电阻的大小:

$$I = (2\sim 3)I_0 \tag{5-52}$$

$$R_B = (0.2\sim 0.4)\frac{E_{2N}}{\sqrt{3}I_{2N}} - r_2 \tag{5-53}$$

式中,I_0 为异步电动机的空载电流。

能耗制动广泛应用于要求平稳准确停车的场合,也可应用于起重机一类带位能性负载的机械上,用来限制重物下降的速度,使重物保持匀速下降。

5.3.2 反接制动

当异步电动机转子的旋转方向与定子磁场的旋转方向相反时,电动机便处于反接制动状态。它有两种情况,一是在电动状态下突然将电源的任意两相反接,使定子旋转磁场的方向反向,这种制动称为电源反接制动;二是保持定子磁场的转向不变,而转子在位能负载作用下进入倒拉反转,这种制动称为倒拉反接制动。

1. 电源反接制动

实现电源反接制动的方法是将三相异步电动机任意两相定子绕组的电源进线对调。这种制动类似于他励直流电动机的电源反接制动。

反接制动前,设电动机处于正向电动状态,以速度 n 逆时针旋转,拖动负载运行于固有特性曲线上的 A 点,如图 5-17(b) 所示。当把定子两相绕组出线端对调时如图 5-17(a) 所示,由于改变了定子电压的相序,所以定子旋转磁场方向变为顺时针方向,电磁转矩方向也随之改变,变为制动性质,其机械特性曲线变为图 5-17(b) 中曲线 2,其对应的理想空载转速为 $-n_1$。

在定子两相反接瞬间,转速来不及变化,工作点由 A 点平移到 B 点,这时系统在制动的电磁转矩和负载转矩共同作用下迅速减速,工作点沿曲线 2 移动,当到达 C 点时,转速为零,制动过程结束。如要停车,则应立即切断电源,否则电动机将反向启动。

对于绕线转子异步电动机,为了限制制动瞬间电流以及增大电磁制动转矩,通常在定子两相反接的同时,在转子回路中串接制动电阻 R_B,这时对应的机械特性如图 5-17(b) 中的曲线 3 所示。定子两相反接的反接制动是指从反接开始至转速为零这一段制动过程,即图 5-17(b) 中曲线 2 的 BC 段或曲线 3 的 $B'C'$ 段。

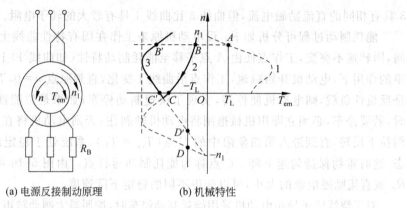

(a) 电源反接制动原理　　　　(b) 机械特性

图 5-17　异步电动机的电源反接制动

电源反接制动时,电动机的转差率为

$$s = \frac{-n_1 - n}{-n_1} > 1 \tag{5-54}$$

2. 倒拉反接制动

倒拉反接制动适用于绕线转子异步电动机拖动位能性负载的情况,它能够使重物获得稳定的下放速度。实现倒拉反接制动的方法是在转子电路中串入足够大的电阻。这种制动类似于直流电动机的倒拉反接制动。下面以起重机为例来说明。

绕线转子异步电动机倒拉反接制动时的原理图及其机械特性如图 5-18。设电动机原来工作在固有特性曲线上的 A 点提升重物,当在转子回路串入足够大的电阻 R_B 时,其机械特性变为曲线 2。串入 R_B 瞬间,转速来不及变化,工作点由 A 平移到 B 点,此时电动机的提升转矩 T_B 小于位能负载转矩 T_L,所以提升速度减小,工作点沿曲线 2 由 B 点向 C 点移动。在减速过程中,电机仍运行在电动状态。当工作点到达 C 点时,转速降至零,对应的电磁转矩 T_C 仍小于负载转矩了 T_L,重物将倒拉电动机的转子反向旋转,并加速到 D 点,这时 $T_D = T_L$,拖动系统将以较低的转速 n_D 匀速下放重物。在 D 点,$T_{em} = T_D > 0, n = -n_D < 0$,负载转矩成为拖动转矩,拉着电动机反转,而电磁转矩起制动作用,如图 5-18(a)所示,故称为倒拉反接制动。

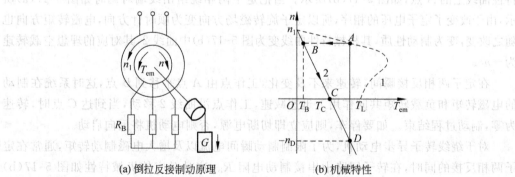

(a) 倒拉反接制动原理　　　　(b) 机械特性

图 5-18　异步电动机的倒拉反接制动

倒拉反接制动时，电动机的转差率为

$$s = \frac{n_1 - n}{n_1} = \frac{n_1 + |n|}{n_1} > 1 \tag{5-55}$$

以上介绍的电源两相反接的反接制动和倒拉反转的反接制动具有一个相同特点，就是定子磁场的转向和转子的转向相反，即转差率 s 大于 1。因此，异步电动机等效电路中表示机械负载的等效电阻 $\frac{1-s}{s} r_2'$ 是个负值，其机械功率为

$$P_{mec} = m_1 I_2'^2 \frac{1-s}{s} r_2' = -m_1 I_2'^2 \frac{s-1}{s} r_2' < 0 \tag{5-56}$$

定子传递到转子的电磁功率为

$$P_{em} = m_1 I_2'^2 \frac{r_2'}{s} > 0 \tag{5-57}$$

P_{mec} 为负值，表明电动机从轴上输入机械功率；P_{em} 为正值，表明定子从电源输入电功率，并由定子向转子传递功率。将 $|P_{mec}|$ 与 P_{em} 相加得

$$|P_{mec}| + P_{em} = m_1 I_2'^2 \frac{s-1}{s} r_2' + m_1 I_2'^2 \frac{r_2'}{s} = m_1 I_2'^2 r' > 0 \tag{5-58}$$

式(5-58)表明，轴上输入的机械功率转变成电功率后，连同定子传递给转子的电磁功率一起全部消耗在转子回路电阻上，所以反接制动时的能量损耗较大。

5.3.3 回馈制动

若异步电动机在电动状态运行时，由于某种原因，使电动机的转速超过了同步转速（转向不变），这时电动机便处于回馈制动状态。

当电动机转子的转速超过同步转速（$n > n_1$），转差率 $s < 0$，转子电流的有功分量（$I_2' \cos\varphi_2$）为负值，故电磁转矩 $T_{em} = C_T \Phi I_2' \cos\varphi_2$ 也为负值，与转子的旋转方向相反，说明电动机处于制动状态。而转子电流的无功分量为正，说明回馈制动时，电动机仍需要从电网吸取励磁电流建立磁场。

回馈制动时，实际上电动机是向电网输出电能的，气隙主磁通传递能量是由转子到定子，即功率传递是由轴上输入，经转子、定子到电网，好似一台发电机，因此回馈制动也称为再生回馈制动。

那么转子必须在外力矩的作用下，即转轴上必须输入机械能。因此回馈制动状态实际上就是将轴上的机械能转变成电能并回馈到电网的异步电机的发电运行状态。

回馈制动时，$n > n_1$，T_{em} 与 n 反方向，所以其机械特性是第一象限正向电动状态特性曲线在第二象限的延伸，如图 5-19 中的曲线 1；或是第三象限反向电动状态特性曲线在第四象限的延伸，如图 5-19 中曲线 2、3 所示。

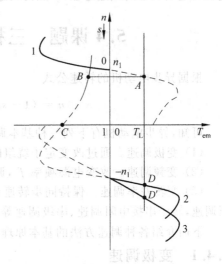

图 5-19 异步电动机回馈制动时的机械特性

在生产实践中,异步电动机的回馈制动有以下两种情况:一种是出现在位能负载下放;另一种是出现在电动机变极调速或变频调速过程。

1. 下放重物时的回馈制动

在图 5-19 中,设 A 点是电动状态提升重物工作点,D 点是回馈制动状态下放重物工作点。电动机从提升重物工作点 A 过渡到下放重物工作点 D 的过程如下。

首先将电动机定子两相反接,这时定子旋转磁场的同步转速为 $-n_1$,机械特性如图 5-19 中曲线 2。反接瞬间,转速不突变,工作点由 A 平移到 B,然后电机经过反接制动过程(工作点沿曲线 2 由 B 变到 C)、反向电动加速过程(工作点由 C 向同步点 $-n_1$ 变化),最后在位能负载作用下反向加速并超过同步速,直到 D 点保持稳定运行,即匀速下放重物。

如果在转子电路中串入制动电阻,对应的机械特性如图 5-19 中曲线 3,这时的回馈制动工作点为 D',其转速增加,重物下放的速度增大。为了限制电机的转速,回馈制动时在转子电路中串入的电阻值不应太大。

2. 变极或变频调速过程中的回馈制动

这种制动情况可用图 5-20 来说明。设电动机原来在机械特性曲线 1 上的 A 点稳定运行,当电动机采用变极(如增加极数)或变频(如降低频率)进行调速时,其机械特性变为曲线 2,同步转速变为 n_1'。在调速瞬间,转速不突变,工作点由 A 变到 B。

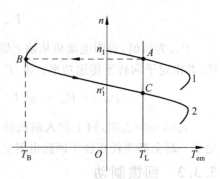

图 5-20 电动机变极调速或变频调速过程中的回馈制动

在 B 点,转速 $n_B>0$,电磁转矩 $T_B<0$,为制动转矩,且因为 $n_B>n_1'$,故电机处于回馈制动状态。工作点沿曲线 2 的 B 点到 n_1' 点,这一段变化过程为回馈制动过程,在此过程中,电机吸收系统释放的动能,并转换成电能回馈到电网。电机沿曲线 2 的 n_1' 点到 C 点的变化过程为电动状态的减速过程,C 点为调速后的稳态工作点。

5.4 课题 三相异步电动机的调速

根据异步电动机的转速公式

$$n = (1-s)n_1 = (1-s)\frac{60f_1}{p} \tag{5-59}$$

可知,异步电动机有下列三种基本调速方法。

(1) 变极调速。通过改变定子绕组的极对数 p 来改变同步转速 n_1,以进行调速。

(2) 变频调速。改变电源频率 f_1,调速来改变同步转速 n_1,以进行调速。

(3) 变转差率调速。保持同步转速 n_1 不变,改变转差率 s 进行调速,包括降低电源电压调速、转子串接电阻调速、串级调速等。

下面介绍各种调速方法的基本原理、运行特性和调速性能。

5.4.1 变极调速

改变定子绕组的极对数,通常用改变定子绕组的接线方式来实现。由于只有定子和转子具有相同的极数时,电动机才具有恒定的电磁转矩,才能实现机电能量的转换。因此,在改变定子极数的同时,必须同时改变转子的极数,因笼形电动机的转子极数能自动地跟随定子极数的变化,所以变极调速只用于笼形电动机。

1. 变极原理

下面以4极变2极为例,说明定子绕组的变极原理。图5-21画出了4极电机U相绕组的两个线圈,每个线圈代表U相绕组的一半,称为半相绕组。两个半相绕组顺向串联(头尾相接)时,根据线圈中的电流方向,可以看出定子绕组产生4极磁场,即$2p=4$,磁场方向如图5-21(a)中的虚线或图5-21(b)中的⊗、⊙所示。

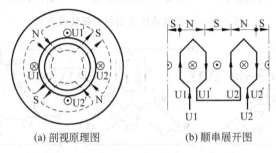

(a) 剖视原理图　　　　(b) 顺串展开图

图 5-21　绕组变极原理图($2p=4$)

如果将两个半相绕组的联结方式改为图5-22所示。

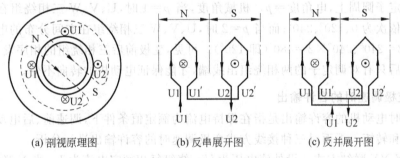

(a) 剖视原理图　　(b) 反串展开图　　(c) 反并展开图

图 5-22　绕组变极原理图($2p=2$)

即使其中的一个半相绕组U2、U2′中电流反向,这时定子绕组便产生2极磁场,即$2p=2$。由此可见,使定子每相的一半绕组中电流改变方向,就可改变磁极对数。

2. 三种常用的变极接线方式

图5-23给出了三种常用的变极接线方式的原理图,其中图5-23(a)表示由单星形联结改接成并联的双星形联结;图5-23(b)表示由单星形联结改接成反向串联的单星形联结;图5-23(c)表示由三角形联结改接成双星形联结。由图可见,这三种接线方式都是使每相的一半绕组内的电流改变了方向,因而定子磁场的极对数减少一半。

在以上的三种接线中,第一种(Y-YY)和第三种(D-YY)是最常用的,其原理如图5-24所示。

需要指出的是,为了保证变极调速前后电动机的转向不变,在改变定子绕组接线时,

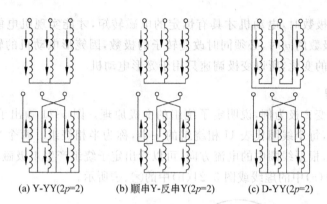

图 5-23 双速电动机常用的变极接线方式

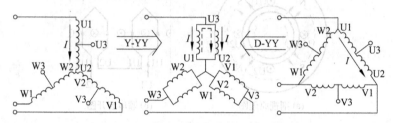

图 5-24 双速电动机变极调速原理图

必须同时改变定子绕组的相序(对调任意两相绕组出线端),否则,电动机将反转。这是因为在电机定子圆周上,电角度=$p\times$机械角度,当 $p=1$ 时,U、V、W 三相绕组在空间分布的电角度依次为 $0、120°、240°$;而当 $p=2$ 时,U、V、W 三相绕组在空间分布的电角度变为 $0、120°\times 2=240°、240°\times 2=480°$(即 $120°$)。可见,变极前后三相绕组的相序发生了变化,因此变极后只有对调定子的两相绕组出线端,才能保证电动机的转向不变。

3. 变极调速时的容许输出

调速时电动机的容许输出是指在保持电流为额定值条件下,调速前、后电动机轴上输出的功率和转矩。下面对三种接线方式变极调速时的容许输出进行分析。

(1) Y-YY 联结方式。设外施电压为 U_N,绕组每相额定电流为 I_N,当 Y 联结时,线电流等于相电流,输出功率和转矩为

$$\left.\begin{array}{l}P_Y = \sqrt{3}U_N I_N \eta_N \cos\varphi_N \\ T_Y = 9.55 P_Y/n_Y\end{array}\right\} \quad (5\text{-}60)$$

改接成 YY 联结方式后,极数减少一半,转速增大一倍,即 $n_{YY}=2n_Y$,若保持绕组电流 I_N 不变,则每相电流为 $2I_N$,假定改接前后效率和功率因数近似不变,则输出功率和转矩为

$$\left.\begin{array}{l}P_{YY} = \sqrt{3}U_N(2I_N)\eta_N \cos\varphi_N = 2P_Y \\ T_{YY} = 9.55 P_{YY}/n_{YY} = 9.55 P_Y/n_Y = T_Y\end{array}\right\} \quad (5\text{-}61)$$

可见,Y-YY 联结方式时,电动机的转速增大一倍,容许输出功率增大一倍,而容许输出转矩保持不变,所以这种联结方式的变极调速属于恒转矩调速,它适用于恒转矩负载。

(2) D-YY 联结方式。当每相绕组的额定电流为 I_N 时,则三角形(D)联结时的线电流为 $\sqrt{3}I_N$,输出功率和转矩为

$$\left.\begin{array}{l}P_{\mathrm{D}}=\sqrt{3}U_{\mathrm{N}}(\sqrt{3}I_{\mathrm{N}})\eta_{\mathrm{N}}\cos\varphi_{\mathrm{N}}\\ T_{\mathrm{D}}=9.55P_{\mathrm{D}}/n_{\mathrm{D}}\end{array}\right\} \quad (5\text{-}62)$$

改接成 YY 联结方式后,极数减少一半,转速增大一倍,即 $n_{\mathrm{YY}}=2n_{\mathrm{D}}$,线电流为 $2I_{\mathrm{N}}$,输出功率和转矩为

$$\left.\begin{array}{l}P_{\mathrm{YY}}=\sqrt{3}U_{\mathrm{N}}(2I_{\mathrm{N}})\eta_{\mathrm{N}}\cos\varphi_{\mathrm{N}}=\dfrac{2}{\sqrt{3}}\sqrt{3}U_{\mathrm{N}}(\sqrt{3}I_{\mathrm{N}})\eta_{\mathrm{N}}\cos\varphi_{\mathrm{N}}=1.15P_{\mathrm{D}}\\ T_{\mathrm{YY}}=9.55P_{\mathrm{YY}}/n_{\mathrm{YY}}=9.55\,\dfrac{1.15P_{\mathrm{D}}}{2n_{\mathrm{D}}}=0.58T_{\mathrm{D}}\end{array}\right\} \quad (5\text{-}63)$$

可见,D-YY 联结方式时,电动机的转速提高一倍,容许输出功率近似不变,容许输出转矩近似减小一半。这种联结方式的变极调速可认为是恒功率调速,它适用于恒功率负载。

同理可以分析,正串 Y-反串 Y 联结方式的变极调速也属于恒功率调速。

4. 变极调速时的机械特性

由 Y 联结改成 YY 联结时,两个半相绕组由一路串联改为两路并联,所以 YY 联结时的阻抗参数为 Y 联结时的 1/4。再考虑改接后电压不变,极数减半,可以得到变极前后临界转差率、最大转矩和启动转矩的关系

$$\left.\begin{array}{l}s_{\mathrm{mYY}}=s_{\mathrm{mY}}\\ T_{\mathrm{mYY}}=2T_{\mathrm{mY}}\\ T_{\mathrm{STYY}}=2T_{\mathrm{STY}}\end{array}\right\} \quad (5\text{-}64)$$

这表明,YY 联结时电动机的最大转矩和启动转矩均为 Y 联结时的 2 倍,临界转差率的大小不变,但对应的同步转速是不同的。其机械特性如图 5-25(a)所示。

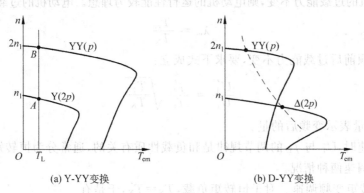

(a) Y-YY变换 (b) D-YY变换

图 5-25 变极调速时的机械特性

由 D 联结改成 YY 联结时,阻抗参数也是变为原来的 1/4,极数减半,相电压变为 $U_{\mathrm{YY}}=U_{\mathrm{D}}/\sqrt{3}$,可以得到变极前后临界转差率、最大转矩和启动转矩的关系

$$\left.\begin{array}{l}s_{\mathrm{mYY}}=s_{\mathrm{mD}}\\ T_{\mathrm{mYY}}=\dfrac{2}{3}T_{\mathrm{mY}}\\ T_{\mathrm{STYY}}=\dfrac{2}{3}T_{\mathrm{STY}}\end{array}\right\} \quad (5\text{-}65)$$

可见，YY联结时的最大转矩和启动转矩均为△联结时的2/3，其机械特性如图5-25(b)所示。

变极调速时，转速几乎是成倍变化，所以调速的平滑性差。但它在每个转速等级运转时，和普通的异步电动机一样，具有较硬的机械特性，稳定性较好。变极调速既可用于恒转矩负载，又可用于恒功率负载，所以对于不需要无级调速的生产机械，如金属切削机床、通风机、升降机等都采用多速电动机拖动。

5.4.2 变频调速

1. 电压随频率调节的规律

根据转速公式可知，当转差率 s 变化不大时，异步电动机的转速基本上与电源频率成正比。连续调节电源频率，就可以平滑地改变电动机的转速。但是在工程实践中，仅仅改变电源频率，不能得到满意的调速特性，其原因可分析如下：

电动机正常运行时，若忽略定子漏阻抗压降，则

$$U_1 \approx E_1 = 4.44 f N_1 K_{W1} \Phi_0 \tag{5-66}$$

若端电压 U_1 不变，则当电源频率 f_1 减小时，主磁通 Φ_0 将增加，使磁路过分饱和，励磁电流增大，铁芯损耗增大，效率降低，功率因数降低，使电动机不能正常工作；而当电源频率 f_1 增大时，Φ_0 将减少，电磁转矩及最大转矩下降，过载能力降低，电动机的容量也得不到充分利用。

因此，为了使电动机能保持较好的运行性能，要求在调节 f 的同时，也成比例地降低电源电压，保持 U_1/f_1＝常数，使 Φ_0 基本恒定。一般认为，在任何类型负载下变频调速时，若能保持电动机的过载能力不变，则电动机的运行性能较为理想。电动机的过载能力为

$$\lambda_m = \frac{T_m}{T_N} \tag{5-67}$$

为了保持变频前后过载能力不变，要求下式成立：

$$\frac{U_1'}{U_1} = \frac{f_1'}{f_1} \sqrt{\frac{T_N'}{T_N}} \tag{5-68}$$

式中加"'"的量表示变频后的量。

变频调速时，U_1 与 f_1 的调节规律是和负载性质有关的，通常分为恒转矩变频调速和恒功率变频调速两种情况。

(1) 恒转矩变频调速。对于恒转矩负载，$T_N = T_N'$，于是有

$$\frac{U_1'}{U_1} = \frac{f_1'}{f_1} = 常数 \tag{5-69}$$

(2) 恒功率变频调速。对于恒功率负载，要求在变频调速时电动机的输出功率保持不变，即

$$P_N = \frac{T_N n_N}{9.55} = \frac{T_N' n_N'}{9.55} = 常数 \tag{5-70}$$

于是得

$$\frac{T_N'}{T_N} = \frac{n_N}{n_N'} = \frac{f_1}{f_1'} \tag{5-71}$$

将式(5-71)代入式(5-68)可得

$$\frac{U_1}{\sqrt{f_1}} = \frac{U_1'}{\sqrt{f_1'}} = 常数 \tag{5-72}$$

2. 变频调速时电动机的机械特性

变频调速时电动机的机械特性可用以下公式(式中忽略了 r_1、r_2')来分析。

最大转矩

$$T_m \approx \frac{m_1 p}{8\pi^2 (L_1 + L_2')} \left(\frac{U_1}{f_1}\right)^2 \tag{5-73}$$

启动转矩

$$T_{ST} \approx \frac{m_1 p r_2'}{8\pi^3 (L_1 + L_2')^2} \left(\frac{U_1}{f_1}\right)^2 \frac{1}{f_1} \tag{5-74}$$

临界点转速降

$$\Delta n_m = s_m n_1 \approx \frac{30 r_2'}{\pi p (L_1 + L_2')} \tag{5-75}$$

以电动机的额定频率 f_{1N} 为基准频率,变频调速时电压随频率的调节规律是以基频为分界线的,可分以下两种情况。

(1) 在基频以下调速。保持 $U_1/f_1 =$ 常数,即恒转矩调速。当 f_1 减小时,最大转矩 T_m 不变,启动转矩 T_{ST} 增大,临界点转速降 Δn_m 不变。因此,机械特性随频率的降低而向下平移,如图 5-26 中虚线所示。实际上,由于定子电阻 r_1 的存在,随着 f_1 降低,T_m 将减小,当 f_1 很低时,T_m 减小很多,如图 5-26 中实线所示。为保证电动机在低速时有足够大的 T_m 值,U_1 应比 f_1 降低的比例小一些,使 U_1/f_1 的值随 f_1 的降低而增加,这样才能获得图 5-26 中虚线所示的机械特性。

(2) 在基频以上调速。频率从 f_{1N} 往上增高,但电压 U_1 却不能增加得比额定电压 U_{1N} 还大,最多只能保持 $U_1 = U_{1N}$。由式(5-75)可知,这将迫使磁通与频率成反比降低,T_m 和 T_{ST} 均随频率 f_1 的增高而减小,Δn_m 保持不变,其机械特性如图 5-27 所示。这种调速近似为恒功率调速,相当于直流电动机弱磁调速的情况。

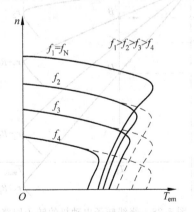

图 5-26 在基频以下变频调速时的机械特性

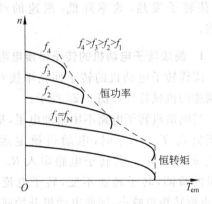

图 5-27 恒转矩和恒功率变频调速的机械特性

3. 变频装置简介

由以上的分析可以知道，实现异步电动机的变频调速，关键是要有一套能同时改变电源电压及频率的供电装置，通常把电压和频率固定不变的工频交流电变换为电压和频率可变的交流电的装置称为变频装置或变频器。它是一种采用模块化结构，集数字技术、计算机技术和现代自动控制技术于一体的智能型交流电动机调速装置。变频器具有转矩大、精度高、噪声低、功能齐全、运行可靠、操作简单、维护方便、节约能源等特点，广泛应用于钢铁、石油、化工、机械、电子等行业，实现自动控制和能源节约等。

变频装置可分为间接变频和直接变频两类。间接变频装置先将工频交流电通过整流器变成直流，然后再经过逆变器将直流变成为可控频率的交流，通常称为交-直-交变频装置。其特点是输出频率可以在 0.1～400Hz 范围内任意调节，是目前中小容量变频装置的主要形式。而直接变频装置则是将工频交流一次变换成可控频率的交流，没有中间直流环节，也称为交-交变频装置。其特点是输出频率比输入频率低，是变频装置的发展方向。

按照变频器的用途，可分为通用变频器、高性能专用变频器、高频变频器、单相变频器和三相变频器等。通用变频器可以驱动通用型交流电动机，且具有各种可供选择的功能，能适应许多不同性质的负载机械。而专用变频器则是专为某些有特殊要求的负载机械设计制造的（如电梯专用变频器等）。

变频装置的工作原理及具体线路在这里就不再详细介绍，请参考相关其他书籍。

异步电动机变频调速的主要特点是可以实现无级（平滑）调速，调速范围宽，且可实现恒功率调速或恒转矩调速，但其需要一套变频调速电源及控制、保护装置，价格较贵。随着技术水平的提高，变频调速将获得很快发展。

5.4.3 变转差率调速

异步电动机的变转差率调速包括绕线转子异步电动机的转子串接电阻调速、串级调速及异步电动机的定子调压调速等。这些调速方法的共同特点是：在调速过程中转差率 s 增大，转差功率 sT_{em} 也增大。除串级调速外，这些转差功率均消耗在转子电路的电阻上，使转子发热，效率降低，调速的经济性较差。

1. 绕线转子电动机的转子串接电阻调速

绕线转子电动机的转子回路串接对称电阻调速的机械特性如图 5-28 所示。

当电动机转子电路不串附加电阻，拖动恒转矩负载 $T_L = T_N$ 时，电动机稳定运行在 A 点，转速为 n_A。若转子电路串入 R_{p1} 时，串电阻的瞬间，转子转速不变，转子电流 I_2 减小，电磁转矩也减小，因此电动机开始减速，转差率增大，使转子电动势、转子电流和电磁转

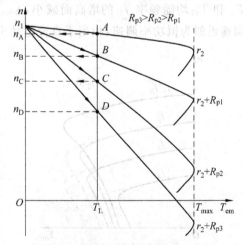

图 5-28 绕线转子电动机的转子回路串电阻调速的机械特性

矩均增大,直到 B 点满足 $T_{em}=T_L$ 为止,此时电动机将以转速 n_B 稳定运行,显然 $n_B<n_A$。若转子电路所串电阻增大到 R_{p2} 和 R_{p3} 时,电动机将分别以转速 n_C 和 n_D 稳定运行。显然,转子电路所串电阻越大,稳定运行转速越低,机械特性越软。

转子回路串接电阻调速的方法优点是:设备简单、易于实现。缺点是:调速是有级的,不平滑;低速时转差率较大,造成转子铜损耗增大,运行效率降低,机械特性变软,当负载转矩波动时将引起较大的转速变化,所以低速时静差率较大。

这种调速方法多应用在起重机一类对调速性能要求不高的恒转矩负载上。

2. 绕线转子电动机的串级调速

在负载转矩不变的条件下,异步电动机的电磁功率 $P_{em}=T_{em}\Omega_1=$常数,转子铜损耗 $P_{Cu2}=sP_{em}$ 与转差率成正比,所以转子铜损耗又称为转差功率。转子串接电阻调速时,转速调得越低,转差功率越大、输出功率越小、效率就越低,所以转子串接电阻调速很不经济。

如果在转子回路中不串接电阻,而是串接一个与转子电动势 $\dot{E}_{2s}$ 同频率的附加电动势 $\dot{E}_f$(见图 5-29),通过改变 $\dot{E}_f$ 的幅值和相位,同样也可实现调速。这样,电动机在低速运行时,转子中的转差功率只有小部分被转子绕组本身电阻所消耗,而其余大部分被附加电动势所吸收,利用产生 $\dot{E}_f$ 的装置可以把这部分转差功率回馈到电网,使电动机在低速运行时仍具有较高的效率。这种在绕线转子异步电动机转子回路串接附加电动势的调速方法称为串级调速。

图 5-29 所示电路为电气串级调速系统,另外还有机械串级调速系统,可参阅其他书籍。

串级调速完全克服了转子串电阻调速的缺点,它具有高效率、无级平滑调速、较硬的低速机械特性等优点。串级调速的基本原理可分析如下:

未串 $\dot{E}_f$ 时,转子电流为

$$I_2 = \frac{sE_2}{\sqrt{r_2^2+(sX_{\sigma 2})^2}} \tag{5-76}$$

当转子串入的 $\dot{E}_f$ 与 $\dot{E}_{2s}$ 反相位时,如图 5-30 所示。此时,电动机的转子电流为

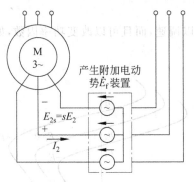

图 5-29 串级调速的原理图

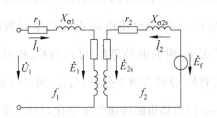

图 5-30 $\dot{E}_f$ 与 $\dot{E}_{2s}$ 反相位时的串级调速等效电路

$$I_2 = \frac{sE_2 - E_f}{\sqrt{r_2^2 + (sX_{\sigma 2})^2}} = \frac{E_2 - E_f/s}{\sqrt{(r_2/s)^2 + X_{\sigma 2}^2}} \tag{5-77}$$

可见，反相位的 $\dot{E}_f$ 串入后，立即引起转子电流 I_2 的减小。

电动机产生的电磁转矩 $T_{em} = C_T \Phi I_2' \cos\varphi_2$ 也随 I_2 的减小而减小，于是电动机开始减速，转差率 s 增大，由式(5-78)可知，随着 s 增大，转子电流 I_2 开始回升，T_{em} 也相应回升，直到转速降至某个值，I_2 回升到使得 T_{em} 复原到与负载转矩平衡时，减速过程结束，电动机便在此低速下稳定运行，这就是向低于同步转速方向调速的原理。串入反相位 $\dot{E}_f$ 的幅值越大，电动机的稳定转速就越低。

同理，当转子串入的 $\dot{E}_f$ 与 $\dot{E}_{2s}$ 同相位时，电动机的转速将上升。因为同相位的 $\dot{E}_f$ 串入后，使 I_2 增大，即

$$I_2 = \frac{sE_2 + E_f}{\sqrt{r_2^2 + (sX_{\sigma 2})^2}} \tag{5-78}$$

于是，电动机的 T_{em} 相应增大，转速将上升，s 减小，随着 s 的减小，I_2 开始减小，T_{em} 也相应减小，直到转速上升到某个值，I_2 减小到使得 T_{em} 复原到与负载转矩平衡时，升速过程结束，电动机便在高速下稳定运行。

由上面分析可知，当 $\dot{E}_f$ 与 $\dot{E}_{2s}$ 反相位时，可使电动机在同步转速以下调速，称为低同步串级调速，这时提供 $\dot{E}_f$ 的装置从转子电路中吸收电能并回馈到电网；当 $\dot{E}_f$ 与 $\dot{E}_{2s}$ 同相位时，可使电动机朝着同步转速方向加速，$\dot{E}_f$ 的幅值越大，电动机的稳定转速越高，当 $\dot{E}_f$ 的幅值足够大时，电动机的转速将达到甚至超过同步转速，这称为超同步串级调速，这时提供 $\dot{E}_f$ 的装置向转子电路输入电能，同时电源还要向定子电路输入电能，因此又称为电动机的双馈运行。

实际上，$\dot{E}_f$ 与 $\dot{E}_{2s}$ 同相位时，电动机的励磁电流将部分由转子侧产生，在超同步串级调速的情况下，即由无功励磁电流将全部由附加电源 $\dot{E}_f$ 产生，定子侧只提供有功部分。因为定子的励磁阻抗很大，而转子回路由于频率低，励磁阻抗小，因此励磁容量也就很小，这也是串级调速效率高的一个方面。

另外，在电动机转子回路串入附加电动势不但可以调速，而且可以改变功率因数，如果 $\dot{E}_f$ 超前 $\dot{E}_{2s}$ 90°，可以提高电动机的功率因数，如果 $\dot{E}_f$ 滞后 $\dot{E}_{2s}$ 90°，则可使电动机的功率因数降低。一般情况下，附加电动势 $\dot{E}_f$ 可以与 $\dot{E}_{2s}$ 相差 θ 角，这时可将 $\dot{E}_f$ 分解为两个分量，与 $\dot{E}_{2s}$ 同(反)相的分量 $\dot{E}_f \cos\theta$ 使电动机的转速发生变化，与 $\dot{E}_{2s}$ 成 90°的分量 $\dot{E}_f \sin\theta$ 使电动机的功率因数发生变化。

串级调速时的机械特性如图 5-31 所示。由

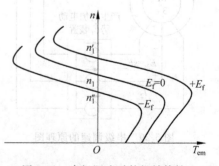

图 5-31 串级调速时的机械特性

图可见,当 $\dot{E}_\mathrm{f}$ 与 $\dot{E}_{2\mathrm{s}}$ 同相位时,机械特性基本上是向右上方移动;当 $\dot{E}_\mathrm{f}$ 与 $\dot{E}_{2\mathrm{s}}$ 反相位时,机械特性基本上是向左下方移动。因此机械特性的硬度基本不变,但低速时的最大转矩和过载能力降低,启动转矩也减小。

串级调速的调速性能比较好,但获得附加电动势 $\dot{E}_\mathrm{f}$ 的装置比较复杂,成本较高,且在低速时电动机的过载能力较低,因此串级调速最适用于调速范围不太大（一般为 2~4）的场合,例如通风机和提升机等。近年来,晶闸管技术的发展,为串级调速的应用开辟了广阔的前景。

3. 调压调速

改变定子电压时的异步电动机机械特性如图 5-32 所示。当定子电压降低时,电动机的同步转速 n_1 和临界转差率 s_m 均不变,但电动机的最大电磁转矩和启动转矩均随着电压平方关系减小。对于通风机负载(图 5-32 中特性 1),电动机在全段机械特性上都能稳定运行,在不同电压下的稳定工作点分别为 a_1、b_1、c_1,所以,改变定子电压可以获得较低的稳定运行速度。对于恒转矩负载(图 5-32 中特性 2),电动机只能在机械特性的线性段 $(0 < s < s_\mathrm{m})$ 稳定运行,在不同电压时的稳定工作点分别为 a_2、b_2、c_2,显然电动机的调速范围很窄。

异步电动机的调压调速通常应用在专门设计的具有较大转子电阻的高转差率异步电动机上,这种电动机的机械特性如图 5-33 所示。由图可见,即使恒转矩负载,改变电压也能获得较宽的调速范围。但是,这种电动机在低速时的机械特性太软,其静差率和运行稳定性往往不能满足生产工艺的要求。因此,现代的调压调速系统通常采用速度反馈的闭环控制,以提高低速时机械特性的硬度,从而在满足一定的静差率条件下,获得较宽的调速范围。调压调速既非恒转矩调速,也非恒功率调速,它最适用于转矩随转速降低而减小的负载(如通风机负载),最不适用于恒功率负载。

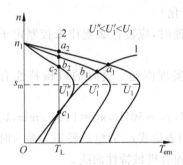

图 5-32 改变定子电压时的机械特性

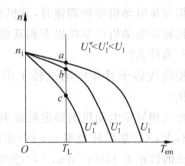

图 5-33 高转差率电动机改变定子电压时的机械特性

思考题与习题

5.1 试写出三相异步电动机电磁转矩的三种表达式。

5.2 何谓三相异步电动机的固有机械特性和人为机械特性?

5.3 三相异步电动机的定子电压、转子电阻及定、转子漏电抗对最大转矩、临界转差率及启动转矩有何影响?

5.4 三相异步电动机,当降低定子电压、转子串接对称电阻时的人为机械特性各有什么特点?

5.5 三相异步电动机直接启动时,为什么启动电流很大,而启动转矩却不大?

5.6 三相笼形异步电动机在什么条件下可以直接启动?不能直接启动时,应采用什么方法启动?

5.7 三相异步电动机拖动的负载越大,是否启动电流就越大?为什么?负载转矩的大小对电动机启动的影响表现在什么地方?

5.8 三相笼形异步电动机采用自耦变压器降压启动时,启动电流和启动转矩与自耦变压器的变比有什么关系?

5.9 什么是三相异步电动机的Y-D降压启动?它与直接启动相比,启动转矩和启动电流有何变化?

5.10 深槽式和双笼形电动机为什么能改善启动性能?

5.11 三相笼形异步电动机的几种减压启动方法各适用于什么情况?绕线转子异步电动机为何不采用减压启动?

5.12 为使三相异步电动机快速停车,可采用哪几种制动方法?如何改变制动的强弱?试用机械特性说明其制动过程。

5.13 三相绕线转子异步电动机反接制动时,为什么要在转子电路中串入比启动电阻还要大的电阻?

5.14 当三相异步电动机拖动位能性负载时,为了限制负载下降时的速度,可采用哪几种制动方法?如何改变制动运行时的速度?各制动运行时的能量关系如何?

5.15 三相异步电动机的各种电磁制动方法各有什么优、缺点?分别应用在什么场合?

5.16 三相异步电动机怎样实现变极调速?变极调速时为什么要改变定子电源的相序?

5.17 三相异步电动机变频调速时,其机械特性有何变化?

5.18 三相异步电动机在基频以下和基频以上变频调速时,应按什么规律来控制定子电压?为什么?

5.19 三相绕线转子异步电动机转子串接电抗能否实现调速?这时的机械特性有何变化?

5.20 一台三相异步电动机的额定数据为:$P_N=75$kW,$f_N=50$Hz,$n_N=1440$r/min,$\lambda_m=2.2$,求:(1)临界转差率s_m;(2)求机械特性实用表达式;(3)电磁转矩为多大时电动机的转速为1300r/min;(4)绘制出电动机的固有机械特性曲线。

5.21 一台三相绕线转子异步电动机的数据为:$P_N=11$kW,$n_N=715$r/min,$E_{2N}=163$V,$I_{2N}=47.2$A,启动时的最大转矩与额定转矩之比:$T_1/T_N=1.8$,负载转矩$T_L=98$N·m,求:三级启动时的每级启动电阻。

5.22 一台三相绕线转子异步电动机的数据为:$P_N=60$kW,$U_N=380$V,$n_N=960$r/min,$\lambda_m=2.5$,$E_{2N}=200$V,$I_{2N}=195$A,定、转子绕组均为Y联结。当提升重物时电动机负载转矩$T_L=530$N·m。求:(1)求电动机工作在固有机械特性上提升该重物时电动机的转速。(2)若下放速度$n=-280$r/min,不改变电源相序,转子回路每相应串入多大电阻？(3)如果改变电源相序，在反向回馈制动状态下放同一重物，转子回路每相串接电阻为 0.06Ω，求下放重物时电动机的转速。

5.23 一台三相笼形异步电动机的数据为：$P_N=11\text{kW}$，$U_N=380\text{V}$，$f_N=50\text{Hz}$，$n_N=1460\text{r/min}$，$\lambda_m=2$，如采用变频调速，当负载转矩为 $0.8T_N$ 时，要使 $n=1000\text{r/min}$，则 f_1 及 U_1 应为多少？

5.24 某三相绕线转子异步电动机的数据为：$P_N=5\text{kW}$，$n_N=960\text{r/min}$，$U_N=380\text{V}$，$E_{2N}=164\text{V}$，$I_{2N}=20.6\text{A}$，$\lambda_m=2.3$。拖动 $T_L=0.75T_N$ 恒转矩负载运行，现采用电源反接制动进行停车，要求最大制动转矩为 $1.8T_N$，求转子每相应串接多大的制动电阻。

模块 6

其他交流电动机

知识点

1. 单相异步电动机；
2. 电磁调速电动机；
3. 直线电动机；
4. 交直流两用电动机。

学习要求

1. 具备单相异步电动机、直线电动机等其他常用电动机的结构及原理分析能力；
2. 具备电磁调速电动机的结构、原理分析及应用能力。

6.1 课题 单相感应电动机

单相感应电动机由单相电源供电，它广泛应用于家用电器和医疗器械上，如电扇、电冰箱、洗衣机、医疗器械中都使用单相感应电动机作为原动机。

单相电动机在结构上与三相笼形电动机相仿，转子也为一笼形转子，只是定子上只有一个单相工作绕组。和同容量的三相感应电动机相比较，单相感应电动机的体积较大，运行性能较差。因此，单相感应电动机只作成小容量的，功率约在 8～750W 之间。

6.1.1 单相异步电动机的基本结构

单相异步电动机的结构示意图如图6-1所示。从结构上看，单相异步电动机与三

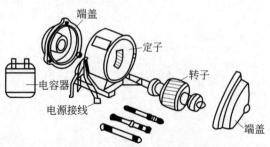

图 6-1 单相异步电动机结构

相笼形异步电动机相似,其转子也为笼形转子,只是定子绕组为一单相工作绕组,但通常为启动的需要,定子上除了有工作绕组外,还设有启动绕组,工作绕组和启动绕组在空间位置上相差 90°电角度。启动绕组的作用是产生启动转矩,一般只在启动时接入,当转速达到 70%~85%的同步转速时,由离心开关将其从电源自动切除,所以正常工作时只有工作绕组在电源上运行。但也有一些电容或电阻电动机,在运行时将启动绕组接于电源上,这实质上相当于一台两相电机,但由于它接在单相电源上,故仍称为单相异步电动机。

6.1.2 单相异步电动机的工作原理

单相感应电动机工作时,定子绕组接单相电源,绕组中流过的电流为 $i=\sqrt{2}I\cos\omega t$。根据前述对绕组磁动势的分析可知,由电流所产生的磁动势为一个单相脉振磁动势。若只取基波,则它的数学表达式可写为

$$f_1(x,t) = F_1 \cos\left(\frac{\pi}{\tau}x\right)\cos\omega t$$

$$= \frac{1}{2}F_1 \cos\left(\frac{\pi}{\tau}x - \omega t\right) + \frac{1}{2}F_1 \cos\left(\frac{\pi}{\tau}x + \omega t\right)$$

$$= f_+ + f_- \tag{6-1}$$

上式表明,一个脉振磁动势可以分解为两个幅值相等(各等于脉振磁动势振幅的一半),转速相等(都为同步转速),但转向相反的两个旋转磁动势,其中转向与电动机转向相同的称为正转磁动势 f_+,另一个与电动机转向相反的称为逆转磁动势 f_-。这样,两个旋转磁动势在气隙中建立正转和反转磁场 Φ^+ 和 Φ^-。这两个旋转磁场切割转子导体,并分别在转子导体中产生感应电动势和感应电流。该电流与磁场相互作用产生正向和反向电磁转矩 T_{em}^+ 和 T_{em}^-,如图 6-2 所示。T_{em}^+ 企图使转子正转;T_{em}^- 企图使转子反转。这两个转矩叠加起来就是推动电动机转动的合成转矩 T_{em}。

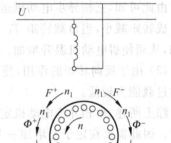

图 6-2 单相异步电动机的磁场和转矩

不论是 T_{em}^+ 还是 T_{em}^-,它们的大小与转差率的关系和三相异步电动机的情况是一样的。若电动机的转速为 n,则对正向旋转磁场

$$s^+ = \frac{n_1 - n}{n_1} = s \tag{6-2}$$

对于反向旋转磁场,转差率

$$s^- = \frac{-n_1 - n}{-n_1} = 2 - s \tag{6-3}$$

即,当 $s^+=0$ 时,相当于 $s^-=2$;当 $s^+=2$ 时,相当于 $s^-=0$;$n=0$ 时,$s^+=s^-=1$。

由三相异步电机的 $n(s)=f(T_{em})$ 曲线可知,当转子转速 $n=n_1$ 时,转差率 $s=0$;当转子静止时,$s=1$;当转子反向以同步速运转时,则 $s=2$。

单相异步电动机的 s^+ 与 T_{em}^+ 的变化关系与三相异步电动机的 $n=f(T_{em})$ 特性相似,

如图 6-3 中 $s^+ = f(T_{em}^+)$ 曲线所示。s^- 与 T_{em} 的变化关系如图 6-3 中的 $s^- = f(T_{em}^-)$ 曲线所示。单相异步电动机的 $s = f(T_{em})$ 曲线是由 $s^+ = f(T_{em}^+)$ 与 $s^- = f(T_{em}^-)$ 两根特性曲线叠加而成的，如图 6-3 所示。

由图可见，单相异步电动机有以下几个主要特点。

(1) 当转子静止时，正、反向旋转磁场均以 n_1 速度和相反方向切割转子绕组，在转子绕组中感应出大小相等而相序相反的电动势和电流，它们分别产生大小相等而方向相反的两个电磁转矩，使其合成的电磁转矩为零。这表明只有主绕组通电时，单相异步电动机无启动转矩，电动机不能自行启动。

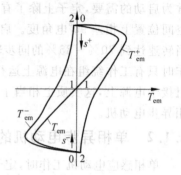

图 6-3　单相异步电动机的 $n(s) = f(T_{em})$ 曲线

由此可知，三相异步电动机电源断一相时，相当于一台单相异步电动机，故不能启动。

(2) 当 $s \neq 1$ 时，$T_{em} \neq 0$，且 T_{em} 无固定方向，则 T_{em} 取决于 s 的正负。若用外力使电动机转动起来，s^+ 或 s^- 不为 1 时，合成转矩不为零。这时若合成转矩大于负载转矩，则即使去掉外力电动机也可以旋转起来。这表明单相异步电动机如果由于其他原因（如外力作用），使电动机正转或反转，且电磁转矩大于负载转矩，便可进入稳定区域稳定运行。

由此可知，三相异步电动机运行中断一相，电机仍能继续运转，但由于存在反向转矩，使合成转矩减小，当负载转矩 T_L 不变时，使电动机转速下降，转差率上升，定、转子电流增加，从而使得电动机温升增加。

(3) 由于反向转矩的作用，使合成转矩减小，最大转矩也随之减小，故单相异步电动机的过载能力较低。

综上所述，单相异步电动机定子上若只有工作绕组，电动机则无法自行启动，但可以运行。因此需要在定子上增加一个启动绕组，必须有两相绕组才能使单相异步电动机自行启动运行。

6.1.3　单相异步电动机的主要类型及启动方法

为了使单相异步电动机能够产生启动转矩，关键是如何在启动时在电动机内部形成一个旋转磁场。根据获得旋转磁场方式的不同，单相异步电动机可分为分相电动机和罩极电动机两大类型。

1. 分相启动电动机

在分析交流绕组磁动势时曾得出一个结论，只要在空间不同相的绕组中通入时间上不同相的电流，就能产生一旋转磁场，分相启动电动机就是根据这一原理设计的。

分相启动电动机包括电容启动电动机、电容电动机和电阻启动电动机。

(1) 电容启动电动机。定子上有两个绕组，一个称为主绕组或工作绕组，用 1 表示，另一个称为辅助绕组或启动绕组，用 2 表示。两绕组在空间相差 90°。在启动绕组回路中串接启动电容 C，作电流分相用，并通过离心开关 S 或继电器触点 K 与工作绕组并联在同一单相电源上,如图 6-4(a)所示。因工作绕组呈阻感性,$\dot{I}_1$ 滞后于 $\dot{U}$。若适当选择电容 C,使流过启动绕组的电流 $\dot{I}_{ST}$ 超前 $\dot{I}_1$ 90°,如图 6-4(b)所示,这就相当于在时间相位上互差 90°的两相电流流入在空间相差 90°的两相绕组中,便在气隙中产生旋转磁场,并在该磁场作用下产生电磁转矩使电动机转动。

这种电动机的启动绕组是按短时工作设计的,所以当电动机转速达 70%～85%同步转速时,启动绕组和启动电容器 C 就在离心开关 S 作用下自动退出工作,这时电动机就在工作绕组单独作用下运行。

欲改变电容启动电动机的转向,只需将工作绕组或启动绕组的两个出线端对调,也就是改变启动时旋转磁场的旋转方向即可。

(2) 电容电动机。在启动绕组中串入电容后,不仅能产生较大的启动转矩,而且运行时还能改善电动机的功率因数和提高过载能力。为了改善单相异步电动机的运行性能,电动机启动后可不切除串有电容器的启动绕组,这种电动机称为电容电动机,如图 6-5 所示。

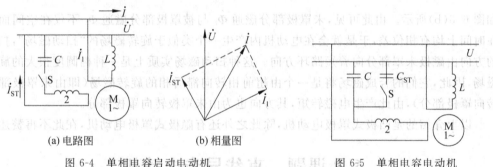

(a) 电路图　　　　　　(b) 相量图

图 6-4　单相电容启动电动机　　　图 6-5　单相电容电动机

电容电动机实质上是一台两相异步电动机,因此启动绕组应按长期工作方式设计。由于电动机工作时比启动时所需的电容小,所以在电动机启动后,必须利用离心开关 S 把启动电容 C_{ST} 切除。工作电容 C 便与工作绕组及启动绕组一起参与运行。

(3) 电阻启动电动机。电阻启动电动机的启动绕组的电流不用串联电容而用串联电阻的方法来分相,但由于此时 $\dot{I}_1$ 与 $\dot{I}_{ST}$ 之间的相位差较小,因此其启动转矩较小,只适用于空载或轻载启动的场合。

2. 罩极电动机

罩极电动机的定子一般都采用凸极式的,工作绕组集中绕制,套在定子磁极上。在极靴表面的 1/3～1/4 处开有一个小槽,并用短路铜环把这部分磁极罩起来,故称罩极电动机。短路铜环起了启动绕组的作用,称为启动绕组。罩极电动机的转子仍做成笼形,如图 6-6(a)所示。

当工作绕组通入单相交流电流后,将产生脉动磁通,其中一部分磁通 $\dot{\Phi}_1$ 不穿过短路铜环,另一部磁通 $\dot{\Phi}_2$ 则穿过短路铜环。由于 $\dot{\Phi}_1$ 与 $\dot{\Phi}_2$ 都是由工作绕组中的电流产生的,故由 $\dot{\Phi}_1$ 与 $\dot{\Phi}_2$ 同相位并且 $\Phi_1 > \Phi_2$,由脉动磁通 $\dot{\Phi}_2$ 在短路环中产生感应电动势 $\dot{E}_2$,它滞

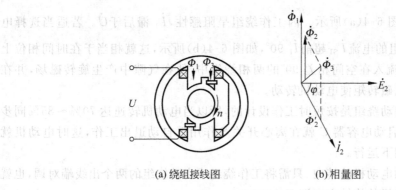

(a) 绕组接线图　　　　(b) 相量图

图 6-6　单相罩极电动机

后 $\dot{\Phi}_2$ 90°。由于短路铜环闭合，在短路铜环中就有滞后 $\dot{E}_2$ 为 φ 角的电流 $\dot{I}_2$ 产生，它又产生与 $\dot{I}_2$ 同相的磁通 $\dot{\Phi}'_2$，它也穿链于短路环，因此罩极部分穿链的总磁通为 $\dot{\Phi}_3 = \dot{\Phi}_2 + \dot{\Phi}'_2$，如图 6-6(b) 所示。由此可见，未罩极部分磁通 $\dot{\Phi}_1$ 与被罩极部分磁通 $\dot{\Phi}_3$ 不仅在空间而且在时间上均有相位差，于是就会在电动机内产生一个类似于旋转磁场的"扫动磁场"，扫动的方向由磁极未罩部分向着短路环方向。这种扫动磁场实质上是一种椭圆度很大的旋转磁场，因此，它们的合成磁场将是一个由超前相转向滞后相的旋转磁场(即由未罩极部分转向罩极部分)，由此产生电磁转矩，其方向也为由未罩极转向罩极部分。

以上介绍的是凸极式罩极电动机，除此之外还有隐极式罩极电动机，在此不再赘述。

6.2 课题　直线异步电动机

直线电动机是把电能转换成直线运动的机械能的电动机。它可看成有旋转电机演变而来的一种电动机，因此直线电动机和旋转电动机一样，具有结构简单，使用方便，运行可靠等优点，目前已在不少场合中得到应用。

与旋转电动机对应，直线电动机也分为直线异步电动机、直线同步电动机、直线直流电动机和其他直线电动机。其中以直线异步电动机应用最广泛，本节主要介绍直线异步电动机。

6.2.1　直线异步电动机的分类和结构

直线异步电动机按其结构形式不同，可以分为平板型、圆筒型和圆盘型等。

1. 平板型直线异步电动机

平板型直线电动机可以看成是从旋转电动机演变而来的。可以设想有一极数很多的三相异步电动机，其定子半径相当大，定子内表面的某一段可以认为是直线，则这一段便是直线电动机。也可以认为把旋转电动机的定子和转子沿径向剖开，并展成平面，就得到了最简单的平板型直线电动机，如图 6-7 所示。

旋转电动机的定子和转子，在直线电动机中称为初级(一级)和次级(二级)。直线电动机的运行方式可以是固定初级，让次级运动，此时称为动次级；相反，也可以固定次级而

 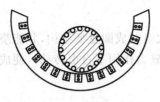 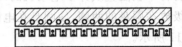

(a) 旋转电动机　　　　(b) 把电动机剖开拉直　　　　(c) 直线电动机

图 6-7　直线电动机的形成

让初级运动，则称为动初级。为了在运动过程中始终保持初级和次级耦合，初级和次级的长度不应相同，可以使初级长于次级，称为短次级；也可以使次级长于初级，称为短初级，如图 6-8 所示。由于短初级结构比较简单，制造和运行成本较低，故一般常用短初级。

图 6-8　平板型直线电动机（单边型）

图 6-8 所示的平板型直线电动机仅在次级的一边具有初级，这种结构称为单边型。单边型除了产生切向力外，还会在初、次级间产生较大的法向力，这在某些应用中是不希望的，为了更充分地利用次级和消除法向力，可以在次级的两侧都装上初级，这种结构称为双边型，如图 6-9 所示。

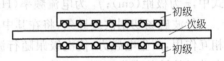

图 6-9　双边型直线电动机

平板型直线异步电动机的初级铁芯由硅钢片叠成，表面开有齿槽，槽中安放着三相、两相或单相绕组。它的次级形式较多，有类似笼形转子的结构，即在钢板上（或铁芯叠片里）开槽，槽中放入铜条或铝条，然后用铜带或铝带在两侧端部短接。但由于其工艺和结构较复杂，故在短初级直线电动机中很少采用。最常用的次级有三种：

第一种用整块钢板制成，称为钢次级或磁性次级，这时，钢既起导磁作用，又起导电作用；第二种为钢板上覆合一层铜板或铝板，称为覆合次级，钢主要用于导磁，而铜或铝用于导电；第三种是单纯的铜板或铝板，称为铜（铝）次级或非磁性次级，这种次级一般用于双边型电机中。

2. 圆筒型（或称管型）直线异步电动机

若将平板型直线异步电动机沿着与移动方向相垂直的方向卷成圆筒，即成圆筒型直线异步电动机，如图 6-10 所示。

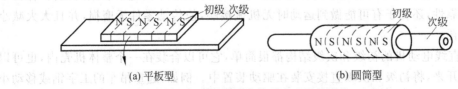

(a) 平板型　　　　　　　　(b) 圆筒型

图 6-10　圆筒型直线异步电机的形成

3. 圆盘型直线异步电动机

若将平板型直线异步电动机的次级制成圆盘型结构,并能绕经过圆心的轴自由转动。使初级放在圆盘的两侧,使圆盘在电磁力作用下自由转动。便成为圆盘型直线电动机,如图 6-11 所示。

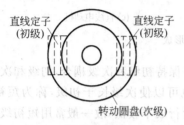

图 6-11 圆盘型直线异步电动机

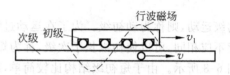

图 6-12 直线电机的工作原理

6.2.2 直线异步电动机的工作原理

由上所述,直线电动机是由旋转电动机演变而来的,因而当初级的多相绕组中通入多相电流后,也会产生一个气隙基波磁场,但这个磁场不是旋转的,而是沿直线移动的磁场,称为行波磁场。行波磁场在空间作正弦分布,如图 6-12 所示,它的移动速度为

$$v_1 = \pi D_a \frac{n_1}{60} = 2p\tau \frac{n_1}{60} = 2\tau f_1 (\text{cm/s}) \tag{6-4}$$

式中,τ 为极距(cm);f_1 为电流频率(Hz)。

行波磁场切割次级导条,将在其中感应出电动势并产生电流,该感应电流与行波磁场相互作用,产生电磁力,使次级跟随行波磁场移动。若次级的运动速度为 v,则直线异步电动机的转差率为

$$s = \frac{v_1 - v}{v_1} \tag{6-5}$$

将式(6-5)代入式(6-4),则得

$$v = 2\tau f_1 (1-s) \tag{6-6}$$

由上式可知,改变极距 τ 和电源频率 f_1,均可改变次级的移动速度。

6.2.3 直线电动机的特点

直线电动机的特点在于它能直接产生直线运动,不再需要任何中间转换传动的驱动装置。它具有传统电动机驱动的机电设备所不能达到的高效节能、高精度的特点,能够有效克服使用传统旋转电动机时,机械传动机构体积大、效率低、能耗高、精度差、污染环境等缺点。归纳起来,有下列优点。

(1) 直线电动机可以省去中间传动装置,其意义不仅在于简化了装置的机构,保证了运行的可靠性,还在于有可能做到运动时无机械接触,使传动零件无磨损,并且大大减小了机械损耗。

(2) 直线电动机的初级和次级结构都很简单,它可以合装在一个整体机壳内,也可以完全分离开来,将初级和次级直接安装在驱动装置中。例如,起重吊车的工字钢或移动小车中的铁轨都可以直接作为次级。因此,减轻了电动机的重量,降低了造价。

（3）由于结构简单，一般来说，直线电动机的散热效果也较好。特别是常用的平板型短初级直线电动机，初级的铁芯和绕组端部直接暴露在空气中，同时次级很长，具有很大的散热面，所以这一类直线电动机不需要附加冷却装置。

（4）直线电动机运行时，它的零部件和传动装置不像旋转电动机那样会受到离心力的作用，因而它的速度不需加以限制。另外，直线电动机的整体密封性好，可在水中、腐蚀性气体、有毒有害气体、超高温或超低温等特殊环境下使用。直线电动机还可以避免拖缆、钢索、齿轮与皮带轮等所造成的噪声，适宜在需要安静的场所使用。

直线电动机也存在不足之处，由于它的电磁气隙与极距的比值较大，所需的励磁电流也较大，由于铁芯两端断开，将产生纵向边缘效应。因此，使得直线电动机的效率和功率因数都比同容量旋转电动机低。但从整个装置看，因为省去了中间传动装置，系统的效率有时可以比采用旋转电动机时高。

6.2.4　直线异步电动机的应用

直线异步电动机主要应用在各种直线运动的电力拖动系统中，如自动搬运装置、传送带、带锯、直线打桩机、电磁锤、矿山用直线电机推车机及磁悬浮高速列车等，也用于自控系统中，如液态金属电磁泵、阀门、开关自动关闭装置及自动生产线机械手等。

下面介绍两种直线异步电动机的应用实例。

1. 传送带

采用双边型直线异步电动机的三种传送带方案，如图 6-13 所示。直线异步电动机的初级固定，次级就是传送带本身，其材料为金属带或金属网与橡胶的复合带。

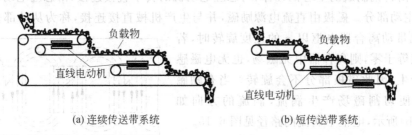

(a) 连续传送带系统　　(b) 短传送带系统

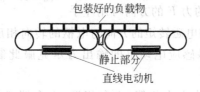

(c) 固定段系统

图 6-13　直线电动机传送系统

2. 高速列车

直线异步电动机与磁悬浮技术相结合应用于高速列车上，可使列车达到高速而无振动噪声，成为一种最先进的地面交通工具。列车的中间下方安放直线异步电动机，两边有若干个转向架,起磁悬浮作用的支撑电磁铁安装在各个转向架上,它们可以保证直线异步电动机具有不变的气隙,并能转弯和上、下坡。电动机采用短初级结构,轨道的次级导电板选用铝材,磁悬浮是吸引式的。

6.3 课题　电磁调速感应电动机

电磁调速感应电动机也称滑差电动机,从原理上看,它实际上就是一台带有电磁滑差离合器的普通笼形感应电动机,其原理如图 6-14(a)所示。

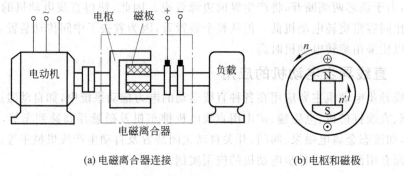

图 6-14　电磁离合器原理图

电磁滑差离合器由电枢和磁极两部分组成,两者之间无机械联系,各自能独立旋转。电枢为一由铸钢制成的空心圆柱体,与感应电动机的转子直接连接,由感应电动机带动旋转,称为主动部分。磁极由直流电源励磁,并与生产机械直接连接,称为从动部分。当感应电动机带动离合器电枢以 n 的速度旋转时,若励磁电流等于零,则离合器中无磁场,也无电磁感应现象产生,因此磁极部分不会旋转。当有励磁时,电枢便切割磁场产生涡流,涡流的方向如图 6-14(b)所示,电枢中涡流的路径见图 6-15。

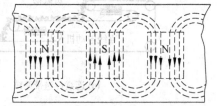

图 6-15　滑差离合器电枢内涡流的路径

电枢中的涡流与磁极磁场相互作用产生电磁力和电磁转矩。电枢受到的力 F 的方向可用左手定则判定,由于 F 所产生的电磁转矩的方向与电枢的转向相反,因此对电枢而言,F 产生的是个制动力矩,需要依靠感应电动机的输出力矩克服此制动力矩,从而维持电枢的转动。

根据作用力与反作用力大小相等、方向相反,离合器磁极所受到的力 F' 的方向正与 F 相反,由 F' 所产生的电磁转矩驱使磁极转子并带动生产机械沿电枢转向以 n' 的速度旋转,显然 $n' < n$。电磁滑差离合器的工作原理和感应电动机的相同,电磁力矩的大小决定于磁极磁场的强弱和电枢与磁极之间的转差。因此当负载转矩一定时,若改变励磁电流的大小,则为使电磁力矩不变,磁极的转速必将发生变化,这就达到了调速的目的。

电磁离合器的具体结构形式有很多种,目前我国生产较多的是电枢为圆筒形铁芯

（也称为杯形铁芯），磁极为爪形磁极。磁极铁芯分成相同的两部分。图 6-16 为其中的一个部分。两部分互相交叉地安装在轴上，励磁线圈安装在两部分铁芯中间，每部分铁芯是一个极性，每一个爪就是一个极。

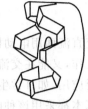

图 6-16 爪形磁极铁芯

必须指出，异步电动机工作的必要条件是：电动机的转速 n 必须小于同步转速 n_1，即 $n<n_1$。而滑差离合器工作的必要条件是：磁极转子的转速 n' 必须小于电枢（异步电动机）的转速 n，即 $n'<n$。若 $n'=n$，则电枢与磁极间便无相对运动，就不会在电枢中产生涡流，也就不会产生电磁转矩，当然磁极就不会旋转了。也就是说，电磁滑差离合器必须有滑差才能工作，所以电磁调速异步电动机又称为滑差电动机，其滑差率为

$$s' = \frac{n-n'}{n} \tag{6-7}$$

转速为

$$n' = n(1-s') \tag{6-8}$$

电磁调速感应电动机的型号为 JZT，在结构上分为组合式和整体式两种。前者用于 1~7 号机座，外形上明显地可以看出拖动电动机与离合器两大部分；后者用于 8~9 号机座，这时拖动电动机与离合器安装在一个机座内。

图 6-17 所示为组合式结构的电磁调速感应电动机。其中测速发电机用来构成一个反馈系统以保证机械特性的硬度。

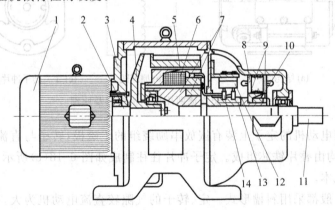

图 6-17 电磁调速感应电动机
1—电动机；2—主动轴；3—法兰端盖；4—电枢；5—工作气隙；6—励磁线圈；7—磁极；8—测速机定子；
9—测速机磁极；10—永久磁铁；11—输出轴；12—刷架；13—电刷；14—集电环

电磁调速感应电动机，最适用于恒转矩负载，它调速范围广（可达 10∶1），而且调速平滑，可以实现无级调速且结构简单，操作方便。但因为离合器是利用电枢中的涡流与磁场相互作用而工作的，因此损耗较大、效率较低，尤其在低速时尤为严重，所以它不宜在低速下长期工作。

6.4 课题　交直流两用电动机

交直流两用电动机的全称是单相串激整流子式交直流两用电动机,它既能在直流电源下工作,又能在交流电源下工作。该种电动机在需要高速或负载转矩变化大的场合得到广泛应用,如日常生活用具中的果汁机、吸尘器和手电钻、手持式砂轮机等手持式电动工具基本都采用该种电动机,在计算工具、精密机械、医疗器械、通信技术、测量技术、电影行业也有应用。

1. 基本结构

交直流两用电动机结构基本上和直流电动机一样,有不同的电枢结构和励磁方式。

实际上,往往采用有槽铁芯的电枢结构,导体放在电枢槽中所受的电磁力较小,容易满足高速运行时对绝缘材料的机械强度要求。励磁方式虽可做成串励和并励两种,但并励式电动机的转矩要比串励式低得多。因此,通常制成串励、有槽电枢的直流电动机,其结构及原理如图 6-18 所示。

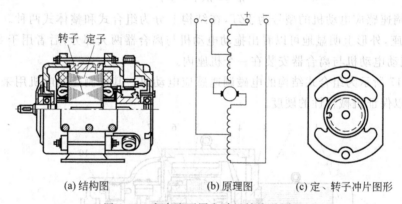

(a) 结构图　　　　(b) 原理图　　　　(c) 定、转子冲片图形

图 6-18　交直流两用电动机结构及原理

交直流两用电动机的定子上装有嵌放串励绕组的主磁极,转子与直流电动机的有槽电枢一样,磁路均由叠片铁芯组成。定子冲片往往制成如图 6-18(c) 所示整体形状,以利于制造和降低成本。

电枢铁芯一般都采用斜槽形式。定、转子的气隙较直流电动机为大,并且不均匀,其中最尖处最大气隙是主气隙的 3~4 倍。其他零部件如电刷刷握、端盖等都和普通直流电机相似。交直流两用电动机具有不同的结构形式,有时也做成分装式,分装式结构和力矩式电动机结构相似。对于大容量高速或特殊要求的交直流两用电动机,还需采用换向极以改善换向、抑制火花及减少无线电干扰。

2. 工作原理

交直流两用电动机的工作原理与直流串励电动机相同,因而可先从串励直流电动机着手进行分析。图 6-19(a) 表示其正方向通电时的工作原理图。

根据电动机左手定则,可确定转子的转矩方向是逆时针方向;同理,在图 6-19(b) 中

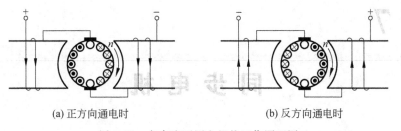

(a) 正方向通电时　　　　　　　(b) 反方向通电时

图 6-19　交直流两用电机的工作原理图

反方向通电后电动机的转矩方向仍为逆时针。因此，对于交直流两用电动机，由于其主磁通和电枢电流的方向同时随电源的极性而改变，因此能使平均转矩保持逆时针方向不变。

3. 特点及应用

交直流两用电动机因具有较小的启动电流和较大的启动转矩，常常用在启动比较困难的地方，或者在需要大的启动转矩而瞬时断续运行的机构上作传动用，如用于操纵控制开关等。这样，可以提供大的启动转矩和选用比其他类型电动机小得多的外形尺寸。

此外，交直流两用电动机的调速范围广，并能获得高速。一般异步电动机的转速取决于电动机极数和供电频率，50Hz 供电的一对极电动机最高转速低于 3000r/min。当然，变频电机可以提高转速，但要提供专用电源。在设计上可以用减少电枢导体数的方法提速，如电动工具用交直流两用电动机转速达 9900～14 500r/min，医疗器械用高速离心机上的最高转速可达 20 000r/min。因此，在需要高转速的地方，可以选用这种电动机，如牙科用钻头就是用交直流两用电动机带动的。众所周知，电动机的额定功率正比于它的转速，电动机的效率正比于功率，电动机转速高，额定功率就高，效率也高。在需要体积小、质量轻、转速高的地方也可以选用，如手电钻等。

交直流两用电动机的机械特性较软，在转矩增加时，转速迅速降低，致使输出功率增加有限，不容易因为负载加大而过载，适用于恒功率控制场合或者负载转矩经常大幅度变化的场所。如在磁带记录器的磁带恒张力结构及自行车传动机构中，这种电动机可以取代永磁式直流电动机。

当负载很小时，交直流两用电动机转速会很高，所以它不能全压、空载运行。一般情况下当全压工作时，最低负载不应小于额定值的 25%～30%。

思考题与习题

6.1　单相异步电动机与三相异步电动机相比有哪些主要的不同之处？
6.2　单相异步电动机根据启动方法的不同分为哪几种类型？各有哪些优、缺点？
6.3　简单叙述单相异步电动机的主要结构。
6.4　直线异步电动机有哪几种结构形式？
6.5　直线异步电动机与旋转异步电动机的主要区别是什么？
6.6　试简述交直流两用电动机的工作原理及特点。

模块 7

同步电机

知识点

(1) 同步电机的基本类型和基本结构；
(2) 同步发电机和同步电动机；
(3) 微型同步电机。

学习要求

(1) 具有同步电机的基本结构、类型和工作原理分析能力；
(2) 具有同步电机的运行特性和启动方法分析能力。

7.1 课题 同步电机的基本类型和基本结构

7.1.1 同步电机的基本类型

1. 同步电机的特点

图 7-1 为一台 4 极同步电机的构造原理图。通常三相同步电机的定子是电枢，在定子铁芯上开有槽，槽内安置三相绕组（图中只画出了一相），转子上装有磁极和励磁绕组。当励磁绕组通以直流电流后，转子即建立恒定磁场。作为发电机，当用原动机拖动转子旋转时，定子导体由于与此磁场有相对运动而感生交流电动势，此电动势的频率为

$$f = \frac{np}{60} \quad (7\text{-}1)$$

式中，p 为电机的极对数；n 为转速(r/min)；f 为频率(Hz)。

可见，当电机的极对数、转速一定时，则电机发出的交流电动势的频率也是一定的。

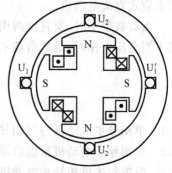

图 7-1 同步电机的构造原理图

如作为同步电动机运行时，则需要在定子绕组上施以三相交流电压，电机内部便产生一个旋转磁场。旋转速度 $n_1 = 60f_1/p$，这时转子绕组加上直流励磁，则转子将在定子旋

转磁场的带动下,沿定子磁场的旋转方向以相同的转速旋转,转子的转速为

$$n = n_1 = \frac{60f_1}{p} \tag{7-2}$$

由此可见,同步电机的特点是转子的转速 n 与电网频率 f 之间具有固定不变的关系,转速 n 称为同步转速。若电网的频率不变,则同步电机的转速恒为常值而与负载的大小无关。

2. 同步电机的基本类型

同步电机可以按运行方式和结构形式进行分类。

按运行方式和功率转换方式,同步电机可分为发电机、电动机和调相机3类。发电机把机械能转换成电能;电动机把电能转换为机械能;调相机则专门用来调节电网的无功功率,改善电网的功率因数,在调相机内基本上不转换有功功率。

按结构形式,同步电机可分为旋转电枢式和旋转磁极式两种,前者在小容量同步电机中得到某些应用,后者应用比较广泛,并成为同步电机的基本结构形式。

对于旋转磁极式结构,按照磁极的形状又可分为凸极式和隐极式两种(见图7-2)。隐极式的气隙是均匀的,转子做成圆柱形。凸极式的气隙是不均匀的,极弧底下气隙较小,极间部分气隙较大。一般当 $n_1 \leqslant 1500\text{r/min}$(即 $2p \geqslant 4$)时,可采用结构和制造上比较简单的凸极式。而转速较高时,则采用隐极式结构,如汽轮机是一种高转速的原动机,故汽轮发电机的转子通常采用隐极式,而水轮发电机通常都是凸极式。同步电动机及由内燃机拖动的同步发电机和调相机,一般也做成凸极式。

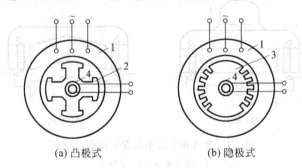

图 7-2 旋转磁极式同步电机

1—定子;2—凸极转子;3—隐极转子;4—集电环

7.1.2 同步电机的基本结构

下面以常见的旋转磁极式同步电机为例,说明同步电机的基本结构。

1. 隐极同步电机的基本结构

隐极同步电机都采用卧式结构,有定子和转子两大部分。

(1)定子。定子由定子铁芯、定子绕组、机座、端盖、挡风装置等部件组成。定子铁芯由厚度为0.5mm的硅钢片叠成,整个铁芯则固定于机座上。在定子铁芯的内圆槽内安放定子绕组。

(2)转子。转子由转子铁芯、励磁绕组、护环、中心环、滑环及风扇等部件组成。

转子铁芯既是电机磁路的主要组成部件,又由于高速旋转时巨大的离心力而承受着

很大的机械应力,因而其材料既要求有良好的导磁性能,又需要有很高的机械强度,所以一般采用整块的高机械强度和良好导磁性能的合金钢锻成,与转轴锻成一个整体。沿转子铁芯表面铣有槽以安放励磁绕组(见图7-3)。由图可见,在一个极距内约有1/3部分没有开槽,称为大齿。大齿的中心实际上就是磁极的中心。

励磁绕组是由扁铜线绕成的同心式线圈。由于隐极电机转速很高,因此励磁绕组在槽内需用不导磁高强度的硬铝槽楔压紧。端部套上用高强度非磁性钢锻成的护环。

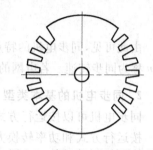

图7-3 隐极发电机转子铁芯

隐极机的转速较高,所以转子的直径较小而长度较长。

2. 凸极同步电机的基本结构

凸极同步电机分为卧式和立式结构两大类。除了低速、大容量的水轮发电机和大型水泵用的同步电动机采用立式结构外,绝大多数的凸极同步电机都采用卧式结构。

立式水轮发电机可分为悬式和伞式两种。悬式是把推力轴承装在转子上边的机架上,整个转子是以一种悬吊状态转动;伞式则是把推力轴承装在转子下边的机架上,整个转子是以一种被托架着的状态转动,如图7-4所示。

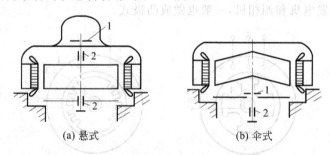

(a) 悬式　　　　　　　(b) 伞式

图7-4 悬式和伞式水轮发电机的示意图
1—推力轴承；2—导轴承

悬式水轮发电机运转时机械稳定性好,但机组的轴向高度大;伞式水轮发电机机械稳定性差,但轴向高度小,这可以使厂房的高度和造价降低。通常转速较高(≥150r/min)的电机采用悬式;转速较低(≤125r/min)的电机采用伞式。

(1) 定子。定子结构一般和隐极同步电机相同,但对于大容量的水轮发电机,由于定子直径太大,故通常把它分成几瓣,分别制造后,再运到电站拼装成一整体。

(2) 转子。凸极同步电机的转子主要由磁极、励磁绕组和转轴组成。磁极是由厚度为1~1.5mm的钢板冲成磁极冲片,用铆钉装成一体。磁极上套装有励磁绕组。励磁绕组由扁铜线绕成,各励磁绕组串联后接到集电环上。磁极的极靴上一般还装有阻尼绕组。阻尼绕组是由插入极靴阻尼槽内的裸铜条和端部铜环焊接而成,如图7-5所示。

磁极固定在磁轭上,磁轭常用整块钢板或铸钢做成。

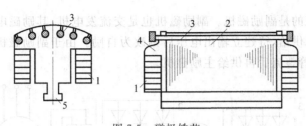

图 7-5 磁极铁芯
1—励磁绕组；2—磁极铁芯；3—阻尼绕组；4—磁极钢板；5—T 尾

7.1.3 同步电机的额定值及励磁方式

1. 同步电机的额定值

(1) 额定容量 $S_N(kV \cdot A)$ 或额定功率 $P_N(kW)$。指电机输出功率的保证值。对发电机通过额定容量可确定额定电流，通过 P_N 数可以确定配套原动机的容量。电动机的额定容量一般用 kW 表示。调相机则用 kV·A 表示。

(2) 额定电压 $U_N(V)$。电机在额定运行时定子三相的线电压。

(3) 额定电流 $I_N(A)$。电机在额定运行时定子的线电流。

(4) 额定频率 f_N。我国标准工频为 50Hz。

(5) 额定功率因数 $\cos\varphi_N$。

(6) 额定转速 $n_N(r/min)$。

(7) 额定励磁电压 U_{fN} 和额定励磁电流 I_{fN}。

(8) 额定温升 Δt_N。

2. 励磁方式简介

同步电机运行时，必须在励磁绕组中通入直流电流，通常称为励磁电流。所谓励磁方式是指同步电机获得直流励磁电流的方式，而供给励磁电流的整个系统称为励磁系统。

励磁系统是同步电机的一个重要组成部分。它直接影响同步电机的运行可靠性和经济性，并对同步电机的运行特性如电压调整率、短路特性、过载能力等有重大影响。

同步电机的励磁方式有以下几种。现分别简介如下：

(1) 直流励磁机励磁。直流励磁机励磁系统应用历史较长。直流励磁机一般与同步发电机同轴，由同一原动机拖动。其本身所需励磁电流通常由并励方式供给。有时为了获得较快的励磁电压上升速度，并能在较低的励磁电压下稳定工作，就再用一台副励磁机供给直流励磁机本身的励磁电流。

直流励磁机励磁系统与外部交流电网无直接联系，整个系统运行可靠且比较简单，故在中小型汽轮发电机中广泛采用。但对于现在越来越广泛投入的大容量汽轮发电机，由于励磁容量需相应地增大，制造上就非常困难。所以大容量的汽轮发电机不宜采用同轴直流励磁机的励磁方式。

(2) 静止的交流整流励磁系统。静止的交流整流励磁系统可分为他励式与自励式两种。

① 他励式静止半导体励磁系统。这种系统的接线图如图 7-6 所示。汽轮发电机的励磁电流由同轴交流主励磁机发出的三相交流电通过静止的半导体硅整流器供给。供给

主励磁机励磁电流的是副励磁机。副励磁机也是交流发电机，其励磁电流在电机运行之初由外界直流电源供给，待建立输出电压后则改为自励。由于副励磁机输出的也是三相交流电，须由晶闸管整流后再供给主励磁机。

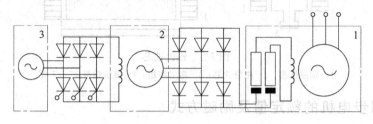

图 7-6　他励式静止半导体励磁系统

1—同步发电机；2—主励磁机；3—副励磁机

② 自励式静止半导体励磁系统。如果取消交流励磁机，交流励磁电源直接取自同步发电机本身，则称为自励式静止半导体励磁。图 7-7 为这种励磁方式的原理接线图。由图可见，主发电机的励磁电流由整流变压器取自自身输出端，经过三相晶闸管整流后变为直流电。

静止的交流整流励磁系统没有直流励磁机的换向器火花等问题，运行维护方便，技术性能较好，目前国内外已广泛使用。

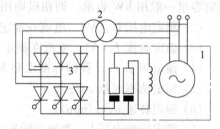

图 7-7　自励式静止半导体励磁系统

1—同步发电机；2—整流变压器；3—整流装置

(3) 旋转的交流整流励磁系统。采用上述各种励磁方式时，同步发电机的励磁电流均需通过电刷和滑环引入。现代大型汽轮发电机的励磁电流有 4000~5000A 之多，这么大的电流通过电刷和滑环组成的滑动接触，势必引起严重的发热和大量的电刷磨损。为此人们就采用了旋转的交流整流励磁系统。即用一台旋转电枢式的交流主励磁机，和主发电机同轴联接，半导体整流装置安装在主发电机转子上，这样就用固定连接代替了电刷和滑环，因此又称为无刷励磁。其原理图如图 7-8 所示。图中点画线框内为旋转部分。主励磁机的励磁电流可由主发电机输出端取得，也可通过同轴交流副励磁机供给。

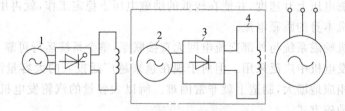

图 7-8　无刷励磁系统

1—副励磁机；2—旋转电枢式主励磁机；3—装在转轴上的半导体整流装置；
4—主发电机转子励磁绕组

无刷励磁的优点是整个励磁系统没有触点，运行比较可靠，维护也比较方便。近年来,在国内外大型汽轮发电机中已广泛采用。

(4) 三次谐波励磁。同步发电机的气隙磁通密度分布,不可避免地存在三次谐波分量。这个谐波分量在同步发电机的电枢绕组内虽然感应出三次谐波电动势,但经过三相联接,电枢绕组输出线上并不存在三次谐波电动势,即不影响供电质量。三次谐波励磁系统正是利用这个三次谐波磁通密度,在定子槽中专门嵌放一套三次谐波绕组,其节距取极距的1/3,基波气隙磁场在该绕组中的合成感应电动势等于零。三次谐波磁场则在该绕组中感应一个三倍基波频率的三次谐波电动势。

三次谐波励磁就是将这个绕组中的三次谐波电动势经过半导体整流装置后转换为直流电流,再接到发电机的励磁绕组。三次谐波励磁是一种自励方式,它和直流发电机的电压建立过程相同,由于磁路具有剩磁和饱和现象,所以能自励并具有稳定工作点。

三次谐波励磁在单机运行的小型同步发电机中得到广泛使用。

7.2 课题 同步发电机

7.2.1 同步发电机的空载运行

当同步发电机转子被原动机拖动到同步转速 $n=n_1=\dfrac{60f}{p}$,转子绕组通入直流励磁电流而定子绕组开路时称为空载运行。这时定子(电枢)电流为零,电机气隙中只有转子的励磁电流 I_f 单独产生的磁动势 F_f 和磁场,称为励磁磁动势和励磁磁场。励磁磁通 Φ 既交链转子绕组,又经过气隙交链定子绕组的部分,称为主磁通 Φ_1。定子三相绕组切割主磁通而感应出频率为 f 的一组对称三相交流电动势,其基波分量的有效值为

$$E_0 = 4.44 f N_1 K_{W1} \Phi_1 \tag{7-3}$$

式中,N_1 为定子每相绕组串联匝数;Φ_1 为每极基波磁通(Wb);K_{W1} 为基波电动势的绕组因数;E_0 为电动势的基波分量有效值(V)。

这样,改变转子的励磁电流 I_f,就可以相应地改变主磁通 Φ_1 和空载电动势 E_0。曲线 $E_0=f(I_f)$ 称为发电机的空载特性。如图7-9的曲线1所示。

由于 $E_0 \propto \Phi_1$,$I_f \propto F_f$,所以改变坐标后空载特性曲线也就可以表示为发电机的磁化曲线 $\Phi_1=f(F_f)$。这就说明了两个特性曲线具有本质上的内在联系,任何一台发电机的空载特性曲线实际上也反应了它的磁化曲线。

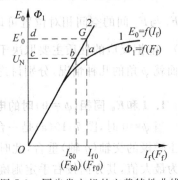

图7-9 同步发电机的空载特性曲线

当主磁通 Φ_1 较小时,磁路处于不饱和状态,此时铁芯部分所消耗的磁压降与气隙所需磁压降相比较,可略去不计,因此可认为绝大部分磁动势消耗于气隙中,$\Phi_1 \propto F_f$,所以空载曲线(磁化曲线)下部是一条直线。把它延长后所得直线 OG(见图7-9曲线2)称为气隙线。随着 Φ_1 的增大,铁芯逐渐饱和,它所消耗的磁压降不可忽略,此时空载曲线就逐渐变弯曲。

为了充分利用材料，在设计发电机时，通常把发电机的额定电压点设计在磁化曲线的弯曲处，如图 7-9 曲线 1 上的 a 点，此时的磁动势称为额定空载磁动势。线段 $\overline{ab}$ 表示消耗在铁芯部分的磁动势。线段 $\overline{bc}$ 表示消耗在气隙部分的磁动势 $F_{\delta 0}$。F_{f0} 与 $F_{\delta 0}$ 的比值反映发电机磁路的饱和程度，用 K_s 表示，称为饱和系数。通常，同步发电机的饱和系数 K_s 值为 1.1～1.25。

$$K_s = \frac{F_{f0}}{F_{\delta 0}} = \frac{\overline{ac}}{\overline{bc}} = \frac{\overline{dG}}{\overline{bc}} = \frac{E_0'}{U_N} \tag{7-4}$$

E_0' 表示磁路不饱和时，对应于励磁磁动势 F_{f0} 的空载电动势。

7.2.2 同步发电机的电枢反应

同步发电机有负载时，除了励磁磁动势外，由于定子绕组中有电流流过，所以定子绕组将在气隙中产生一个旋转磁动势——电枢磁动势。因此，有负载时在同步发电机的气隙中同时作用着两个磁动势，这两个磁动势以相同的转速和转向旋转着，彼此没有相对运动。此时主极的励磁磁动势与电枢磁动势相互作用形成负载时气隙中的合成磁动势，并建立负载时的气隙磁场。这时尽管励磁电流未变，但气隙磁场已不同于原来的励磁磁场，所以感应电动势已不再是 E_0 了，对于感性负载，此电动势将明显低于 E_0，再计入电枢绕组中的电阻和漏电抗压降后，就使 U 更加低于 E_0。应强调指出，对称负载时 U 低于 E_0 的两个影响因素中起决定作用的是电枢磁动势的影响。

电枢反应的性质（增磁、去磁或交磁）取决于电枢磁动势基波与励磁磁动势基波的空间相对位置。

由于主磁通 $\dot{\Phi}_1$ 与励磁磁动势 $\dot{F}_f$ 同相，主磁通在定子绕组中感应的电动势 $\dot{E}_0$ 滞后于 $\dot{\Phi}_1$ 90°，而根据感应电动机的时空相量图可知，电枢磁动势 $\dot{F}_a$ 与负载电流 $\dot{I}$ 同相，所以研究 $\dot{F}_f$ 与 $\dot{F}_a$ 间的空间相对位置可以归结为研究 $\dot{E}_0$ 与 $\dot{I}$ 间的相位差 ψ（ψ 称为内功率因数角）。电枢反应的性质主要取决于 $\dot{E}_0$ 与 $\dot{I}$ 之间的相位差 ψ，亦即主要取决于负载的性质。下面就 ψ 角的几种情况，分别讨论电枢反应的性质。

1. $\dot{I}$ 和 $\dot{E}_0$ 同相（$\psi=0$）时的电枢反应

当 $\psi=0$ 时，图 7-10(a) 是一台同步发电机原理图。图中所示瞬间，U 相绕组的轴线与主磁极的交轴（q 轴）重合，此时 U 相绕组导体切割主磁通最多，故 U 相绕组励磁电动势为最大值，其方向按右手定则确定。因为 $\psi=0°$，所以此瞬间 U 相绕组中的电流也达到最大值。这时三相励磁电动势和电枢电流的相量关系如图 7-10(b) 所示。由交流旋转磁场原理可知，定子三相合成磁动势的幅值总是位于电流为最大值的一相绕组轴线上，可见电枢磁动势 $\dot{F}_a$ 滞后励磁磁动势 $\dot{F}_f$ 90°。这种电枢磁动势称为交轴电枢磁动势，用 F_{aq} 表示，相应的电枢反应称为交轴电枢反应。由图 7-10(c) 可见，对主磁场而言，交轴电枢反应在前极尖将起去磁作用，在后极尖则起增磁作用。对气隙磁场交轴电枢反应将使合成磁场的轴线位置从空载时的直轴处逆转向后移了一个锐角，且幅值也有所增加。但因磁路的饱和现象，交轴电枢反应有去磁作用。

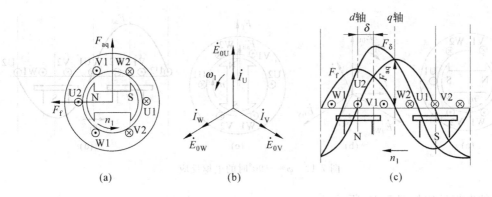

图 7-10 $\psi=0$ 时的电枢反应

2. $\dot{I}$ 滞后于 $\dot{E}_0$ 90°($\psi=90°$)时的电枢反应

当 $\psi=90°$ 时,定子各相电流的分布如图 7-11(a)、(b)所示。此时 U 相励磁电动势虽为最大值,但电枢电流却为零。待延迟 90°后 U 相电流方达到最大值。此时转子的相对位置将如图 7-11(c)、(d)所示,也就是说 U 相电流达到最大值时,转子已向前转过 90°,电枢磁动势的幅值恰好位于励磁磁动势的轴线上,但方向相反。此时的电枢磁动势称为直轴电枢磁动势,用 F_{ad} 表示,相应的电枢反应称为直轴电枢反应。可见,$\psi=90°$时直轴电枢反应的性质是纯粹去磁的。

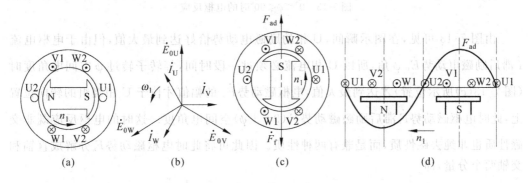

图 7-11 $\psi=90°$时的电枢反应

3. $\dot{I}$ 超前于 $\dot{E}_0$ 90°($\psi=-90°$)时的电枢反应

当 $\psi=-90°$ 时,定子各相电流的分布如图 7-12(a)所示。

此时 U 相励磁电动势虽为最大值,但电枢电流仍为零。U 相电流在超前 90°时达到最大值。此时转子的相对位置将如图 7-12(c)、(d)所示,也就是说当 U 相电流达到最大值时,转子磁场的空间位置滞后 $\psi=0°$时的转子磁场的位置 90°。这时电枢磁动势的幅值又位于励磁磁动势的轴线上,但两者方向相同,其电枢反应的性质是纯粹增磁的,同样也称为直轴电枢反应。

4. 一般情况下的电枢反应

在一般情况下,$0°<\psi<90°$,也就是说电枢电流 $\dot{I}$ 滞后于励磁电动势 $\dot{E}_0$ 一个锐角 ψ,

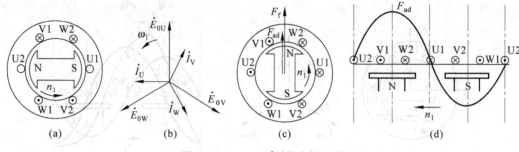

图 7-12　$\psi=-90°$ 时的电枢反应

这时的电枢反应如图 7-13 所示。

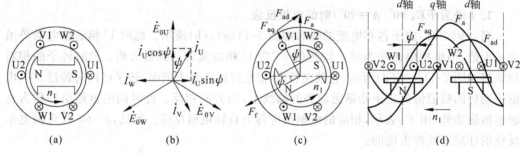

图 7-13　$0°<\psi<90°$ 时的电枢反应

由图 7-13 可见，在图示瞬间，U 相的励磁电动势恰好达到最大值，但由于电枢电流 $\dot{I}$ 滞后励磁电动势 $\dot{E}_0\psi$ 角，所以 U 相电流必须过一段时间，等转子转过 ψ 空间电角度时（图 7-13(c)所示位置）才达到最大值，电枢磁动势 $\dot{F}_a$ 的幅值才位于 U 相绕组的转向位置上，此时电枢磁动势 $\dot{F}_a$ 滞后励磁磁动势 $\dot{F}_f(90°+\psi)$ 空间电角度。这时的电枢反应既非交磁性质也非纯去磁性质，而是兼有两种性质。因此可将此时电枢磁动势 $\dot{F}_a$ 分解成直轴和交轴两个分量，即

$$\left.\begin{array}{l}\dot{F}_a=\dot{F}_{ad}+\dot{F}_{aq}\\ F_{ad}=F_a\sin\psi\\ F_{aq}=F_a\cos\psi\end{array}\right\} \quad (7\text{-}5)$$

F_{aq} 起交磁作用，F_{ad} 起去磁作用。此时的电枢反应也可以这样说明，如将每一相的电枢电流 $\dot{I}$ 都分解 $\dot{I}_d$ 和 $\dot{I}_q$ 两个分量，即

$$\left.\begin{array}{l}\dot{I}=\dot{I}_d+\dot{I}_q\\ I_d=I\sin\psi\\ I_q=I\cos\psi\end{array}\right\} \quad (7\text{-}6)$$

其中 $\dot{I}_q$ 与励磁电动势 $\dot{E}_0$ 同相位，它们(指三相的该分量，即 $\dot{I}_{qU}$、$\dot{I}_{qV}$、$\dot{I}_{qW}$)产生式(7-5)中的交轴电枢磁动势 $\dot{F}_{aq}$，因此把分量 $\dot{I}_q$ 叫做 $\dot{I}$ 的交轴分量，而 $\dot{I}_d$ 滞后励磁电动势

$\dot{E}_0$ 90°,它们产生式(7-5)中直轴电枢磁动势 $\dot{F}_{ad}$,因此把分量 $\dot{I}_d$ 叫做 $\dot{I}$ 的直轴分量。这时交轴分量 $\dot{I}_q$ 产生的电枢反应与 $\psi=0°$ 时(见图 7-10)一样,对气隙磁通起交磁作用,使气隙合成磁场逆转向位移一个角度。而直轴分量 $\dot{I}_d$ 产生的电枢反应则与 $\psi=90°$ 时(见图 7-11)一样,对气隙磁场起去磁作用。

考虑电枢反应的作用,有负载时电枢绕组中的感应电动势将由气隙合成磁场建立。气隙电动势减去定子漏阻抗压降,便得到端电压。通常发电机的负载为感性负载,电枢反应含有去磁作用,使气隙磁场削弱,相应的气隙电动势将小于励磁电动势。因此随着负载的增加,必须增大励磁电流。

7.2.3 同步发电机的负载运行

1. 凸极同步发电机的电动势方程式和相量图

当凸极同步发电机负载运行时,气隙中将存在着两种旋转磁场,即电枢磁场和励磁磁场。在不计饱和的情况下,空载特性是一条直线,因此可以利用双反应理论和叠加原理进行分析,即把电枢磁场分解为直轴和交轴电枢磁场,它们和励磁磁场互相独立地存在于同一磁路中,这些磁场各自在定子绕组中感应电动势,这些电动势的总和便是每相绕组的气隙合成电动势 $\dot{E}_\delta$。$\dot{E}_\delta$ 减去定子漏阻抗压降后,便得到发电机的端电压。这一电磁关系可用下面的关系式表达:

励磁磁动势 $F_f \rightarrow \Phi_1 \rightarrow E_0$
直轴电枢反应磁动势 $F_{ad} \rightarrow \Phi_{ad} \rightarrow E_{ad}$ ⟶ E_δ
交轴电枢反应磁动势 $F_{aq} \rightarrow \Phi_{aq} \rightarrow E_{aq}$

按照电机中各电磁量正方向的习惯规定,根据基尔霍夫第二定律,可写出电枢回路的电动势方程式为

$$\dot{E}_\delta = \dot{E}_0 + \dot{E}_{ad} + \dot{E}_{aq} = \dot{U} + \dot{I}(R_a + jX_\sigma) \tag{7-7}$$

式中,E_0 为励磁磁动势(或称空载电动势),它由主磁通 Φ_1 产生;E_{ad} 及 E_{aq} 分别为直轴电枢反应电动势和交轴电枢反应电动势,它们分别由直轴电枢反应磁通 Φ_{ad} 和交轴电枢反应磁通 Φ_{aq} 产生。

由于不计饱和,所以 Φ_{ad} 与 Φ_{aq} 正比于 F_{ad} 及 F_{aq},又分别正比于电流 I_d 及 I_q,即

$$\left.\begin{array}{l} E_{ad} \propto \Phi_{ad} \propto F_{ad} \propto I_d = I\sin\psi \\ E_{aq} \propto \Phi_{aq} \propto F_{aq} \propto I_q = I\cos\psi \end{array}\right\} \tag{7-8}$$

$\dot{E}_{ad}$ 滞后于 $\dot{I}_d$ 90°,$\dot{E}_{aq}$ 滞后于 $\dot{I}_q$ 90°,因而可以写成

$$\left.\begin{array}{l} \dot{E}_{ad} = -j\dot{I}_d X_{ad} \\ \dot{E}_{aq} = -j\dot{I}_q X_{aq} \end{array}\right\} \tag{7-9}$$

式中,X_{ad}、X_{aq} 分别为直轴电枢反应电抗、交轴电枢反应电抗。

电枢磁动势不仅产生电枢反应磁通,还产生与转子无关的漏磁通 Φ_σ,感应漏磁通电动势 E_σ 为

$$\dot{E}_\sigma = -j\dot{I}X_\sigma \tag{7-10}$$

则式(7-7)可以改写为

$$\dot{E}_0 = \dot{U} + \dot{I}R_a + j\dot{I}X_\sigma + j\dot{I}_q X_{aq} + j\dot{I}_d X_{ad} \qquad (7\text{-}11)$$

由于

$$\dot{I} = \dot{I}_q + \dot{I}_d$$

所以

$$j\dot{I}X_\sigma = j\dot{I}_q X_\sigma + j\dot{I}_d X_\sigma \qquad (7\text{-}12)$$

将式(7-12)代入式(7-11)中得

$$\begin{aligned}\dot{E}_0 &= \dot{U} + \dot{I}R_a + j\dot{I}_q(X_\sigma + X_{aq}) + j\dot{I}_d(X_\sigma + X_{ad}) \\ &= \dot{U} + \dot{I}R_a + j\dot{I}_q X_q + j\dot{I}_d X_d\end{aligned} \qquad (7\text{-}13)$$

式中,X_d 为直轴同步电抗,$X_d = X_\sigma + X_{ad}$;X_q 为交轴同步电抗,$X_q = X_\sigma + X_{aq}$。一般 $X_d > X_q$。

如果同步发电机带感性负载,发电机的端电压 U、负载电流 I 和功率因数 $\cos\varphi$ 及参数 R_a、X_d、X_q 均为已知,并假定已知 ψ,则按照式(7-13)可以画出凸极同步发电机的相量图,如图 7-14 所示。

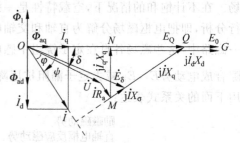

图 7-14 不计饱和时凸极同步发电机的相量图($\psi > 0$)

作图过程如下,先画出电压 $\dot{U}$ 及电流 $\dot{I}$,作 $\overline{OG}$ 直线越前于电流 $\dot{I}$ 一个 ψ 角,则 $\overline{OG}$ 表示 $\dot{E}_0$ 的方向。然后将电流 $\dot{I}$ 分解为直轴分量 $\dot{I}_d$ 和交轴分量 $\dot{I}_q$。$\dot{I}_d$ 滞后于 $\overline{OG}$ 90°,$\dot{I}_q$ 与 $\overline{OG}$ 同相。电阻压降 $\dot{I}R_a$ 与电流 $\dot{I}$ 同相,交轴同步电抗压降 $\overline{MN} = j\dot{I}_q X_q$ 及直轴同步电抗压降 $\overline{NG} = j\dot{I}_d X_d$ 分别超前电流 $\dot{I}_q$ 和 $\dot{I}_d$ 90°,将 $\dot{U}$、$\dot{I}R_a$、$j\dot{I}_q X_q$ 及 $j\dot{I}_d X_d$ 相量相加,即得励磁电动势 $\dot{E}_0 = \overline{OG}$。

图 7-14 实际上很难直接画出,这是因为 $\dot{E}_0$ 和 $\dot{I}$ 之间的相位差 ψ 角是无法测定的,这样就无法把电流 $\dot{I}$ 分解成直轴和交轴分量,整个相量图就作不出来。为解决这一困难,可先对图 7-14 进行分析。

在图 7-14 中的相量图上,过 M 点作垂直于相量 $\dot{I}$ 的线段 $\overline{MQ}$ 交 $\overline{OG}$ 于 Q 点。

在 △MNQ 中,$\overline{MQ}$ 和 $\overline{MN}$ 分别与相量 $\dot{I}$ 和 $\dot{E}_0$ 互相垂直,得知

$$\angle QMN = \psi$$

$$\overline{MQ} = \frac{\overline{MN}}{\cos\psi} = \frac{j\dot{I}_q X_q}{\cos\psi} = j\dot{I}X_q$$

$$\overline{NQ} = \overline{MQ}\sin\psi = j\dot{I}_d X_q$$

$$\overline{QG} = \overline{NG} - \overline{NQ} = j\dot{I}_d(X_d - X_q)$$

令 $\overline{OQ}$ 表示一电动势 $\dot{E}_Q$,则

$$\dot{E}_Q = \dot{U} + \dot{I}R_a + j\dot{I}X_q \tag{7-14}$$

根据式(7-14),只要已知 $\dot{U}$、$\dot{I}$、φ、R_a 和 X_q,则可求出电动势 $\dot{E}_Q$。因为 $\dot{E}_Q$ 和 $\dot{E}_0$ 同相,由此可以确定 ψ 角为

$$\psi = \arctan \frac{IX_q + U\sin\varphi}{IR_a + U\cos\varphi} = \delta + \varphi \tag{7-15}$$

求出了内功率因数角 ψ,便可以把电流 $\dot{I}$ 分解为直轴分量 $\dot{I}_d$ 和交轴分量 $\dot{I}_q$。然后按照式(7-11)即可作出相量图如图 7-14 所示。由图 7-14 可见,$\dot{E}_Q$ 与 $\dot{E}_0$ 的关系为

$$\dot{E}_0 = \dot{E}_Q + j\dot{I}_d(X_d - X_q) \tag{7-16}$$

2. 隐极同步发电机的电动势方程式和相量图

在隐极同步发电机中,由于气隙是均匀的,故电枢反应不必分为两部分,而用电枢反应电抗 X_t 表示,故

$$X_d = X_q = X_t = X_\sigma + X_a \tag{7-17}$$

式中,X_t 为同步电抗。

将式(7-17)代入式(7-16)则得 $\dot{E}_0 = \dot{E}_Q$,故隐极同步发电机的电动势方程式为

$$\dot{E}_0 = \dot{U} + \dot{I}R_a + j\dot{I}X_t \tag{7-18}$$

其电动势相量图如图 7-15 所示。由于 $X_d = X_q = X_t$,故在隐极同步发电机中没有必要把负载电流 $\dot{I}$ 分解成直轴和交轴两个分量。

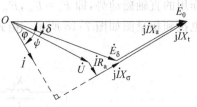

图 7-15 不计饱和时隐极同步发电机的相量图($\varphi > 0$)

已知 $\dot{U}$、$\dot{I}$、R_a、X_t 及 $\cos\varphi$,则可按式(7-18)求出相量 $\dot{E}_0$。根据相量图可计算出 $\dot{E}_0$ 的有效值,即

$$E_0 = \sqrt{(U\cos\varphi + IR_a)^2 + (U\sin\varphi + IX_t)^2} \tag{7-19}$$

$$\psi = \arctan \frac{IX_t + U\sin\varphi}{IR_a + U\cos\varphi} = \delta + \varphi \tag{7-20}$$

7.2.4 同步发电机的特性

1. 空载特性和短路特性

(1) 空载特性。空载特性是在发电机的转速保持同步转速($n = n_1$)、电枢开路($I = 0$)的情况下,空载电压($U_0 = E_0$)与励磁电流 I_f 的关系曲线 $U_0 = f(I_f)$。

空载特性(曲线见图 7-9)是发电机的基本特性之一。它一方面表征了发电机磁路的饱和情况,另一方面把它和短路特性、零功率因数负载特性配合在一起,可以确定发电机的基本参数、额定励磁电流和电压调整率等。

(2) 短路特性。短路特性是指发电机在同步转速下,电枢绕组端点三相短接时,电枢短路电流 I_k 与励磁电流 I_f 的关系曲线。即 $n = n_1$,$U = 0$ 时,$I_k = f(I_f)$。

短路特性可由三相稳态短路试验测得。图 7-16 为短路试验的接线图。试验时,发电

机的转速保持为同步转速,调节励磁电流 I_f,使电枢的短路电流从零开始,一直到 $1.25I_N$ 左右为止,记取对应的短路电流 I_k 和励磁电流 I_f,即可得到短路特性曲线,如图 7-17 所示。

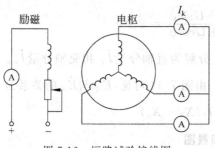

图 7-16 短路试验接线图

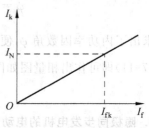

图 7-17 短路特性曲线

短路时,发电机的端电压 $U=0$,限制短路电流的仅是发电机的内部阻抗。由于一般同步发电机的电枢电阻 R_a 远小于同步电抗,所以短路电流可认为是纯感性的,即 $\psi \approx 90°$。这时的电枢电流几乎全部为直轴电流,它所产生的电枢磁动势基本上是一个纯去磁作用的直轴磁动势,即 $F_a=F_{ad}$,$F_{aq}=0$,此时电枢绕组的电抗为直轴同步电抗 X_d,其等效电抗和相量图如图 7-18 所示。由式(7-13)知

$$\dot{E}_0 = j\dot{I}_k X_d \tag{7-21}$$

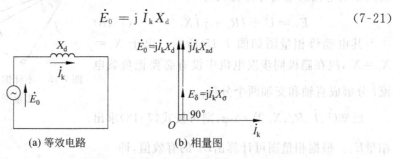

(a) 等效电路 (b) 相量图

图 7-18 同步发电机稳态短路时的等效电路和相量图

短路时由于电枢反应的去磁作用,发电机中合成气隙磁动势数值很小,致使磁路处于不饱和状态,所以短路特性为一直线,如图 7-17 所示,即

$$I_k = \frac{E_0}{X_d} \propto I_f \tag{7-22}$$

2. 外特性和调整特性

(1) 外特性。外特性是指发电机的转速保持同步转速,励磁电流和负载功率因数不变时,端电压与负载电流的关系曲线,即 $n=n_1$,$I_f=$ 常值,$\cos\varphi=$ 常值时,$U=f(I)$。

图 7-19 表示不同功率因数时同步发电机的外特性。在感性负载和纯电阻负载时,外特性都是下降的(曲线1、2)。因为这两种情况下电枢反应均有去磁作

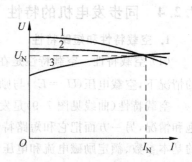

图 7-19 外特性曲线图
1—$\cos\varphi=0.8$(滞后);2—$\cos\varphi=1$;
3—$\cos\varphi=0.8$(超前)

用,此外定子漏阻抗压降也引起一定的电压下降。而在容性负载时,电枢反应是增磁的,因此端电压 U 随负载电流 I 的增大反而升高,外特性则是上升的(见图 7-19 曲线 3)。

从外特性曲线上可求出发电机的电压调整率 ΔU^*(见图 7-20)。调节励磁电流,使额定负载时($I=I_N,\cos\varphi=\cos\varphi_N$)发电机的端电压为额定电压 U_N,此时的励磁电流称为额定励磁电流 I_{fN}。然后保持励磁和转速不变,卸去负载,此时端电压升高的标么值就称为同步发电机的电压调整率,用 ΔU^* 表示,即

$$\Delta U^* = \frac{E_0 - U_N}{U_N} \times 100\% \tag{7-23}$$

电压调整率是表征同步发电机运行性能的重要数据之一。近代同步发电机大多数均配有快速自动调压装置,因而对 ΔU^* 的要求已大为放宽,但为防止卸载时电压剧烈上升,以致击穿绕组绝缘,所以 ΔU^* 应小于 50%。近代凸极发电机的 ΔU^* 大体在 18%～30% 以内。汽轮发电机由于电枢反应较大,故 ΔU^* 也较大,大体在 30%～48% 范围内(均为 $\cos\varphi_N=0.8$ 滞后)。

(2)调整特性。当发电机的负载发生变化时,为保持端电压不变,必须同时调节励磁电流。保持发电机的转速为同步转速,当其端电压和功率因数不变时,负载电流变化时其励磁电流的调整特性曲线就称为发电机的调整特性,即 $n=n_1,U=$常值,$\cos\varphi=$常值时,$I_f=f(I)$。

图 7-21 表示不同负载性质时同步发电机的调整特性。在感性和纯电阻性负载时,为了克服负载电流所产生的去磁电枢反应和阻抗压降,随着负载的增加,要保持端电压为一常值,励磁电流必须相应地增大。因此这两种情况下的调整特性都是上升的(曲线 1 和 2)。而在容性负载时,随着负载的增加,必须相应地减小励磁电流,以维持端电压恒定(曲线 3),则曲线是下降的。

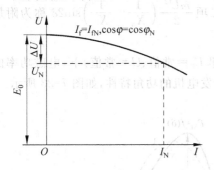

图 7-20 从外特性求电压调整率 ΔU^*

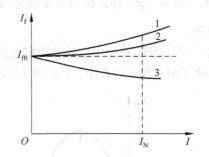

图 7-21 调整特性曲线

1—$\cos\varphi=0.8$(滞后);2—$\cos\varphi=1$;3—$\cos\varphi=0.8$(超前)

3. 稳态功角特性

稳态功角特性是指同步发电机接在电网上稳态对称运行时,发电机的电磁功率 P_M(为了区别普通电机,本书把同步电机部分的电磁功率用 P_M 表示)与功率角 δ 之间的关系。所谓功率角就是指励磁电势 $\dot{E}_0$ 与端电压 $\dot{U}$ 之间的相位角 δ。

功角特性是同步发电机的基本特性之一。通过它可以确定稳态运行时发电机所发出的最大电磁功率。在研究发电机与电网并联运行及同步发电机转变为电动机等问题时,

也经常用到功角特性。

由于现代同步发电机的电枢绕组电阻远小于同步电抗,故可把 R_a 忽略不计,则发电机的电磁功率 P_M 约为输出功率,即

$$P_M \approx P_L = mUI\cos\varphi \tag{7-24}$$

由图 7-22 可知,$\varphi = \psi - \delta$,于是

$$P_M \approx mUI\cos(\psi - \delta) = mUI(\cos\psi\cos\delta + \sin\psi\sin\delta)$$
$$= mUI_q\cos\delta + mUI_d\sin\delta \tag{7-25}$$

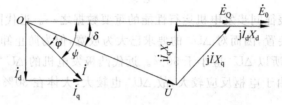

图 7-22 略去电阻时同步发电机相量图

又知,不计饱和时

$$\left. \begin{array}{l} I_q = \dfrac{U\sin\delta}{X_q} \\[2mm] I_d = \dfrac{E_0 - U\cos\delta}{X_d} \end{array} \right\} \tag{7-26}$$

将式(7-26)代入式(7-25),可得

$$P_M = m\dfrac{E_0 U}{X_d}\sin\delta + \dfrac{mU^2}{2}\left(\dfrac{1}{X_q} - \dfrac{1}{X_d}\right)\sin 2\delta \tag{7-27}$$

式中,第一项 $m\dfrac{E_0 U}{X_d}\sin\delta$ 称为基本电磁功率,第二项 $\dfrac{mU^2}{2}\left(\dfrac{1}{X_q} - \dfrac{1}{X_d}\right)\sin 2\delta$ 称为附加电磁功率。

式(7-27)说明,在恒定励磁和恒定电网电压(即 $E_0 =$ 常值、$U =$ 常值)下,电磁功率的大小取决于功率角 δ 的大小。$P_M = f(\delta)$ 就是同步发电机的功角特性,如图 7-23 所示。

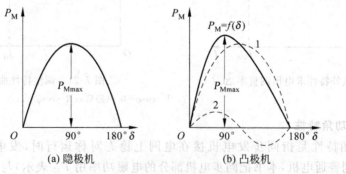

(a) 隐极机　　　　(b) 凸极机

图 7-23 同步发电机的功角特性

正如转差率是感应电动机的基本变量一样,功率角则是同步发电机的一个基本变量。对于隐极机,由于 $X_d = X_q = X_t$,附加电磁功率为零,所以

$$P_\text{M} = m\frac{E_0 U}{X_\text{t}}\sin\delta \tag{7-28}$$

即 P_M 正比于 $\sin\delta$，故当 $\delta=90°$ 时，发电机将发出最大的电磁功率 $P_\text{Mmax}=m\dfrac{E_0 U}{X_\text{t}}$，$P_\text{Mmax}$ 称为发电机的功率极限。

对于凸极机，由于 $X_\text{d}\neq X_\text{q}$，所以附加电磁功率不为零。附加电磁功率主要是由凸极机的直、交轴磁阻不相等引起的，所以也称磁阻功率。附加电磁功率与 E_0 无关，即使 $E_0=0$（即转子没有励磁），只要 $U\neq 0$，$\delta\neq 0$，就会产生附加电磁功率。因此，凸极机的最大电磁功率比具有相同的直轴同步电抗的隐极机略大，且在 $\delta<90°$ 时产生。

7.3 课题　同步电动机

前面分析了同步发电机的运行情况。本节将说明同步电机作为电动机运行时的工作原理、运行特性和启动问题。同步电动机的转子一般采用凸极结构，并在磁极的极靴上装有启动绕组（即阻尼绕组）。

同步电动机与感应电动机相比，其主要特点是：转速不随负载的变化而变化，而且有较高的功率因数（可达到 $\cos\varphi=1$），特别在过励状态下，还可使功率因数超前。从而提高了电网的功率因数。另外，同步电动机的气隙较大，X_d 较小，过载能力较高（$K_\text{m}=2\sim3$），静态稳定性好，并且因为气隙大而使结构可靠性提高，安装维护容易。因此在不需要调速而功率又较大的场合，如驱动大型的空气压缩机、球磨机、鼓风机和水泵以及电动发电机组等，较多采用同步电动机。

7.3.1　同步电动机的基本方程式和相量图

1. 同步电机的可逆原理

同步电机和其他旋转电机一样，具有可逆性，既可作为发电机，也可作为电动机，下面以隐极电机为例，说明同步发电机转变为同步电动机的过程。

当同步电机工作于发电机状态时，其转子主磁极轴线超前于气隙合成磁场的等效磁极轴线一个功率角 δ，它可以想象成为转子磁极拖着合成等效磁极以同步转速旋转，如图 7-24(a)所示，这时发电机产生电磁制动转矩 T_m 和空载转矩 T_0 一起与输入的驱动转矩相平衡，把机械功率转变为电磁功率，输送给电网。因此，此时电磁功率 P_M 和功率角 δ 均为正值，励磁电动势 $\dot E_0$ 超前于电网电压 $\dot U$ 一个 δ 角。

如果逐渐减少发电机的输入功率，转子将瞬时减速，δ 角减小，相应的电磁功率 P_M 也减小。当功率角 δ 减到零时，相应的电磁功率 P_M 也为零，发电机的输入功率仅能抵偿空载损耗（即 $P_1=P_0$），这时发电机处于空载运行状态，并不向电网输送功率，如图 7-24(b)所示。

继续减少发电机的输入功率，则功率角 δ 和电磁功率 P_M 变为负值，电机开始自电网吸取功率。和原动机一起提供驱动转矩来克服空载制动转矩 T_0，供给空载损耗。如果再卸掉原动机就变成了空转的电动机，此时空载损耗完全由电网输入的电功率来供给。如在电机轴上再加上机械负载，则负值的 δ 角将增大，由电源输入的电功率和相应的电磁功

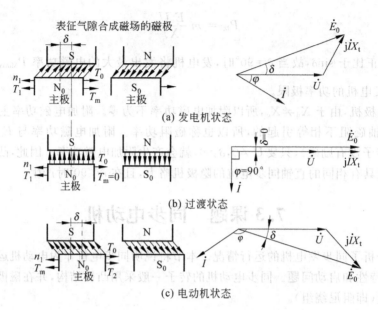

图 7-24 同步发电机转变为同步电动机的过程

率也将增大,以平衡电动机的输出功率。此时同步电动机处于负载运行,如图 7-24(c)所示。在电动机状态下,功率角 δ 为负值,$\dot{E}_0$ 滞后于 $\dot{U}$,主极磁场滞后于气隙合成磁场,转子将受到一个驱动性质的电磁转矩作用。

可见,由同步发电机转变为同步电动机时,功率角和相应的电磁功率均由正值变为负值,电机由输出电功率变为输入电功率,电磁转矩由制动变为驱动。

2. 同步电动机的基本方程式和相量图

前已述之,隐极同步发电机的电动势方程式为

$$\dot{E}_0 = \dot{U} + \dot{I}R_a + j\dot{I}X_t \tag{7-29}$$

按照发电机惯例,同步电动机为一台输出负的有功功率的发电机,其电动势方程式与式(7-29)相同,此时 $\dot{E}_0$ 滞后 $\dot{U}$ 一个功率角 δ(δ 角为负值)。$\varphi > 90°$,其相量图和等效电路图如图 7-25(a)、(c)所示。但习惯上总是把电动机看做电网的负载,它从电网吸取有功功率。按照电动机惯例,把输出负值电流看成是输入正值电流,则电流 $\dot{I}$ 应转过 $180°$,用 $\dot{I}_D$ 表示,此时 $\varphi_D < 90°$,表示电动机自电网吸取有功功率。因此按照电动机惯例,隐极同

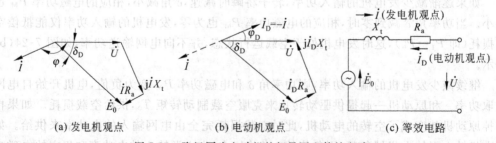

图 7-25 隐极同步电动机的相量图和等效电路

步电动机的电动势方程式为

$$\dot{U} = \dot{E}_0 + \dot{I}_D R_a + j \dot{I}_D X_t \tag{7-30}$$

其相量图和等效电路如图 7-25(b)、(c)所示。

对于凸极同步电动机，按照电动机惯例，其电动势方程式为

$$\dot{U} = \dot{E}_0 + \dot{I}_D R_a + j \dot{I}_{dD} X_d + j \dot{I}_{qD} X_q \tag{7-31}$$

式中，$\dot{I}_{dD}$ 为同步电动机输入电流的直轴分量；$\dot{I}_{qD}$ 为同步电动机输入电流的交轴分量。

按式(7-31)绘出的凸极同步电动机的相量图，如图 7-26 所示。

同步电动机的电磁功率 P_M 与功率角 δ 的关系，和发电机的 P_M 与 δ 关系一样，所不同的是在电动机中功率角 δ 变为负值。因此，只需在发电机的电磁功率公式中用 $\delta_D = -\delta$ 代替 δ 即可。于是，同步电动机电磁功率公式为

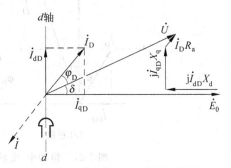

图 7-26 凸极同步电动机相量图

$$P_M = m \frac{E_0 U}{X_d} \sin\delta_D + m \frac{U^2}{2} \left(\frac{1}{X_q} - \frac{1}{X_d} \right) \sin 2\delta_D \tag{7-32}$$

上式除以同步角速度 Ω_1，便得同步电动机的电磁转矩(为了区别普通电机，本书把同步电机部分的电磁转矩用 T_M 表示)为

$$T_M = \frac{m E_0 U}{\Omega_1 X_d} \sin\delta_D + \frac{m U^2}{2\Omega_1} \left(\frac{1}{X_q} - \frac{1}{X_d} \right) \sin 2\delta_D \tag{7-33}$$

此外，对同步发电机的过载能力对电动机也是完全适用的。在近代同步电动机中，其参数 $X_d^* = 0.6 \sim 1.45$，$X_q^* = 1.0 \sim 1.4$，额定功率角 $\delta_{DN} = 20° \sim 30°$，过载能力 $K_m = 2 \sim 3$。

3. 同步电动机的 V 形曲线

同步电动机的 V 形曲线是指在电网电压、频率和电动机输出功率恒定的情况下，电枢电流 I_D 和励磁电流 I_f 之间的关系曲线，$I_D = f(I_f)$。

图 7-27 表示当输出功率恒定，而改变励磁电流时隐极同步电动机的电动势相量图。由于假定电网是无穷大的，故电压 U 和频率 f 均保持不变。由于忽略了定子绕组电阻，可认为 $P_1 = P_M$，故当电动机的输出功率 P_2 不变时，如不计改变励磁时定子铁耗和杂散损耗的微弱变化，则电动机的电磁功率 P_M 也保持不变。经过上述简化，可得

$$P_M = \frac{m E_0 U}{X_t} \sin\delta_D = m U I_D \cos\varphi_D = 常数 \tag{7-34}$$

即 $E_0 \sin\delta_D = 常数$；$I_D \cos\varphi_D = 常数$。

当励磁改变时，$\dot{E}_0$ 的端点将在垂线 CD 上移动，$\dot{I}_D$ 的端点将在水平线 AB 上移动。图 7-27(b)表示正常励磁时，电动机的功率因数等于1，电枢电流全部为有功电流，故电流的数值最小。

当励磁电流大于正常励磁电流时(即过励时)，$\dot{E}_0$ 将增大，根据 $\dot{I}_D$ 滞后于 $j\dot{I}_D X_t$ 的关

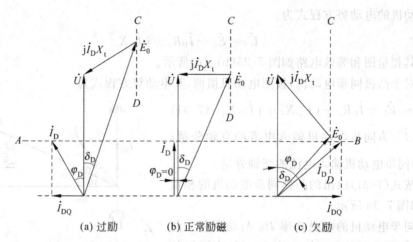

图 7-27 恒功率、变励磁时隐极同步电动机的相量图

系,电流 $\dot{I}_D$ 将超前于 $\dot{U}$ 一个 φ_D 角,它除了含有原来的有功电流外,还增加一个超前的无功电流分量 $\dot{I}_{DQ}$,所以电动机在过励时,自电网吸取超前的无功电流和功率(电动机惯例),或者说向电网送出滞后的无功电流和功率(发电机惯例),如图 7-27(a)所示。

当励磁电流小于正常励磁电流时(即欠励时),$\dot{E}_0$ 减小,其端点在 CD 线上往下移,电流 $\dot{I}_D$ 滞后于 $\dot{U}$ 一个 φ_D 角,出现一个滞后的无功电流分量 $\dot{I}_{DQ}$,所以电动机在欠励时,自电网吸取滞后的无功电流和功率(电动机惯例),或者说向电网送出超前的无功电流和功率(发电机惯例),如图 7-27(c)所示。

根据上述方法,在不同输出时,改变励磁电流 I_f,就可以画出电动机电枢电流 I_D 变化的曲线,此曲线形似 V 形,故称为同步电动机的 V 形曲线,如图 7-28 所示。由图可见,在 $\cos\varphi_D = 1$ 的点,电枢电流最小。欠励时,功率因数是滞后性的;过励时,功率因数是超前性的。

由于同步电动机的最大电磁功率 P_{Mmax} 与 E_0 成正比,所以,当减小励磁电流时,其过载能力也要降低,而对应的功率角 δ 则增大。这样一来,当励磁电流减小到一定数值时,δ 角将增为 $90°$,隐极同步电动机就不能稳定运行而失去同步。图 7-28 中虚线表示出电动机不稳定区的界限。

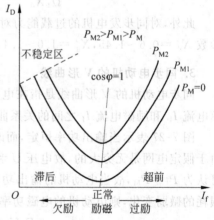

图 7-28 同步电动机的 V 形曲线

调节励磁电流可以调节同步电动机的无功电流和功率因数,这是同步电动机的可贵特点。因为在电网上主要的负载是感应电动机和变压器,它们都要从电网中吸取感性的无功功率,如果使运行在电网上的同步电动机工作在过励状态,使它们从电网中吸收容性的无功功率,就提高了电网的功率因数。因此为了改善电网的功率因数和提高电机的过载能力,现代同步电动机的额定功率因数一般均设计为 1~0.8(超前)。

7.3.2 同步电动机的启动

在同步电动机中,只有当转子磁场和定子磁场同步旋转,亦即两者相对静止时,才能产生平均电磁转矩。如把同步电动机励磁并直接投入电网,由于转子磁场静止不动,则定子旋转磁场以同步转速 $n_1 = \dfrac{60 f_1}{p}$ 相对转子磁场作相对运动。假设定子磁场的运动方向由左向右,并在某瞬间转到图 7-29(a)所示的位置,由图可见,此瞬间定子磁场和转子磁场相互作用所产生的电磁转矩是推动转子旋转的;但由于转子具有转动惯量,在此转矩作用下,并不可能立即加速到同步。于是在半个周期以后(即 1/100s 以后),定子磁场向前移动了一个极距,达到图 7-29(b)的位置,此时定子磁极对转子磁极的排斥力,将阻止转子的转动。如此变化不已,可见转子上受到的平均转矩为零,故同步电动机不能自行启动。因此要启动同步电动机,必须借助于其他方法。

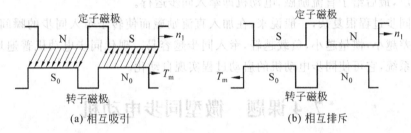

图 7-29 同步电动机启动时定子磁场对转子磁场的作用

如果借助外力使转子启动,而且使其转速接近于同步转速,则定子磁场对转子的相对运动速度趋于零。这样,它们改变相对位置所需的时间增长了。这时接通转子的励磁电路给予适当的励磁,以便产生推动转子转动的同步转矩。在这种情况下,就使转子很快加速到同步转速。转子被拖入同步以后,电磁转矩的方向就不再改变,电动机便进入稳定的同步运转状态。常用的启动方法有三种,即辅助电动机启动法、变频启动法、异步启动法。这里主要介绍最常用的异步启动法。

现代同步电动机多采用异步启动法来启动。它是通过在凸极式同步电动机的转子上装置阻尼绕组来获得启动转矩的。阻尼绕组和感应电动机的笼形绕组相似,只是它装在转子磁极的极靴上,有时也称同步电动机的阻尼绕组为启动绕组。

同步电动机的异步启动方法如下:

第一步,把同步电动机的励磁绕组通过一个电阻短接(见图 7-30)。启动时励磁绕组开路是很危险的,因为励磁绕组的匝数很多,定子旋转磁场将在该组中感应很高的电压,可能击穿励磁绕组的绝缘。短路电阻的大小约为励磁绕组本身电阻的 10 倍。

第二步,将同步电动机的定子绕组接通三相交流电源。这时定子旋转磁场将在阻尼绕组中感应一电流,此电流与定子旋转磁场相互作用而产生异步电磁转矩,同步电动机便作为异步电动机而启动。

第三步,当同步电动机的转速达到同步转速的 95% 左右时,将励磁绕组与直流电源接通,给予直流励磁。这时转子上增加了一个频率很低的交流转矩,转子磁场与定子磁场之间的相互吸引力便能把转子拉住,使它跟着定子旋转磁场以同步转速旋转,即所谓牵入

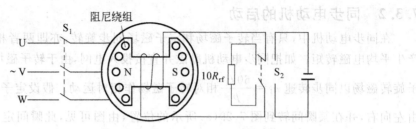

图 7-30　同步电动机异步启动法原理线路图

同步。

在同步电动机异步启动时,和感应电动机一样为了限制过大的启动电流,可以采用降压方法启动。通常采用自耦变压器或电抗器来降压,当电动机的转速达到某一定值后,再恢复全电压,最后给予直流励磁,电动机即牵入同步运行。

牵入同步过程很复杂,一般说来,在加入直流励磁而使转子牵入同步的瞬间,同步电动机的转差越小,惯量越小,负载越轻,牵入同步越容易。现代同步电动机普遍地采用晶闸管励磁系统,它可使同步电动机的启动过程实现自动化。

*7.4 课题　微型同步电动机

微型同步电动机是指功率自零点几瓦到数百瓦的各种同步电动机,它的转速就是与供电电源频率相应的同步转速,具有转速稳定、结构简单、应用方便等特点,因而在自动控制系统中有着广泛的应用。微型同步电动机按供电电源的相数分类,有三相同步电动机和单相同步电动机;按电动机的结构可分为电容式和罩极式;按工作原理来分,有永磁式、反应式和磁滞式 3 种类型。

7.4.1　永磁式微型同步电动机

永磁式微型同步电动机的转子采用永久磁铁励磁,结构简单。由于无励磁电流,也就无励磁损耗,所以电动机的效率高。为了使永磁式微型同步电动机能自行启动,通常在转子上安装用于启动的笼形绕组。

1. 基本结构

永磁式微型同步电动机根据启动方式不同,可分为异步启动式、磁滞启动式和爪极自启动式三种结构,根据永磁体在转子上的安装形式分为径向式和轴向式。

(1) 异步启动永磁式微型同步电动机。异步启动永磁式微型同步电动机的结构和异步电动机相似,其定子铁芯上嵌放三相或单相绕组,转子有磁极和笼形绕组。其常用的星形转子结构如图 7-31 所示。其极靴成圆环形,内侧开有缺口,极靴上有笼形绕组。星形转子采用剩磁较高的铝钴永磁材料。

(2) 磁滞启动永磁式微型同步电动机。永磁式微型同步电动机是利用磁滞环启动的,如图 7-32 所示为径向式磁滞启动永磁式微型同步电动机,它是以径向永磁体取代直流励磁的转子磁极。

图 7-31 星形转子结构

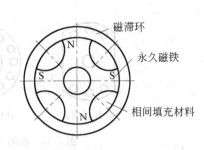
图 7-32 径向式磁滞启动永磁式微型
同步电动机的结构

(3) 爪极自启动永磁式微型同步电动机。爪极自启动永磁式微型同步电动机没有笼形绕组,也没有磁滞环,不能产生异步转矩或磁滞转矩,启动和牵入同步都靠同步转矩。这种电动机极数极多,可达 16～48 极。所以同步转速低,尺寸很小,在同步转矩的作用下转子很快加速而牵入同步。

2. 工作原理

当定子绕组接通电源时,定子就产生旋转磁场,吸引转子转动,转子转速与旋转磁场转速相同。在运行时,当转子上的负载转矩增大时,定子磁场磁极轴线与转子磁极轴线之间的夹角 θ 相应增大;当转子上的负载转矩减小时,夹角 θ 相应减小,则转速始终恒定不变。

永磁式微型同步电动机也不能自行启动,为了能够自行启动,转子上也装设笼形绕组,如图 7-32 所示,定子接通电源,转子产生电磁转矩异步启动,待转子转速接近同步转速时,转子自动被牵入同步,此时笼形绕组也就不起作用了。

3. 特点及用途

永磁式微型同步电动机结构简单、体积小、耗电少、转速较低、转速恒定。主要应用于电动窗帘机、小型舞台布景、旋转灯具、自动化仪器仪表、电动室内外装潢、电动传票装置和电动器械上。但其造价高,结构复杂,启动电流倍数较大。

7.4.2 反应式微型同步电动机

反应式微型同步电动机转子本身不具有磁性,它是利用转子对磁通的反应不同而产生转矩的电动机。通常这类电动机也称为磁阻式同步电动机。

1. 基本结构

反应式微型同步电动机通常由笼形异步电动机派生而来,它的定子结构与异步电动机基本相同,其转子可分为隐极式和凸极式。磁阻式同步电动机的转子由铁磁材料制成,有直轴和交轴之分,直轴(纵轴)方向的磁阻小,交轴(横轴)方向的磁阻大。如图 7-33 所示为磁阻式转子的几种不同形式。图 7-33(a)为凸极结构,直轴和交轴气隙大小不同,因此磁阻不同,称为外反应式。图 7-33(b)为圆形结构,虽气隙均匀,但内部开有反应槽,使交轴磁阻远大于直轴磁阻,称为内反应式。图 7-33(c)为凸极结构,但又在内部开有反应槽,使直轴和交轴磁阻差别更大,称为内外反应式。另外,在转子上都装有笼形的启动绕组。

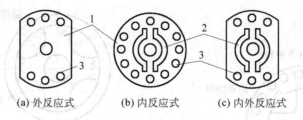

图 7-33 磁阻式同步电动机转子冲片
1—铁芯；2—反应槽；3—笼形导条

2. 工作原理

反应式同步电动机的定子绕组接通电源后，气隙中建立旋转磁场，转子在旋转磁场的作用下，产生电磁拉力而形成磁阻转矩（又称反应转矩），拖动转子同步旋转。磁阻转矩的产生如图 7-34 所示。

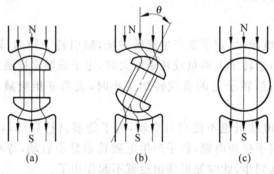

图 7-34 磁阻转矩的产生

如果转子轴线与旋转磁场的轴线重合，如图 7-34(a)所示，这时转子虽也被磁化，但气隙磁场不被扭曲，在这种情况下，转子只有径向磁拉力，而没有切向磁拉力，转子无电磁转矩产生。如果转子转过一个角度 θ，如图 7-34(b)所示，由于旋转磁场的磁通总是通过磁阻最小的路径，因此气隙磁场被扭曲，旋转磁场磁极与转子间除产生径向磁拉力外，还出现切向的磁拉力，这种切向的磁拉力形成一种电磁转矩，这就是同步电动机的凸极效应，即因直轴与交轴上的磁阻不相等而产生的一种电磁转矩，故称为磁阻转矩。隐极式同步电动机不会产生这种转矩，如图 7-34(c)所示。

3. 特点及用途

由于反应式微型同步电动机和大型同步电动机一样，必须装启动绕组才能自行启动。所以，其启动转矩是由转子上的笼形启动绕组产生的。在转子加速到接近同步转速时，依靠磁阻转矩将转子牵入同步并在同步下运行，启动绕组失去启动作用。转子上没有励磁绕组和滑环，也不使用永磁材料，其磁场由定子磁通产生。由于没有滑动接触，加上笼形绕组在正常运行时起到阻尼绕组的作用，因此运行稳定可靠。

这种电动机可以通过改变定子、转子磁极对数来改变转子转速；还可以通过改变交流电的频率改变转速。

反应式微型同步电动机结构简单,价格低,可用于记录仪表、摄影机、录音机及复印机等设备中。

7.4.3 磁滞式微型同步电动机

1. 基本结构

磁滞式微型同步电动机是一种利用磁滞材料产生磁滞转矩而运行的电动机。转子铁芯由硬磁材料制成,形状为圆柱体或圆环,装配在非磁性材料制成的套筒上,如图 7-35 所示。功率较小的磁滞式同步电动机,定子采用罩极式结构,转子由硬磁材料薄片组成。薄片的形状设计成直轴与交轴,有不同的磁阻。

2. 工作原理

硬磁材料在交变磁场作用下磁化时,表现为磁感应强度滞后于磁场强度的变化,即磁滞现象。把硬磁材料做成的转子放入旋转磁场之中,就会有一个较大的磁滞转矩产生。如图 7-36 所示,定子为一对磁极的旋转磁场。当定子磁场固定不动时,转子处于恒定的磁化状态。转子硬磁材料被磁化后,磁分子排列与定子磁场方向一致,如图 7-36(a)所示,定子磁场与转子磁分子之间只有径向吸引力,而无切向吸引力,转子不产生转矩。

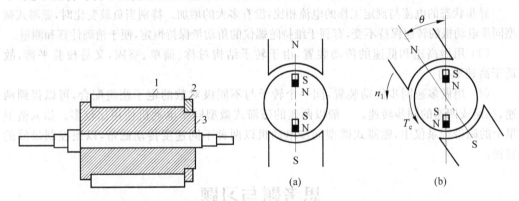

图 7-35 磁滞式同步电动机的转子结构　　　　图 7-36 硬磁材料转子的磁化
1—硬磁材料;2—挡环;3—套筒

如果定子磁场以同步转速逆时针转过一个角度 θ,转子中的磁分子间因有很大的摩擦力,不能及时跟随旋转磁场转过角 θ,而始终在空间上落后旋转磁场一个角度 θ,这个 θ 角称为磁滞角。旋转磁场轴线与转子磁分子轴线间出现 θ 角后如图 7-36(b)所示,转子所受的磁拉力(吸引力)除径向分量外,还有切向分量,这个切向分量便形成转矩,称为磁滞转矩 T_c。在磁滞转矩的作用下,转子顺着旋转磁场的方向旋转。产生磁滞转矩的条件是转子与定子旋转磁场间有相对运动,即转子转速低于同步转速,电动机处于异步运行状态。

磁滞转矩和磁滞角 θ 的大小,取决于硬磁材料的性质,而与转子异步运行的速度无关,转子在旋转磁场的磁化下,磁滞角是不变的,磁滞转矩始终保持为常数。当转子转速升至同步转速运行时,转子不再被旋转磁场磁化,而是恒定磁化,不再出现磁滞现象。因为转子是硬磁材料制成的,具有永磁特性,这时磁滞式同步电动机就成为永磁式同步电动机。同步运行以后,转速恒定不变,夹角 θ 由负载的大小决定。

磁滞式同步电动机不仅能在同步状态下运行,也可在异步状态下运行。当负载转矩大于磁滞转矩时,电动机在异步状态下运行;当负载转矩小于磁滞转矩时,电动机在同步状态下运行。一般情况都在同步状态下运行。

3. 磁滞式微型同步电动机的特点及运用

磁滞式微型同步电动机的结构简单,运行可靠,具有较大的堵转转矩,启动性能好。在负载具有较大的转动惯量的情况下,仍能自动进入同步运行状态。

磁滞式微型同步电动机的应用主要有以下几个方面。

(1) 作速度保持不变的传动装置,如在录像机、录音机、磁带机、电唱机、传真机、电影机、电钟、自动记录仪、时间机构等装置中。在录像机中,磁滞式微型同步电动机用来驱动磁鼓,是录像机磁头组件的重要元件之一。电动机的轴向端装有四磁头的磁鼓,电动机以 15 000r/min 的同步速度驱动磁鼓一起旋转。反之,重放经过同样的过程。对于这样的应用,要求磁滞式微型同步电动机具有很高的转速稳定度及非常小的径向跳动和轴向跳动,一般在 $3\mu m$ 以下。

(2) 传动陀螺仪等大惯量负载,对于磁滞式微型同步电动机而言,只要负载转矩小于最大同步转矩,无论负载惯量有多大,磁滞式微型同步电动机都能启动并牵入同步。

异步状态的电流与额定工作的电流相比,没有多大的增加。特别当负载变化时,磁滞式微型同步电动机的转速保持不变,有利于维持陀螺仪的角动量保持恒定,便于精确计算和测量。

(3) 用做高速和低速的传动装置,由于转子结构对称、简单、坚固,又易校验平衡,故适于高速驱动。

(4) 用做多速同步传动装置,同一个转子与不同极对数的定子绕组配合,可以得到两速、三速或四速的同步转速。一般以两速的磁滞式微型同步电动机使用比较多。如人造卫星上的磁带记录仪中,磁滞式微型同步电动机以两种不同速度传动磁带,以便控制录放的转换。

思考题与习题

7.1 一台旋转电枢式三相同步发电机,电枢以转速 n 逆时针方向旋转,主磁场对电枢是什么性质的磁场?

7.2 试分析对称稳定运行时同步发电机内部的磁通和感应电动势,并由此画出不计饱和时的相量图。

7.3 为什么要把同步发电机的电枢电流分解为它的直轴分量和交轴分量?如何分解?有什么物理意义?

7.4 比较同步发电机和同步电动机的相量图。

7.5 改变励磁电流时,同步发电机和同步电动机的磁场发生什么变化?

7.6 同步电机的凸极转子与隐极转子磁极结构有什么不同?同步电机和异步电机的转子结构有什么差异?

7.7 为什么同步电动机无启动转矩?通常采用什么方法启动?

7.8 同步电动机的 V 形曲线说明了什么?同步电动机一般工作在哪种励磁状态?为什么?

模块 8

控制电机

知识点

(1) 伺服电机；
(2) 步进电机；
(3) 测速发电机；
(4) 自整角机；
(5) 旋转变压器。

学习要求

(1) 具备伺服电机、步进电机的结构及工作原理分析能力；
(2) 具备伺服电机、步进电机的运行方式分析和应用能力；
(3) 具备测速发电机、自整角机的应用和原理分析能力。

8.1 课题 概　　述

8.1.1 控制电机的基本用途和分类

随着自动控制系统和计算装置的不断发展，在普通旋转电机的基础上产生出多种具有特殊性能的小功率电机，它们在自动控制系统和计算装置中用于信号的检测、传递、执行、放大或转换等，这类电机统称为控制电机。虽然从基本的电磁感应原理来说，控制电机和普通旋转电机并没有本质上的差别，但普通旋转电机着重于对启动和运行状态等能力指标的要求，而控制电机则着重于特性的高精度和快速响应。

控制电机的输出功率较小，一般从数百毫瓦到数百瓦，系列产品的外径一般为 12.5～130mm，重量从数十克到数千克。但在大功率自动控制系统中，有些控制电机的输出功率也可达数十千瓦，机壳外径也可达数百毫米。

1. 控制电机的用途

控制电机已经成为现代工业自动化系统、现代科学技术和现代军事装备中必不可少的重要元件。控制电机广泛应用于现代军事装备、航空航天技术、现代工业技术、现代交通运输、民用领域的尖端技术。如导弹遥控遥测、雷达自动定位、卫星天线的展开和偏转、飞机自动驾驶、工业机器人控制、数控机床控制、自动化仪表、船舰方位控制、高级轿车、计算机外围设备、录音录像设备及手机等都少不了控制电机。

2. 控制电机的分类

控制电机的种类繁多,根据在自动控制系统的功能,可将控制电机分为伺服电动机、步进电动机、测速发电机、自整角机和旋转变压器等。根据在自动控制系统的作用,可将控制电机分为执行元件和测量元件。执行元件包括交、直流伺服电动机和步进电动机,其任务是将电信号转换成轴上的角位移和角速度,并带动控制对象运动;测量元件包括交、直流测速发电机、自整角机和旋转变压器等,它们能够将转速、转角和转角差等机械信号转换成电信号。

8.1.2 对控制电机的基本要求

控制电机作为自动控制系统中的一类重要元件,其性能好坏将直接影响到整个控制系统的工作性能。现代自动控制系统对控制电机除了要求其体积小、重量轻、耗电少以外,还要求它有高可靠性、高精度和快速响应性能。

1. 高可靠性

控制电机的工作可靠性对保证自动控制系统的正常工作极为重要。在航空航天系统、军事装备和一些现代化的大型工业自动化系统中,对所用控制电机的可靠性要求很高。如采用自动化程序生产的炼钢厂,一旦伺服机构中的控制电机发生故障,就会造成停产事故,甚至损坏炼钢设备。此外,如核反应堆中使用的执行元件,由于工作条件所限,不便于维修,因而要求能够长期可靠地工作。

2. 高精度

在各种军事装备、无线电导航、无线电定位、位置指示、自动记录、远程控制、机床加工自动控制等系统中,对精度的要求越来越高,因此相应地对这些系统中所使用的控制电机在精度方面也提出了更高、更新的要求,有时它们的精度对系统起着决定性的作用。控制电机的精度主要包括信号元件的静态误差、动态误差、温度变化、电源频率、电压变化所引起的漂移等。功率元件如伺服电动机的线性度和失灵区、步进电动机的步距精度等,都直接影响到控制系统的精度。

3. 快速响应

由于自动控制系统中主令信号变化很快,因而要求控制电机特别是功率元件能对信号作出快速响应。表征快速响应的主要指标是机电时间常数和灵敏度。

4. 适应性强

控制电机的使用范围很广,而且工作环境常常十分复杂,这就要求电机在各种恶劣的环境条件下仍能准确、可靠地工作。

另外,很多使用场合(尤其在航空航天技术中)还要求控制电机体积小、重量轻、耗电少,因此我们常见到的控制电机很多都是体积很小的微电机。例如电子手表中用的步进电动机,直径只有 6mm,长度为 4mm 左右,耗电仅几微瓦,重量只有十几克。

8.2 课题 伺服电机

伺服电机又称执行电机，在自动控制系统中作为执行元件。它可以将输入的电信号转变为转轴的角位移或角速度输出，通过改变控制电信号的大小和极性，可改变电动机的转速大小和转向。

根据伺服电机的控制电压来分，伺服电机分为直流伺服电机和交流伺服电机两大类。直流伺服电机输出功率较大，功率范围通常为 1～600W，有的甚至可达上千瓦，可用于功率较大的控制系统；而交流伺服电机输出功率较小，功率范围一般为 0.1～100W，可用于功率较小的控制系统。

自动控制系统对伺服电机的基本要求是：

(1) 无"自转"现象。即要求控制电机在有控制信号时迅速转动，而当控制信号消失时必须立即停止转动。控制信号消失后，电机仍然转动的现象称为自转，自动控制系统不允许有"自转"现象。

(2) 空载始动电压低。电机空载时，转子从静止到连续转动的最小控制电压称为始动电压。始动电压越小，电机的灵敏度越高。

(3) 具有线性的机械特性和调节特性。线性的机械特性和调节特性有利于提高系统的控制精度，能在宽广的范围内平滑稳定地调速。

(4) 快速响应性好。即要求电机的机电时间常数要小，堵转转矩要大，转动惯量要小，转速能随控制电压的变化而迅速变化。

8.2.1 直流伺服电机

1. 直流伺服电机的结构与工作原理

直流伺服电机的控制电源为直流电压。根据其功能可分为普通型直流伺服电机、盘形电枢直流伺服电机、空心杯电枢直流伺服电机和无槽直流伺服电机等几种。

(1) 普通型直流伺服电机。普通型直流伺服电机的结构与他励直流电机的结构相同，由定子和转子两大部分组成。根据励磁方式又可分为电磁式和永磁式两种，电磁式伺服电机的定子磁极上装有励磁绕组，励磁绕组接励磁控制电压产生磁通；永磁式伺服电机的磁极是永磁铁，其磁通是不可控的。与普通直流电机相同，直流伺服电机的转子一般由硅钢片叠压而成，转子外圆有槽，槽内装有电枢绕组，绕组通过换向器和电刷与外边电枢控制电路相连接。为提高控制精度和响应速度，伺服电机的电枢铁芯长度与直径之比比普通直流电机要大，气隙也较小。

当定子中的励磁磁通和转子中的电流相互作用时，就会产生电磁转矩驱动电枢转动，恰当地控制转子中电枢电流的方向和大小，就可以控制伺服电机的转动方向和转动速度。电枢电流为零时，伺服电机则停止不动。普通的电磁式和永磁式直流伺服电机性能接近。其惯性较其他类型伺服电机大。

(2) 盘形电枢直流伺服电机。盘形电枢直流伺服电机的结构如图 8-1 所示。定子由永久磁铁和前后铁轭共同组成。磁铁可以在圆盘电枢的一侧，也可在其两侧。盘形伺服电机的转子电枢由线圈沿转轴的径向圆周排列，并用环氧树脂浇注成圆盘形。盘形绕组中通过的电流是径向电流，而磁通是轴向的，径向电流与轴向磁通相互作用产生电磁转矩，使伺服电机旋转。

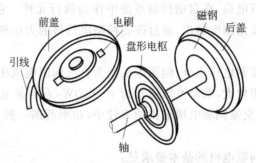

图 8-1　盘形电枢直流伺服电机的结构示意图

（3）空心杯电枢直流伺服电机。空心杯电枢直流伺服电机有两个定子，一个由软磁材料构成的内定子和一个由永磁材料构成的外定子，外定子产生磁通，内定子主要起导磁作用。空心杯伺服电机的转子，由单个成型线圈沿轴向排列成空心杯形，并用环氧树脂浇注成型。空心杯电枢直接装在转轴上，在内外定子间的气隙中旋转。图 8-2 为空心杯电枢直流伺服电机的结构图。

（4）无槽直流伺服电机。无槽直流伺服电机与普通伺服电机的区别是无槽直流伺服电机的转子铁芯上不开元件槽，电枢绕组元件直接放置在铁芯的外表面，然后用环氧树脂浇注成型。图 8-3 为无槽直流伺服电机的结构。

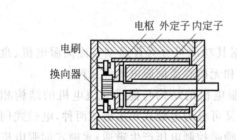

图 8-2　空心杯电枢直流伺服电机的结构图　　图 8-3　无槽直流伺服电机的结构图

后三种伺服电机与普通伺服电机相比，转动惯量小，电枢等效电感小，因此其动态特性好，适用于快速系统。

2. 直流伺服电机的控制方式

当直流伺服电机励磁绕组和电枢绕组都通过电流时，直流电动机转动起来，当其中的一个绕组断电时，电动机立即停转，故输入的控制信号，既可加到励磁绕组上，也可加到电枢绕组上。若把控制信号加到电枢绕组上，通过改变控制信号的大小和极性来控制转子转速的大小和方向，这种方式称为电枢控制，如图 8-4(a)所示；若把控制信号加到励磁绕组上进行控制，这种方式称磁场控制，如图 8-4(b)所示。由于磁场控制有严重的缺点（调节特性在某一范围不是单值函数，每个转速对应两个控制信号），使用的场合很少。一般直流伺服电机多采用电枢控制方式。

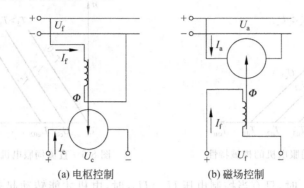

(a) 电枢控制　　　　(b) 磁场控制

图 8-4　直流伺服电机控制方式

直流伺服电动机进行电枢控制时,电枢绕组即为控制绕组,控制电压直接加到电枢绕组上进行控制。而励磁方式则有两种:一种用励磁绕组通过直流电流进行励磁,称为电磁式直流伺服电动机;另一种使用永久磁铁作磁极,省去励磁绕组,称为永磁式直流伺服电动机。

3. 直流伺服电机的机械特性(电枢控制方式)

如图 8-4 所示,励磁绕组接到电压恒定为 U_f 的直流电源上,产生励磁电流 I_f,从而产生励磁磁通,电枢绕组接控制电压 U_c,那么直流伺服电动机电枢回路的电压平衡方式为

$$U_c = E_a + I_a R_a \tag{8-1}$$

若不计电枢反应的影响,电机的每极气隙磁通 Φ 将保持不变,则

$$E_a = C_e \Phi n \tag{8-2}$$

直流伺服电机的电磁转矩为

$$T_{em} = C_T \Phi I_a \tag{8-3}$$

可得到电枢控制的直流伺服电动机的机械特性方程式为

$$n = \frac{U_c}{C_e \Phi} - \frac{R_a}{C_e \Phi^2 C_T} T_{em} = n_0 - \beta T_{em} \tag{8-4}$$

式(8-4)表明,转速 n 与电磁转矩 T_{em} 为线性关系,改变控制电压 U_c 时,机械特性的斜率 β 保持不变,故其机械特性是一组平行的直线,如图 8-5 所示。

从图 8-5 中可以看出:控制电压 U_c 一定时,电磁转矩越大,直流伺服电机的转速越低;控制电压升高,机械特性向右平移,堵转转矩 T_d 成比例地增大。

4. 直流伺服电机的调节特性

调节特性是指在负载转矩恒定时,电机的转速与控制电压的关系,即 $n = f(U_c)$ 的关系。由式(8-4)可知,在电磁转矩为常数时,磁通为常数,转速 n 与控制电压 U_c 为线性关系,转矩 T 不同时,调节特性是一组平行的直线,如图 8-6 所示。

由图 8-6 可以看出,当转矩不变时,控制电压 U_c 升高,直流伺服电动机的转速增加,且呈正比例关系;反之,控制电压 U_c 减小到某一数值,直流伺服电动机停止转动。

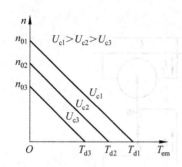
图 8-5 直流伺服电机的机械特性

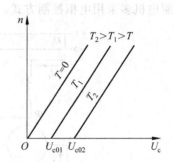
图 8-6 直流伺服电机的调节特性

例如在 $T_L=T_1$ 时,只有当控制电压 $U_c>U_{c01}$ 时,电机才能转动起来,而当 $U_c<U_{c01}$ 时,电机堵转,故电压 U_{c01} 称为始动电压,实际上始动电压就是调节特性与横轴的交点。从原点到始动电压之间的区段,叫做某一转矩时直流伺服电动机的失灵区。由图可知,T 越大,始动电压也越大,反之亦然;当为理想空载时,$T=0$,始动电压为 0V,即只要有信号,不管是大是小,电机都转动。

从上述分析可知,电枢控制时的直流伺服电动机的机械特性和调节特性都是线性的,而且不存在"自转"现象,在自动控制系统中是一种很好的执行元件。

5. 直流伺服电机的性能指标

(1) 直流伺服电机的额定值。直流伺服电机的额定值指在额定运行状态下的电压 U_N、电流 I_N、功率 P_N、转速 n_N 等,其意义和一般的直流电动机相同。

(2) 直流伺服电机的型号。目前我国生产的直流伺服电机的型号有 SY 系列和 SZ 系列。下面以 SZ 系列的 36SZ01 型号为例,说明其含义。

"36"表示机座外径尺寸为 36mm;"SZ"为产品代号,"S"表示伺服电机,"Z"表示直流电磁式;"01"为电气性能数据代号。

6. 直流伺服电机的应用

直流伺服电机在自动控制系统中作为执行元件,即在输入控制电压后,伺服电机能按照控制电压信号的要求驱动工作机械,伺服电机通常作为随动系统,遥控和遥测系统主传动元件。由直流伺服电机组成的伺服系统,通常采用速度控制和位置控制两种控制方式。速度控制原理图如图 8-7 所示。

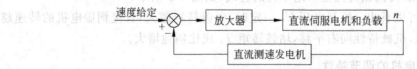
图 8-7 直流伺服电机速度控制原理图

在此系统中,直流测速发电机将电动机的转速信号转换成电压信号与速度给定量比较,其差值经过放大器放大后向伺服电机供电,从而控制电动机的转速。

直流伺服电机在工业上的应用还很多,如发电厂锅炉阀门的控制、变压器有载调压定位等。

8.2.2 交流伺服电机

交流伺服电机包括交流异步伺服电机和交流同步伺服电机。下面分析的交流伺服电机是指交流异步伺服电机。

1. 交流伺服电机的基本结构

交流异步伺服电机的定子与单相异步电动机类似，其在定子槽中安放着空间相距 90°电角度的两相绕组，其中一相作为有励磁绕组，另一相作为控制绕组。

交流异步伺服电机的转子通常为笼形结构，目前应用较多的转子结构有以下两种形式。

(1) 高电阻率导条的笼形转子。高电阻率导条的笼形转子和三相异步电动机的笼形转子一样，但笼形转子的导条采用高电阻率的导电材料制造，如青铜、黄铜等，为了提高交流伺服电动机的快速响应性能，宜把笼形转子做成又细又长，以减小转子的转动惯量。

(2) 非磁性空心杯形转子。如图 8-8 所示，非磁性空心杯转子交流伺服电动机有两个定子：外定子和内定子，外定子铁芯槽内安放有励磁绕组和控制绕组，而内定子一般不放绕组，仅作磁路的一部分；空心杯转子位于内外绕组之间，通常用非磁性材料（如铜、铝或铝合金）制成，在电机旋转磁场作用下，杯形转子内感应产生涡流，涡流再与主磁场作用产生电磁转矩，使杯形转子转动起来。

由于非磁性空心杯转子的壁厚约为 0.2~0.6mm，因而其转动惯量很小，故电机快速响应性能好，而且运转平稳平滑，无抖动现象。由于使用内外定子，气隙较大，故励磁电流较大，体积也较大。

2. 交流伺服电机工作原理

交流伺服电动机实际上就是两相异步电动机，所以有时也叫两相伺服电动机。如图 8-9 所示，电机定子上有两相绕组，一相是励磁绕组 f，接到交流励磁电源 U_f 上，另一相为控制绕组 c，接入控制电压 U_c，两绕组在空间上互差 90°电角度，励磁电压 U_f 和控制电压 U_c 的频率相同。

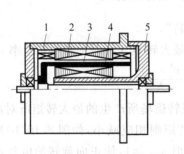

图 8-8 非磁性空心杯形转子结构图
1—机壳；2—外定子；3—空心杯形转子；4—内定子；5—端盖

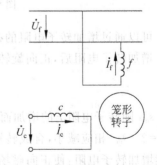

图 8-9 交流伺服电动机原理图

交流伺服电动机的工作原理与单相异步电动机有相似之处。当交流伺服电动机的励磁绕组接到励磁电流 U_f 上，若控制绕组加上的控制电压 U_c 为 0V 时（即无控制电压），所产生的是脉振磁通势，所建立的是脉振磁场，电机无启动转矩；当控制绕组加上的控制电

压 $U_c \neq 0\text{V}$，且产生的控制电流与励磁电流的相位不同时，建立起椭圆形旋转磁场（若 $\dot{I}_c$ 与 $\dot{I}_f$ 相位差为 90°时，则为圆形旋转磁场），于是产生启动力矩，电机转子转动起来。如果电机参数与一般的单相异步电动机一样，那么当控制信号消失时，电机转速虽会下降些，但仍会继续不停地转动。在自控系统中，不允许伺服电机出现"自转"现象。

自转的原因是控制电压消失后，电机仍有与原转速方向一致的电磁转矩。消除"自转"的方法是消除与原转速方向一致的电磁转矩，同时产生一个与原转速方向相反的电磁转矩，使电机在 $U_c = 0$ 时停止转动。

从单相异步电动机理论可知，单相绕组通过电流产生的脉振磁场可以分解为正向旋转磁场和反向旋转磁场，正向旋转磁场产生正转矩 T_+ 起拖动作用，反向旋转磁场产生负转矩 T_- 起制动作用，电机的电磁转矩应为正转矩和负转矩的合成。如果交流伺服电动机的电机参数与一般的单相异步电动机一样，那么转子电阻较小，其机械特性如图 8-10(a)所示，当电机正向旋转时，$s_+ < 1$，$T_+ > T_-$，合成转矩即电机电磁转矩 $T = T_+ - T_- > 0$。所以，即使控制电压消失后，即 $U_c = 0$，电机在只有励磁绕组通电的情况下运行，仍有正向电磁转矩，电机转子仍会继续旋转，只不过电机转速稍有降低而已，于是产生"自转"现象而失控。

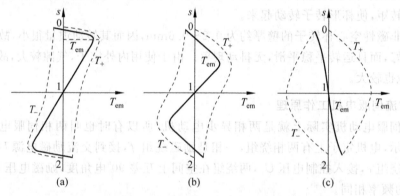

图 8-10 交流伺服电动机自转的消除

可以通过增加转子电阻的办法来消除"自转"。

增加转子电阻后，正向旋转磁场所产生的最大转矩 T_{m+} 时的临界转差率 s_{m+} 为

$$s_{m+} \approx \frac{r_2'}{X_{\sigma 1} + X_{\sigma 2}'} \tag{8-5}$$

s_{m+} 随转子电阻 r_2' 的增加而增加，而反向旋转磁场所产生的最大转矩所对应的转差率 $s_{m-} = 2 - s_{m+}$ 相应减小，合成转矩即电机电磁转矩则相应减小，如图 8-10(b)所示。如果继续增加转子电阻，使正向磁场产生最大转矩时 $s_{m+} \geqslant 1$，使正向旋转的电机在控制电压消失后的电磁转矩为负值，即为制动转矩，使电机制动到停止；若电机反向旋转，则在控制电压消失后的电磁转矩为正值，为制动转矩，使电机制动到停止，从而消除"自转"现象，如图 8-10(c)所示，所以要消除交流伺服电动机的"自转"现象，在设计电机时，必须满足：

$$s_{m+} \approx \frac{r_2'}{X_{\sigma 1} + X_{\sigma 2}'} \geqslant 1 \tag{8-6}$$

即

$$r_2' \geqslant (X_{\sigma 1} + X_{\sigma 2}')s_{m+} \tag{8-7}$$

增大转子电阻 r_2'，使 $r_2' \geqslant (X_{\sigma 1} + X_{\sigma 2}')s_{m+}$ 不仅可以消除"自转"现象，还可以扩大交流伺服电动机的稳定运行范围。但转子电阻过大，会降低启动转矩，从而影响快速响应性能。

3. 交流伺服电机的控制方式

交流伺服电动机不仅需要控制启动和停止，而且需要控制转速和转向。两相交流伺服电动机的控制是通过改变其气隙的旋转磁场来实现的。

如果在交流伺服电动机的励磁绕组和控制绕组上通以两相对称的交流电（两个幅值相等、相位差 90°），那么电机的气隙磁场是一个圆形旋转磁场。如果改变控制电压的大小或相位，那么气隙磁场是一个椭圆形旋转磁场，控制电压的大小或相位不同，气隙的椭圆形旋转磁场的椭圆度不同，产生的电磁转矩也不同，从而调节电机的转速；当控制电压的幅值为 0 V 或者 $\dot{U}_c$ 与 $\dot{U}_f$ 相位差为 0° 时，气隙磁场为脉振磁场，无启动转矩。因此，交流伺服电动机的控制方式有以下三种。

（1）幅值控制。幅值控制即保持控制电压与励磁电压之间的相位差不变，通过改变控制电压的幅值来改变电机的转速，其接线图如图 8-11 所示。

当励磁电压为额定电压，控制电压为零时，伺服电机转速为零，电机不转；当励磁电压为额定电压，控制电压也为额定电压时，伺服电机转速最大，转矩也为最大；当励磁电压为额定电压，控制电压在额定电压与零电压之间变化时，伺服电机的转速在最高转速至零转速间变化。

（2）相位控制。相位控制即控制电压的幅值保持不变，通过改变控制电压与励磁电压之间的相位差来实现对电机转速和转向的控制，其接线图如图 8-12 所示。

设控制电压与励磁电压的相位差为 $\beta=0\sim 90°$。根据 β 的取值可得出气隙磁场的变化情况。当 $\beta=0°$ 时，控制电压与励磁电压同相位，气隙总磁动势为脉动磁动势，伺服电机转速为零，不转动；当 $\beta=90°$ 时，为圆形旋转磁动势，伺服电机转速最大，转矩也为最大；当 $\beta=0\sim 90°$ 变化时，磁动势从脉动磁动势变为椭圆形旋转磁动势最终变为圆形旋转磁动势，伺服电机的转速由低向高变化。β 值越大越接近圆形旋转磁动势。

（3）幅相控制。幅相控制即同时改变控制电压的幅值和相位以达到控制的目的，其接线图如图 8-13 所示。

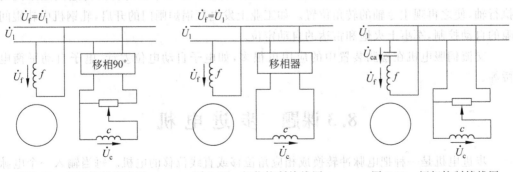

图 8-11　幅值控制接线图　　图 8-12　相位控制接线图　　图 8-13　幅相控制接线图

当控制电压的幅值改变时,电机转速发生变化,此时励磁绕组中的电流随之发生变化,励磁电流的变化引起电容的端电压变化使控制电压与励磁电压之间的相位角 β 改变。

幅相控制线路简单,不需要复杂的移相装置,只需电容进行分相,具有线路简单、成本低廉、输出功率较大的优点,因而成为使用最多的控制方式。

4. 交流伺服电机的性能指标

(1) 交流伺服电机的额定值。交流伺服电机的额定值有以下几项。

① 额定电压。两相交流伺服电机的额定电压包括额定励磁电压和额定控制电压。励磁电压允许在小范围内有一定的波动。电压过高容易使电动机过热烧坏绕组;过低则会影响电动机的性能,降低输出功率和转矩等。控制绕组的额定电压有时又称为最大控制电压,在额定励磁电压和额定控制电压相等时,为对称运行状态,此时电动机产生的磁场为圆形旋转磁场。

② 额定频率。即伺服电机正常工作时使用的频率。有中频和低频两大类,低频一般为 50Hz,中频一般为 400Hz。

③ 堵转转矩及堵转电流。定子两相绕组加上额定电压后,转子仍处于静止状态时对应的转矩,称为堵转转矩。这时流过励磁绕组和控制绕组的电流分别是堵转励磁电流和堵转控制电流,比正常工作时的电流大了许多。

④ 空载转速。定子两相绕组加上额定电压,电动机不带任何负载时的转速称为空载转速。它的大小与电机的极数有关,由于电机本身阻转矩的影响,它一般略低于同步转速。

⑤ 机电时间常数。它是反映电动机的快速灵敏性的技术数据,时间常数越小,说明电动机的灵敏度越高,响应越快。

(2) 交流伺服电机的型号。交流伺服电机的型号由机壳外径、产品代号、频率种类、性能参数四部分组成,现以 45SL42 型交流伺服电机为例来说明。"45"为机壳代号,表示机壳外径为 45mm。"SL"为产品代号,表示两相交流伺服电机。"SK"则表示空心杯转子两相交流伺服电机;"SX"表示绕线转子两相交流伺服电机;"SD"表示带齿轮减速机构的交流伺服电机。"42"为规格代号。

5. 交流伺服电机的应用

在自动控制系统中,根据被控对象不同,有速度控制和位置控制两种类型。尤其是位置控制系统可以实现远距离角度传递,它的工作原理是将主令轴的转角传递到远距离的执行轴,使之再现主令轴的转角位置。如工业上发电厂锅炉闸门的开启,轧钢机中轧辊间隙的自动控制,军事上火炮和雷达的自动定位。

交流伺服电机在检测装置中的应用也很多,如电子自动电位差计,电子自动平衡电桥等。

8.3 课题 步进电机

步进电机是一种把电脉冲转换成相应角位移或直线位移的电机。每当输入一个电脉冲,步进电机就前进一步,其角位移或线位移与脉冲数成正比,电机转速与脉冲频率成正比,因此步进电机又称为脉冲电机。步进电动机主要用于一些有定位要求的场合。例如:线切割的工作台拖动,植毛机工作台(毛孔定位),包装机(定长度)。

根据励磁方式的不同,步进电动机分为反应式、永磁式和感应式(又叫混合式);根据相数可分为单相、两相、三相和多相等。下面以三相六拍反应式步进电机为例,介绍步进电机的结构原理。

8.3.1 三相反应式步进电机的结构

反应式步进电机主要由定子和转子构成。定子上嵌有多相星形联结的控制绕组,三相、四相、五相步进电机分别有三个、四个、五个绕组,由专门的电源输入电脉冲信号。绕组按一定的通电顺序工作,这个通电顺序称为步进电机的"相序"。转子的主要结构是磁性转轴,当定子中的绕组在相序信号作用下,有规律的通电、断电工作时,转子周围就会有一个按此规律变化的磁场,因此一个按规律变化的电磁力就会作用在转子上,使转子发生转动。

图8-14是反应式步进电机结构示意图,它的定子具有均匀分布的6个磁极,磁极上绕有绕组,两个相对的磁极组成一组,转子上没有绕组,其铁芯是用硅钢片或软磁性钢片叠成的。

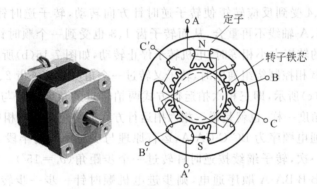

图8-14 反应式步进电机结构示意图

8.3.2 三相反应式步进电机的工作原理

图8-15所示为一台三相六拍反应式步进电动机,定子上有三对磁极,每对磁极上绕有一相控制绕组,转子有四个分布均匀的齿,齿上没有绕组。当A相控制绕组通电,而B相和C相不通电时,步进电动机的气隙磁场与A相绕组轴线重合,而磁力线总是力图从磁阻最小的路径通过,故电机转子受到一个反应转矩,在步进电机中称为静转矩。在此转矩的作用下,使转子的齿1和齿3旋转到与A相绕组轴线相同的位置上,如图8-15(a)所示,此时整个磁路的磁阻最小,此时转子只受到径向力的作用而反应转矩为零。如果B相通电,A相和C相断电,那么转子受反应转矩而转动,使转子齿2齿4与定子磁极B、B′对齐,如图8-15(b)所示,此时,转子在空间上逆时针转过30°,即前进了一步,转过这个角叫做步距角,同样的,如果C相通电,A相B相断电,转子又逆时针转动一个步距角,使转子的齿1和齿3与定子极C、C′对齐,如图8-15(c)所示。如此按A-B-C-A顺序不断地接通和断开控制绕组,电机便按一定的方向一步一步地转动,若按A-C-B-A顺

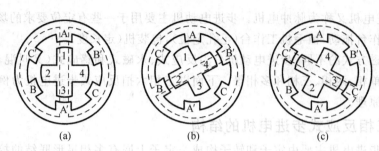

图 8-15 三相六拍反应式步进电动机的工作原理图

序通电,则电机反向一步一步转动。

在步进电机中,控制绕组每改变一次通电方式,称为一拍,每一拍转子就转过一个步距角,上述的运行方式每次只有一个绕组单独通电,控制绕组每换接三次构成一个循环,故这种方式称为三相单三拍。若按 A-AB-B-BC-C-CA-A 顺序通电,每次循环需换接 6 次,故称为三相六拍,因单相通电和两相通电轮流进行,故又称为三相单、双六拍。

三相单、双六拍运行时步距角与三相单三拍不一样。当 A 相通电时,转子齿 1、3 和定子磁极 A、A′对齐,与三相单三拍一样,如图 7-16(a)所示。当控制绕组 A 相 B 相同时通电时,转子齿 2、4 受到反应转矩使转子逆时针方向转动,转子逆时针转动后,转子齿 1、3 与定子磁极 A、A′轴线不再重合,从而转子齿 1、3 也受到一个顺时针的反应转矩,当这两个方向相反的转矩大小相等时,电机转子停止转动,如图 7-16(b)所示。当 A 相控制绕组断电而只有 B 相控制绕组通电时,转子又转过一个角度使转子齿 2、4 和定子磁极 B、B′对齐,如图8-16(c)所示,即三相六拍运行方式两拍转过的角度刚好与三相单三拍运行方式一拍转过的角度一样,也就是说三相六拍运行方式的步距角是三相单三拍的一半,即为 15°,接下来的通电顺序为 BC-C-CA-A,运行原理与步距角与前半段 A-AB-B 一样,即通电方式每变换一次,转子继续按逆时针转过一个步距角($\theta_s = 15°$)。如果改变通电顺序,按 A-AC-C-CB-B-BA-A 顺序通电,则步进电机顺时针一步一步转动,步距角 θ_s 也是 15°。

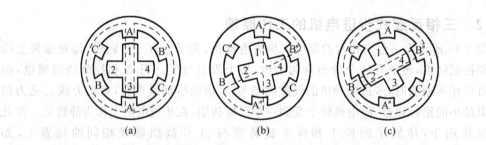

图 8-16 步进电机的三相单、双六拍运行方式

另外还有一种运行方式,按 AB-BC-CA-AB 顺序通电,每次均有两个控制绕组通电,故称为三相双三拍,实际是三相六拍运行方式去掉单相绕组单独通电的状态,转子齿与定子磁极的相对位置与图 8-16(b)一样或类似。不难分析,按三相双三拍方式运行时,其步矩角与三相单三拍一样,都是 30°。

由上面的分析可知,同一台步进电机,其通电方式不同,步距角可能不一样,采用单、双拍通电方式,其步矩角 θ_s 是单拍或双拍的一半;采用双极通电方式,其稳定性比单极要好。

上述结构的步进电动机无论采用哪种通电方式,步距角要么为 30°,要么为 15°,都太大,无法满足生产中对精度的要求,在实践中一般采用转子齿数很多、定子磁极上带有小齿的反应式结构,转子齿距与定子齿距相同,转子齿数根据步距角的要求初步决定,但准确的转子齿数还要满足自动错位的条件。即每个定子磁极下的转子齿数不能为正整数,而应相差 $1/m$ 个转子齿距,那么每个定子磁极下的转子齿数应为

$$\frac{Z_r}{2mp} = K \pm \frac{1}{m} \tag{8-8}$$

式中,m 为相数;$2p$ 为一相绕组通电时在气隙圆围上形成的磁极数;K 为正整数。

那么,转子总的齿数为

$$Z_r = 2mp\left(K \pm \frac{1}{m}\right) \tag{8-9}$$

当转子齿数满足上式时,当电机的每个通电循环(N 拍)转子转过一个转子齿距,用机械角度表示则为

$$\theta = \frac{360°}{Z_r} \tag{8-10}$$

那么一拍转子转过的机械角即步距角为

$$\theta_s = \frac{360°}{Z_r N} \tag{8-11}$$

从而步进电动机转速为

$$n = \frac{60 f \theta_s}{360°} = \frac{60 f}{Z_r N} \text{ (r/min)} \tag{8-12}$$

要想提高步进电机在生产中的精度,可以增加转子的齿数,在增加的同时还要满足式(8-9)才行。图 8-17 是一种步距角较小的反应式步进电机的典型结构。其转子上均匀分布着 40 个齿,定子上有三对磁极,每对磁极上绕有一组绕组,A、B、C 三相绕组接成星形。定子的每个磁极上都有 5 个齿,而且定子齿距与转子齿距相同,若作三相单三拍运行,则 $N = m = 3$,那么有每个转子齿距所占的空间角为

$$\theta_1 = \frac{360°}{Z_r} = \frac{360°}{40} = 9°$$

每一定子极距所占的空间角为

$$\theta_2 = \frac{360°}{2mp} = \frac{360°}{2 \times 3 \times 1} = 60°$$

每一定子极距所占的齿数为

$$\frac{Z_r}{2mp} = \frac{40}{2 \times 3 \times 1} = 6\frac{2}{3} = 7 - \frac{1}{3}$$

其步距角为

$$\theta_s = \frac{360°}{Z_r N} = \frac{360°}{40 \times 3} = 3°$$

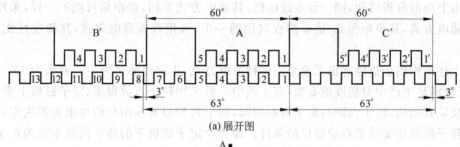

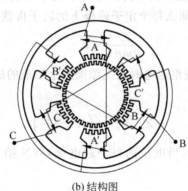

图 8-17 三相反应式步进电动机

若步进电机作三相六拍方式运行,则步距角为

$$\theta_s = \frac{360°}{Z_r N} = \frac{360°}{40 \times 6} = 1.5°$$

8.3.3 步进电机的运行特性

反应式步进电机的运行特性根据各种运行状态分别阐述。

1. 静态运行状态

步进电动机不改变通电情况的运行状态称为静态运行。电机定子齿与转子齿中心线之间的夹角 θ 叫做失调角,用电角度表示。步进电动机静态运行时转子受到的反应转矩 T 叫做静转矩,通常以使 θ 增加的方向为正。步进电机的静转矩 T 与失调角之间的关系 $T = f(\theta)$ 叫做矩角特性。

当步进电机的控制绕组通电状态变化一个循环,转子正好转过一齿,故转子一个齿对应电角度为 2π,在步进电机某一相控制绕组通电时,如果该相磁极下的定子齿与转子齿对齐,那么失调角 $\theta=0$,静转矩 $T=0$,如图 8-18(a)所示;如果定子齿与转子齿未对齐,即 $0<\theta<\pi$,出现切向磁力,其作用是使转子齿与定子齿尽量对齐,即使失调角 θ 减小,故为负值,如图 8-18(b)所示。如果为空载,那么反应转矩作用的结果是使转子齿与定子齿完全对齐;如果某相控制绕组通电时转子齿与定子齿刚好错开,即 $\theta=\pi$,转子齿左右两个方向所受的磁拉力相等,步进电机所产生的转矩为 0,如图 8-18(c)所示。步进电机的静转矩 T 随失调角 θ 呈周期性变化,变化的周期为转子的齿距,也就是 2π(电角度)。实践表明,反应式步进电机的静转矩 T 与失调角 θ 的关系近似为

$$T = -C\sin\theta \tag{8-13}$$

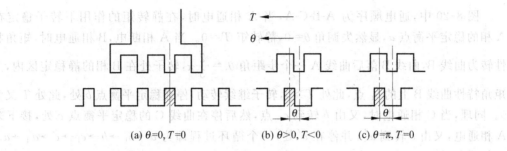

(a) $\theta=0, T=0$ (b) $\theta>0, T<0$ (c) $\theta=\pi, T=0$

图 8-18 步进电机的转矩和转角

式中，C 为常数，与控制绕组、控制电流、磁阻等有关。步进电机某相绕组通电时矩角特性如图 8-19 所示。

步进电机在静转矩的作用下，转子必然有一个稳定平衡位置，如果步进电机为空载，即 $T_L=0$，那么转子在失调角 $\theta=0$ 处稳定，即在通电相，定子齿与转子齿对齐的位置稳定。在静态运行情况下，如有外力使转子齿偏离定子齿，$0<\theta<\pi$，则在外力消除后，转子在静转矩的作用下仍能回到原来的稳定平衡位置。当 $\theta=\pm\pi$ 时，转子齿左右两边所受的磁拉力相等

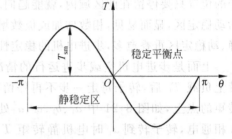

图 8-19 步进电机的矩角特性

而相互抵消，静转矩 $T=0$，但只要转子向左或向右稍有一点偏离，转子所受的左右两个方向的磁拉力不再相等而失去平衡，故 $\theta=\pm\pi$ 是不稳定平衡点。在两个不稳定平衡点之间的区域构成静稳定区，即 $-\pi<\theta<\pi$，如图 8-19 所示。

在矩角特性中，静转矩的最大值称为最大静转矩。当 $\theta=\pm\dfrac{\pi}{2}$ 时，T 有最大值 T_{sm}，最大静转矩 $T_{sm}=kI^2$。

2．反应式步进电机的步进运行状态

当接入控制绕组的脉冲频率较低，电机转子完成一步之后，下一个脉冲才到来，电机呈现出一转一停的状态，故称为步进运行状态。当负载 $T_L=0$（即空载）时步进电动机的运行状态如图 8-20 所示。

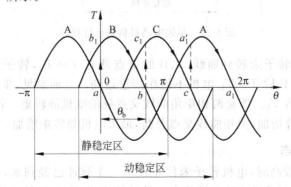

图 8-20 步进电动机空载运行状态

图 8-20 中,通电顺序为 A-B-C-A,当 A 相通电时,在静转矩的作用下转子稳定在 A 相的稳定平衡点 a,显然失调角 $\theta=0$,静转矩 $T=0$。当 A 相断电,B 相通电时,矩角特性转为曲线 B,曲线 B 落后曲线 A 一个步距角 $\theta_s=\frac{2}{3}\pi$,转子处在 B 相的静稳定区内,为矩角特性曲线 B 上的 b_1 点,此处 $T>0$,转子继续转动,停在稳定平衡点 b 处,此处 T 又为 0。同理,当 C 相通电时,又由 b 转到 c_1 点,然后停在曲线 C 的稳定平衡点 c 处,接下来 A 相通电,又由 c 转到 a_1',并停在 a' 处,一个循环过程即为 $a \to b_1 \to b \to c_1 \to c \to a_1' \to a_1$。A 相通电时,$-\pi<\theta<\pi$ 为静稳定区,当 A 相绕组断电转到 B 相绕组通电时,新的稳定平衡点为 b,对应于它的静稳定区为 $-\pi+\theta_b<\theta<\pi+\theta_b$(图中 $\theta_b=\frac{2}{3}\pi$),在换接的瞬间,转子的位置只要停留在此区域内,就能趋向新的稳定平衡点 b,所以区域 $(-\pi+\theta_b,\pi+\theta_b)$ 称为动稳定区,显而易见,相数增加或极数增加,步距角愈小,动稳定区愈接近静稳定区,即静、动稳定区重叠愈多,步进电机的稳定性愈好。

上面是步进电机空载步进运行的情况,当步进电机带上负载运行时情况有所不同。带上负载 T_L 后,转子每走一步不再停留在稳定平衡点,而是停留在静转矩 T 等于负载转矩的点上,如图 8-21 中 a_1、b_1、c_1、a_1' 处,$T=T_L$,转子停止不动。具体分析如下:当 A 相通电,转子转到 a_1 时电机静转矩 T 等于负载转矩,两转矩平衡,转子停止转动,A 相断电 B 相通电,改变通电状态的瞬间,因为惯性转子位置来不及变化,于是转到曲线 B 上的 b_2 点,由于 b_2 点的静转矩 $T>T_L$,故转子继续转到 b_1 点,在 b_1 点 $T=T_L$ 转子停止,接下来 C 相通电的运转情况类似。一个循环的过程为 $a_1 \to b_2 \to b_1 \to c_2 \to c_1 \to a_2' \to a_1'$。

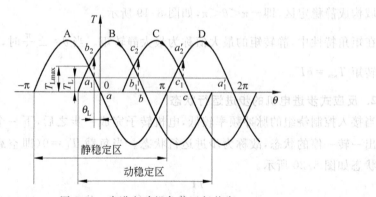

图 8-21 步进电动机负载运行状态

如果负载较大,转子未转到曲线 A、B 的交点就有 $T=T_L$,转子停转,当 A 相断电 B 相通电,转到曲线 B 后 $T<T_L$ 电机不能作步进运动。显而易见,步进电机能够带负载作步进运行的最大值 T_{Lmax} 即是两相矩角曲线交点处的电机静转矩。若增加相数或拍数,那么静动稳定区重叠增加,两相曲线交点升高,最大电机静转矩增加。

3. 连续运转状态

当脉冲频率 f 较高时,电机转子未停止而下一个脉冲已经到来,步进电动机已经不是一步一步地转动,而是呈连续运转状态。脉冲频率升高,电机转速增加,步进电动机所能带动的负载转矩将减小。主要是因为频率升高时,脉冲间隔时间小,由于定子绕组电感有延缓电流变化的作用,控制绕组的电流来不及上升到稳态值。频率越高,电流上升到达的数值也就越小,因而电机的电磁转矩也越小。另外,随着频率的提高,步进电动机铁芯中的涡流增加很快,也使电机的输出转矩下降。总之,步进电机的输出转矩随着脉冲频率的升高而减小,步进电机的平均转矩与驱动电源脉冲频率的关系叫做矩频特性,如图8-22所示。

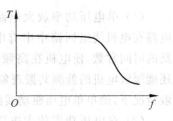

图 8-22 步进电机的矩频特性

8.3.4 驱动电源

步进电动机不能直接接到工频交流或直流电源上工作,而必须使用专用的步进电动机驱动电源,即步进电机的驱动电源与步进电机是一个相互联系的整体,步进电机的性能是由电机和驱动电源相配合反映出来的,因此步进电机的驱动电源在步进电机中占有相当重要的位置。

1. 对驱动电源的基本要求

步进电机的驱动电源应满足下述要求。

(1) 驱动电源的相数、通电方式、电压和电流都应满足步进电机的控制要求。

(2) 驱动电源要满足启动频率和运行频率的要求,能在较宽的频率范围内实现对步进电机的控制。

(3) 能抑制步进电机的振荡。

(4) 工作可靠,对工业现场的各种干扰有较强的抑制作用。

2. 驱动电源的组成

步进电动机的驱动电源由脉冲信号源、脉冲分配器和功率放大器三个基本环节组成,如图8-23所示。

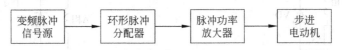

图 8-23 步进电机驱动电源方框图

脉冲信号源产生一系列脉冲信号。根据使用要求,脉冲信号源可以是一个频率连续可调的多谐振荡器、单结晶体管振荡器或压控振荡器等受控脉冲源,也可以是恒定频率的晶体振荡器,还可以是计算机或其他数控装置给出的一系列控制脉冲信号源。脉冲分配器根据控制要求按一定的逻辑关系对脉冲信号进行分配,如对三相步进电动机可以按单三拍,双三拍及单、双六拍三种分配方式分配脉冲信号。由于分配方式周而复始地不断重复,因而又把产生脉冲分配的逻辑部件称为环形分配器。脉冲分配器可以由门电路和触发器构成,也可以由专用集成电路或由计算机软件编程来实现。功率放大电路实际上是功率开关电路,有单电压、双电压、斩波型、调频调压型和细分型等多种形式,可以由晶体管、晶闸管、可关断晶闸管、功率集成器件构成。下面简单介绍几种常用的功率放大电路。

(1) 单电压功率放大电路。电路如图 8-24 所示，该电路在电机绕组回路中串有电阻 R_s，以减小电机绕组回路的时间常数，使电机在高频时能产生较大的电磁转矩，还能缓解电机的低频共振现象，但它引起附加的损耗。一般情况下，简单单电压驱动线路中，R_s 是不可缺少的。

(2) 双电压功率放大电路。如图 8-25 所示，双电压驱动的基本思路是在速度较低（低频段）时用较低的电压 U_L 驱动，而在高速（高频段）时用较高的电压 U_H 驱动。这种功率放大电路需要两个控制信号，U_h 为高压有效控制信号，U_1 为脉冲调宽驱动控制信号。图中，功率管 VT_1 和二极管 VD_L 构成电源转换电路。当 U_h 低电平时，VT_1 关断，VD_L 正向偏置，低电压 U_L 对电机绕组供电。反之 U_h 高电平，VT_1 导通，VD_L 反偏，高电压 U_H 对电机绕组供电。这种电路可使电机在高频段也有较大出力，而静止锁定时功耗减小。

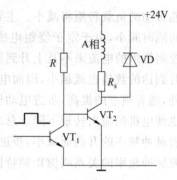

图 8-24 单电压功率放大电路

(3) 高低压功率放大电路。如图 8-26 所示，高低压驱动的设计思想是不论电机工作频率如何，均利用高电压 U_H 供电来提高导通相绕组的电流前沿，而在前沿过后，用低电压 U_L 来维持绕组的电流。这一作用同样改善了驱动器的高频性能，而且不必再串联电阻 R_s，消除了附加损耗。高低压驱动功率放大电路也有两个输入控制信号 U_h 和 U_1，它们应保持同步，且前沿在同一时刻跳变。图中，高压管 VT_1 的导通时间 t_1 不能太大，也不能太小，太大时，电机过载；太小时，动态性能改善不明显。一般可取 1~3ms（当然这个数值与电机的电气时间常数相当时比较合适）。

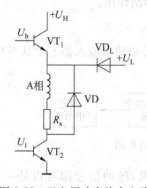
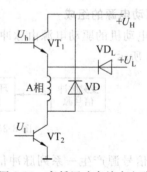

图 8-25 双电压功率放大电路　　　图 8-26 高低压功率放大电路

(4) 斩波恒流功率放大电路。恒流驱动的设计思想是设法使导通相绕组的电流不论在锁定、低频、高频工作时均保持固定数值。使电机具有恒转矩输出特性。这是目前使用较多、效果较好的一种功率放大电路。图 8-27 是斩波恒流功率放大电路原理图。图中 R 是一个用于电流采样的小阻值电阻，称为采样电阻。当电流不大时，VT_1 和 VT_2 同时受控于走步脉冲，当电流超过恒流给定的数值时，VT_1 被封锁，电源 $+U$ 被切除。由于电机绕组具有较大电感，此时靠二极管 VD 续流，维持绕组电流，电机靠消耗电感中的磁场能量产生出力。此时电流将按指数曲线衰减，同样电流采样值将减小。当电流小于恒流给定的数值时，VT_1 导通，电源再次接通。如此反复，电机绕组电流就稳定在由给定电平

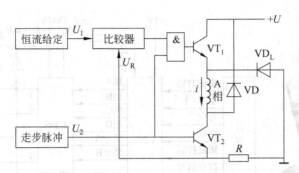

图 8-27 斩波恒流功率放大电路

所决定的数值上。

斩波恒流功率驱动放大电路也有两个输入控制信号,其中 U_2 是数字脉冲,U_1 是模拟信号。这种功率放大电路的特点是:高频响应大大提高,接近恒转矩输出特性,共振现象消除,但线路较复杂。

(5) 升频升压功率放大电路。为了进一步提高驱动系统的高频响应,可采用升频升压功率放大电路。这种放大电路对绕组提供的电压与电机的运行频率呈线性关系。它的主回路实际上是一个开关稳压电源,利用频率-电压变换器,将驱动脉冲的频率转换成直流电平,并用此电平去控制开关稳压电源的输入,这就构成了具有频率反馈的功率驱动接口。

(6) 集成功率放大电路。目前已有多种用于小功率步进电动机的集成功率放大电路可供选用。L298 芯片是一种 H 桥式驱动器,它设计成接收标准 TTL 逻辑电平信号,可用来驱动电感性负载。H 桥可承受 46V 电压,相电流高达 2.5A。L298(或 XQ298,SGS298)的逻辑电路使用 5V 电源,功放级使用 5~46V 电压,下桥发射极均单独引出,以便接入电流取样电阻。L298(等)采用 15 脚双列直插小瓦数式封装,工业品等级。它的内部结构如图 8-28 所示。H 桥驱动的主要特点是能够对电机绕组进行正、反两个方向通电。L298 特别适用于对二相或四相步进电动机的驱动。

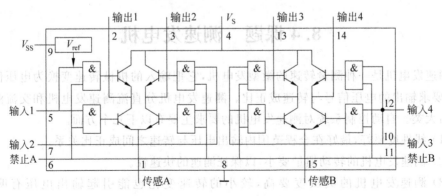

图 8-28 L298 芯片原理图

图 8-29 是使用 L297(环形分配器专用芯片)和 L298 构成的具有恒流斩波功能的步

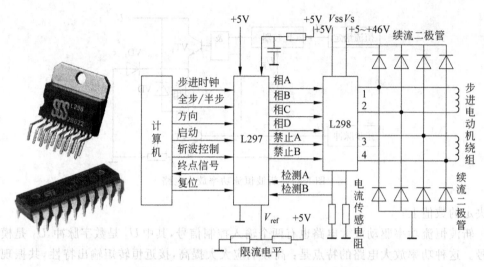

图 8-29　集成电路构成的步进电动机驱动系统

进电动机驱动系统。

8.3.5　步进电机的应用

步进电动机是用脉冲信号控制的,步距角和转速大小不受电压波动和负载变化的影响,也不受各种环境条件诸如温度、压力、振动、冲击等影响,而仅仅与脉冲频率成正比,通过改变脉冲频率的高低可以大范围地调节电机的转速,并能实现快速启动、制动、反转,而且有自锁的能力,不需要机械制动装置,不经减速器也可获得低速运行。它每转过一周的步数是固定的,只要不丢步,角位移误差不存在长期积累的情况,主要用于数字控制系统中,精度高,运行可靠。如采用位置检测和速度反馈,也可实现闭环控制。步进电动机已广泛地应用于数字控制系统中,如数模转换装置、数控机床、计算机外围设备、自动记录仪、钟表等之中,另外在工业自动化生产线、印刷设备等中也有应用。

8.4 课题　测速发电机

测速发电机是一种测量转速的微型发电机,它把输入的机械转速变换为电压信号输出,并要求输出的电压信号与转速成正比。测速发电机分直流测速发电机和交流测速发电机两大类。自动控制系统对测速发电机的要求主要有以下几个方面。

(1) 线性度要好,最好在全程范围内输出电压与转速之间成正比关系。

(2) 测速发电机的转动惯量要小,以保证测速的快速性。

(3) 测速发电机的灵敏度要高,较小的转速变化也能引起输出电压有明显的变化。

此外,还要求它对无线电通信干扰小、噪声小、结构简单、工作可靠、体积小和质量轻等。

8.4.1 直流测速发电机

1. 直流测速发电机的输出特性

直流测速发电机按励磁方式可分为永磁式和电磁式两种。其中永磁式直流测速发电机的定子用永久磁钢制成,无需励磁绕组,具有结构简单、不需励磁电源、使用方便、温度对磁场的影响小等优点,因此应用最广泛。

直流测速发电机的原理和结构与一般小型直流发电机相同,所不同的是直流测速发电机通常不对外输出功率或者对外输出很小的功率。直流测速发电机的工作原理图如图 8-30 所示。在恒定磁场中,当发电机电枢以转速 n 切割磁通 Φ 时,电刷两端产生的感应电动势为

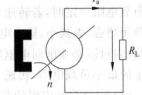

$$E_a = C_e\Phi n = K_e n \tag{8-14}$$

图 8-30 直流测速发电机的工作原理图

式中,K_e 为电动势系数,$K_e = C_e\Phi$。

空载运行时,直流测速发电机的输出电压就是感应电动势,即

$$U = E_a = K_e n \tag{8-15}$$

由上式可知,测速发电机的输出电压 U 与电机的转速成正比,即测速发电机输出电压反映了转速的大小。因此,直流测速发电机可以用来测速。图 8-31 表示为理想状态下测速发电机输出特性。

负载运行时,若负载电阻为 R_L,忽略电枢反应的影响,则测速发电机的输出电压为

$$U = E_a - I_a R_a = E_a - \frac{U}{R_L} R_a \tag{8-16}$$

式中,R_a 为电枢回路的总电阻,包括电枢绕组和电刷与换向器之间的接触电阻。

把式(8-15)代入式(8-16),经整理后可得

$$U = \frac{C_e\Phi}{1 + R_a/R_L} n = Cn \tag{8-17}$$

式(8-17)表明,当 Φ、R_a 及负载电阻 R_L 不变时,输出特性的斜率 C 为常数,输出电压 U 与转速 n 成正比。当负载电阻 R_L 不同时,输出特性的斜率也不同,随 R_L 的减小而减小。理想的输出特性是一组直线,如图 8-32 所示。

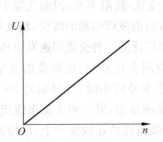

图 8-31 理想状态下测速发电机输出特性

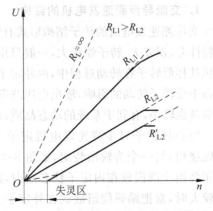

图 8-32 直流测速发电机的输出特性图

2. 输出特性产生误差的原因和减小误差的方法

实际上,直流测速发电机在负载运行时,输出电压与转速并不能保持严格的正比关系,存在误差,引起误差的主要原因有以下几项。

(1) 电枢反应的去磁作用。当测速发电机带负载时,电枢电流引起的电枢反应的去磁作用,使发电机气隙磁通 Φ 减小。当转速一定时,若负载电阻越小,则电枢电流越大;当负载电阻一定时,若转速越高,则电动势越大,电枢电流也越大,它们都使电枢反应的去磁作用增强,Φ 减小,输出电压和转速的线性误差增大,如图 8-32 实线所示。因此为了改善输出特性,必须削弱电枢反应的去磁作用。例如,使用直流测速发电机时 R_L 不能小于规定的最小负载电阻,转速 n 不能超过规定的最高转速。

(2) 电刷接触电阻的非线性。因为电枢电路总电阻 R_a 包括电刷与换向器的接触电阻,而这种接触电阻是非线性的,随负载电流的变化而变化。当电机转速较低时,相应的电枢电流较小,而接触电阻较大,电刷压降较大,这时测速发电机虽然有输入信号(转速),但输出电压却很小,因而在输出特性上有一失灵区,引起线性误差,如图 8-32 所示。因此,为了减小电刷的接触电压降,缩小失灵区,直流测速发电机常选用接触压降较小的金属—石墨电刷或铜电刷。

(3) 温度的影响。对电磁式直流测速发电机,因励磁绕组长期通电而发热,它的电阻也相应增大,引起励磁电流及磁通 Φ 的减小,从而造成线性误差。为了减小由温度变化引起的磁通变化,在设计直流测速发电机时使其磁路处于足够饱和的状态,同时在励磁回路中串一个温度系数很小、阻值比励磁绕组电阻大 3~5 倍的用钪铜或锰铜材料制成的电阻。

8.4.2 交流测速发电机

交流测速发电机分为同步测速发电机和异步测速发电机。同步测速发电机的输出频率和电压幅值均随转速的变化而变化,因此一般用做指示式转速计,很少用于控制系统中的转速测量;异步测速发电机的输出电压频率与励磁电压频率相同而与转速无关,其输出电压与转速成正比,因此在控制系统中得到广泛的应用。下面主要介绍交流异步测速发电机的结构和工作原理。

1. 交流异步测速发电机的结构

交流测速发电机的转子结构形式有空心杯形和笼形。笼形转子测速发电机输出斜率大但特性差、误差大、转子惯量大,一般只用在精度要求不高的系统中。空心杯形转子测速发电机其杯形转子在转动过程中,内外定子间隙不发生变化,磁阻不变,因而气隙中磁通密度分布不受转子转动的影响,输出电压波形比较好,没有齿谐波而引起的畸变,精度较高,转子的惯量也较小,有利于系统的动态品质,是目前应用最广泛的一种交流测速发电机。

空心杯转子异步测速发电机定子上有两个在空间上互差 90°电角度的绕组,一个为励磁绕组,另一个为输出绕组,如图 8-33 所示。若机座号较小时,空间相差 90°电角度的两相绕组全部嵌放在内定子铁芯槽内,其中一相为励磁绕组,另一相为输出绕组。若机座号较大时,常把励磁绕组嵌放在外定子上,而把输出绕组嵌放在内定子上,以便调节内、外定子间的相对位置,使剩余电压最小。

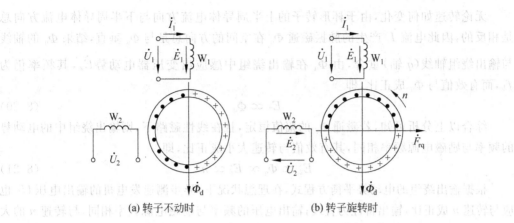

(a) 转子不动时　　　　　(b) 转子旋转时

图 8-33　空心杯转子异步测速发电机原理图

2. 空心杯形异步测速发电机的工作原理

交流测速发电机的工作原理可按转子不动和转子旋转时两种情况进行分析。

转子不动时的情况如图 8-33(a)所示。在转子不动时,励磁绕组 W_1 的轴线为 d 轴,输出绕组 W_2 的轴线为 q 轴。杯形转子可以看成是一个笼条数目非常之多的笼形转子。当转子不动,即 $n=0$ 时,若在励磁绕组中加上频率为 f_1 的励磁电压 U_1,则在励磁绕组中就会有电流通过,并在内外定子间的气隙中产生与电源频率 f_1 相同的脉振磁场。脉振磁场的轴线与励磁绕组 W_1 的轴线一致,它所产生的脉振磁通 Φ_d 沿绕组 W_1 轴线方向(直轴方向)穿过转子,因而在转子上与 W_1 绕组轴线一致的直轴线圈中感应电动势,这个电动势叫做变压器电动势。该电动势在转子中产生电流并建立磁通。该磁通的方向与 W_1 励磁绕组产生的磁通方向相反,大小与转子位置无关,方向始终在 d 轴上。因此,励磁绕组磁动势与转子变压器电动势引起的磁动势二者之和才是产生纵轴磁通 Φ 的励磁磁动势,其脉振频率为 f_1。该磁通不与输出绕组 W_2 匝链,所以不在其中产生感应电动势,此时测速发电机的输出电压为零,即 $n=0$ 时,$\dot{U}_2=0$。

当测速发电机的转子以一定速度旋转时,杯形转子中除了感应有变压器电动势外,还因杯形转子切割磁通 Φ_d,在转子中感应一个旋转电动势 E_r,其方向根据给定的转子转向和磁通 Φ_d 方向,用右手定则判断,如图 8-33(b)所示。旋转电动势 E_r 与磁通 Φ_d 同频率,频率也为 f_1,而其有效值为

$$E_r = C_2 \Phi_d n \tag{8-18}$$

式中,C_2 为比例常数。

式(8-18)表明,若磁通 Φ_d 的幅值恒定,则电动势 E_r 与转子的转速成正比。

在旋转电动势 E_r 的作用下,转子绕组中将产生频率为 f_1 的交流电流 I_r。由于杯形转子的转子电阻很大,远大于转子电抗,则 $\dot{E}_r$ 与 $\dot{I}_r$ 基本上同相位,如图 8-33(b)所示。由 I_r 所产生的脉振磁通 Φ_q 也是交变的,其脉振频率为 f_1。若在线性磁路下,Φ_q 的大小与 I_r 以及 E_r 的大小成正比,即

$$\Phi_q \varpropto I_r \varpropto E_r \tag{8-19}$$

无论转速如何变化,由于杯形转子的上半周导体电流方向与下半周导体电流方向总是相反的,因此电流 I_r 产生的脉振磁通 Φ_q 在空间的方向总是与 Φ_d 垂直,结果 Φ_q 的轴线与输出绕组轴线(q 轴)重合,由 Φ_q 在输出绕组中感应出变压器电动势 $\dot{E}_2$,其频率仍为 f_1,而有效值与 Φ_q 成正比,即

$$E_2 \propto \Phi_q \tag{8-20}$$

综合以上分析可知,若磁通 Φ_q 的幅值恒定,且在线性磁路下,则输出绕组中的电动势的频率与励磁电源频率相同,其有效值与转速大小成正比,即

$$E_2 \propto \Phi_q \propto E_r \propto n \tag{8-21}$$

根据输出绕组的电动势平衡方程式,在理想状况下,异步测速发电机的输出电压 U_2 也应与转速 n 成正比,输出特性为直线;输出电压的频率与励磁电源频率相同,与转速 n 的大小无关,使负载阻抗不随转速的变化而变化,这一优点使它被广泛应用于控制系统。

若转子反转,则转子中的旋转电动势 E_r、电流 I_r 及其所产生的磁通 Φ_q 的相位均随之反相,使输出电压的相位也反相。

3. 异步测速发电机的误差

交流异步测速发电机的误差主要有非线性误差、剩余电压和相位误差三种。

(1) 非线性误差。只有严格保持直轴磁通 Φ_d 不变的前提下,交流异步测速发电机的输出电压才与转子转速成正比,但在实际中直轴磁通 Φ_d 是变化的,原因主要有两个方面:一方面,转子旋转时产生的 q 轴脉振磁场 Φ_q,杯形转子也同时切割该磁场,从而产生 d 轴磁动势并使 d 轴磁通产生变化;另一方面,杯形转子的漏抗是存在的,它产生的是直轴磁动势,也使直轴磁通产生变化。这两个方面的原因引起直轴磁通变化的结果是使测速发电机产生线性误差。

为了减小转子漏抗造成的线性误差,异步测速发电机都采用非磁性空心杯转子,常用电阻率大的磷青铜制成,以增大转子电阻,从而可以忽略转子漏抗,与此同时使杯形转子转动时切割交轴磁通 Φ_q 而产生的直轴磁动势明显减弱。

另外,提高励磁电源频率,也就是提高电机的同步转速,也可提高线性度,减小线性误差。

(2) 剩余电压。当转子静止时,交流测速发电机的输出电压应当为零,但实际上还会有一个很小的电压输出,此电压称为剩余电压。剩余电压虽然不大,但却使控制系统的准确度大为降低,影响系统的正常运行,甚至会产生误动作。

产生剩余电压的原因很多,最主要的原因是制造工艺不佳,如定子两相绕组并不完全垂直,从而使两输出绕组与励磁绕组之间存在耦合作用,气隙不均,磁路不对称,空心杯转子的壁厚不均以及制造杯形转子的材料不均等都会造成剩余误差。

要减小剩余误差,根本方法无疑是提高制造和加工的精度;也可采用一些措施进行补偿,阻容电桥补偿法是常用的补偿方法,如图 8-34 所示。

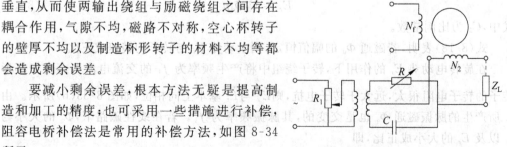

图 8-34 剩余电压补偿原理图

调节电阻 R_1 的大小以改变附加电压的大小,调节电阻 R 的大小以改变附加电压的相位,从而使附加电压与剩余电压相位相反,大小近似相等,补偿效果良好。

(3) 相位误差。在自动控制系统中不仅要求异步测速发电机输出电压与转速成正比,而且还要求输出电压与励磁电压同相位。输出电压与励磁电压的相位误差是由励磁绕组的漏抗、杯形转子的漏抗产生的,可在励磁回路中串电容进行补偿。

4. 测速发电机的应用

测速发电机的作用是将机械速度转换为电气信号,常用作测速元件、校正元件、解算元件,与伺服电机配合,广泛使用于许多速度控制或位置控制系统中,如在稳速控制系统中,测速发电机将速度转换为电压信号作为速度反馈信号,可达到较好的稳定性和较高的精度,在计算解答装置中,常作为微分、积分元件。

8.5 课题 自整角机

自整角机是一种对角位移或角速度的偏差自动整步的感应式控制电机。自整角机通常是两台或两台以上组合使用,使机械上互不相连的两根或多根机械轴能够保持相同的转角变化或同步的旋转变化。其中,产生信号的自整角机称为发送机,安装在主轴上,它将轴上的转角变换为电信号,接收信号的自整角机称为接收机,安装在从动轴上,它将发送机发送的电信号变换为转轴的转角,从而实现角度的传输、变换和接收。

按用途不同,自整角机可以分为力矩式自整角机和控制式自整角机。其中,力矩式自整角机主要用于力矩传输系统作指示元件用;控制式自整角机主要用于随动系统,在信号传输系统中作检测元件用。

8.5.1 力矩式自整角机

1. 基本结构

自整角机的定子结构与一般小型绕线转子电动机相似,定子铁芯上嵌有三相星形联结对称分布绕组,通常称为整步绕组。转子结构则按不同类型采用凸极式或隐极式,通常采用凸极式,只有在频率较高而尺寸又较大时,才采用隐极式结构。转子磁极上放置单相或三相励磁绕组。转子绕组通过滑环、电刷装置与外电路连接,滑环是由银铜合金制成,电刷采用焊银触点,以保证可靠接触。

2. 工作原理

力矩式自整角机的外观结构及接线图如图 8-35 所示。

两台自整角机结构完全相同,一台作为发送机,另一台作为接收机。它们的转子励磁绕组接到同一单相交流电源上,定子整步绕组则按相序对应连接。当两机的励磁绕组中通入单相交流电流时,在两机的气隙中产生脉动磁场,该磁场将在整步绕组中感应出变压器电动势。当发送机和接收机的转子位置一致时,由于双方的整步绕组回路中的感应电动势大小相等,方向相反,所以回路中无电流流过,因而不产生整步转矩,此时两机处于稳定的平衡位置。

如果发送机的转子从一致位置转一角度 θ 时,则在整步绕组回路中将出现电动势,从

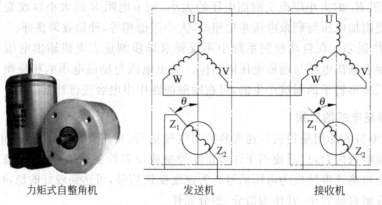

图 8-35　力矩式自整角机的外观接线图

而引起均衡电流。此均衡电流与励磁绕组所建立的磁场相互作用而产生转矩,使接收机也偏转相同的角度。

3. 力矩式自整角机的特点及应用

力矩式自整角机在接收机转子空转时,有较大的静态误差,并且随着负载转矩或转速的增高而加大。力矩式自整角机还存在振荡现象,当很快转动发送机时,接收机不能立刻达到协调位置,而是围绕着新的协调位置作衰减的振荡。为了克服这种振荡现象,接收机中均设有阻尼装置。

力矩式自整角机能直接达到转角随动的目的,即将机械角度变换为力矩输出,但无力矩放大作用,带负载能力较差。因此,力矩式自整角机只适用于负载很轻(如仪表的指针等)及精度要求不高的开环控制的随动系统中。目前,我国生产的力矩式自整角发送机的型号为 ZLF,自整角接收机的型号为 ZLJ。

力矩式自整角机被广泛用作示位器。首先将被指示的物理量转换成发送机轴的转角,用指针或刻度盘作为接收机的负载,液面指示器的示意图如图 8-36 所示。

图中浮子随着液面升降而升降,并通过绳子、滑轮和平衡锤使自整角发送机转动。由于发送机和接收机是同步转动的,所以接收机指针准确地反应了发送机所转过的角度。如果把角位移换算成线位移,就可知道液面的高度,实现了

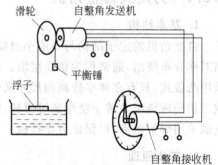

图 8-36　液面指示器的示意图

远距离液面位置的传递。这种示位器不仅可以指示液面的位置,也可以用来指示阀门的位置,电梯和矿井提升机位置、变压器分接开关位置等。

此外,力矩式自整角机还可以作为调节执行机构转速的定值器。由力矩式自整角机的发送机和接收机组成随动系统,将接收机安装在执行机构中,通过它带动可调电位器的滑动触点或其他触点,而发送机可装设在远距离的操纵盘上。可调电位器的一个定点与滑动触点之间的电压便作为执行机构的定值,再经过放大器放大后用来调节执行机构的

转速。当需要改变执行机构的转速时,只需要调整操纵盘上发送机转子的位置角,接收机转子就自动跟随偏转并带动可调电位器的滑动触点,使执行机构的定值电压发生变化,转速也将随之升高或降低,从而远距离调节执行机构的转速。

8.5.2 控制式自整角机

1. 基本结构

控制式自整角机的结构和力矩式类似,只是其接收机和力矩式不同。它不直接驱动机械负载,而只是输出电压信号,其工作情况如同变压器,因此也称其为自整角变压器。它采用隐极式转子结构,并在转子上装设单相高精度的正弦绕组作为输出绕组。

图 8-37 为控制式自整角机的接线图。

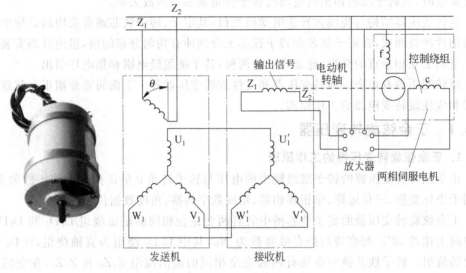

图 8-37 控制式自整角机的接线图

2. 工作原理

从图 8-37 的接线图可以看出,接收机的转子绕组已从电源断开,它将角度传递变为电信号输出,然后通过放大器去控制一台伺服电机,而且转子轴线位置预先转过了 90°。如果接收机转子仍按图 8-35 的起始位置,则当发送机转子从起始位置逆时针方向转 θ 角时,转子输出绕组中感应的变压器电动势将为失调角 θ 的余弦函数,当 $\theta = 0°$ 时,输出电压为最大。当 θ 增大时,输出电压按余弦规律减小,这就给使用带来不便,因随动系统总希望当失调角为 0° 时,输出电压为 0,只有存在失调角时,才有输出电压,并使伺服电机运转。此外,当发送机由起始位置向不同方向偏转时,失调角虽有正负之分,但因 $\cos\theta = \cos(-\theta)$,输出电压都一样,便无法从自整角变压器的输出电压来判别发送机转子的实际偏转方向。为了消除上述不便,按图 8-37 将接收机转子预先转过了 90°,这样自整角变压器转子绕组输出电压信号为 $E = E_m \sin\theta$,式中 E_m 表示接收机转子绕组感应电动势最大值。该电压经放大器放大后,接到伺服电机的控制绕组,使伺服电机转动。伺服电机一方面拖动负载,另一方面在机械上也与自整角变压器转子相连,这样就可以使得负载跟随发送机偏转,直到负载的角度与发送机偏转的角度相等为停止。

3. 特点及应用

控制式自整角机只输出信号,负载能力取决于系统中的伺服电机及放大器的功率,它的系统结构比较复杂,需要伺服电机、放大器、减速齿轮等设备,因此适用于精度较高、负载较大的伺服系统。

8.6 课题 旋转变压器

旋转变压器是自动装置中较常用的精密控制电机。当旋转变压器的定子绕组施加单相交流电时,其转子绕组输出的电压与转子转角成某一函数关系。

旋转变压器结构与绕线式异步电动机类似,其定子、转子铁芯通常采用高磁导率的铁镍硅钢片冲叠而成,在定子铁芯和转子铁芯上分别冲有均匀分布的槽,里边分别安装有两个在空间上互相垂直的绕组,通常设计为两极,转子绕组经电刷和集电环引出。

旋转变压器有正余弦旋转变压器和线性旋转变压器等。下面简要介绍正余弦旋转变压器和线性旋转变压器的工作原理。

8.6.1 正余弦旋转变压器

1. 正余弦旋转变压器的工作原理

正余弦旋转变压器的转子绕组输出的电压与转子转角 θ 呈正弦或余弦函数关系,它可用于坐标变换、三角运算、单相移相器、角度数字转换、角度数据传输等场合。

正余弦旋转变压器的定子铁芯槽中装有两套完全相同的励磁绕组 D_1D_2 和 D_3D_4,但在空间上相差 $90°$。每套绕组的有效匝数为 N_D,其中 D_1D_2 绕组为直轴绕组,D_3D_4 绕组为交轴绕组。转子铁芯槽中也装有两套完全相同的输出绕组 Z_1Z_2 和 Z_3Z_4,在空间上也相差 $90°$,每套绕组的有效匝数为 N_Z。转子上的输出绕组的轴线与定子的直轴之间的角度叫做转子的转角。

(1) 正余弦旋转变压器的空载运行。正余弦旋转变压器的空载运行的示意图如图 8-38(a)所示。

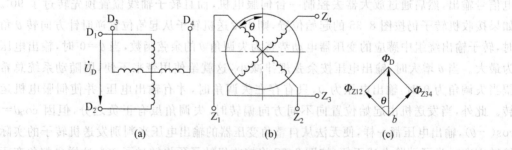

图 8-38 正余弦旋转变压器的空载运行

励磁绕组 D_1D_2 通过交流电流 I_{D12},在气隙中建立一个正弦分布的脉振磁场 Φ_D,其轴线就是励磁绕组(即直轴绕组)的轴线,D_1D_2 的轴线即为直轴。而输出绕组 Z_1Z_2 与磁场的轴线(直轴)的夹角为 θ，故气隙磁场 Φ_D 与输出绕组 Z_1Z_2 相交链的磁通 $I_{Z12}=\Phi_D\cos\theta$。而另一输出绕组 Z_3Z_4 的轴线与磁场轴线(直轴)的夹角为 $90°-\theta$，那么气隙磁场 Φ_D 与 Z_3Z_4 相交链的磁通 $\Phi_{Z34}=\Phi_D\cos(90°-\theta)=\Phi_D\sin\theta$，如图 8-38(b)所示。

据上述分析，气隙磁场 Φ_D 在励磁绕组中所产生的电动势为

$$E_{D12} = 4.44fN_D\Phi_D \tag{8-22}$$

气隙磁通 Φ_D 的两个分量 $\Phi_D\cos\theta$ 和 $\Phi_D\sin\theta$ 分别在输出绕组 Z_1Z_2 和 Z_3Z_4 中所感生的电动势为

$$E_{Z12} = 4.44fN_Z\Phi_D\cos\theta \tag{8-23}$$

$$E_{Z34} = 4.44fN_Z\Phi_D\sin\theta \tag{8-24}$$

令输出绕组与励磁绕组的有效匝数比为

$$K = \frac{N_Z}{N_D} \tag{8-25}$$

因而输出绕组 Z_1Z_2 和 Z_3Z_4 的感应电势为

$$E_{Z12} = KE_{D12}\cos\theta \tag{8-26}$$

$$E_{Z34} = KE_{D12}\sin\theta \tag{8-27}$$

如果忽略励磁绕组和输出绕组的漏阻抗，则输出绕组 Z_1Z_2 和 Z_3Z_4 的端电压分别为

$$U_{Z12} = KU_D\cos\theta \tag{8-28}$$

$$U_{Z34} = KU_D\sin\theta \tag{8-29}$$

通过调节转子转角 θ 的大小，输出绕组 Z_1Z_2 输出的电压按余弦规律变化，故又叫余弦输出绕组，绕组 Z_3Z_4 输出的电压按正弦规律变化，故叫做正弦输出绕组。

(2) 正余弦旋转变压器的负载运行。当输出绕组接上负载后，转子绕组中将有电流流过，此时称为旋转变压器的负载运行。

上面用正余弦旋转变压器的空载运行情况分析了其工作原理，但在实际应用中，输出绕组都接有负载，如控制元件，放大器等，输出绕组有电流流过，从而产生磁通势，使气隙磁场产生畸变，进而使输出电压产生畸变，不再是转角的正、余弦函数关系。

如图 8-39 所示，输出绕组 Z_1Z_2 接上负载，产生的负载电流建立一个按正弦规律分布的脉振磁势 F_{Z12}，其幅值轴线就是 Z_1Z_2 绕组的轴线，F_{Z12} 在直轴和交轴两个方向上分为两个分量：

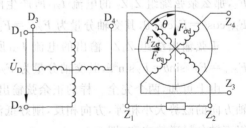

图 8-39 正余弦旋转变压器的负载运行

直轴分量为

$$F_{Z12d} = F_{Z12}\cos\theta \tag{8-30}$$

交轴分量为

$$F_{Z12q} = F_{Z12}\sin\theta \tag{8-31}$$

直轴分量磁势与励磁绕组的轴线都是直轴，其影响同普通变压器的二侧负载电流的影响一样，输出绕组 Z_1Z_2 接上负载后产生负载电流，同时也使励磁绕组 D_1D_2 的电流增

大,从而保持直轴方向的磁势平衡,以维持气隙磁通 Φ_D 不变。而交轴分量磁势存在的结果是输出电压产生畸变,使输出电压不再按余弦规律变化。

2. 负载运行的正余弦旋转变压器的补偿

补偿的方法是从消除或减弱造成电压畸变的交轴分量磁势入手。如图 8-40 所示,余弦输出绕组 Z_1Z_2 接负载,正弦输出绕组作为补偿绕组也接入负载 Z'_L。又两绕组 Z_1Z_2 与 Z_3Z_4 完全一样,如果接入的负载相等($Z_L=Z'_L$),即两绕组回路总阻抗 $Z_总$ 相等,那么流过余弦绕组 Z_1Z_2 的电流为

$$I_{Z12}=\frac{E_{Z12}}{Z_总}=\frac{kE_{D12}\cos\theta}{Z_总}=I_Z\cos\theta \tag{8-32}$$

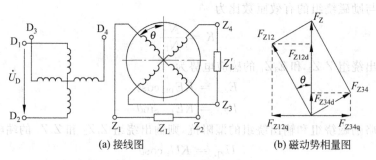

(a) 接线图　　(b) 磁动势相量图

图 8-40　二次侧补偿的正余弦旋转变压器

流过正弦绕组 Z_3Z_4 的电流为

$$I_{Z34}=\frac{E_{Z34}}{Z_总}=\frac{kE_{D12}\sin\theta}{Z_总}=I_Z\sin\theta \tag{8-33}$$

上面两式中,I_Z 为输出绕组的最大电流值,即 $I_Z=\dfrac{kE_D}{Z_总}$,由 I_Z 所产生的磁通势记为 F_Z,那么余弦绕组 Z_1Z_2 的电流 I_{Z12} 所产生的磁势为 $F_{Z12}=F_Z\cos\theta$,其直轴分量为 $F_{Z12d}=F_{Z12}\cos\theta=F_Z\cos^2\theta$,其交轴分量为 $F_{Z12q}=F_{Z12}\sin\theta=F_Z\sin\theta\cos\theta$。

正弦输出绕组 Z_3Z_4 输出的电流 I_{Z34} 所产生的磁势为 $F_{Z34}=F_Z\sin\theta$,其直轴分量为 $F_{Z34d}=F_{Z34}\sin\theta=F_Z\sin^2\theta$,其交轴分量为 $F_{Z34q}=F_{Z34}\cos\theta=F_Z\sin\theta\cos\theta$。

由上可知,两个完全一样的正余弦输出绕组如果接的负载一样,那么两绕组产生的交轴方向的磁势大小相等,方向相反,刚好抵消,没有交轴磁场;而在直轴方向上磁势为两绕组直轴分量磁势之和,即

$$F_d=F_{Z12d}+F_{Z34d}=F_Z\cos^2\theta+F_Z\sin^2\theta=F_Z \tag{8-34}$$

当 $Z_L=Z'_L$ 时,无论转子的转角 θ 怎么改变,转子绕组的交轴磁势始终为 0,而直轴磁势始终不变,故而输出绕组的输出电压可以保持与转角 θ 成正弦或余弦关系。

当 $Z_L=Z'_L$ 时,正余弦旋转变压器二次侧(转子)补偿时各种磁通势的关系如图 8-40 所示。

上述的二次侧补偿是有条件的,即 $Z_L=Z'_L$。如有偏差,交轴方向的磁势不能完全抵消,输出还是有畸变的,为此可以采用一次侧补偿来消除交轴磁场。

定子的励磁绕组仍接交流电源,而 D_3D_4 作为补偿绕组通过阻抗 Z 或直接短接,在绕

组 D_3D_4 中产生感应电流，从而产生交轴方向磁通势，补偿转子绕组的交轴磁势。

为了减小误差，使用时常常把一次侧、二次侧补偿同时使用，如图 8-41 所示。

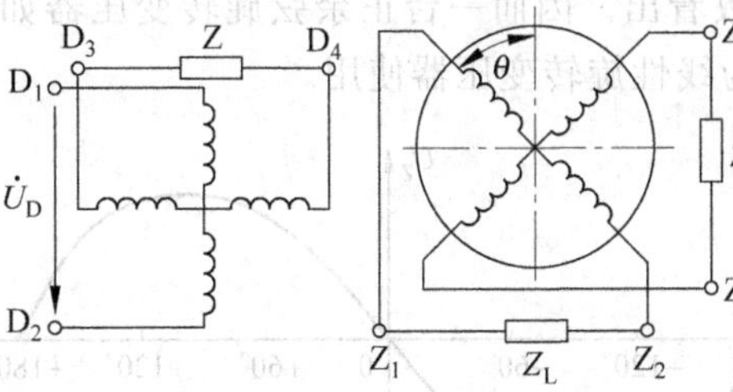

图 8-41 一次侧、二次侧补偿的正余弦旋转变压器

8.6.2 线性旋转变压器

线性旋转变压器输出电压与转子转角成正比关系。事实上正余弦旋转变压器在转子转角 θ 很小的时候近似有 $\sin\theta = \theta$，此时就可看做一台线性旋转变压器。在转角不超过 $\pm 4.5°$ 时，线性度在 $\pm 0.1\%$ 以内。若要扩大转子转角范围，可将正余弦旋转变压器的线路进行改接，如图 8-42 所示，定子绕组 D_1D_2 与转子绕组 Z_1Z_2 串联后接到交流电源 U_D 上，定子交轴绕组 D_3D_4 作为补偿绕组直接短接或经阻抗短接，D_3D_4 接负载 Z_L 输出电压信号。

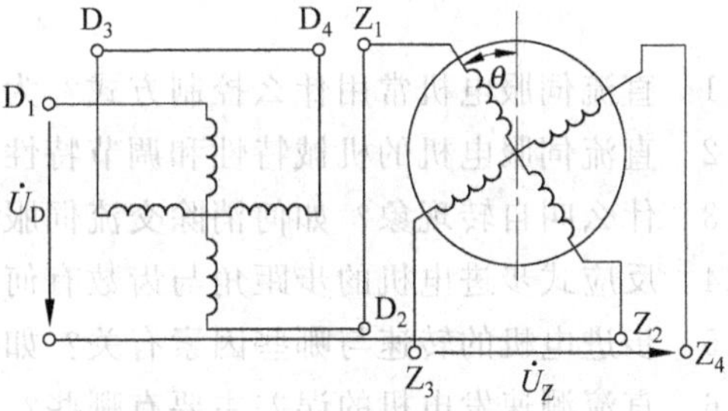

交轴绕组作补偿绕组而短接，可以认为交轴分量磁场 F_q 被完全抵消，故单相电流接入绕组后产生的脉振磁通 Φ_d 是一个直轴脉振磁通，它与励磁绕组、余弦正弦绕组交链而分别产生感应电动势为

图 8-42 线性旋转变压器接线图

$$E_{D12} = 4.44 f N_D \Phi_d \tag{8-35}$$

$$E_{Z12} = 4.44 f N_Z \Phi_d \cos\theta \tag{8-36}$$

$$E_{Z34} = 4.44 f N_Z \Phi_d \sin\theta \tag{8-37}$$

这些电势都是由脉振磁通 Φ_d 所产生，故它们在时间上是同相位的。若不计定子、转子绕组的漏阻抗压降，根据电势平衡关系整理得

$$\frac{U_D}{1 + k\cos\theta} = 4.44 f N_D \Phi_d \tag{8-38}$$

式中，k 为转、定子绕组的有效匝数比 $\frac{N_Z}{N_D}$。

正弦绕组 Z_3Z_4 的输出电压为

$$U_Z \approx E_{Z34} = 4.44 f N_Z \Phi_d \sin\theta = 4.44 f N_D \Phi_d \cdot k\sin\theta \tag{8-39}$$

将式(8-38)代入式(8-39)中得

$$U_Z = \frac{k\sin\theta}{1 + k\cos\theta} U_D \tag{8-40}$$

当 $k=0.52$ 时,$U_z=f(\theta)$ 的曲线可由上式画出,如图 8-43 所示。用数学推导可证明,当 $k=0.52$,$\theta=\pm 60°$ 的范围内,输出电压 U_z 和转角 θ 呈线性关系,线性误差不超过 0.1%,从图 8-43 中可大致看出。因而一台正余弦旋转变压器如按图 8-42 接线,在转子转角在 ±60°范围内可作为线性旋转变压器使用。

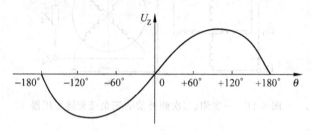

图 8-43 线性旋转变压器的输出电压曲线

思考题与习题

8.1 直流伺服电机常用什么控制方式?为什么?

8.2 直流伺服电机的机械特性和调节特性如何?

8.3 什么叫自转现象?如何消除交流伺服电动机的自转现象?

8.4 反应式步进电机的步距角与齿数有何关系?

8.5 步进电机的转速与哪些因素有关?如何改变其转向?

8.6 直流测速发电机的误差主要有哪些?如何消除或减弱?

8.7 交流异步测速发电机剩余电压是如何产生的?怎样消除或减小?

8.8 为什么交流异步测速发电机通常采用非磁性空心杯转子?

8.9 力矩式自整角机和控制式自整角机在工作原理上各有何特点?各适用于怎样的随动系统?

8.10 旋转变压器是怎样的一种控制电机?常应用于什么控制系统中?

模块 9

拖动系统电动机的选择

知识点

(1) 电动机的发热和冷却；
(2) 电动机的工作制分类；
(3) 电动机容量的选择。

学习要求

(1) 具备电动机的发热和冷却过程分析能力；
(2) 具备电动机的选择能力。

电力拖动系统电动机的选择，主要是确定电动机的功率和工作方式，同时还要确定电动机的电流种类、形式、额定电压和额定转速。

选择电动机的原则，除了应满足生产机械负载要求外，从经济上看也应该是最合理的，为此必须正确决定电动机的功率。如果功率选得过大，将使设备投资增大，而且电动机经常处于轻载下运行，效率过低，运行费用高。反之，将使电动机过载，而使电动机过早损坏。因此，电动机功率选得过大或过小，都是不经济的。

在决定电动机功率时，要考虑电动机的发热、过载能力和启动能力三方面的因素，其中一般以发热问题最为重要。

9.1 课题 电动机的发热与冷却

9.1.1 电动机的发热过程

电动机在运行过程中会发热，这是由于在实现机电能量转换过程中在电机内部产生损耗，并变成热量而使电机的温度升高。由于电动机发热的具体情况较为复杂，为了研究方便，假定电动机为一均质等温固体，也就是说，电动机是一个所有表面均匀散热，并且内部没有温差的理想发热体。

设电动机在恒定负载下长期连续工作，单位时间内由电动机损耗所产生的热量为 Q，则在 dt 时间内产生的热量为 Qdt，其中一部分热量 Q_1 被电动机所吸收，使电动机温度升高，其数量为

$$Q_1 = C\mathrm{d}\tau \tag{9-1}$$

式中，C 为电动机的热容，即电动机温度升高 1℃ 所需的热量，单位为 J/℃；$\mathrm{d}\tau$ 为电动机在 $\mathrm{d}t$ 时间内温度升高的增量。

另一部分 Q_2 则向周围介质散发出去，其数量为

$$Q_2 = A\tau \cdot \mathrm{d}t \tag{9-2}$$

式中，A 为电动机的散热系数，即电机与周围介质温度相差 1℃ 时，单位时间内电动机向周围介质散发出去的热量，单位为 J/℃·s；τ 为电动机与周围介质的温度差，即温升，单位为 ℃。

这样就可以写出电机的热平衡方程式

$$Q\mathrm{d}t = C\mathrm{d}\tau + A\tau \cdot \mathrm{d}t \tag{9-3}$$

即

$$\tau + \frac{C}{A} \cdot \frac{\mathrm{d}\tau}{\mathrm{d}t} = \frac{Q}{A} \tag{9-4}$$

令 $\dfrac{C}{A} = T$，$\dfrac{Q}{A} = \tau_\mathrm{w}$，则式(9-4)就可写成

$$\tau + T \cdot \frac{\mathrm{d}\tau}{\mathrm{d}t} = \tau_\mathrm{w} \tag{9-5}$$

解此微分方程，得

$$\tau = \tau_\mathrm{w}(1 - \mathrm{e}^{-\frac{t}{T}}) + \tau_0 \mathrm{e}^{-\frac{t}{T}} \tag{9-6}$$

式中，τ_0 为发热过程的起始温度，若发热过程开始时，电动机温度与周围介质温度相等（这时称电动机处于冷态），则 $\tau_0 = 0$。

当 $\tau_0 = 0$ 时，式(9-6)就变为

$$\tau = \tau_\mathrm{w}(1 - \mathrm{e}^{-\frac{t}{T}}) \tag{9-7}$$

式(9-6)和式(9-7)也称为电动机的温升曲线方程，图 9-1 分别绘出对应于式(9-6)和式(9-7)的两条曲线。

这是两条指数曲线，说明温升按指数规律变化，变化的快慢与 T 有关，T 称为发热时间常数，电机最终趋于稳定温升 τ_w。

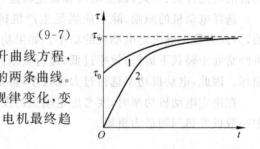

图 9-1 电机发热过程的温升曲线

由温升曲线可见，发热过程开始时，由于温升小，散发出去的热量较少，大部分热量被电动机所吸收，因而温升增长较快；其后随着温升的增加，散发的热量不断增长，而电动机产生的热量因负载不变而不变，则电动机吸收的热量不断减少，温升曲线趋于平缓。当发热量与散热量相等时，电动机的温升不再升高，达到一稳定值 τ_m。由式(9-6)或式(9-7)可见，当 $t \to \infty$ 时，$\tau = \tau_\mathrm{m} = \dfrac{Q}{A}$。这说明对应于一定的负载，电动机的损耗所产生的热量是一定的，因此电动机的稳定温升也是一定的，与起始温升无关。

若电动机在额定负载时，对应于损耗而产生的热量为 Q_N，此时的稳定温升为 τ_N，则当电动机在小于额定负载运行时，其稳定温升就不会超过 τ_N。

9.1.2 电动机的冷却过程

电动机的冷却过程有两种情况,一是当负载减小时,电动机产生的热量减小为 Q',相应的温升由原来的稳定温升 τ_w 降低到新的稳定温升 τ'_w,仿照发热过程对温升曲线方程的推导,可得出冷却过程的温升曲线方程。

$$\tau = \tau'_w(1 - e^{-\frac{t}{T'}}) + \tau'_0 e^{-\frac{t}{T'}} \quad (9-8)$$

式中,τ'_w 为电动机新的稳定温升,$\tau'_w = \dfrac{Q'}{A}$;T' 为冷却时间常数,一般 $T' > T$;τ'_0 为冷却过程开始时电动机的温升。

另一种情况是电动机自电网断开(停机或断能)时,电动机产生的热量为零,则式(9-8)就变为

$$\tau = \tau'_0 e^{-\frac{t}{T'}} \quad (9-9)$$

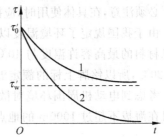

图 9-2 电动机冷却过程的温升曲线
1—负载减小时;2—电动机脱离电网

显然,冷却过程的温升曲线也是一条指数曲线,如图 9-2 所示。

9.1.3 电动机的绝缘等级

电动机在运行中,损耗产生热量使电动机的温度升高,电动机所能容许达到的最高温度决定于电动机所用绝缘材料的耐热程度,通常称为绝缘等级。不同的绝缘材料,其最高容许温度是不同的,根据国际电工协会规定,绝缘材料可分为 7 个等级,电动机中常用的有 5 个等级。

(1) A 级绝缘。包括经过绝缘浸渍处理的棉纱、丝、普通漆包线的绝缘漆等,最高容许温度为 105℃。

(2) E 级绝缘。包括高强度漆包线的绝缘漆、环氧树脂、三醋酸纤维薄膜、聚酯薄膜等,最高容许温度为 120℃。

(3) B 级绝缘。包括由云母、玻璃纤维、石棉等无机物材料用有机材料黏合或浸渍,最高容许温度为 130℃。

(4) F 级绝缘。包括与 B 级绝缘相同的材料,但用的黏合剂或浸渍剂不同,如采用硅有机化合物改性的合成树脂漆为黏合剂等,最高容许温度为 155℃。

(5) H 级绝缘。包括与 B 级绝缘相同的材料,用硅有机漆(胶)黏合或浸渍,还有硅有机橡胶、无机填料等,最高容许温度为 180℃。

目前我国采用最多的是 E 级和 B 级绝缘,发展趋势将是日益广泛采用 F、H 级绝缘,这样可以在一定的输出功率下,减轻电动机的重量,缩小体积。

当电动机温度不超过所用绝缘材料的最高容许温度时,绝缘材料的使用寿命可达 20 年左右;若超过最高容许温度,则绝缘材料的使用寿命将大大缩短,一般每超过 8℃,寿命将降低一半。

由此可见,绝缘材料的最高容许温度表示一台电动机能带的负载的限度,而电动机的额定功率就代表了这一限度。电动机铭牌上所标的额定功率,表示在环境温度为 40℃时,电动机长期连续工作,而电动机所能达到的最高温度不超过绝缘材料最高容许温度时

的输出功率。

上述环境温度40℃是我国的国家标准,既然电动机的额定功率是对应于环境温度为40℃时的输出功率,则当环境温度低于40℃时,电动机的输出功率可以大于额定功率。反之,电动机的输出功率将低于额定功率,以保证电动机最终都能达到绝缘材料的最高容许温度。必须注意,在具体使用时,应按国家标准规定的要求进行,详见国标 GB 755—2008。

由于我国规定了环境温度以40℃为标准,因此电动机铭牌上所标的温升是指所用的绝缘材料的最高容许温度与40℃之差,称为额定温升。如对 E 级绝缘,其最高容许温度为120℃,所以铭牌上标的额定温升为80℃。

考虑到电动机周围环境对散热的影响,国家标准还规定电动机铭牌上的功率系指电动机在海拔不超过1000m的地点使用时的额定功率。

9.2 课题　电动机的工作制分类

电动机工作时,负载持续时间的长短对电动机的发热情况影响很大,因而对正确选择电动机的功率影响也很大。国家标准按照电动机工作方式,将电动机的工作制分成三大类共8种(用 S_1、S_2、…、S_8 表示)。

1. 连续工作制(S_1)

电动机在恒定负载下连续运行至热稳定状态,$P=f(t)$ 及 $\tau=f(t)$ 曲线见图 9-3。

2. 短时工作制(S_2)

电动机在恒定负载下按给定的时间(t_g)运行,未达到热稳定状态时即停机或断能一段时间(t_0),使电动机再度冷却到与冷却介质温度之差在 2K 以内,$P=f(t)$ 及 $\tau=f(t)$ 曲线见图 9-4,国标规定的时间规格(t_g)为 15min、30min、60min 和 90min 四种。

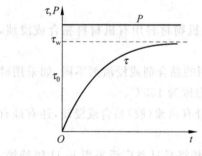

图 9-3　连续工作制的 $P=f(t)$ 及 $\tau=f(t)$ 曲线

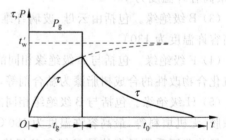

图 9-4　短时工作制的 $P=f(t)$ 及 $\tau=f(t)$ 曲线

3. 断续周期工作制

电动机按一系列相同的工作周期运行,在一周期内各种运行状态均不足以使电动机达到热稳定状态,根据一个周期内电动机运行状态的不同,分为六类(详见国家标准 GB 755—2008),即断续周期工作制(S_3)、包括启动的断续周期工作制(S_4)、包括电制动的断续周期工作制(S_5)、连续周期工作制(S_6)、包括电制动的连续周期工作制(S_7)、包括负载与转速相应变化的连续周期工作制(S_8)。

断续周期工作时,电动机的温升最后将在某一范围内上下波动,图 9-5 为断续周期工作制(S_3)的负载图和温升曲线图。

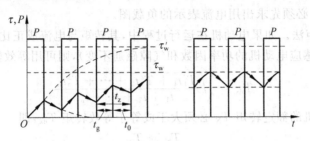

图 9-5　断续周期工作制的 $P=f(t)$ 及 $\tau=f(t)$ 曲线

在断续周期工作制中,负载工作时间与整个周期之比称为负载持续率 FC,国标规定的标准负载持续率为 15%、25%、40% 和 60% 四种,每个周期的总时间不大于 10min。

9.3 课题　电动机容量的选择

9.3.1　连续工作制电动机容量的选择

1. 恒值负载下电动机容量的选择

这时电动机容量选择比较简单,只要选择一台额定容量等于或者略大于生产机械需要的容量、转速又合适的电动机就可以了,不需要进行发热校验。

2. 变化负载下电动机容量的选择

图 9-6 为变动的生产机械负载图,图中只表示生产过程的一个周期,当电动机拖动这一类机械工作时,因为负载作周期性变化,故其温升也必然作周期性的波动。温升波动的最大值必低于对应于最大负载时的稳定温升,而高于对应于最小负载的稳定温升。这样,如按最大负载选择电动机,显然是不经济的,而按最小负载选择电动机,电动机温升将超过容许温升。因此电动机容量应在最大负载与最小负载之间,如果选择合适,既可使电动机得到充分利用,又可使电动机温升不超过容许值,通常可采用下列方法进行选择。

(1) 等效电流法。它的基本原理是用一个不变的电流 I_{dx} 来等效实际上变动的负载电流,要求在同一周期之内,等效电流 I_{dx} 与实际上变动的负载电流所产生的热量相等。若假定电动机的铁耗与电阻 R 不变,则损耗只与电流的平方成正比,由此可求得

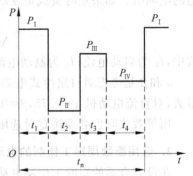

图 9-6　变动的生产机械负载记录图

$$I_{dx} = \sqrt{\frac{I_1^2 t_1 + I_2^2 t_2 + \cdots + I_n^2 t_n}{t_1 + t_2 + \cdots + t_n}} \tag{9-10}$$

式中，t_n 为对应于负载电流为 I_n 时的工作时间。

求出 I_{dx} 后，则所选用的电动机的额定电流 I_N 应大于或等于 I_{dx}，即

$$I_N \geq I_{dx} \tag{9-11}$$

用等效电流法时，必须先求出用电流表示的负载图。

(2) 等效转矩法。如果电动机在运行过程中，其转矩与电流成正比（如他励直流电动机的励磁不变或感应电动机的功率因数和气隙磁通不变），则可用等效转矩法求出 T_{dx}。

$$T_{dx} = \sqrt{\frac{T_1^2 t_1 + T_2^2 t_2 + \cdots + T_n^2 t_n}{t_1 + t_2 + \cdots + t_n}} \tag{9-12}$$

选用的电动机的额定转矩 T_N 必须大于或等于等效转矩 T_{dx}，即

$$T_N \geq T_{dx} \tag{9-13}$$

当然，这时应先求得用转矩表示的负载图。

(3) 等效功率法。等效功率法是当转速 n 基本不变的条件下，由等效转矩法引导出来的，显然等效功率 P_{dx} 应为

$$P_{dx} = \sqrt{\frac{P_1^2 t_1 + P_2^2 t_2 + \cdots + P_n^2 t_n}{t_1 + t_2 + \cdots + t_n}} \tag{9-14}$$

选择电动机的额定功率 P_N 大于或等于 P_{dx}，即

$$P_N \geq P_{dx} \tag{9-15}$$

要注意的是用等效法选择电动机容量时，还必须根据最大负载校验电动机的过载能力是否符合要求。

9.3.2 短时工作制电动机容量的选择

1. 直接选用短时工作制的电动机

直接选用短时工作制的电动机时，可以按照生产机械的功率、工作时间和转速选取合适的电动机。如果短时负载是变动的，也可用等效法选择电动机，此时等效电流为

$$I_{dx} = \sqrt{\frac{I_1^2 t_1 + I_2^2 t_2 + \cdots + I_n^2 t_n}{\alpha t_1 + \alpha t_2 + \cdots + \alpha t_n + \beta t_0}} \tag{9-16}$$

式中，I_1 为启动电流；I_n 为制动电流；t_1 为启动时间；t_n 为制动时间；t_0 为停转时间。

α 和 β 是考虑对自扇冷式电动机在启动、制动和停转期间因散热条件变坏而采用的系数，对直流电动机 $\alpha=0.75$，$\beta=0.5$；对感应电动机 $\alpha=0.5$，$\beta=0.25$。

用等效法时也必须注意对选用的电动机进行过载能力的校核。

2. 选用断续周期工作制的电动机

在没有合适的短时工作制电动机时，也可选用断续周期工作制的电动机。短时工作时间与暂载率 FC 的换算关系可近似地认为 30min 相当于 $FC=15\%$，60min 相当于 $FC=25\%$，90min 相当于 $FC=40\%$。

9.3.3 断续周期工作制电动机的选择

这时可根据生产机械的暂载率、功率和转速从产品目录中直接选取，但由于国家标准规定电动机的标准暂载率 FC 只有四种，这样就常常会遇到生产机械的暂载率与标准暂载率相差甚远的情况，这时可按下式进行计算，先求出生产机械的暂载率 FC_x 和功率 P_x，其中

$$FC_x = \frac{t_1 + t_2 + \cdots + t_n}{\alpha t_1 + \alpha t_2 + \cdots + \alpha t_n + \beta t_0} \times 100\% \tag{9-17}$$

再换算为标准暂载率 FC 时的功率 P

$$P = P_x \sqrt{\frac{FC_x}{FC}} \tag{9-18}$$

选择的标准暂载率 FC 应接近生产机械的暂载率 FC_x。

当 $FC_x < 10\%$ 时,应选用短时工作制电动机;

当 $FC_x > 60\%$ 时,应选用连续工作制电动机。

9.3.4 统计法和类比法

前面介绍了选择电动机功率的基本原理和方法,但在实用中会遇到一些困难,一是计算量较大,二是电动机的负载图也难以精确地绘出,实际中选择电动机功率往往采用下列两种方法。

1. 统计法

统计法就是对各种生产机械的拖动电动机进行统计分析,找出电动机容量与生产机械主要参数之间的关系,用数学式表示,作为类似生产机械在选择拖动电动机容量时的主要依据。以机床为例,主拖动电动机容量与机床主要参数之间的关系如下。

(1) 卧式车床

$$P = 36.5 D^{1.54} \tag{9-19}$$

式中,P 为电动机功率,单位为 kW;D 为加工工件的最大直径,单位为 m。

(2) 立式车床

$$P = 20 D^{0.83} \tag{9-20}$$

式中,D 为加工工件的最大直径,单位为 m。

(3) 摇臂钻床

$$P = 0.064 D^{1.19} \tag{9-21}$$

式中,D 为最大钻孔直径,单位为 mm。

(4) 外圆磨床

$$P = 0.1 KB \tag{9-22}$$

式中,B 为砂轮宽度,单位为 mm;K 为考虑砂轮主轴采用不同轴承时的系数,对滚动轴承 $K = 0.8 \sim 1.1$,对滑动轴承 $K = 1.0 \sim 1.3$。

(5) 卧式铣镗床

$$P = 0.004 D^{1.7} \tag{9-23}$$

式中,D 为镗杆直径,单位为 mm。

(6) 龙门刨床

$$P = \frac{B^{1.15}}{166} \tag{9-24}$$

式中,B 为工作台宽度,单位为 mm。

根据计算所得功率后,应使所选择的电动机的额定容量,即

$$P_N \geq P \tag{9-25}$$

2. 类比法

通过对经过长期运行考验的同类生产机械所采用的电动机容量进行调查,然后对主要参数和工作条件进行类比,从而确定新的生产机械拖动电动机的容量。

思考题与习题

9.1 电动机的温升、温度以及环境温度三者之间有什么关系?电动机铭牌上的温升值的含义是什么?

9.2 电动机在实际使用中,电流、功率和温升能否超过额定值?为什么?

9.3 电动机的工作方式有哪几种?试查阅国家标准,说明工作制 $S_3 \sim S_8$ 的定义,并绘出负载图。

9.4 电动机的容许温升取决于什么?若两台电动机的通风冷却条件不同,而其他条件完全相同,它们的容许温升是否相等?

9.5 同一系列中,同一规格的电动机,满载运行时,它们的稳定温升是否都一样?为什么?

附录

部分习题参考答案

模块 1

1.9 某直流电动机,$P_N=4\text{kW}$,$U_N=110\text{V}$,$n_N=1000\text{r/min}$,$\eta_N=0.8$。若此直流电机是直流电动机,试计算额定电流 I_N;如果是直流发电机,再计算 I_N。

【解】 电动机时,根据 $P_N=U_N I_N \eta_N$ 有

$$I_N = \frac{P_N}{U_N \eta_N} = \frac{4000}{110 \times 0.8} = 45.46\text{A}$$

发电机时,根据 $P_N=U_N I_N$ 有

$$I_N = \frac{P_N}{U_N} = \frac{4000}{110} = 36.36\text{A}$$

1.10 一台直流电动机,$P_N=17\text{kW}$,$U_N=220\text{V}$,$\eta_N=0.83$,$n_N=1500\text{r/min}$。求额定电流和额定负载时的输入功率。

【解】 根据 $P_N=U_N I_N \eta_N$ 有

$$I_N = \frac{P_N}{U_N \eta_N} = \frac{17\,000}{220 \times 0.83} = 93.1\text{A}$$

输入功率:

$$P_1 = U_N I_N = 220 \times 93.1 = 20.48\text{kW}$$

1.12 一台直流电机,$p=3$,单叠绕组,电枢绕组总导体数 $N=398$,一极下磁通 Φ 为 $2.1 \times 10^{-2}\text{Wb}$。当转速 $n=1500\text{r/min}$ 和转速 $n=500\text{r/min}$ 时,分别求电枢绕组的感应电动势 E_a。

【解】 $\because p=a=3$ $\therefore n=1500\text{r/min}$ 时,

$$E_a = \frac{pN}{60a}\Phi n = \frac{3 \times 398}{60 \times 3} \times 2.1 \times 10^{-2} \times 1500 = 208.95\text{V}$$

$n=500\text{r/min}$ 时,

$$E_a = \frac{pN}{60a}\Phi n = \frac{3 \times 398}{60 \times 3} \times 2.1 \times 10^{-2} \times 500 = 69.65\text{V}$$

1.13 一台直流发电机的额定容量 $P_N=17\text{kW}$,额定电压 $U_N=230\text{V}$,额定转速 $n_N=1500\text{r/min}$,极对数 $p=2$,电枢总导体数 $N=468$,连成单波绕组,气隙每极磁通 $\Phi=1.03 \times 10^{-2}\text{Wb}$,求:(1)额定电流;(2)电枢电动势。

【解】 (1)额定电流:根据 $P_N=U_N I_N$,有

$$I_N = \frac{P_N}{U_N} = \frac{17\,000}{230} = 73.91\text{A}$$

(2)电枢电动势：∵ 单波绕组的 $a=1$

∴ $E_a = \frac{pN}{60a}\Phi n = \frac{2\times 468}{60\times 1}\times 1.03\times 10^{-2}\times 1500 = 241.02\text{V}$

1.14 一台他励直流电动机接在220V的电网上运行，已知 $a=1, p=2, N=372$，$\Phi=1.1\times 10^{-2}\text{Wb}, R_a=0.208\Omega, p_{Fe}=362\text{W}, p_m=204\text{W}, n_N=1500\text{r/min}$，忽略附加损耗。试求：

(1)此电机是发电机运行还是电动机运行？

(2)输入功率、电磁功率和效率；

(3)电磁转矩、输出转矩和空载阻转矩。

【解】(1)∵ $E_a = \frac{pN}{60a}\Phi n = \frac{2\times 372}{60\times 1}\times 1.1\times 10^{-2}\times 1500 = 204.6\text{V}$

204.6V<220V ∴ 是电动机运行

(2)输入功率、电磁功率和效率；

输入功率：$P_1 = U_N I_N$，根据 $U = E_a + I_a R_a$ 得

$$I_a = \frac{U-E_a}{R_a} = \frac{220-204.6}{0.208} \approx 74.04\text{A}$$

∴ $P_1 = U_N I_N = 220\times 74.04 \approx 16.29\text{kW}$

电磁功率：
$$P_{em} = E_a I_a = 204.6\times 74.04 \approx 15.15\text{kW}$$

输出功率：
$$P_2 = P_{em} - p_{Fe} - p_m = 15.15 - 0.362 - 0.204 = 14.58\text{kW}$$

效率：
$$\eta = \frac{P_2}{P_1} = \frac{14.58}{16.29} \approx 0.895$$

(3)电磁转矩、输出转矩和空载阻转矩：

电磁转矩：
$$T_{em} = 9.55\frac{P_{em}}{n_N} = 9.55\times \frac{15\,150}{1500} \approx 96.46\text{N}\cdot\text{m}$$

输出转矩：
$$T_2 = 9.55\frac{P_2}{n_N} = 9.55\times \frac{14\,580}{1500} \approx 92.83\text{N}\cdot\text{m}$$

空载阻转矩：
$$T_0 = T_{em} - T_2 = 96.46 - 92.83 = 3.63\text{N}\cdot\text{m}$$

1.15 一台他励直流电动机，$U_N=220\text{V}, P_N=10\text{kW}, \eta_N=0.88, n_N=1200\text{r/min}, R_a=0.44\Omega$。求：

(1)额定负载时的电枢电动势和电磁功率；

(2)额定负载时的电磁转矩、输出转矩和空载转矩。

【解】 (1) 额定负载时的电枢电动势和电磁功率：

额定负载时的电枢电动势：根据 $P_N = U_N I_N \eta_N$ 得

$$I_N = \frac{P_N}{U_N \eta_N} = \frac{10\,000}{220 \times 0.88} \approx 51.65\text{A}$$

根据 $U_N = E_{aN} + I_N R_a$ 得

$$E_{aN} = U_N - I_N R_a = 220 - 51.65 \times 0.44 \approx 197.27\text{V}$$

额定负载时的电磁功率：

$$P_{em} = E_a I_a = 197.27 \times 51.65\text{W} \approx 10.19\text{kW}$$

(2) 额定负载时的电磁转矩、输出转矩和空载转矩

额定负载时的电磁转矩：

$$T_{em} = 9.55\frac{P_{em}}{n_N} = 9.55 \times \frac{10\,190}{1200} \approx 81.1\text{N}\cdot\text{m}$$

额定负载时的输出转矩：

$$T_2 = 9.55\frac{P_2}{n_N} = 9.55 \times \frac{10\,000}{1200} \approx 79.58\text{N}\cdot\text{m}$$

额定负载时的空载转矩：

$$T_0 = T_{em} - T_2 = 81.1 - 79.58 = 1.52\text{N}\cdot\text{m}$$

1.16 一台并励直流电动机，$U_N = 220\text{V}, I_N = 80\text{A}, R_a = 0.1\Omega$，励磁绕组电阻 $R_f = 88.8\Omega$，附加损耗 p_s 为额定功率的 1%，$\eta_N = 0.85$。试求：

(1) 电动机的额定输入功率和额定输出功率；
(2) 电动机的总损耗；
(3) 电动机的励磁绕组铜损耗、机械损耗和铁损耗之和。

【解】 (1) 电动机的额定输入功率和额定输出功率：

额定输入功率：

$$P_1 = U_N I_N = 220 \times 80 \approx 17.6\text{kW}$$

额定输出功率：

$$P_2 = P_1 \eta_N = 17.6 \times 0.85 \approx 14.96\text{kW}$$

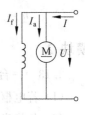

(2) 电动机的总损耗：

$$\sum p = P_1 - P_2 = 17.6 - 14.96 = 2.64\text{kW}$$

(3) 电动机的励磁绕组铜损耗、机械损耗和铁损耗之和：电路如图

$$I_a = I_N - I_f = I_N - \frac{U_N}{R_f} = 80 - \frac{220}{88.8} \approx 77.52\text{A}$$

$$\begin{aligned}P_{Cuf} + p_m + p_{Fe} &= P_1 - p_{Cua} - p_s - P_2 = P_1 - I_a^2 R_a - P_2 \times 1\% - P_2\\&= 17.6 - 77.52^2 \times 0.1 \times 10^{-3} - 14.96 \times 1\% - 14.96\\&\approx 1.89\text{kW}\end{aligned}$$

1.17 一台并励直流发电机的数据为：额定电压 $U_N = 230\text{V}$，额定电枢电流 $I_N = 15.7\text{A}$，额定转速 $n_N = 2000\text{r/min}$，电枢回路电阻 $R_a = 1\Omega$（包括电刷接触电阻）。励磁回路

总电阻 $R_f=610\Omega$。将这台发电机改为电动机运行,并联在 220V 的直流电源上,求当电动机电枢电流与发电机额定电枢电流相同时,电动机的转速为多少(不考虑电枢反应及磁路饱和的影响)?

【解】 并励直流发电机的电路如图,励磁电流为

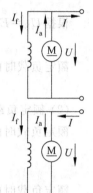

$$I_f = \frac{U_N}{R_f} = \frac{230}{610} \approx 0.377\text{A}$$

因此

$$I_a = I_N + I_f = 15.7 + 0.377 = 16.077\text{A}$$

根据

$$E_{aN} = U_N + I_a R_a = C_e \Phi_N n_N$$

得

$$C_e \Phi_N = \frac{U_N + I_a R_a}{n_N} = \frac{230 + 16.077 \times 1}{2000} \approx 0.123$$

若改为电动机运行,其电路如图所示,励磁电流为

$$I_f = \frac{U_N}{R_f} = \frac{220}{610} \approx 0.361\text{A}$$

依题意,电枢电流仍为 $I_a = 16.077\text{A}$

但此时的

$$C_e \Phi = C_e \Phi_N \frac{0.361}{0.377} = 0.123 \times \frac{0.361}{0.377} \approx 0.1178$$

所以

$$n = \frac{U_N}{C_e \Phi} - \frac{R_a}{C_e \Phi} I_a = \frac{220}{0.1178} - \frac{1}{0.1178} \times 16.077 \approx 1731 \text{r/min}$$

模块 2

2.13 一台他励直流电动机,$P_N=40\text{kW}$,$U_N=220\text{V}$,$I_N=207.5\text{A}$,$R_a=0.067\Omega$。

(1) 若电枢回路不串电阻直接启动,则启动电流为额定电流的几倍?

(2) 若将启动电流限制为 $1.5I_N$,求电枢回路应串入的电阻大小。

【解】 (1) $I_{ST} = \frac{U - E_a}{R_a} = \frac{220 - 0}{0.067} \approx 3283.58\text{A}$

$\frac{I_{ST}}{I_N} = \frac{3283.58}{207.5} \approx 15.82$ 即 15.82 倍

(2) $R = \frac{U - E_a}{I_{ST}} - R_a = \frac{220 - 0}{1.5 \times 207.5} - 0.067 = 0.64\Omega$

2.14 一台他励直流电动机,$P_N=17\text{kW}$,$U_N=220\text{V}$,$I_N=92.5\text{A}$,$R_a=0.16\Omega$,$n_N=1000\text{r/min}$,电动机允许的最大电流 $I_{amax}=1.8I_N$,电动机拖动负载 $T_L=0.8T_N$ 电动运行。求:

(1) 若采用能耗制动停车,电枢回路应串入多大电阻?

(2) 若采用反接制动停车,电枢回路应串入多大电阻?

【解】（1）能耗制动停车：特性曲线如图所示。

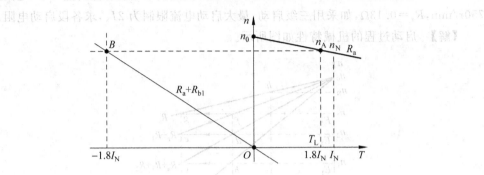

$$C_e\Phi_N = \frac{U_N - I_{aN}R_a}{n_N} = \frac{220 - 92.5 \times 0.16}{1000} \approx 0.2052$$

工作转速

$$n = \frac{U_N}{C_e\Phi_N} - \frac{R_a}{C_e\Phi_N}I_a = \frac{220}{0.2052} - \frac{0.16}{0.2052} \times (0.8 \times 92.5)$$
$$\approx 1014.4 \text{r/min}$$

根据

$$n = -\frac{R_a + R}{C_e\Phi}I_a$$

得

$$R = -\frac{C_e\Phi n}{I_{aB}} - R_A = -\frac{0.2052 \times 1014.4}{-1.8 \times 92.5} - 0.16 \approx 1.09\Omega$$

（2）反接制动停车：特性曲线如图所示。

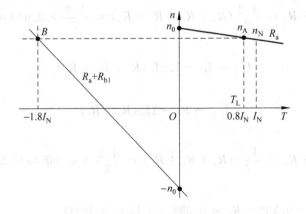

根据

$$n = \frac{-U_N}{C_e\Phi_N} - \frac{R_a + R}{C_e\Phi_N}I_a$$

得

$$R = -\frac{C_e\Phi_N n + U_N}{I_{aB}} - R_A = -\frac{0.2052 \times 1014.4 + 220}{-1.8 \times 92.5} - 0.16 \approx 2.412\Omega$$

2.15 他励直流电动机额定数据为：$P_N=7.5\text{kW}$，$U_N=110\text{V}$，$I_N=85.2\text{A}$，$n_N=750\text{r/min}$，$R_a=0.13\Omega$，如采用三级启动，最大启动电流限制为$2I_N$，求各段启动电阻。

【解】 启动过程的机械特性如图所示。

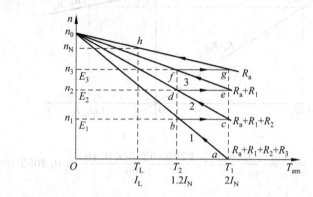

因为切换电流是额定电流的$1.1\sim1.2$倍，取$1.2I_N$，则对应a点

$$2I_N = \frac{U_N}{R_a+R_1+R_2+R_3}$$

$$R_a+R_1+R_2+R_3 = \frac{U_N}{2I_N} = \frac{110}{2\times85.2} = 0.646\Omega$$

对应b点

$$U_N = E_1 - 1.2I_N(R_a+R_1+R_2+R_3)$$

对应c点

$$U_N = E_1 - 2I_N(R_a+R_1+R_2)$$

则

$$R_a+R_1+R_2 = \frac{1.2}{2}(R_a+R_1+R_2+R_3) = \frac{1.2}{2}\times0.646 \approx 0.388\Omega$$

对应d点

$$U_N = E_2 - 1.2I_N(R_a+R_1+R_2)$$

对应e点

$$U_N = E_2 - 2I_N(R_a+R_1)$$

则

$$R_a+R_1 = \frac{1.2}{2}(R_a+R_1+R_2) = \frac{1.2}{2}\times0.388 \approx 0.232\Omega$$

所以

$$R_1 = 0.232 - R_a = 0.232 - 0.13 = 0.102\Omega$$
$$R_2 = 0.388 - (R_a+R_1) = 0.388 - 0.232 = 0.156\Omega$$
$$R_3 = 0.646 - (R_a+R_1+R_2) = 0.646 - 0.388 = 0.258\Omega$$

2.16 一台他励直流电动机，$P_N=5.5\text{kW}$，$U_N=220\text{V}$，$I_N=30.5\text{A}$，$R_a=0.45\Omega$，$n_N=1500\text{r/min}$。电动机拖动额定负载运行，保持励磁电流不变，要把转速降到1000r/min，求：

（1）若采用电枢回路串电阻调速，应串入多大电阻？

(2) 若采用降压调速,电枢电压应降到多少?
(3) 两种方法调速时电动机的效率各是多少?

【解】 (1) 电枢回路串电阻调速的机械特性如图所示。

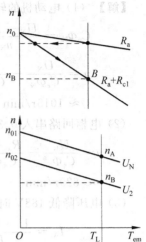

根据
$$n = \frac{U_N}{C_e \Phi_N} - \frac{R_a + R}{C_e \Phi_N} I_a$$

得
$$R = \frac{U_N - C_e \Phi_N n}{I_N} - R_a$$

而
$$C_e \Phi_N = \frac{U_N - I_N R_a}{n_N} = \frac{220 - 30.5 \times 0.45}{1500} \approx 0.1375$$

所以
$$R = \frac{U_N - C_e \Phi_N n}{I_N} - R_a = \frac{220 - 0.1375 \times 1000}{30.5} - 0.45$$
$$\approx 2.254 \Omega$$

(2) 采用降压调速的机械特性如图所示。

根据
$$n = \frac{U}{C_e \Phi_N} - \frac{R_a}{C_e \Phi_N} I_a$$

得
$$U = C_e \Phi_N n + I_a R_a = 0.1375 \times 1000 + 30.5 \times 0.45 \approx 151.2 \text{V}$$

(3) 电枢回路串电阻调速时的效率:
$$\eta = \frac{P_2}{P_1} = \frac{\frac{T_N n}{9.55}}{U_N I_N} = \frac{C_T \Phi_N I_N n}{9.55 \times U_N I_N} = \frac{9.55 C_e \Phi_N n}{9.55 \times U_N}$$
$$= \frac{0.1375 \times 1000}{220} \approx 62.5\%$$

采用降压调速的效率:
$$\eta = \frac{P_2}{P_1} = \frac{\frac{T_N n}{9.55}}{U I_N} = \frac{C_T \Phi_N I_N n}{9.55 \times U I_N} = \frac{9.55 C_e \Phi_N n}{9.55 \times U}$$
$$= \frac{0.1375 \times 1000}{151.2} \approx 90.9\%$$

2.17 他励直流电动机的数据为: $P_N = 30 \text{kW}, U_N = 220 \text{V}, I_N = 158.5 \text{A}, n_N = 1000 \text{r/min}, R_a = 0.1 \Omega, T_L = 0.8 T_N$,求:

(1) 电动机的转速。
(2) 电枢回路串入 0.3Ω 电阻时的稳态转速。
(3) 电压降低 188V 时,降压瞬间的电枢电流和降压后的稳态转速。
(4) 将磁通减弱至 $80\% \Phi_N$ 时的稳态转速。

【解】 (1) 电动机的转速：

$$C_e\Phi_N = \frac{U_N - I_N R_a}{n_N} = \frac{220 - 158.5 \times 0.1}{1000} \approx 0.2042$$

$$n = \frac{U_N}{C_e\Phi_N} - \frac{R_a}{C_e\Phi_N}(0.8I_N) = \frac{220}{0.2042} - \frac{0.1}{0.2042} \times 0.8 \times 158.5$$

$$\approx 1015 \text{r/min}$$

(2) 电枢回路串入 0.3Ω 电阻时的稳态转速：

$$n = \frac{U_N}{C_e\Phi_N} - \frac{R_a + R}{C_e\Phi_N}(0.8I_N) = \frac{220}{0.2042} - \frac{0.1 + 0.3}{0.2042} \times 0.8 \times 158.5$$

$$\approx 829 \text{r/min}$$

(3) 电压降低 188V 时，降压瞬间的电枢电流：

$$I_A = \frac{U - C_e\Phi_N n}{R_a} = \frac{188 - 0.2042 \times 1015}{0.1} \approx -192.63 \text{A}$$

降压后的稳态转速：

$$n = \frac{U}{C_e\Phi_N} - \frac{R_a}{C_e\Phi_N}(0.8I_N) = \frac{188}{0.2042} - \frac{0.1}{0.2042} \times 0.8 \times 158.5$$

$$\approx 858.6 \text{r/min}$$

模块 3

3.10 某台单相变压器，$U_{1N}/U_{2N} = 220\text{V}/110\text{V}$，若错把二次侧当成一次侧接到 220V 的交流电源上，会产生什么现象？

【答】 变压器将烧毁。原因是：

根据变压器的电压平衡方程式 $\dot{U}_1 = -\dot{E}_1 + \dot{I}_1 r_1 + j\dot{I}_1 X_{\sigma 1}$ 和 $E_1 = 4.44 f\Phi_m N_1$ 可知，因铁芯在正常工作情况下已基本接近饱和，在电压高于额定电压时，磁通 Φ_m 基本不会增加，电动势 E_1 也基本不会增加，而 r_1 和 $X_{\sigma 1}$ 是常数，所以电流将急剧增加，使铁芯严重饱和，虽然 R_m 有所增加，但 X_m 急剧减小，导致励磁阻抗 Z_m 减小，电流增加更加剧烈，致使绕组中的铜损和铁芯中的铁损同时增加，当温度超过允许值时变压器烧毁。

3.12 某单相变压器 $S_N = 2\text{kV}\cdot\text{A}$，$U_{1N}/U_{2N} = 1100\text{V}/110\text{V}$，$f = 50\text{Hz}$，短路阻抗 $Z_k = (8 + j28.91)\Omega$，额定电压时空载电流 $\dot{I}_0 = (0.01 - j0.09)\text{A}$，所接负载阻抗 $Z_L = (10 + j5)\Omega$。试求：

(1) 变压器的近似等效电路；
(2) 变压器的一、二次侧电流及输出电压；
(3) 变压器的输入功率、输出功率。

【解】 (1) 变压器的近似等效电路：

$$r_1 = r_2' = \frac{1}{2}r_k = \frac{1}{2} \times 8 = 4\Omega$$

$$X_{\sigma 1} = X_{\sigma 2}' = \frac{1}{2}X_k = \frac{1}{2} \times 28.91 \approx 14.46\Omega$$

$$k = \frac{U_1}{U_2} = \frac{1100}{110} = 10$$

$$Z'_L = k^2 Z_L = 10^2 \times (10 + j5) = (1000 + j500)\,\Omega$$

设一次侧电压为参考相量，有

$$Z_m = \frac{\dot{U}_1}{\dot{I}_0} = \frac{1100\,\underline{/0°}}{0.01 - j0.09} = \frac{1100\,\underline{/0°}}{0.091\,\underline{/-83.66°}}$$

$$\approx 12\,087.91\,\underline{/83.66°} \approx (1334.89 + j12014)\,\Omega$$

近似等效电路如图所示。

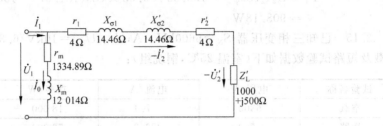

(2) 变压器的一、二次侧电流及输出电压

总阻抗：

$$Z = \frac{(Z_k + Z'_L)Z_m}{Z_k + Z_L + Z_m}$$

$$= \frac{[(8 + j28.91) + (1000 + j500)] \times 12\,087.91\,\underline{/83.66°}}{(8 + j28.91) + (1000 + j500) + (1334.89 + j12\,014)}$$

$$\approx \frac{(1008 + j528.91) \times 12\,087.91\,\underline{/83.66°}}{2342.89 + j12\,542.91}$$

$$= \frac{1138.34\,\underline{/27.69°} \times 12\,087.91\,\underline{/83.66°}}{2342.89 + j12\,542.91}$$

$$= \frac{13\,760\,151.47\,\underline{/111.35°}}{12\,759.85\,\underline{/79.42°}} = 1078.39\,\underline{/31.97°}\,\Omega$$

$$= (914.83 + j570.98)\,\Omega$$

一次侧电流：

$$\dot{I}_1 = \frac{\dot{U}_1}{Z} = \frac{1100\,\underline{/0°}}{1078.39\,\underline{/31.97°}} = 1.02\,\underline{/-31.97°}\,\text{A}$$

二次侧电流：

$$\dot{I}'_2 = \dot{I}_0 - \dot{I}_1 = (0.01 - j0.09) - 1.02\,\underline{/-31.97°}\,\text{A}$$

$$= (0.01 - j0.09) - (0.865 - j0.491)$$

$$= (-0.864 + j0.401) = 0.953\,\underline{/155.10°}\,\text{A}$$

$$\dot{I}_2 = k\dot{I}'_2 = 10 \times (-0.864 + j0.401)$$

$$= (-8.64 + j4.01) = 9.53\,\underline{/155.10°}\,\text{A}$$

输出电压：

$$\dot{U}_2 = \dot{I}'_2 Z_L = 9.53\,\underline{/155.10°} \times (10 + j5)$$

$$= 9.53 \underline{/155.10°} \times 11.18 \underline{/26.57°}$$
$$= 106.55 \underline{/181.67°} = (-106.50 - j3.11)\text{A}$$

(3) 变压器的输入功率、输出功率

输入功率
$$P_1 = U_1 I_1 \cos\varphi_1 = 1100 \times 1.02 \times \cos 31.97° = 951.82\text{W}$$

输出功率
$$P_1 = U_2 I_2 \cos\varphi_2 = 106.55 \times 9.53 \times \cos(181.67° - 155.10°)$$
$$= 908.18\text{W}$$

3.15 已知三相变压器 $S_N=5600\text{kV}\cdot\text{A}, U_{1N}/U_{2N}=10\text{kV}/6.3\text{kV}; Y, d11$ 联结组，空载及短路试验数据如下（室温 25℃，铜绕组）：

试验名称	电压/V	电流/A	功率/W	备 注
空载	6300	7.4	18 000	低压侧加电压
短路	550	323.3	56 000	高压侧加电压

试求：

(1) 额定负载且功率因数 $\cos\varphi=0.8$（滞后）时的二次侧端电压及效率；

(2) $\cos\varphi=0.8$（滞后）时的最大效率。

【解】 (1) 额定负载且功率因数 $\cos\varphi=0.8$（滞后）时的电压调整率为

$$\Delta U^* = \beta \frac{I_{1N\Phi}}{U_{1N\Phi}}(r_{K75℃}\cos\varphi_2 + X_K\sin\varphi_2) \times 100\%$$

负载率：
$$\beta = 1$$

一次相电流：
$$I_{1N\Phi} = \frac{S_N}{\sqrt{3}U_N} = \frac{5600}{\sqrt{3}\times 10} = 323.32\text{A}$$

一次相电压：
$$U_{1N\Phi} = \frac{U_{1N}}{\sqrt{3}} = \frac{10\,000}{\sqrt{3}} = 5773.5\text{V}$$

短路电阻：
$$r_K = \frac{P_K}{3I_K^2} = \frac{56\,000}{3\times 323.3^2} = 0.179\Omega$$

短路阻抗：
$$|Z_K| = \frac{U_K}{\sqrt{3}I_K} = \frac{550}{\sqrt{3}\times 323.3} = 0.982\Omega$$

短路电抗：
$$X_K = \sqrt{|Z_K|^2 - r_K^2} = \sqrt{0.982^2 - 0.179^2} = 0.966\Omega$$

折算到 75℃ 的电阻：
$$r_{K75℃} = \frac{235+75}{235+25} \times 0.179 = 0.213\Omega$$

电压调整率：

$$\Delta U^* = 1 \times \frac{323.32}{5773.5}(0.213 \times 0.8 + 0.966 \times 0.6) \times 100\% = 4.2\%$$

二次端电压：
$$U_2 = (1 - \Delta U^*)U_{2N} = (1 - 0.042) \times 6.3 = 6.035 \text{kV}$$

效率：
$$\eta = \left(1 - \frac{p_0 + \beta^2 p_{KN}}{\beta S_N \cos\varphi_2 + p_0 + \beta^2 p_{KN}}\right) \times 100\%$$

折算到75℃时的三相短路损耗：
$$p_{KN75℃} = 3I_K^2 \times r_{K75℃} = 3 \times 323.3^2 \times 0.213 = 66\,790 \text{W}$$
$$\eta = \left(1 - \frac{18\,000 + 1^2 \times 66\,790}{1 \times 5\,600\,000 \times 0.8 + 18\,000 + 1^2 \times 66\,790}\right) \times 100\% = 98.14\%$$

(2) $\cos\varphi = 0.8$（滞后）时的最大效率。
$$\beta_m = \sqrt{\frac{p_0}{p_{KN75℃}}} = \sqrt{\frac{18\,000}{66\,790}} = 0.519$$
$$\eta_{max} = \left(1 - \frac{18\,000 + 0.519^2 \times 66\,790}{0.519 \times 5\,600\,000 \times 0.8 + 18\,000 + 0.519^2 \times 66\,790}\right) \times 100\%$$
$$= 98.48\%$$

3.16 某三相变压器，$S_N = 750 \text{kV} \cdot \text{A}$，$U_{1N}/U_{2N} = 10\text{kV}/0.4\text{kV}$，Y，yn0 联结组。空载及短路试验数据如下（室温 20℃，铜绕组）：

试验名称	电压/V	电流/A	功率/W	备注
空载	400	60	3800	低压侧加电压
短路	440	43.3	10 900	高压侧加电压

试求：
(1) 折算到高压侧的变压器 T 形等效电路（设 $r_1 = r_2'$，$X_{\sigma1} = X_{\sigma2}'$）；
(2) 当额定负载且 $\cos\varphi_2 = 0.8$（超前）时的电压变化率、二次侧端电压和效率。

【解】 (1) 折算到高压侧的变压器"T"形等效电路
变比：
$$k = \frac{U_{1N\Phi}}{U_{2N\Phi}} = \frac{10/\sqrt{3}}{0.4/\sqrt{3}} = 25$$
$$|Z_{m(低压)}| = \frac{U_{2N\Phi}}{I_0} = \frac{400/\sqrt{3}}{60} = 3.849\Omega$$
$$r_{m(低压)} = \frac{P_0}{3I_0^2} = \frac{3800}{3 \times 60^2} = 0.352\Omega$$
$$X_{m(低压)} = \sqrt{|Z_{m(低压)}|^2 - r_{m(低压)}^2} = \sqrt{3.849^2 - 0.352^2} = 3.833\Omega$$

折算到高压侧：
$$|Z_m| = k^2 |Z_{m(低压)}| = 25^2 \times 3.849 = 2405.6\Omega$$
$$r_m = k^2 r_{m(低压)} = 25^2 \times 0.352 = 203.1\Omega$$
$$X_m = k^2 X_{m(低压)} = 25^2 \times 3.833 = 2395.6\Omega$$

短路阻抗：
$$|Z_K| = \frac{U_K}{\sqrt{3}I_K} = \frac{440}{\sqrt{3}\times 43.3} = 5.867\Omega$$

短路电阻：
$$r_K = \frac{P_K}{3I_K^2} = \frac{10\,900}{3\times 43.3^2} = 1.938\Omega$$

短路电抗：
$$X_K = \sqrt{|Z_K|^2 - r_K^2} = \sqrt{5.867^2 - 1.938^2} = 5.538\Omega$$

折算到 75℃ 的电阻：
$$r_{K75℃} = \frac{235+75}{235+20}\times 1.938 = 2.356\Omega$$

$$r_1 = r_2' = \frac{1}{2}r_K = \frac{1}{2}\times 2.356 = 1.178\Omega$$

$$X_{\sigma 1} = X_{\sigma 2}' = \frac{1}{2}X_K = \frac{1}{2}\times 5.538 = 2.769\Omega$$

T 形等效电路为

(2) 当额定负载且 $\cos\varphi_2 = 0.8$（超前）时的电压变化率、二次侧端电压和效率
电压变化率：
$$\Delta U^* = \beta\frac{I_{1N\Phi}}{U_{1N\Phi}}(r_{K75℃}\cos\varphi_2 + X_K\sin\varphi_2)\times 100\%$$

负载率：　　　　　　　　　　$\beta = 1$

一次相电流：
$$I_{1N\Phi} = \frac{S_N}{\sqrt{3}U_N} = \frac{750}{\sqrt{3}\times 10} = 43.3\text{A}$$

一次相电压：
$$U_{1N\Phi} = \frac{U_{1N}}{\sqrt{3}} = \frac{10\,000}{\sqrt{3}} = 5773.5\text{V}$$

$$\Delta U^* = 1\times\frac{43.3}{5773.5}(2.356\times 0.8 + 5.538\times(-0.6))\times 100\%$$
$$= -1.08\%$$

二次端电压：
$$U_2 = (1-\Delta U^*)U_{2N} = (1-(-0.0108))\times 0.4 = 0.404\text{kV}$$

效率：

$$\eta = \left(1 - \frac{p_0 + \beta^2 p_{KN}}{\beta S_N \cos\varphi_2 + p_0 + \beta^2 p_{KN}}\right) \times 100\%$$

$$p_{KN75℃} = 3I_K^2 \times r_{K75℃} = 3 \times 43.3^2 \times 2.356 = 13\,252\,W$$

$$\eta = \left(1 - \frac{3800 + 1^2 \times 13\,252}{1 \times 750\,000 \times 0.8 + 3800 + 1^2 \times 13\,252}\right) \times 100\%$$

$$= 97.24\%$$

3.19 三相变压器的一、二次绕组按图 3-46 联结，试画出它们的电动势相量图，并判断其联结组。

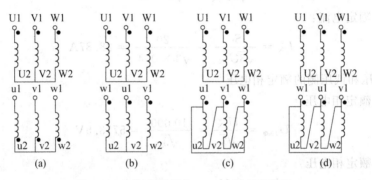

图 3-46 三相变压器的一、二次绕组联结图

【答】

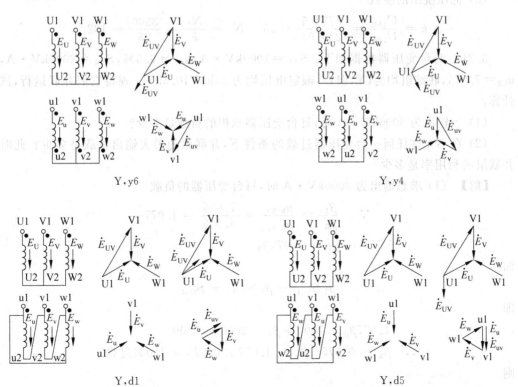

3.20 某三相变压器的额定容量为 20kV·A,额定电压为 10kV/0.4kV,额定频率为 50Hz,Y,y0 联结,高压绕组匝数为 3300。试求:

(1) 变压器高压侧和低压侧的额定电流;
(2) 高压和低压侧的额定相电压;
(3) 低压绕组的匝数。

【解】 (1) 变压器高压侧和低压侧的额定电流

高压侧额定电流:

$$I_{1N} = \frac{S_N}{\sqrt{3}U_{1N}} = \frac{20}{\sqrt{3}\times 10} = 1.15\text{A}$$

低压侧额定电流:

$$I_{2N} = \frac{S_N}{\sqrt{3}U_{2N}} = \frac{20}{\sqrt{3}\times 0.4} = 28.87\text{A}$$

(2) 高压和低压侧的额定相电压

高压侧额定相电压:

$$U_{1N\Phi} = \frac{U_{1N}}{\sqrt{3}} = \frac{10\ 000}{\sqrt{3}} = 5773.5\text{V}$$

低压侧额定相电压:

$$U_{2N\Phi} = \frac{U_{2N}}{\sqrt{3}} = \frac{400}{\sqrt{3}} = 230.94\text{V}$$

(3) 低压绕组的匝数

$$k = \frac{U_{1N\Phi}}{U_{2N\Phi}} = \frac{5773.5}{230.94} = 25 \quad N_2 = \frac{N_1}{k} = \frac{3300}{25} = 132$$

3.21 两台变压器数据如下:$S_{NI}=1000$kV·A,$u_{kI}=6.5\%$,$S_{NII}=2000$kV·A,$u_{kII}=7.0\%$,联结组均为(Y,d11),额定电压均为 35kV/10.5kV。现将它们并联运行,试计算:

(1) 当输出为 3000kV·A 时,每台变压器承担的负载是多少?
(2) 在不允许任何一台变压器过载的条件下,并联组的最大输出负载是多少? 此时并联组的利用率是多少?

【解】 (1) 求总输出为 3000kV·A 时,每台变压器的负载

$$\because \frac{\beta_I}{\beta_{II}} = \frac{u_{k(II)}^*}{u_{k(I)}^*} = \frac{7.0\%}{6.5\%} = 1.077$$

$$\beta_I = 1.077\beta_{II}$$

而

$$\beta_I S_{N(I)} + \beta_{II} S_{N(II)} = S_{输出}$$

即

$$1.077\beta_{II}\times 1000 + \beta_{II}\times 2000 = 3000$$

$$\therefore \beta_{II} = 0.975 \quad \beta_I = 1.077\times 0.975 = 1.05(\text{过载})$$

则

$$S_{(I)输出} = \beta_I S_{N(I)} = 1.05 \times 1000 = 1050 \text{kV} \cdot \text{A}$$
$$S_{(II)输出} = \beta_{II} S_{N(II)} = 0.975 \times 2000 = 1950 \text{kV} \cdot \text{A}$$

(2) 在两台变压器均不过载情况下,并联组的最大输出容量和并联组的利用率

当 $\beta_I = 1$ 时

$$\beta_{II} = \frac{\beta_I}{1.077} = \frac{1}{1.077} = 0.929$$

所以此时

$$S_{(I)输出} = \beta_I S_{N(II)} = 1 \times 1000 = 1000 \text{kV} \cdot \text{A}$$
$$S_{(II)输出} = \beta_{II} S_{N(I)} = 0.929 \times 2000 = 1858 \text{kV} \cdot \text{A}$$

并联组的最大输出容量为:

$$S_总 = 1000 + 1858 = 2858 \text{kV} \cdot \text{A}$$

并联组的利用率为:

$$\frac{S_总}{S_{N总}} = \frac{2858}{1000 + 2000} = 95.27\%$$

模块 4

4.6 一台三相异步电动机 $P_N = 75\text{kW}, n_N = 975\text{r/min}, U_N = 3000\text{V}, I_N = 18.5\text{A}, f_N = 50\text{Hz}, \cos\varphi = 0.87$。试问:

(1) 电动机的极数是多少?

(2) 额定负载下的转差率 s 是多少?

(3) 额定负载下的效率 η 是多少?

【解】 (1) 电动机的极数

$$p = \frac{60f}{n_1} = \frac{60 \times 50}{1000} = 3, \text{极数为 6}$$

(2) 额定负载下的转差率

$$s_N = \frac{n_1 - n}{n_1} = \frac{1000 - 975}{1000} = 0.025$$

(3) 额定负载下的效率

$$P_1 = \sqrt{3} U_N I_N \cos\varphi = \sqrt{3} \times 3000 \times 18.5 \times 0.87 = 83.63 \text{kW}$$

$$\eta = \frac{P_2}{P_1} \times 100\% = \frac{75}{83.63} \times 100\% = 89.68\%$$

4.7 一台三角形联结的三相异步电动机,其 $P_N = 7.5\text{kW}, U_N = 380\text{V}, n_N = 1440\text{r/min}, \eta_N = 87\%, \cos\varphi_N = 0.82$。求其额定电流和对应的相电流。

【解】 额定电流

$$I_N = \frac{P_N/\eta_N}{\sqrt{3} U_N \cos\varphi_N} = \frac{7.5 \times 10^3/0.87}{\sqrt{3} \times 380 \times 0.82} = 15.97 \text{A}$$

对应的相电流

$$I_{N\varphi} = \frac{I_N}{\sqrt{3}} = \frac{15.97}{\sqrt{3}} = 9.22 \text{A}$$

4.8 一台三相异步电动机接于电网工作时，其每相感应电动势 $E_1=350\text{V}$，定子绕组的每相串联匝数 $N_1=132$ 匝，绕组因数 $k_{w1}=0.96$，试问每极磁通 Φ_1 为多大？

【解】 $\Phi_1 = \dfrac{E_1}{4.44 f_1 N_1 K_{w1}} = \dfrac{350}{4.44 \times 50 \times 132 \times 0.96} = 0.0124\text{Wb}$

4.15 一台 6 极异步电动机额定功率 $P_N=28\text{kW}$，额定电压 $U_N=380\text{V}$，频率为 50Hz，额定转速 $n_N=950\text{r/min}$，额定负载时 $\cos\varphi_1=0.88$，$p_{Cu1}+p_{Fe}=2.2\text{kW}$，$p_{mec}=1.1\text{kW}$，$p_s=0$，试计算在额定负载时的 s_N、p_{Cu2}、η_N、I_1 和 f_2。

【解】 $s_N = \dfrac{n_1 - n}{n_1} = \dfrac{1000 - 950}{1000} = 0.05$

总机械功率

$$P_{mec} = P_N + p_{mec} + p_s = 28 + 1.1 + 0 = 29.1\text{kW}$$

根据

$$P_{mec} = (1-s)P_{em} \text{ 和 } p_{Cu2} = sP_{em}$$

得

$$p_{Cu2} = sP_{em} = s\dfrac{P_{mec}}{1-s} = \dfrac{s}{1-s}P_{em} = \dfrac{0.05}{1-0.05} \times 29.1 = 1.53\text{kW}$$

输入功率

$$P_1 = P_{mec} + p_{Cu1} + p_{Fe} + p_{Cu2} = 29.1 + 2.2 + 1.53 = 32.83\text{kW}$$

效率

$$\eta_N = \dfrac{P_N}{P_1} = \dfrac{28}{32.83} \times 100\% = 85.29\%$$

定子电流

$$I_1 = \dfrac{P_1}{\sqrt{3}U_N\cos\varphi_1} = \dfrac{32.83}{\sqrt{3} \times 380 \times 0.88} = 56.68\text{A}$$

转子频率

$$f_2 = sf_1 = 0.05 \times 50 = 2.5\text{Hz}$$

4.16 已知一台三相 50Hz 绕线转子异步电动机，额定数据为：$P_N=100\text{kW}$，$U_N=380\text{V}$，$n_N=950\text{r/min}$。在额定转速下运行时，机械损耗 $p_{mec}=0.7\text{kW}$，附加损耗 $p_s=0.3\text{kW}$。求额定运行时的：(1)额定转差率 s_N；(2)电磁功率 P_{em}；(3)转子铜损耗 p_{Cu2}；(4)输出转矩 T_2；(5)空载转矩 T_0；(6)电磁转矩 T_{em}。

【解】 (1) 额定转差率

$$s_N = \dfrac{n_1 - n}{n_1} = \dfrac{1000 - 950}{1000} = 0.05$$

(2) 电磁功率 P_{em}

总机械功率

$$P_m = P_N + p_{mec} + p_s = 100 + 0.7 + 0.3 = 101\text{kW}$$

根据

$$P_{mec} = (1-s)P_{em}$$

得电磁功率

$$P_{em} = \frac{P_m}{1-s} = \frac{101}{1-0.05} = 106.32\text{kW}$$

(3) 转子铜损耗
$$p_{Cu2} = sP_{em} = 0.05 \times 106.32 = 5.32\text{kW}$$

(4) 输出转矩
$$T_2 = 9.55\frac{P_N}{n_N} = 9.55 \times \frac{100 \times 10^3}{950} = 1005.3\text{N}\cdot\text{m}$$

(5) 空载转矩 T_0
$$T_0 = 9.55\frac{p_m + p_{ad}}{n_N} = 9.55 \times \frac{(0.7+0.3) \times 10^3}{950} = 10.05\text{N}\cdot\text{m}$$

(6) 电磁转矩
$$T_{em} = T_2 + T_0 = 1005.3 + 10.05 = 1015.35\text{N}\cdot\text{m}$$

4.17 一台三相四极Y联结的异步电动机 $P_N = 10\text{kW}$,$U_N = 380\text{V}$,$I_N = 11.6\text{A}$ 额定运行时 $p_{Cu1} = 560\text{W}$,$p_{Cu2} = 310\text{W}$,$p_{Fe} = 270\text{W}$,$p_{mec} = 70\text{W}$,$p_s = 200\text{W}$,试求额定运行时的:(1)额定转速 n_N;(2)空载转矩 T_0;(3)输出转矩 T_2;(4)电磁转矩 T_{em}。

【解】 (1) 额定转速
$$P_{em} = P_N + p_{Cu2} + p_{mec} + p_s = 10 \times 10^3 + 310 + 70 + 200 = 10\,580\text{W}$$
$$p = 2, \quad n_1 = 1500\text{r/min}$$

根据
$$p_{Cu2} = sP_{em}$$

得
$$s_N = \frac{p_{Cu2}}{P_{em}} = \frac{310}{10\,580} = 0.03$$
$$n_N = (1-s_N)n_1 = (1-0.03) \times 1500 = 1455\text{r/min}$$

(2) 空载转矩
$$T_0 = 9.55\frac{p_m + p_{ad}}{n_N} = 9.55 \times \frac{70+200}{1455} = 1.77\text{N}\cdot\text{m}$$

(3) 输出转矩
$$T_2 = 9.55\frac{P_N}{n_N} = 9.55 \times \frac{10 \times 10^3}{1455} = 65.64\text{N}\cdot\text{m}$$

(4) 电磁转矩
$$T_{em} = T_2 + T_0 = 65.64 + 1.77 = 67.41\text{N}\cdot\text{m}$$

4.18 已知一台三相异步电动机定子输入功率为 60kW,定子铜损耗为 600W,铁损耗为 400W,转差率为 0.03,试求电磁功率 P_{em}、总机械功率 P_{mec} 和转子铜损耗 p_{Cu2}。

【解】 电磁功率
$$P_{em} = P_1 - p_{Cu1} - p_{Fe} = 60 \times 10^3 - 600 - 400 = 59\text{kW}$$

总机械功率
$$P_{mec} = (1-s)P_{em} = (1-0.03) \times 59 = 57.23\text{kW}$$

转子铜损耗

$$p_{Cu2} = s P_{em} = 0.03 \times 59 = 1.77 \text{kW}$$

4.19 一台 $P_N = 5.5\text{kW}, U_N = 380\text{V}, f_1 = 50\text{Hz}$ 的三相四极异步电动机,在某运行情况下,自定子方面输入的功率为 $6.32\text{kW}, p_{Cu1} = 341\text{W}, p_{Cu2} = 237.5\text{W}, p_{Fe} = 167.5\text{W}, p_{mec} = 45\text{W}, p_s = 29\text{W}$。试绘出该电动机的功率流程图,并计算在该运行情况下,电动机的效率、转差率、转速、空载转矩、输出转矩和电磁转矩。

【解】 功率流程如图所示。

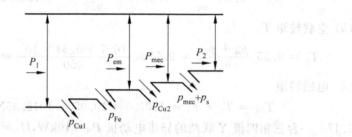

电动机的效率:

$$P_{em} = P_1 - p_{Cu1} - p_{Fe} = 6.32 \times 10^3 - 341 - 167.5 = 5811.5 \text{W}$$

$$P_{mec} = P_{em} - p_{Cu2} = 5811.5 - 237.5 = 5574 \text{W}$$

$$P_2 = P_{mec} - p_{mec} - p_s = 5574 - 45 - 29 = 5500 \text{W}$$

$$\eta = \frac{P_2}{P_1} = \frac{5500}{6320} \times 100\% = 87.03\%$$

转差率:

$$s = \frac{p_{Cu2}}{P_{em}} = \frac{237.5}{5811.5} = 0.041$$

转速:

$$n = (1-s)n_1 = (1 - 0.041) \times 1500 = 1438.5 \text{r/min}$$

空载转矩:

$$T_0 = 9.55 \frac{p_m + p_{ad}}{n_N} = 9.55 \times \frac{45 + 29}{1438.5} = 0.49 \text{N} \cdot \text{m}$$

输出转矩:

$$T_2 = 9.55 \frac{P_2}{n} = 9.55 \times \frac{5500}{1438.5} = 36.51 \text{N} \cdot \text{m}$$

电磁转矩:

$$T_{em} = T_2 + T_0 = 36.51 + 0.49 = 37 \text{N} \cdot \text{m}$$

4.20 有一台四极异步电动机 $P_N = 10\text{kW}, U_N = 380\text{V}, f = 50\text{Hz}$,转子铜损耗 $p_{Cu2} = 314\text{W}$,附加损耗 $p_s = 102\text{W}$,机械损耗 $p_{mec} = 175\text{W}$,求电动机的额定转速及额定电磁转矩。

【解】 额定转速:

$$P_{mec} = P_N + p_{mec} + p_s = 10 \times 10^3 + 175 + 102 = 10\,277 \text{W}$$

$$P_{em} = P_{mec} + p_{Cu2} = 10\,277 + 314 = 10\,591 \text{W}$$

根据

$$p_{Cu2} = s P_{em}$$

得

$$s_N = \frac{p_{Cu2}}{P_{em}} = \frac{314}{10\,591} = 0.0296$$

$$n_N = (1-s_N)n_1 = (1-0.0296) \times 1500 = 1456 \text{r/min}$$

额定电磁转矩：

$$T_{em} = 9.55 \frac{P_{em}}{n_1} = 9.55 \times \frac{10\,591}{1500} = 67.43 \text{N·m}$$

4.21 一台三相异步电动机，额定参数如下：$U_N=380\text{V}$，$f_1=50\text{Hz}$，$P_N=7.5\text{kW}$，$n_N=960\text{r/min}$，三角形接法，已知 $\cos\varphi_N=0.872$，$p_{Cu1}=470\text{W}$，$p_{Fe}=234\text{W}$，$p_m=45\text{W}$，$P_s=80\text{W}$，求：(1)电动机的极数；(2)额定负载时的转差率和转子频率；(3)转子铜耗；(4)效率。

【解】(1) 电动机的极数：

$n_1=1000\text{r/min}$，$p=3$，即 6 极电机。

(2) 额定负载时的转差率和转子频率：

$$s_N = \frac{n_1-n}{n_1} = \frac{1000-960}{1000} = 0.04$$

$$f_2 = sf_1 = 0.04 \times 50 = 2\text{Hz}$$

(3) 转子铜耗：

$$P_{mec} = P_N + p_{mec} + p_s = 7.5 \times 10^3 + 45 + 80 = 7625\text{W}$$

$$T_{em} = 9.55 \frac{P_m}{n_N} = 9.55 \times \frac{7625}{960} = 75.85\text{N·m}$$

根据

$$T_{em} = 9.55 \frac{P_{em}}{n_1}$$

得

$$P_{em} = \frac{T_{em} \cdot n_1}{9.55} = \frac{75.85 \times 1000}{9.55} = 7942\text{W}$$

$$p_{Cu2} = sP_{em} = 0.04 \times 7942 = 318\text{kW}$$

(4) 效率：

$$P_1 = P_{em} + p_{Cu1} + p_{Fe} = 7942 + 470 + 234 = 8646\text{W}$$

$$\eta = \frac{P_2}{P_1} = \frac{75\,000}{8646} \times 100\% = 86.75\%$$

模块 5

5.1 试写出三相异步电动机电磁转矩的三种表达式。

【解】(1) $T_{em} = C_T\Phi_0 I_2' \cos\varphi_2$

(2) $T_{em} = \dfrac{m_1 p_1 U_1^2 r_2'/s}{2\pi f_1[(r_1+r_2'/s)^2+(X_{\sigma1}+X_{\sigma2}')^2]}$

(3) $T_{em} = \dfrac{2T_m}{\dfrac{s_m}{s}+\dfrac{s}{s_m}}$

5.20 一台三相异步电动机的额定数据为：$P_N=75\text{kW}$，$f_N=50\text{Hz}$，$n_N=1440\text{r/min}$，

$\lambda_m = 2.2$,求:(1)临界转差率 s_m;(2)求机械特性实用表达式;(3)电磁转矩为多大时电动机的转速为 1300r/min;(4)绘制出电动机的固有机械特性曲线。

【解】 (1)临界转差率 s_m:

$$s_N = \frac{n_1 - n_N}{n_1} = \frac{1500 - 1440}{1500} = 0.04$$

$$s_m = s_N(\lambda_m + \sqrt{\lambda_m^2 - 1}) = 0.04 \times (2.2 + \sqrt{2.2^2 - 1}) = 0.1664$$

(2)机械特性实用表达式:

$$T_N = 9.55 \frac{P_N}{n_N} = 9.55 \times \frac{75 \times 10^3}{1440} = 497.4 \text{N} \cdot \text{m}$$

$$T_{em} = \frac{2\lambda_m T_N}{\frac{s_m}{s} + \frac{s}{s_m}} = \frac{2 \times 2.2 \times 497.4}{\frac{0.1664}{s} + \frac{s}{0.1664}} = \frac{2188.56}{\frac{0.1664}{s} + \frac{s}{0.1664}}$$

(3)电动机的转速为 1300r/min 时的电磁转矩:

转速为 1300r/min 时

$$s_N = \frac{n_1 - n}{n_1} = \frac{1500 - 1300}{1500} = 0.1333$$

电磁转矩

$$T_{em} = \frac{2188.56}{\frac{0.1664}{s} + \frac{s}{0.1664}} = \frac{2188.56}{\frac{0.1664}{0.1333} + \frac{0.1333}{0.1664}} = 1068.07 \text{N} \cdot \text{m}$$

(4)固有机械特性曲线:

$n_1 = 1500(s = 0, T = 0); n_N = 1440(s_N = 0.04, T = T_N);$
$(s_m = 0.1664, T_m = 1094.28 \text{N} \cdot \text{m});$

$$T_{ST} = \frac{2188.56}{\frac{0.1664}{s} + \frac{s}{0.1664}} = \frac{2188.56}{\frac{0.1664}{1} + \frac{1}{0.1664}} = 354.4 \text{N} \cdot \text{m}$$

固有机械特性曲线如图所示。

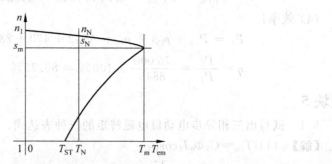

5.21 一台三相绕线转子异步电动机的数据为:$P_N = 11\text{kW}, n_N = 715\text{r/min}, E_{2N} = 163\text{V}, I_{2N} = 47.2\text{A}$,启动时的最大转矩与额定转矩之比:$T_1/T_N = 1.8$,负载转矩 $T_L = 98\text{N} \cdot \text{m}$,求:三级启动时的每级启动电阻。

【解】 $T_N = 9.55 \frac{P_N}{n_N} = 9.55 \times \frac{11 \times 10^3}{715} = 146.92 \text{N} \cdot \text{m}$

$$T_1 = 1.8 T_N = 1.8 \times 146.92 = 264.46 \text{N} \cdot \text{m}$$

$$s_N = \frac{n_1 - n_N}{n_1} = \frac{750 - 715}{1500} = 0.047$$

$$\beta = \sqrt[3]{\frac{T_N}{s_N T_1}} = \sqrt[3]{\frac{146.92}{0.047 \times 264.46}} = 2.2779$$

$$r_2 = \frac{s_N E_{2N}}{\sqrt{3} I_{2N}} = \frac{0.047 \times 163}{\sqrt{3} \times 47.2} = 0.0937 \Omega$$

$$R_1 = \beta r_2 = 2.2779 \times 0.0937 = 0.2134 \Omega$$

$$R_1 = \beta^2 r_2 = 2.2779^2 \times 0.0937 = 0.4862 \Omega$$

$$R_1 = \beta^3 r_2 = 2.2779^3 \times 0.0937 = 1.1075 \Omega$$

$$R_{ST1} = R_1 - r_2 = 0.2134 - 0.0937 = 0.1197 \Omega$$

$$R_{ST2} = R_2 - R_1 = 0.4862 - 0.2134 = 0.2728 \Omega$$

$$R_{ST3} = R_3 - R_2 = 1.1075 - 0.4862 = 0.6212 \Omega$$

5.22 一台三相绕线转子异步电动机的数据为：$P_N = 60\text{kW}, U_N = 380\text{V}, n_N = 960\text{r/min}$，$\lambda_m = 2.5, E_{2N} = 200\text{V}, I_{2N} = 195\text{A}$，定、转子绕组均为 Y 联结。当提升重物时电动机负载转矩 $T_L = 530\text{N} \cdot \text{m}$。求：(1)求电动机工作在固有机械特性上提升该重物时电动机的转速。(2)若下放速度 $n = -280\text{r/min}$，不改变电源相序，转子回路每相应串入多大电阻？(3)如果改变电源相序，在反向回馈制动状态下放同一重物，转子回路每相串接电阻为 0.06Ω，求下放重物时电动机的转速。

【解】 (1) 电动机工作在固有机械特性上提升该重物时电动机的转速：

$$T_N = 9.55 \frac{P_N}{n_N} = 9.55 \times \frac{60 \times 10^3}{960}$$
$$= 596.88 \text{N} \cdot \text{m}$$

$$s_N = \frac{n_1 - n_N}{n_1} = \frac{1000 - 960}{1000} = 0.04$$

$$s_m = s_N(\lambda_m - \sqrt{\lambda_m^2 - 1})$$
$$= 0.04 \times (2.5 + \sqrt{2.5^2 - 1})$$
$$= 0.1917$$

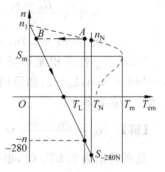

根据

$$\frac{T_N}{T_L} = \frac{s_N}{s_L}$$

得

$$s_L = \frac{s_N \cdot T_L}{T_N} = \frac{0.04 \times 530}{596.88} = 0.0355$$

$$n = (1-s)n_1 = (1-0.0355) \times 1000$$
$$= 964.5 \text{r/min}$$

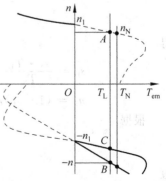

(2) 若不改变电源相序，以 $n = -280\text{r/min}$ 下放重物时转子回路每相应串入的电阻：此时为倒拉反接制

动。特性曲线如图。
根据

$$\frac{s_L}{s_{-280}} = \frac{r_2}{R+r_2}$$

得

$$R+r_2 = \frac{s_{-280} r_2}{s_L}$$

其中

$$r_2 = \frac{s_N E_{2N}}{\sqrt{3} I_{2N}} = \frac{0.04 \times 200}{\sqrt{3} \times 195} = 0.0237\Omega$$

则

$$R+r_2 = \frac{s_{-280} r_2}{s_L} = \frac{1.28 \times 0.0237}{0.0355} = 0.8545\Omega$$

$$R = (R+r_2) - r_2 = 0.8545 - 0.0237 = 0.8308\Omega$$

(3) 如果改变电源相序,在反向回馈制动状态下放同一重物,转子回路每相串接电阻为 0.06Ω,求下放重物时电动机的转速。特性曲线如图。

反向回馈制动状态下,对应 C 点的转差率

$$s_C = -s_L = -0.0355$$

根据

$$\frac{s_C}{s_B} = \frac{r_2}{R_B + r_2}$$

得

$$s_B = s_C \frac{R_B + r_2}{r_2} = -0.0355 \times \frac{0.06 + 0.0237}{0.0237} = -0.1254$$

$$n_B = (1-s_B)n_1 = (1+0.1254) \times (-1000) = -1125.4 \text{r/min}$$

5.23 一台三相笼形异步电动机的数据为:$P_N=11\text{kW}$,$U_N=380\text{V}$,$f_N=50\text{Hz}$,$n_N=1460\text{r/min}$,$\lambda_m=2$,如采用变频调速,当负载转矩为 $0.8T_N$ 时,要使 $n=1000\text{r/min}$,则 f_1 及 U_1 应为多少?

【解】 $s_N = \dfrac{n_1 - n_N}{n_1} = \dfrac{1500 - 1460}{1500} = 0.0267$

负载转矩为 $0.8T_N$ 时,根据

$$\frac{T_N}{T_L} = \frac{s_N}{s_L}$$

得

$$s_L = \frac{s_N \cdot T_L}{T_N} = 0.0267 \times 0.8 = 0.0213$$

$$n_L = (1-s_L)n_1 = (1+0.0213) \times 1500 = 1468.05 \text{r/min}$$

根据

$$\frac{U_1'}{U_1} = \frac{f_1'}{f_1} \approx \frac{n_L'}{n_L}$$

得

$$f_1' \approx \frac{n_L'}{n_L} \cdot f_1 = \frac{1000}{1468.05} \times 50 = 34.06\text{Hz}$$

$$U_1' \approx \frac{n_L'}{n_L} \cdot U_1 = \frac{1000}{1468.05} \times 380 = 258.85\text{V}$$

5.24 某三相绕线转子异步电动机的数据为：$P_N = 5\text{kW}, n_N = 960\text{r/min}, U_N = 380\text{V}, E_{2N} = 164\text{V}, I_{2N} = 20.6\text{A}, \lambda_m = 2.3$。拖动 $T_L = 0.75T_N$ 恒转矩负载运行，现采用电源反接制动进行停车，要求最大制动转矩为 $1.8T_N$，求转子每相应串接多大的制动电阻。

【解】 特性曲线如图。

根据 $\dfrac{T_N}{T_L} = \dfrac{s_N}{s_L}$ 得 $T_L = 0.75T_N$ 时电动状态下对应的转差率为

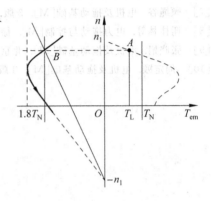

$$s_N = \frac{n_1 - n_N}{n_1} = \frac{1000 - 960}{1000} = 0.04$$

$$s_L = \frac{s_N \cdot T_L}{T_N} = 0.04 \times 0.75 = 0.03$$

$$r_2 = \frac{s_N E_{2N}}{\sqrt{3} I_{2N}} = \frac{0.04 \times 164}{\sqrt{3} \times 20.6} = 0.1839\Omega$$

$T_L = 1.8T_N$ 时电动状态下对应的转差率为

$$s_{1.8T_N} = \frac{s_N \cdot T_{1.8T_N}}{T_N} = 0.04 \times 1.8 = 0.072$$

开始制动时的转差率为

$$s_B = 1 + (1 - s_L) = 2 - 0.03 = 1.97$$

根据

$$\frac{s_{1.8T_N}}{s_B} = \frac{r_2}{R_B + r_2}$$

有

$$R + r_2 = \frac{s_B r_2}{s_{1.8T_N}} = \frac{1.97 \times 0.1839}{0.072} = 5.0317\Omega$$

$$R = (R + r_2) - r_2 = 5.0317 - 0.1839 = 4.8478\Omega$$

参 考 文 献

[1] 刘惠鹏. 电机学[M]. 徐州：中国矿业大学出版社，1989.
[2] 《电工手册》编写组. 电工手册[M]. 上海：上海科学出版社，1983.
[3] 张士林等. 电工手册[M]. 北京：石油工业出版社，1990.
[4] 陈隆昌等. 控制电机[M]. 西安：西安电子科技大学出版社，2000.
[5] 程明. 微特电机及系统[M]. 北京：中国电力出版社，2004.
[6] 劳动部培训司组织. 电机与变压器[M]. 3版. 北京：中国劳动出版社，1988.
[7] 顾绳谷. 电机及拖动基础[M]. 3版. 北京：机械工业出版社，2007.
[8] 谢桂林等. 电力拖动与控制[M]. 徐州：中国矿业大学出版社，1997.
[9] 张晓娟. 电机及拖动基础[M]. 北京：科学出版社，2008.
[10] 周定颐. 电机及拖动基础[M]. 3版. 北京：机械工业出版社，2008.